全国技工院校“十二五”系列规划教材
中国机械工业教育协会推荐教材

冲压模具设计与制造

（理实一体化）

主　编　蔡福洲
参　编　任秀华　李淑宝　李红强　黄联武
主　审　李兆飞

机 械 工 业 出 版 社

本教材以模具设计与制造专业的教学内容为主线，以工作任务为引领，内容由浅入深，突出核心技能与实操能力，使理论与实践融为一体，将知识和技能融入工作任务中。全书共有6个教学单元，内容包括：冲压加工过程，冲裁模设计，弯曲模设计，拉深模设计，其他常见冲压模具，以及滑雪块压板复合模具制造实训。

本教材可作为模具设计与制造专业教材，供各类技工院校、职业技术院校模具设计与制造专业师生使用，也可供相关工程技术人员参考。

图书在版编目（CIP）数据

冲压模具设计与制造：理实一体化/蔡福洲主编. —北京：机械工业出版社，2013.6（2025.1重印）

全国技工院校“十二五”系列规划教材

ISBN 978-7-111-42325-6

Ⅰ.①冲… Ⅱ.①蔡… Ⅲ.①冲模－设计－技工学校－教材②冲模－制模工艺－技工学校－教材 Ⅳ.①TG385.2

中国版本图书馆CIP数据核字（2013）第087735号

机械工业出版社（北京市百万庄大街22号 邮政编码100037）
策划编辑：赵磊磊 责任编辑：赵磊磊
版式设计：霍永明 责任校对：肖 琳
封面设计：张 静 责任印制：邓 博
北京盛通数码印刷有限公司印刷
2025年1月第1版第2次印刷
184mm×260mm·23.5印张·577千字
标准书号：ISBN 978-7-111-42325-6
定价：59.80元

电话服务
客服电话：010-88361066
010-88379833
010-68326294

网络服务
机 工 官 网：www. cmpbook. com
机 工 官 博：weibo. com/cmp1952
金 书 网：www. golden-book. com
机工教育服务网：www. cmpedu. com

全国技工院校“十二五”系列规划教材
编审委员会

序

"十二五"期间，加速转变生产方式，调整产业结构，将是我国国民经济和社会发展的重中之重。而要完成这种转变和调整，就必须有一大批高素质的技能型人才作为后盾。根据《国家中长期人才发展规划纲要（2010—2020年）》的要求，至2020年，我国高技能人才占技能劳动者的比例将由2008年的24.4%上升到28%（目前一些经济发达国家的这个比例已达到40%）。可以预见，作为高技能人才培养重要组成部分的高级技工教育，在未来的10年必将会迎来一个高速发展的黄金期。近几年来，各职业院校都在积极开展高级工培养的试点工作，并取得了较好的效果。但由于起步较晚，课程体系、教学模式都还有待完善与提高，教材建设也相对滞后，至今还没有一套适合高级技工教育快速发展需要的成体系、高质量的教材。即使一些专业（工种）有高级工教材也不是很完善，或是内容陈旧、实用性不强，或是形式单一、无法突出高技能人才培养的特色，更没有形成合理的体系。因此，开发一套体系完整、特色鲜明、适合理论实践一体化教学、反映企业最新技术与工艺的高级工教材，就成为高级技工教育亟待解决的课题。

鉴于高级技工教材短缺的现状，机械工业出版社与中国机械工业教育协会从2010年10月开始，组织相关人员，采用走访、问卷调查、座谈等方式，对全国有代表性的机电行业企业、部分省市的职业院校进行了历时6个月的深入调研。对目前企业对高级工的知识、技能要求，各学校高级工教育教学现状、教学和课程改革情况以及对教材的需求等有了比较清晰的认识。在此基础上，他们紧紧依托行业优势，以为企业输送满足其岗位需求的合格人才为最终目标，组织了行业和技能教育方面的专家精心规划了教材书目，对编写内容、编写模式等进行了深入探讨，形成了本系列教材的基本编写框架。为保证教材的编写质量、编写队伍的专业性和权威性，2011年5月，他们面向全国技工院校公开征稿，共收到来自全国22个省（直辖市）的110多所学校的600多份申报材料。组织专家对作者及教材编写大纲进行了严格评审，决定首批启动编写机械加工制造类专业、电工电子类专业、汽车检测与维修专业、计算机技术相关专业教材以及部分公共基础课教材等，共计80余种。

本套教材的编写指导思想明确，坚持以达到国家职业技能鉴定标准和就业能力为目标，以各专业的工作内容为主线，以工作任务为引领，由浅入深，循序渐进，精简理论，突出核心技能与实操能力，使理论与实践融为一体，充分体现"教、学、做合一"的教学思想，致力于构建符合当前教学改革方向的，以培养应用型、技术型、创新型人才为目标的教材体系。

本套教材重点突出了如下三个特色：一是"新"字当头，即体系新、模式新、内容新。

体系新是把教材以学科体系为主转变为以专业技术体系为主；模式新是把教材传统章节模式转变为以工作过程的项目为主；内容新是教材充分反映了新材料、新工艺、新技术、新方法。二是注重科学性。教材从体系、模式到内容符合教学规律，符合国内外制造技术水平实际情况。在具体任务和实例的选取上，突出先进性、实用性和典型性，便于组织教学，以提高学生的学习效率。三是体现普适性。由于当前高级工生源既有中职毕业生，又有高中生，各自学制也不同，还要考虑到在职人群，教材内容安排上尽量照顾到了不同的求学者，适用面比较广泛。

此外，本套教材还配备了电子教学课件，以及相应的习题集，实验、实习教程，现场操作视频等，初步实现教材的立体化。

我相信，本系列教材的出版，对深化职业技术教育改革、提高高级工培养的质量，都会起到积极的作用。在此，我谨向各位作者和所在单位及为这套教材出力的学者表示衷心的感谢。

原机械工业部教育司副司长

中国机械工业教育协会高级顾问

郝广发

前 言

本教材根据模具设计与制造专业的岗位要求、工作流程及职业资格标准，组织教学内容，优化课程体系，突出国家职业资格标准和企业岗位需求。课程开发体现“在工作中学习，在学习中工作”的理念，明确职业导向，将具体的工作情境置于教学过程中，并以开放性思维来构建教学过程，将相应的理论知识与工作任务相结合，做到“用什么，学什么”。工作任务的开发是以“校企合作”为基础，将企业的工作形态和工作内容充分且有效地呈现于教学过程之中。全书共有6个教学单元，内容包括：冲压加工过程，冲裁模设计，弯曲模设计，拉深模设计，其他常见冲压模具，以及滑雪块压板复合模具制造实训。

本教材主要有以下特色：

1. 突出工作实践，强化职业能力。本教材以强调职业能力为核心，以实际工作任务为引导，让学生在完成具体任务的过程中掌握知识和技能。改变了传统教材注重理论性、系统性，而忽视职业能力培养的缺陷。

2. 符合“实用、够用”的原则。本教材以提升实际工作能力和职业能力为准则，内容与学生核心能力的培养密切相关，具有实用性和易用性。

3. 直观生动，以学生为本。本教材采用了大量照片和三维造型图，便于学生认清模具结构。同时在学习任务中设置了学习目标、任务描述、相关知识、任务准备、任务实施、检查评议、扩展知识、考证要点等环节，符合学生的认知规律。

本教材由蔡福洲任主编，任秀华、李淑宝、李红强、黄联武参加编写。全书由李兆飞教授主审。在本教材的编写过程中还得到了广州市白云工商技师学院、山东建筑大学等院校和有关企业的大力支持和帮助，在此一并表示感谢。

本教材是技工院校教学改革课程建设的一次探索和尝试，由于编者水平有限，书中难免存在不当和错误之处，恳请广大读者批评指正。

编　者

目 录

单元1　冲压加工过程

1

任务1　认识冲压模具

学习目标

◎ 掌握冲压模具的特点及应用

◎ 能够辨别冲压模具的种类

◎ 能说出不同类型冲压模具的结构组成

任务描述

冲压加工的模具种类有很多，每种不同类型冲压模具的应用场合也各不相同。要对冲压模具有初步认识，就必须让学生首先了解不同冲压模具的特点及应用，冲压模具的分类及冲压模具结构组成。

相关知识

一、冲压模具

冲压模具是指在冷冲压加工中，将材料（金属或非金属）加工成零件（或半成品）的一种特殊工艺装备，俗称冷冲模。冲压是在室温下利用安装在压力机上的模具对材料施加压力，使其产生分离或塑性变形，从而获得所需零件的一种压力加工方法。

冲压模具是冲压生产必不可少的工艺装备，是技术密集型产品。冲压件的质量、生产效率以及生产成本等，与模具设计和制造有直接关系。模具设计与制造技术水平的高低，是衡量一个国家产品制造水平高低的重要标志之一，在很大程度上决定着产品的质量、效益和新产品的开发能力。

二、冲压模具分类

冲压模具的形式很多，主要依据工艺性质、工序组合程度、加工方法三个方面进行分类。

根据工艺性质的不同，可将冲压模具分为冲裁模、弯曲模、拉深模、成形模。

1. 根据工艺性质分类

（1）冲裁模　沿封闭或敞开的轮廓线使材料产生分离的模具，称为冲裁模。冲裁模包括冲孔模、落料模、切断模、切口模、切边模、剖切模等，如图 1-1 ~ 图 1-10 所示。

图 1-1　冲孔模

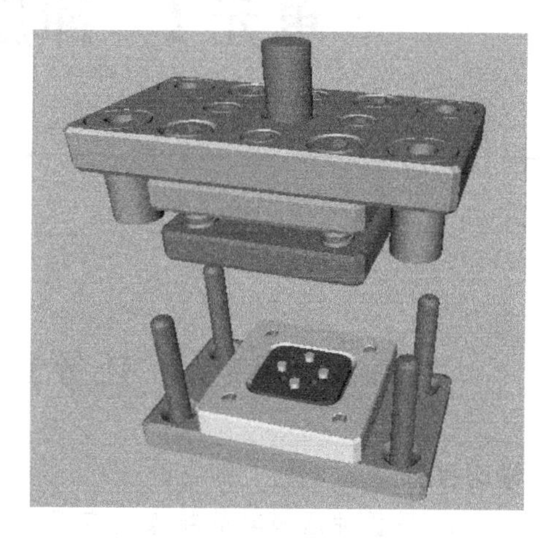

图 1-2　落料模

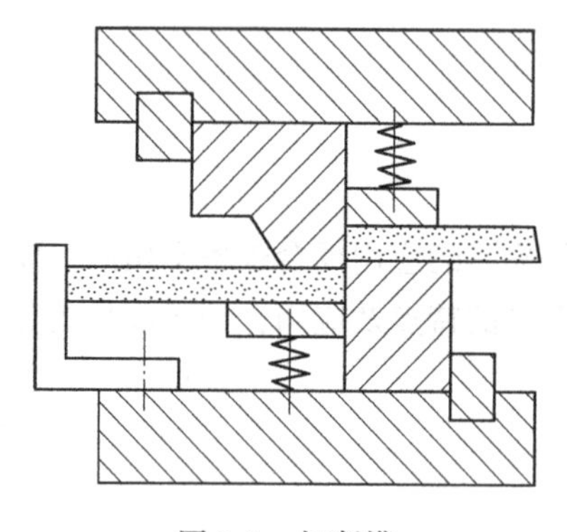

图 1-3　切断模

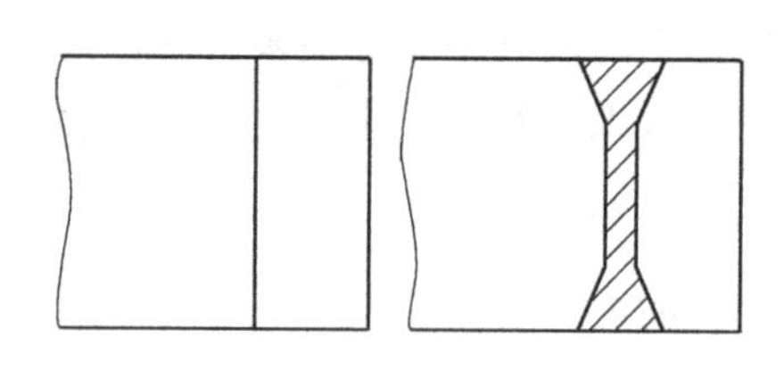

图 1-4　切断件

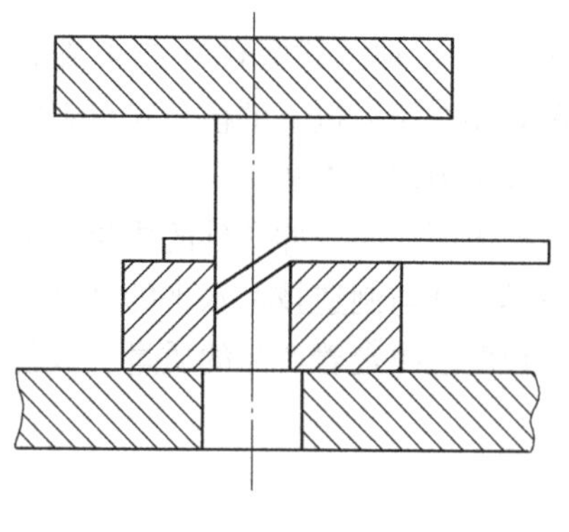

图 1-5　切口模

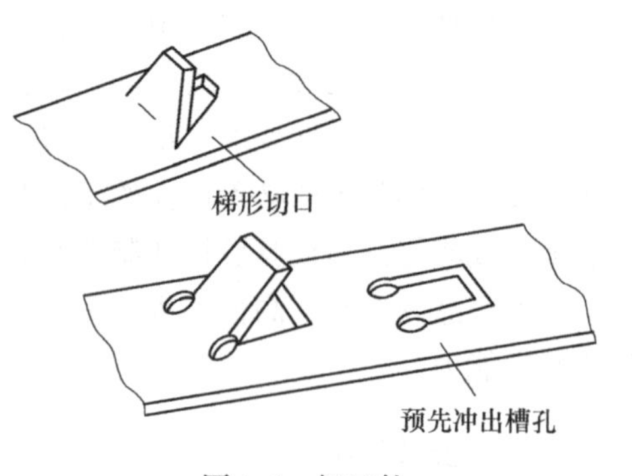

图 1-6　切口件

（2）弯曲模　使板料毛坯或其他坯料沿着直线（弯曲线）产生弯曲变形，从而获得一定角度和形状工件的模具，称为弯曲模（见图 1-11）。

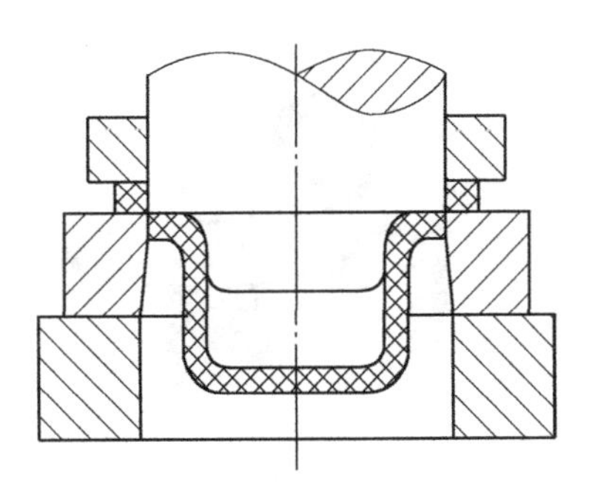

图1-7　切边件

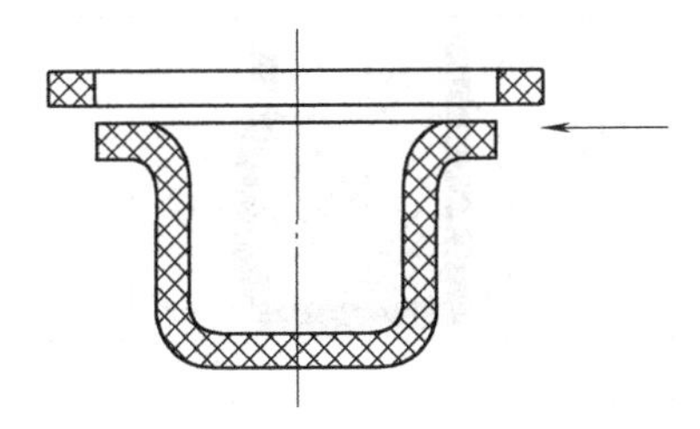

图1-8　切边模

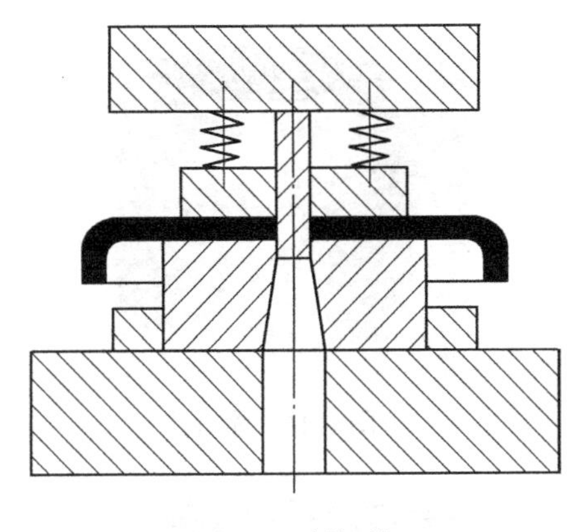

图1-9　剖切模

图1-10　剖切件

(3) 拉深模　把板料毛坯制成开口空心件，或使空心件进一步改变形状和尺寸的模具，称为拉深模（见图1-12）。

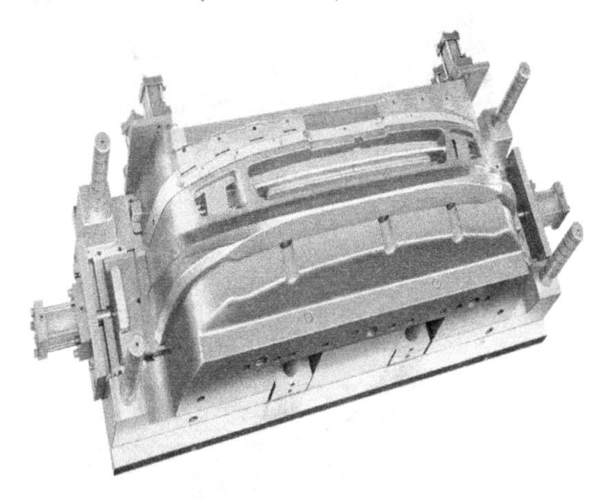

图1-11　弯曲模

图1-12　拉深模

(4) 成形模　将毛坯或半成品工件按凸、凹模的形状直接复制成形，而材料本身仅产生局部塑性变形的模具，称为成形模。成形模包括胀形模、缩口模、起伏成形模、翻边模、整形模等，如图1-13～图1-22所示。

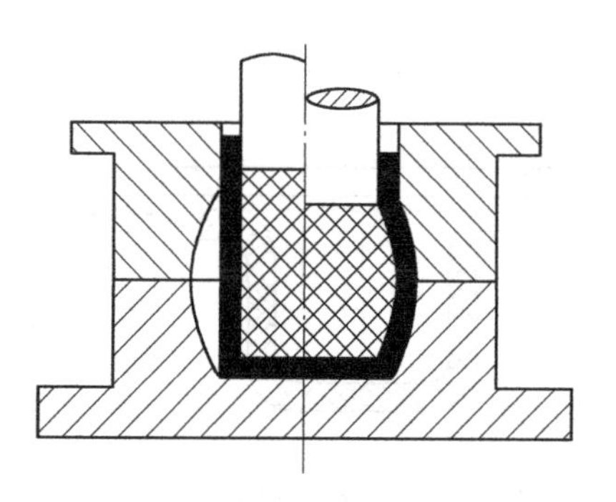

图 1-13　胀形模

图 1-14　胀形件

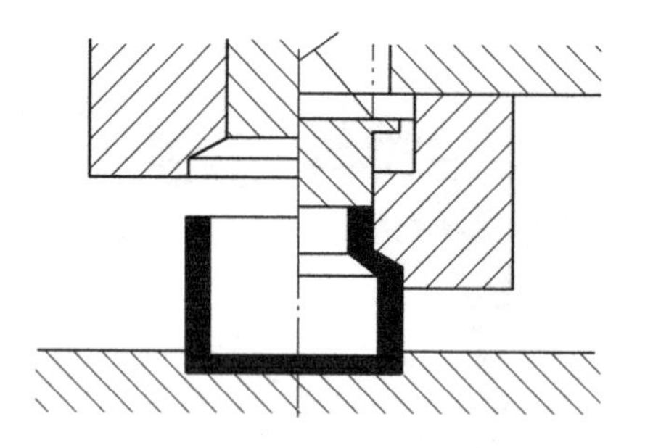

图 1-15　缩口模

图 1-16　缩口件

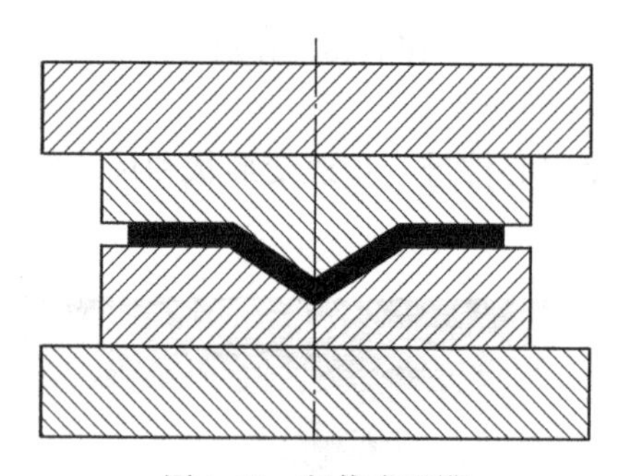

图 1-17　起伏成形模

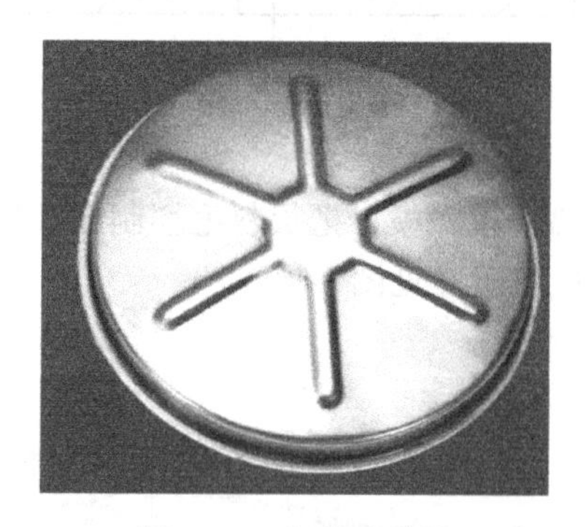

图 1-18　起伏成形件

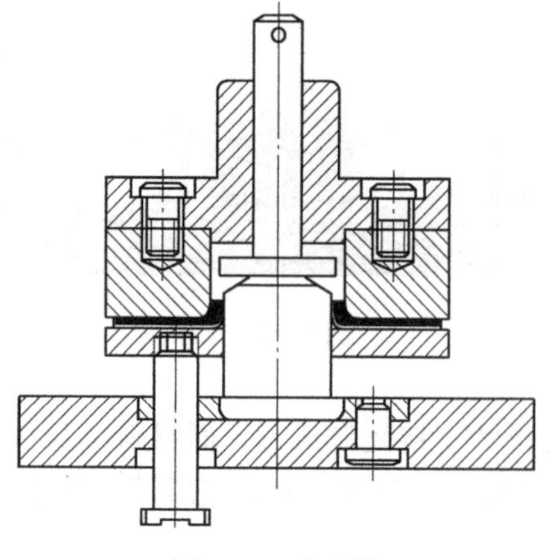

图 1-19　翻边模

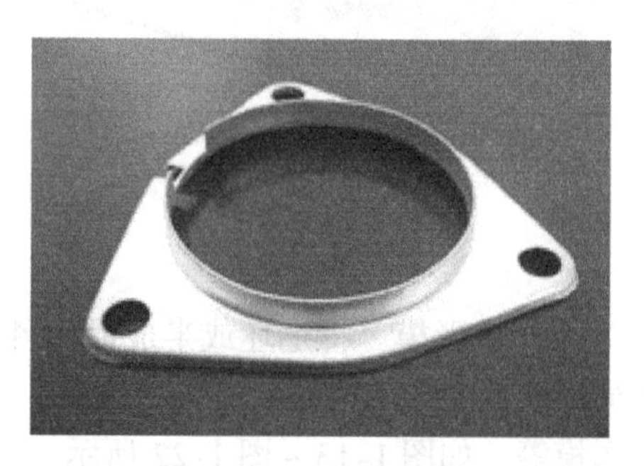

图 1-20　翻边件

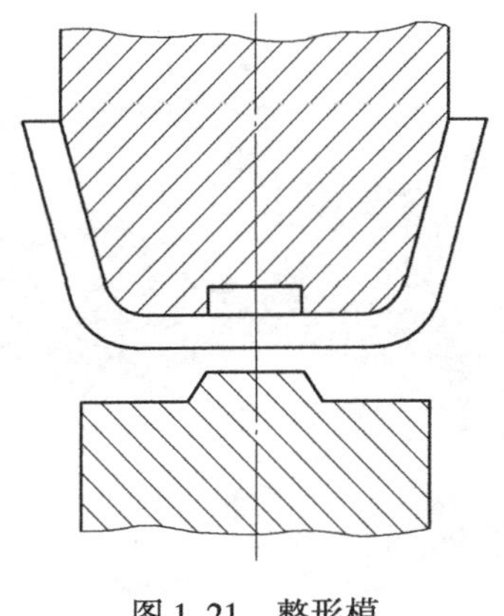

图1-21　整形模

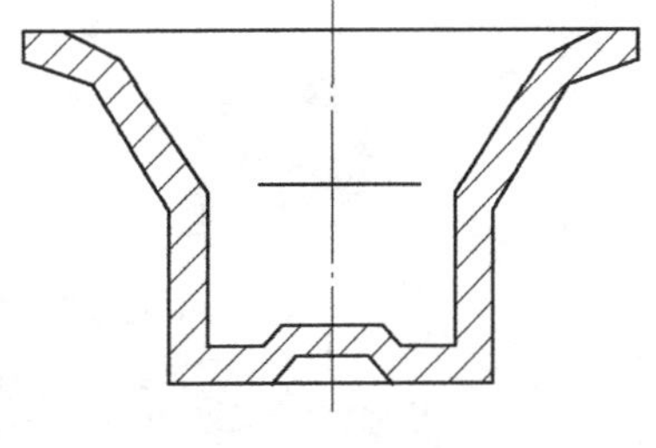

图1-22　整形件

2. 根据工序组合程度分类

根据模具构造的不同，可将冲压模具分为单工序模、复合模、级进模和传递模。

（1）单工序模　在压力机的一次行程中，只完成一道冲压工序的模具称为单工序模（见图1-23）。

图1-23　单工序模

（2）复合模　只有一个工位，在压力机的一次行程中，在同一工位上同时完成两道或两道以上冲压工序的模具，称为复合模（见图1-24）。

（3）级进模（也称连续模）　在毛坯的送进方向上，具有两个或更多的工位，在压力机的一次行程中，在不同的工位上逐次完成两道或两道以上冲压工序的模具，称为级进模（见图1-25）。

（4）传递模　传递模综合了单工序模和级进模的特点，利用机械手传递系统，实现产品的模内快速传递，可大大提高产品的生产率，降低产品的生产成本，节省材料成本，并且质量稳定可靠。

3. 根据产品的加工方法分类

根据产品加工方法的不同，可将冲压模具分成冲剪模具、弯曲模具、抽制模具、成形模具和压缩模具五大类。

图 1-24　复合模

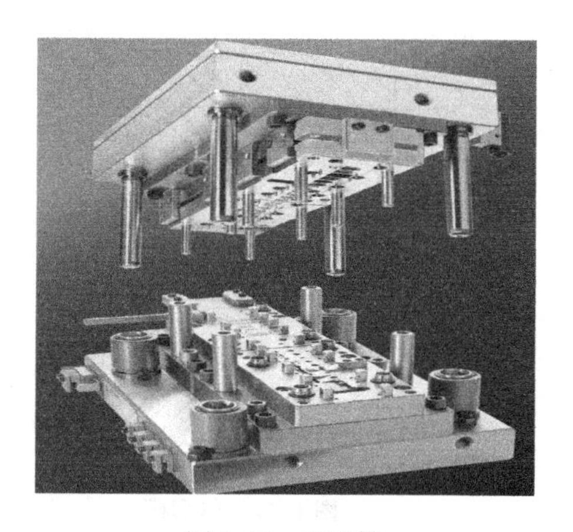

图 1-25　级进模

（1）冲剪模具　冲剪模具是以剪切作用完成工作的，常用的形式有剪断冲模、下料冲模、冲孔冲模、修边冲模、整缘冲模、拉孔冲模和冲切冲模。

（2）弯曲模具　弯曲模具是将平整的毛坯弯成具有一定角度的形状，如图 1-26 所示。根据零件的形状、精度及生产量的多少，有多种不同形式的弯曲模具，如普通弯曲冲模、凸轮弯曲冲模、卷边冲模、圆弧弯曲冲模、折弯冲缝冲模与扭曲冲模等。

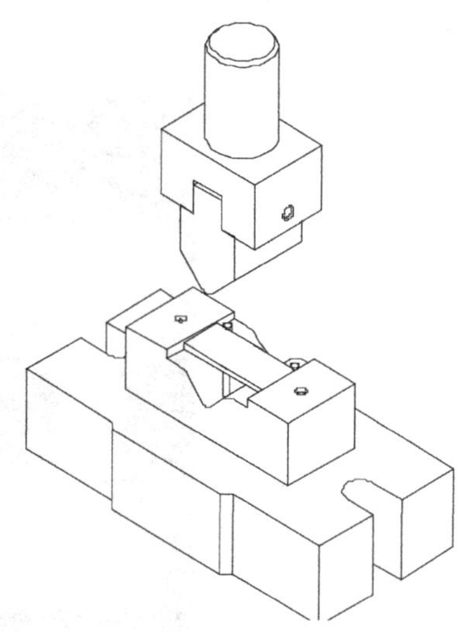

图 1-26　弯曲模具

（3）抽制模具　抽制模具是将平面毛坯制成有底无缝容器。

（4）成形模具　成形模具是指用各种局部变形的方法来改变毛坯的形状，其形式有凸张成形冲模、卷缘成形冲模、颈缩成形冲模、孔凸缘成形冲模、圆缘成形冲模。

（5）压缩模具　压缩模具是利用强大的压力，使金属毛坯流动变形，成为所需的形状，其种类有挤制冲模、压花冲模、压印冲模、端压冲模。

三、冲压模具结构组成

虽然各类冲压模具的结构形式和复杂程度不同，组成模具的零件多种多样，但是冲压模具一般是由工艺零件和结构零件两大类组成。

（1）工艺零件　这类零件直接参与工艺过程的完成并和坯料有直接接触，包括工作零件、定位零件、卸料与压料零件等。

（2）结构零件　这类零件不直接参与完成工艺过程，也不和坯料有直接接触，只对模具完成工艺过程起保证作用，或对模具功能起完善作用，包括导向零件、紧固零件、标准件及其他零件等。

应该指出，不是所有的冲模都必须具备上述零件，尤其是单工序模，但是工作零件和必要的固定零件等是不可缺少的。

冲模零件的结构组成及其零件的作用见表1-1。

表1-1 冲模零件的结构组成及其零件的作用

<table>
<tr><th colspan="3">零件种类</th><th>零件名称</th><th>零件作用</th></tr>
<tr><td rowspan="26">冲压模具结构</td><td rowspan="13">工艺零件</td><td rowspan="3">工作零件</td><td>凸模、凹模</td><td rowspan="3">直接对坯料进行加工，完成板料的分离</td></tr>
<tr><td>凸凹模</td></tr>
<tr><td>刃口镶块</td></tr>
<tr><td rowspan="5">定位零件</td><td>定位销（定位板）</td><td rowspan="5">确定冲压加工中毛坯或工序件在冲模中的正确位置</td></tr>
<tr><td>挡料销、导正销</td></tr>
<tr><td>导料板、导料销</td></tr>
<tr><td>侧压板、承料板</td></tr>
<tr><td>定距侧刃</td></tr>
<tr><td rowspan="5">压料、卸料及出件零件</td><td>卸料板、橡皮、弹簧</td><td rowspan="5">使冲件与废料得以出模，保证顺利实现正常的冲压生产</td></tr>
<tr><td>压料板</td></tr>
<tr><td>顶件块</td></tr>
<tr><td>推件块、打杆</td></tr>
<tr><td>废料切刀</td></tr>
<tr><td rowspan="13">结构零件</td><td rowspan="4">导向零件</td><td>导套</td><td rowspan="4">正确保证上、下模的相对位置，以保证冲压精度</td></tr>
<tr><td>导柱</td></tr>
<tr><td>导板</td></tr>
<tr><td>导筒</td></tr>
<tr><td rowspan="5">紧固零件</td><td>上、下模座</td><td rowspan="5">承装模具零件或将模具紧固在压力机上并与它直接发生联系</td></tr>
<tr><td>模柄</td></tr>
<tr><td>凸凹模固定板</td></tr>
<tr><td>垫板</td></tr>
<tr><td>限位器</td></tr>
<tr><td rowspan="4">标准件及其他零件</td><td>螺钉</td><td rowspan="4">用于模具零件之间的相互连接等，销钉起稳固定位作用</td></tr>
<tr><td>销钉</td></tr>
<tr><td>键</td></tr>
<tr><td>弹簧等其他零件</td></tr>
</table>

任务准备

冲孔模、落料模、弯曲模、拉深模、级进模挂图及模具实物若干，拆装模具用的内六角扳手、铜棒、锤子等工具一套，各种不同类型的冲件产品实物若干。

任务实施

1）同学们在老师及工厂师傅的带领下，参观冲压加工车间和模具制作实训场，要仔细观察冲压加工的工作过程及特点，注意各种不同类型冲件产品的异同点。老师及工厂师傅现场讲解冲压车间的安全操作规程和冲压加工原理，使学生熟悉各种不同类型模具的名称和作用。

2）老师在课堂上结合挂图、模具实物讲解，并将模具实物大体拆开观看，使学生观察不同冷冲模的异同点。

3）安排到一体化教室或多媒体教室进行视频教学。

4）学生分组讨论冲压模具的分类及模具结构组成。

5）小组代表上台展示分组讨论结果。

6）小组之间互评、教师评价。

7）布置相关课外作业。

检查评议

序号	检查项目	考核要求	配分	得分
1	模具结构组成	准确无误地说出不同冲压模具的结构组成	30	
2	冲压模具种类的识别	准确无误地说出冲压模具种类	40	
3	小组内成员分工情况、参与程度	组内成员分工明确，所有的学生都积极参与小组活动，为小组活动献计献策	5	
4	合作交流、解决问题	组内成员分工协助，认真倾听、互助互学，在共同交流中解决问题	10	
5	小组活动的秩序	活动组织有序，服从领导，勤于思考	5	
6	讨论活动结果的汇报水平	敢于发言、质疑，汇报发言声音洪亮，思路清晰、简练，突出重点	10	
合计			100	

考证要点

一、填空题

冲压加工是利用安装在压力机上的____，对板料施加压力，使板料在模具里产生变形或分离，从而获得一定____、____和性能的产品零件的生产技术。

二、判断题（正确的打“√”，错误的打“×”）

1. 冲模的制造一般是单件小批量生产，因此冲压件也是单件小批量生产。(　　)

2. 冲压加工生产率高，成本低廉，适用于大批量生产。(　　)

三、选择题

1. 板料冲压的基本设备和工具是（　　）。

A. 冲头和模架　　B. 凸模和凹模　　C. 冲床和冲模

2. 为了方便模具的搬运，在（　　）的侧面适当部位需加工超重螺孔。

A. 下模板和上托板　　B. 模座和上托板

C. 下垫板和上垫板　　D. 上夹板

3. 在模具安装调试后，正常生产合格产品的过程称为（　　）。

A. 模具服役　　B. 模具损伤　　C. 模具失效　　D. 模具报废

任务2　观察冲压模具工作过程

学习目标

◎ 了解冲压加工生产特点

◎ 了解冲压加工过程

任务描述

通过学习前面的知识，同学们已经了解了冲压模具的种类有很多，且每种不同类型冲压模具的特点和应用场合也各不相同。冲压模具究竟是如何实现使材料（金属或非金属）产生分离或经过塑性变形加工成为零件或半成品的？下面我们开始学习模具冲压加工过程的基本知识。

相关知识

一、冲压加工的特点及应用

用模具生产制件所具备的高精度、高一致性、高生产率是任何其他加工方法所不能比拟的。模具在很大程度上决定着产品的质量、效益和新产品的开发能力，所以模具又有“工业之母”的称号。

冲压加工与其他加工方法相比，有以下特点：

1）用冲压加工方法可以得到形状复杂、用其他加工方法难以加工的工件，如薄壳零件等。

2）冲压件的尺寸精度是由模具保证的，因此尺寸稳定、互换性好。

3）材料利用率高，工件质量轻、刚性好、强度高，冲压过程耗能少，因此工件的成本较低。

4）操作简单，劳动强度低，易于实现机械化和自动化，生产率高。

5）冲压加工中所用的模具结构一般比较复杂、生产周期较长、成本高。因此，单件、小批量生产采用冲压加工受到一定限制，冲压加工多用于成批、大量生产。近年来发展的简易冲模、组合冲模、锌基合金冲模等，为单件、小批量生产采用冲压工艺创造了条件。

由于冲压具有无可比拟的优越性，所以冲压加工在国民经济各个领域的应用相当广泛。例如，在机械、电子、化工等领域都有冲压加工。每个人都直接与冲压产品发生联系，如飞机、火车、汽车、拖拉机上就有许多大、中、小型冲压件。小轿车的车身、车架及车圈等零部件都是冲压加工出来的。据统计，自行车、缝纫机、手表里有80%是冲压件；电视机、摄像机里有90%是冲压件。但是，冲压加工所使用的模具一般具有专用性，有时一个复杂零件需要数套模具才能加工成形，且模具制造的精度高、技术要求高，是技术密集型产品，所以只有在冲压件生产批量较大的情况下，冲压加工的优点才能充分体现，从而获得较好的经济效益。

二、观察冲压加工过程

如图1-27所示是一套止动片倒装冲孔、落料复合模。冲裁工件如图1-28所示，其外形如字母T，大头处有一个ϕ12mm孔。

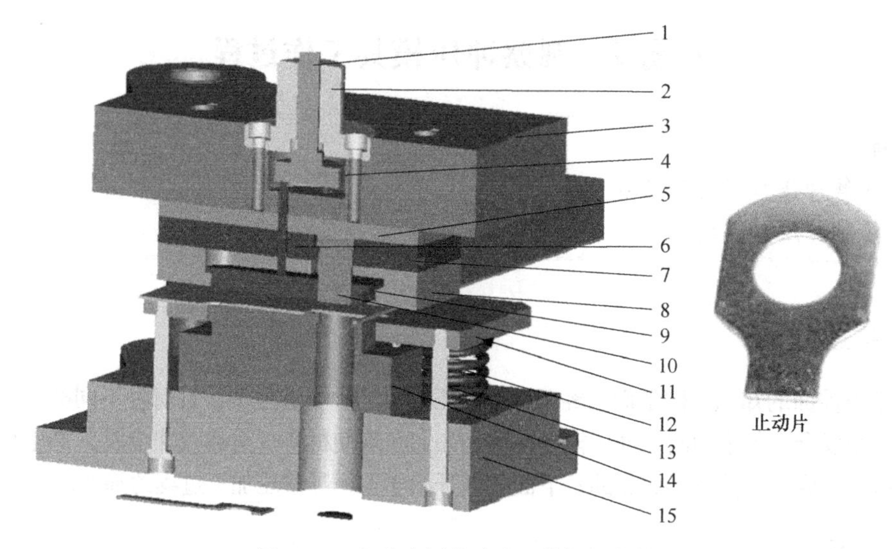

图 1-27　止动片倒装冲孔、落料复合模

1—打杆　2—模柄　3—上模座垫板　4—推板　5—垫板　6—推杆
7—冲孔凸模固定板　8—落料凹模　9—推件板　10—冲孔凸模
11—弹性卸料板　12—卸料弹簧　13—卸料螺钉　14—凸凹模　15—下模座

当条料送进模具准备冲裁时，弹性卸料板 11 先压住条料并起到校平的作用。上模继续下行时，落料凹模 8 将条料和弹性卸料板 11 同时往下压，冲孔凸模 10 将材料冲入冲孔凹模孔中，落料凸模也将材料冲入落料凹模孔中，于是同时完成冲孔与落料工序。回程时，上模随压力机滑块一起上行后，落料凹模 8 表面离开了条料，弹性卸料板 11 在弹簧力的作用下将条料从凸凹模 14 上卸下。上模上行到一定程度时，打杆 1 碰到压力机的横杆后，当上模继续上行时打杆 1 受到横杆的作用，通过推板 4 带动推杆 6 和推件板 9 将冲压产品从落料凹模 8 中自上而下推出，冲孔废料则直接由凸凹模 14 孔中漏到压力机台面下，如图 1-28 所示。

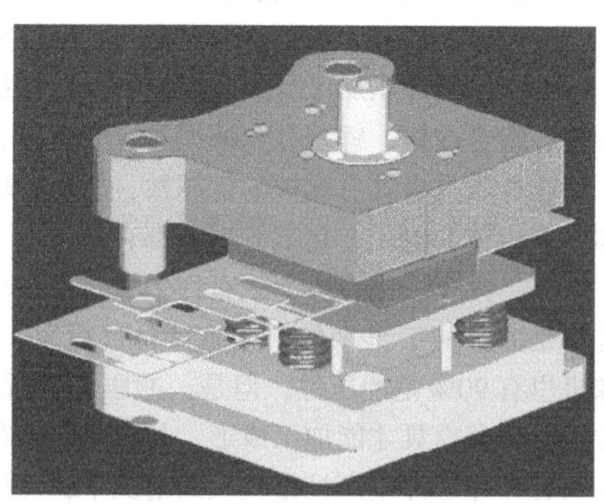

图 1-28　复合模具图

任务准备

止动片倒装冲孔、落料复合模挂图及模具实物一套，拆装模具用的内六角扳手、铜棒、

锤子等工具一套，各种不同类型的冲件产品实物若干。

任务实施

1）同学们在老师及工厂师傅的带领下，参观冲压加工车间和模具制作实训场，要仔细观察冲压加工的工作过程及特点，注意各种不同类型冲件产品的异同点。老师及工厂师傅现场讲解冲压车间的安全操作规程和冲压加工原理，使学生熟悉各种不同类型模具的名称和作用。

2）老师用内六角扳手、铜棒、锤子等工具将止动片倒装冲孔、落料复合模实物上下模拆开，让学生观察模具结构。

3）在一体化教室或多媒体教室上课，老师结合挂图、模具实物讲解冲压加工生产特点。

4）分组讨论模具冲压加工过程及特点并做好记录。

5）小组代表上台展示分组讨论结果。

6）小组之间互评，教师评价。

检查评议

序　号	检查项目	考核要求	配　分	得　分
1	模具冲压加工的特点	准确无误地说出模具冲压加工的特点	30	
2	冲压制品的识别	准确无误地说出5种日常生活中见到的冲压制品	40	
3	小组内成员分工情况、参与程度	组内成员分工明确，所有的学生都积极参与小组活动，为小组活动献计献策	5	
4	合作交流、解决问题	组内成员分工协助，认真倾听、互助互学，在共同交流中解决问题	10	
5	小组活动的秩序	活动组织有序，服从领导	5	
6	讨论活动结果的汇报水平	敢于发言、质疑，汇报发言声音洪亮，思路清晰、简练，突出重点	10	
合　计			100	

任务3　了解冲压加工基本工序

学习目标

◎ 了解冲压工序的分类，认识基本冲压工序

◎ 了解分离工序的种类及特点

◎ 了解变形工序的种类及特点

任务描述

冲压加工的零件由于其形状、尺寸、精度要求、生产批量、原材料性能等各不相同，生

产中所使用的工艺方法也就多种多样。本任务主要介绍冲压工序的分类，以及分离工序和变形工序的种类及特点。

相关知识

冲压工序概括起来可分为分离工序和变形工序两大类。分离工序是将冲压件或毛坯沿一定的轮廓互相分离；变形工序是在材料不产生破坏的前提下使毛坯发生塑性变形，成为所需要形状及尺寸的制件。

冲压可以分为五个基本工序：

1）冲裁：使板料实现分离的冲压工序。

2）弯曲：将金属材料沿弯曲线弯成一定角度和形状的冲压工序。

3）拉深：将平面板料变成各种开口空心件，或者把空心件的尺寸作进一步改变的冲压工序。

4）成形：用各种不同性质的局部变形来改变毛坯形状的冲压工序。

5）立体压制（冲积冲压）：将金属材料体积重新分布的工序。

每一种基本工序又有多种不同的加工方法，以满足各种冲压加工的要求（见表1-2）。

表1-2　主要冲压工序的分类及特点

类　别	组　别	工序名称	工序简图	特　点
分离工序	冲裁	落料	废料；制作	将板料冲切，切下部分是工件
		冲孔	制作；废料	将板料冲切，切下部分是废料
		切断		将板料沿不封闭的轮廓分离
		切边	废料；制作	将零件边缘的多余材料冲切下来
		剖切		将冲压成形的半成品切开成为两个或数个工件
		切舌		沿不封闭轮廓，将部分板料切开并使其下弯

（续）

类　别	组　别	工序名称	工 序 简 图	特　　点
变形工序	弯曲	压弯	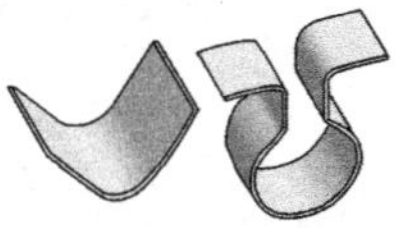	将材料沿弯曲线弯成各种角度和形状
		卷边	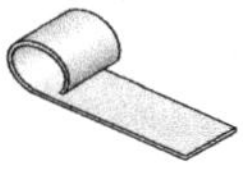	将条料端部弯曲成接近封闭的圆筒形
	拉深	拉深		将板料毛坯冲制成各种开口的空心零件
	成形	翻边	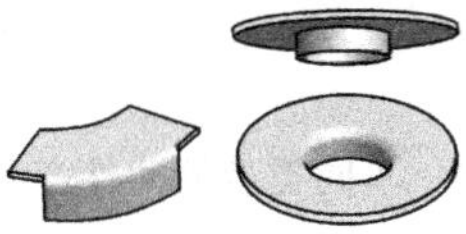	将工件孔的边缘或工件的外缘翻出竖立的边缘
		缩口		使空心件或管状毛坯的径向尺寸缩小
		胀形	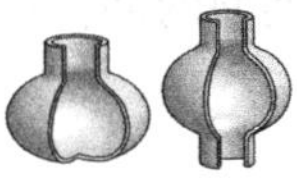	使空心件或管状毛坯向外扩张，胀出所需的凸起曲面
		起伏成形	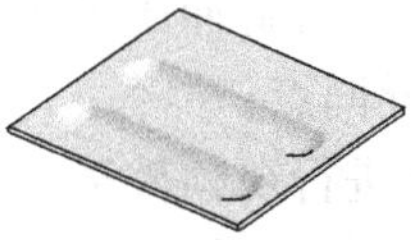	将板料或工件的表面上制成各种形状的凸起或凹陷
		校形	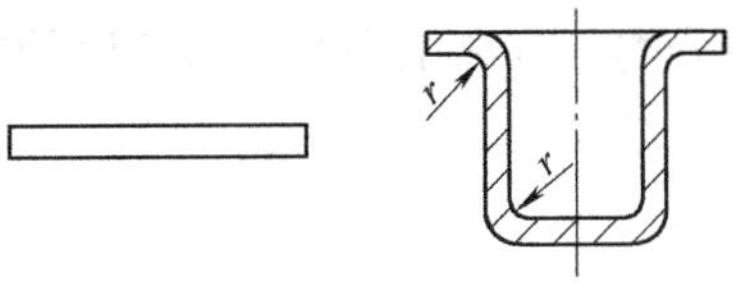 r　r	将翘曲的零件压平或将成形件不准确的地方压成准确形状
	立体压制	冷挤压	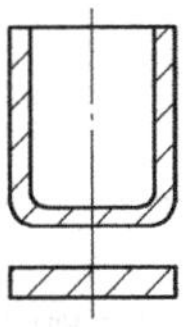	使金属沿凸、凹模间隙或凹模模口流动，从而使原毛坯转变为薄壁空心件或横断面小的半成品
		顶镦	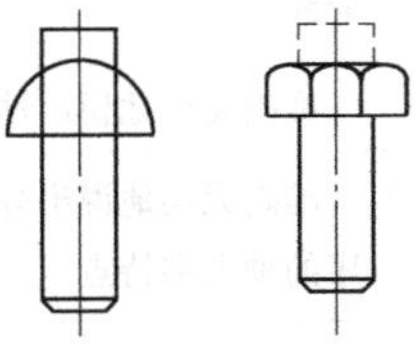	将杆状料局部镦粗

不同类型的冲件产品如图 1-29 所示。

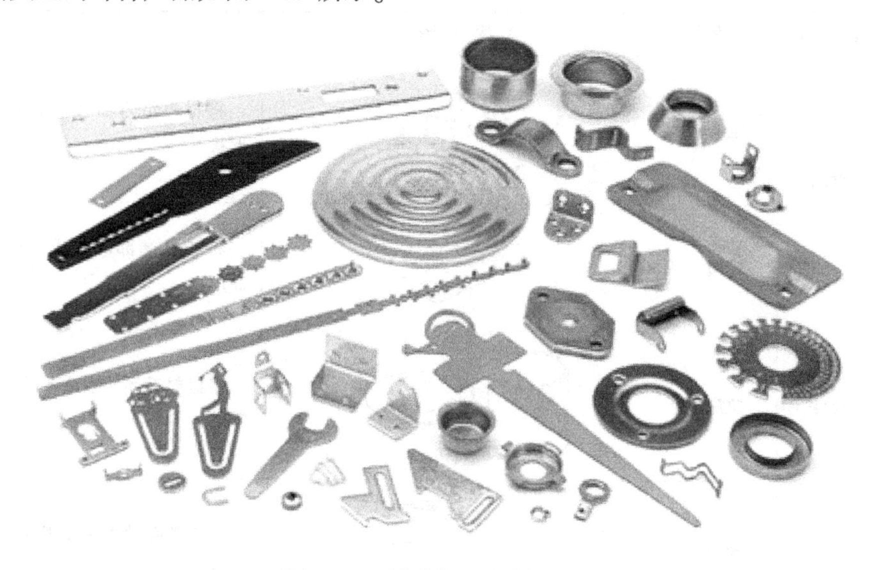

图 1-29　不同类型的冲件产品

任务准备

冲孔模、落料模、弯曲模、拉深模、级进模挂图及模具实物若干，拆装模具用的内六角扳手、铜棒、锤子等工具一套，各种不同类型的冲件产品实物若干。

任务实施

1）老师在课堂上结合挂图、模具实物讲解冲压工序的分类及特点，并将模具实物大体拆开，让学生观察不同冲压工序模具的异同点。

2）安排到一体化教室或多媒体教室进行视频教学。

3）实际操作期间让学生反复拆装不同类型的模具实物。

4）学生分组讨论冲压工序的分类、分离工序及变形工序的特点。

5）小组代表上台展示分组讨论结果。

6）小组之间互评，教师评价。

7）布置相关课外作业。

检查评议

序　号	检查项目	考核要求	配　分	得　分
1	模具结构组成	能够识别模具结构图、实物及冲件实物	20	
2	冲压工序的分类	准确无误地说出冲压工序的种类	20	
3	分离工序和变形工序的分类及特点	准确无误地说出分离工序和变形工序的种类和特点	30	

（续）

序　号	检查项目	考核要求	配　分	得　分
4	小组内成员分工情况、参与程度	组内成员分工明确，所有的学生都积极参与小组活动，为小组活动献计献策	5	
5	合作交流、解决问题	组内成员分工协助，认真倾听、互助互学，在共同交流中解决问题	10	
6	小组活动的秩序	活动组织有序，服从领导	5	
7	讨论活动结果的汇报水平	敢于发言、质疑，汇报发言声音洪亮，思路清晰、简练，突出重点	10	
合　计			100	

考证要点

一、填空题

1. 按工序组合程度分，冲裁模可分为________、________和________等几种。

2. 冲压基本工序概括起来可以分为两大类，即________工序和________工序。

3. 分离是在冲压过程中使冲压零件与板料沿一定轮廓相互分离的工序，如________、________、________等。

4. 冷冲模按工序性质可分为________、________、________、________、________。

二、判断题（正确的打“√”，错误的打“×”）

1. 落料和弯曲都属于分离工序，而拉深、翻边则属于变形工序。（　　）

2. 冲模是使板料分离或变形的模具。（　　）

3. 冲压的基本工序分为分离工序和冲孔工序两大类。（　　）

4. 剪切、落料、冲孔都属于变形工序。（　　）

三、简答题

1. 冷冲压工序可分为哪两大类？它们的主要区别是什么？

2. 分离工序有哪些工序形式？试用工序简图及自己的语言说明其中两种工序的主要特点。

3. 变形工序有哪些工序形式？试用工序简图及自己的语言说明其中两种工序的主要特点。

任务4　认识各种冲压材料

学习目标

◎ 了解常用的冲压材料

◎ 了解冲压成形时金属材料的性能

◎ 认识常用冲压材料的牌号

 任务描述

冲压材料的牌号有很多，首先要了解常用冲压材料牌号的相关知识，掌握冲压成形时金属材料的力学性能指标。

 相关知识

一、冲压材料的种类

冲压生产中最常用的材料是金属材料（图1-30和图1-31），有时也用非金属材料。

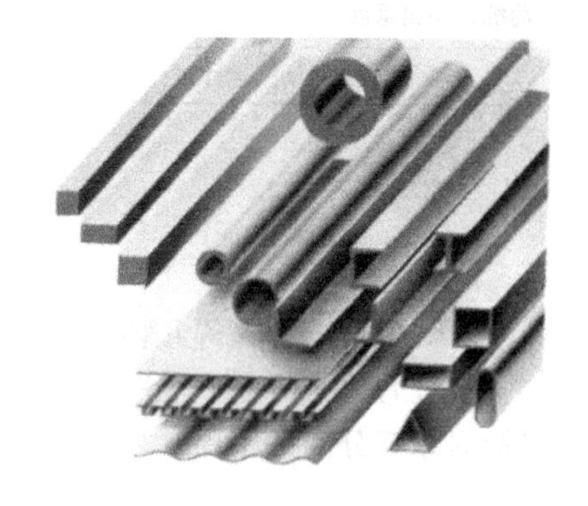

图1-30　金属型材

图1-31　金属板材

常用的金属材料分黑色金属和有色金属两种。黑色金属按用途不同可分为结构钢、工具钢、特殊钢和专业用钢。常用的黑色金属材料主要有普通碳素结构钢和优质碳素结构钢。优质碳素结构钢薄钢板主要用于成形复杂的弯曲件和拉深件。有色金属有纯铜、黄铜、青铜、铝等。常用的有色金属材料主要有黄铜板（带）和铝板（带）。

非金属材料有纸板、胶木板、橡胶板、塑料板、纤维板和云母等。

二、冲压材料的规格

冲压材料大部分都是各种规格的板料、条料、带料和块料。

1）板料的尺寸较大，用于大型零件的冲压。主要规格有：500mm×1500mm、900mm×1800mm、1000mm×2000mm等。冷轧钢板和钢带的尺寸、外形、重量及允许偏差见GB/T 708—2006。

2）条料是根据冲压件的需要，由板料剪裁而成，用于中小型零件的冲压。

3）带料（又称卷料）有各种不同的宽度和长度。长度最长可达几十米，成卷状供应，主要是薄料。适用于大批量生产的自动送料。

4）块料一般用于单件小批量生产和价格昂贵的有色金属的冲压。

三、冲压材料的力学性能

冲压材料的力学性能，如抗剪强度、抗拉强度、屈服强度、伸长强度等，通过试验都可以得到相关数值。这些力学性能对材料的冲压成形影响很大，进而会影响冲压工艺的制订，

冲压模具的设计及冲压设备的选择。

1）抗剪强度（τ）：抗剪强度是分离工序的重要工艺参数之一，它决定了抗剪阻力的大小，从而影响模具强度、压边力及设备的选择。

2）抗拉强度（σ_b）：抗拉强度表示材料在均匀变形状态下所能承受的拉力。σ_b 越大，材料在均匀变形状态下所能承受的拉力就越大。

3）屈服强度（σ_s）：屈服强度是成形工序的重要工艺参数之一，它主导着变形阻力的大小，σ_s 越小，材料的屈服强度就越低，越容易产生塑性变形，变形后弹性恢复程度越小，对模具强度的要求越小，从而选用的设备压力也越小；σ_s 越大，则说明材料的屈服强度越高，塑性变形抗力就越大。

4）屈强比（σ_s/σ_b）：屈强比是屈服强度 σ_s 与抗拉强度 σ_b 之比。抗拉强度 σ_b 与屈服强度 σ_s 的差值越大，屈强比 σ_s/σ_b 越小，材料的塑性变形区间越大，塑性变形性能越好。复杂结构件的屈强比应小于0.6。

5）均匀伸长率（δ）：均匀伸长率可表示材料发生均匀塑性变形的能力，它可以直观地反映材料被成形的能力。均匀伸长率较大时，材料有较大的塑性变形及塑性变形稳定性，在成形过程中不易因局部变形过大而导致开裂。

6）硬化指数（n）：材料在实际塑性成形过程中，随着变形程度的增加，其变形抗力（即每一瞬间的屈服强度 σ_s）也不断增大。与此同时，抗拉强度 σ_b 和硬度也将提高，而塑性下降，这种现象称为加工硬化。

黑色金属的力学性能见表1-3，有色金属的力学性能见表1-4。

表1-3　黑色金属的力学性能

材料名称	牌　号	材料状态	抗剪强度 τ/MPa	抗拉强度 σ_b/MPa	伸长率 δ_{10}（%）	屈服强度 σ_s/MPa
电工用纯铁 $w(C)<0.025$	DT1、DT2、DT3	已退火	180	230	26	—
电工用钢	D11、D12、D21、D31、D32、D41~D48、D310~D340	已退火	190	230	26	—
		未退火	560	650	—	
普通碳素结构钢	Q195	未退火	260~320	320~400	28~33	—
	Q215		270~340	340~420	26~31	220
	Q235		310~380	380~470	21~25	240
	Q255		340~420	420~520	19~23	260
	Q275		400~500	500~620	15~19	280
优质碳素结构钢	05	未退火	200	230	28	—
	05F		210~300	260~380	32	—
	08F		220~310	280~390	32	180
	08		260~360	330~450	32	200
	10F		220~340	280~420	30	190
	10		260~340	300~440	29	210

（续）

材料名称	牌　号	材料状态	抗剪强度 τ/MPa	抗拉强度 σ_b/MPa	伸长率 δ_{10}（%）	屈服强度 σ_s/MPa
优质碳素结构钢	15F	未退火	250～370	320～460	28	—
	15		270～380	340～480	26	230
	20F		280～390	340～480	26	230
	20		280～400	360～510	25	250
	25		320～440	400～550	24	280
	30		360～480	450～600	22	300
	35		400～520	500～650	20	320
	40		420～540	520～670	18	340
	45		440～560	550～700	16	360
	50		440～580	550～730	14	380
	55	已正火	550	≥670	14	390
	60		550	≥700	13	410
	65		600	≥730	12	420
	70		600	≥760	11	430
	65Mn	已退火	600	750	12	400
碳素工具钢	T7～T12，T7A～T12A	已退火	600	750	10	—
	T13、T13A		720	900	10	—
	T8A、T9A	冷作硬化	600～950	750～1200	—	—
锰钢	10Mn2	已退火	320～460	400～580	22	230
合金结构钢	25CrMnSiA、25CrMnSi	已低温退火	400～560	500～700	18	—
	30CrMnSiA、30CrMnSi		440～600	550～750	16	—
弹簧钢	60Si2Mn、60Si2MnA、65Si2MnWA	已低温退火	720	900	10	—
		冷作硬化	640～960	800～1200	10	
不锈钢	1Cr13	已退火	320～380	400～470	21	—
	2Cr13		320～400	400～450	20	—
	3Cr13		400～480	500～600	18	480
	4Cr13		400～480	500～600	15	500
	1Cr18Ni9　2Cr18Ni9	经热处理	460～520	580～640	35	200
		冷碾压冷作硬化	800～880	1000～1100	38	220
	1Cr18Ni9Ti	经热处理退软	430～550	540～700	40	200

表1-4 有色金属的力学性能

材料名称	牌号	材料状态	抗剪强度 τ/MPa	抗拉强度 σ_b/MPa	伸长率 δ_{10}（%）	屈服强度 σ_s/MPa
铝	1070A（L2）、1050A（L3）、1200（L5）	已退火	80	75～110	25	50～80
		冷作硬化	100	120～150	4	—
铝锰合金	3A21（LF21）	已退火	70～100	110～145	19	50
		半冷作硬化	100～140	155～200	13	130
铝镁合金、铝铜镁合金	5A02（LF2）	已退火	130～160	180～230	—	100
		半冷作硬化	160～200	230～280	—	210
高强度的铝镁铜合金	7A04（LC4）	已退火	170	250	—	—
		淬硬并经人工时效	350	500	—	460
镁锰合金	MB1	已退火	120～240	170～190	3～5	98
	MB8	已退火	170～190	220～230	12～14	140
		冷作硬化	190～200	240～250	8～10	160
硬铝（杜拉铝）	2A12（LY12）	已退火	105～150	150～215	12	—
		淬硬并经自然时效	280～310	400～440	15	368
		淬硬后冷作硬化	280～320	400～460	10	340
纯铜	T1、T2、T3	软的	160	200	30	7
		硬的	240	300	3	—
黄铜	H62	软的	260	300	35	—
		半硬的	300	380	20	200
		硬的	420	420	10	—
	H68	软的	240	300	40	100
		半硬的	280	350	25	—
		硬的	400	400	15	250
铅黄铜	HPb59-1	软的	300	350	25	145
		硬的	400	450	5	420
锰黄铜	HMn58-2	软的	340	390	25	170
		半硬的	400	450	15	—
		硬的	520	600	5	—
锡磷青铜锡锌青铜	QSn6.5-2.5、QSn4-3	软的	260	300	38	140
		硬的	480	550	3～5	—
		特硬的	500	650	1～2	546
铝青铜	QA17	退火的	520	600	10	186
		不退火的	560	650	5	250

（续）

材料名称	牌号	材料状态	抗剪强度 τ/MPa	抗拉强度 σ_b/MPa	伸长率 δ_{10}（%）	屈服强度 σ_s/MPa
铝锰青铜	QA18-2	软的	360	450	18	300
		硬的	480	600	5	500
硅锰青铜	QSi3-1	软的	280～300	350～380	40～45	239
		硬的	480～520	600～650	3～5	540
		特硬的	560～600	700～750	1～2	—
铍青铜	QBe2	软的	240～480	300～600	30	250～350
		硬的	520	660	2	—
钛合金	BT1-1	退火的	360～480	450～600	25～30	—
	BT1-2		440～600	550～750	20～25	—
	BT5		640～680	800～850	15	—
镁合金	MB1	冷态	120～140	170～190	3～5	120
	MB8		150～180	230～240	14～15	220
	MB1	预热300℃	30～50	30～50	50～52	—
	MB8		50～70	50～70	58～62	—

任务准备

各种不同类型和规格的冲压材料（见图1-32）。

图1-32　各类金属冲压材料及产品

任务实施

1）老师在课堂上结合冲压产品及冲压材料实物进行讲解，让学生观察不同冷冲压产品所用材料的异同点。

2）安排到一体化教室或多媒体教室进行视频教学。

3）同学们在老师及工厂师傅的带领下，参观冲压车间，要仔细观察各种不同类型和规格的冲压材料，注意冲压设备铭牌中的参数。老师及工厂师傅现场讲解冲压材料的加工性能，使学生熟悉各种不同类型和规格的冲压材料。

4）分组讨论常用冲压材料的种类及冲压成形时金属材料的性能。

5）小组代表上台展示分组讨论结果。

6）小组之间互评、教师评价。

7）布置相关课外作业。

检查评议

序 号	检查项目	考核要求	配 分	得 分
1	冲压材料的辨别	准确判断冲压产品所用材料	20	
2	列举10种日常生活中用到的冲压制品并说出由什么材料制成	能够列举10种日常生活中用到的冲压制品并准确无误地说出其冲压材料牌号	30	
3	不同冷冲压材料性能的异同点	准确无误地说出不同冷冲压材料性能的异同点	20	
4	小组内成员分工情况、参与程度	组内成员分工明确，所有的学生都积极参与小组活动，为小组活动献计献策	5	
5	合作交流、解决问题	组内成员分工协助，认真倾听、互助互学，在共同交流中解决问题	10	
6	小组活动的秩序	活动组织有序，服从领导	5	
7	讨论活动结果的汇报水平	敢于发言、质疑，汇报发言声音洪亮，思路清晰、简练，突出重点	10	
合 计			100	

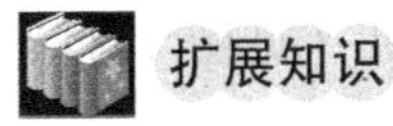

扩展知识

冲压材料的要求

冲压用板料的表面和内在性能对冲压制品的质量影响很大。对冲压材料的要求包括：

1）厚度精确、均匀。冲压用模具精密、间隙小，板料厚度过大会增加变形力，并造成卡料，甚至将凹模胀裂；板料过薄会影响成品质量，在拉深时甚至会出现拉裂。

2）表面光洁，无斑、无疤、无擦伤、无表面裂纹等。一切表面缺陷都将存留在成品表面，裂纹性缺陷在弯曲、拉深、成形等过程中可能向深处扩展，造成废品。

3）屈服强度均匀，无明显方向性。塑性变形的板料在拉深、翻边、胀形等过程中，因各向异性屈服的出现有先后，造成塑性变形量不一致，引起不均匀变形，使成形不准确而造成次品或废品。

4）均匀延伸率高。抗拉试验中，试样开始出现细颈现象前的延伸率称为均匀延伸率。在拉深时，板料任何区域的变形不能超过材料的均匀延伸范围，否则会出现不均匀变形。

5）屈强比低。低的屈强比不仅能降低变形抗力，还能减小拉深时起皱的倾向，减小弯曲后的回弹量，提高弯曲件精度。

6）硬化指数低。冷变形后出现的加工硬化会增加材料的变形抗力，使继续变形困难，故一般采用低硬化指数的板材。但硬化指数高的材料的塑性变形稳定性好（即塑性变形较均匀），不易出现局部性拉裂。

在实际生产中，常用与冲压过程近似的工艺性试验（如拉深性能试验、胀形性能试验等）检验材料的冲压性能，以保证成品质量和高的合格率。

任务5　认识冲压设备

学习目标

◎ 了解冲压设备的特点及应用
◎ 熟悉各种冲压设备的分类和组成
◎ 掌握各种典型冲压设备的工作原理
◎ 掌握各种冲压设备的选用原则

任务描述

冲压成形设备的类型很多，首先要了解各种冲压设备的特点及应用场合，掌握典型冲压设备的工作原理和冲压设备的选用方法。

相关知识

一、曲柄压力机的结构类型

曲柄压力机的结构类型主要有以下几种：

（1）按床身结构分　可分为开式压力机（见图 1-33）和闭式压力机（见图 1-34）两种。

图 1-33　开式压力机

图 1-34　闭式压力机

（2）按连杆的数目分　可分为单点压力机、双点压力机和四点压力机。单点压力机有一个连杆，双点和四点压力机分别有两个和四个连杆。

（3）按滑块行程是否可调分　可分为偏心压力机和曲轴压力机两大类。曲轴压力机的滑块行程不能调整，偏心压力机的滑块行程是可调的。

油压机如图1-35所示，高速冲压机如图1-36所示。

图1-35　油压机

图1-36　高速冲压机

二、曲柄压力机的基本组成

如图1-37所示为曲柄压力机结构简图。曲柄压力机由以下几部分组成：

（1）床身　床身是压力机的骨架，承受全部冲压力，并将压力机所有的零部件连接起来，以保证全机所要求的精度、强度和刚度。床身上固定有工作台1，用于安装下模。

（2）工作机构　工作机构采用曲柄连杆机构，由曲轴9、连杆10和滑块11组成。电动机5通过V带把能量传给带轮4，通过传动轴经小齿轮6、大齿轮7传给曲轴9，并经连杆10把曲轴9的旋转运动变成滑块11的往复运动，使压力机在整个工作周期里负荷均匀，能量得以充分利用。

（3）操作系统　操作系统由制动器3、离合器8等组成。离合器是用来起动和停止压力机的机构。当离合器分离时，制动器可使滑块停止在所需的位置上。离合器的离、合（即压力机的开、停）是通过操纵机构控制的。

（4）传动系统　传动系统包括带轮传动、齿轮传动等机构。

（5）能源系统　能源系统包括电动机、带轮4等。

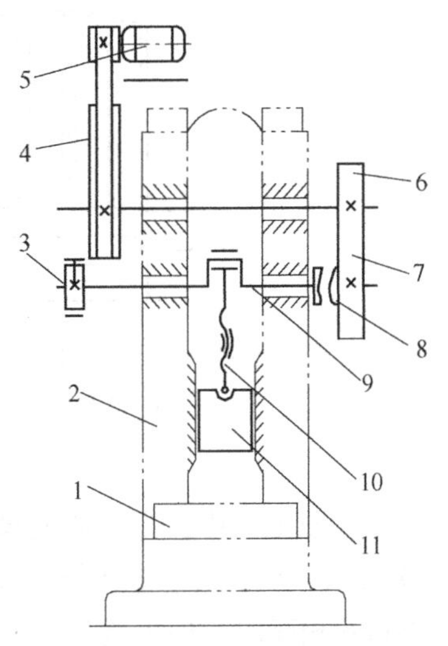

图1-37　曲柄压力机结构简图
1—工作台　2—床身　3—制动器　4—带轮　5—电动机　6、7—齿轮　8—离合器　9—曲轴　10—连杆　11—滑块

除基本部分外，还有许多种辅助装置，如：润滑系统、保险装置、计数装置及气垫等。

三、曲柄压力机连杆与滑块的结构及调整

曲柄压力机连杆一端与曲轴相连，一端与滑块相连。为了适应不同高度的模具，曲柄压力机的装模高度需要能调节。如图 1-38 所示的 JB23-63 型压力机的曲柄滑块机构，是通过调节连杆的长度来调节装模高度。连杆不是一个整体，而是由连杆体 1 和调节螺杆 6 组成。松开锁紧螺钉 7，用扳手扳动调节螺杆 6，即可调节连杆的长度。较大的压力机是通过电动机、齿轮或蜗杆传动机构来旋转调节螺杆的。在滑块 5 中装有支承座 8，并与调节螺杆 6 的球头相接。为了防止压力机超载，在滑块中的球头下座下面装有保险块。保险块的抗压强度是由理论计算与实际实验决定的。当压力机负荷超过公称压力时，保险块被破坏，而压力机却能不受损坏。有的压力机也采用液压过载保护装置来防止压力机负荷超载。

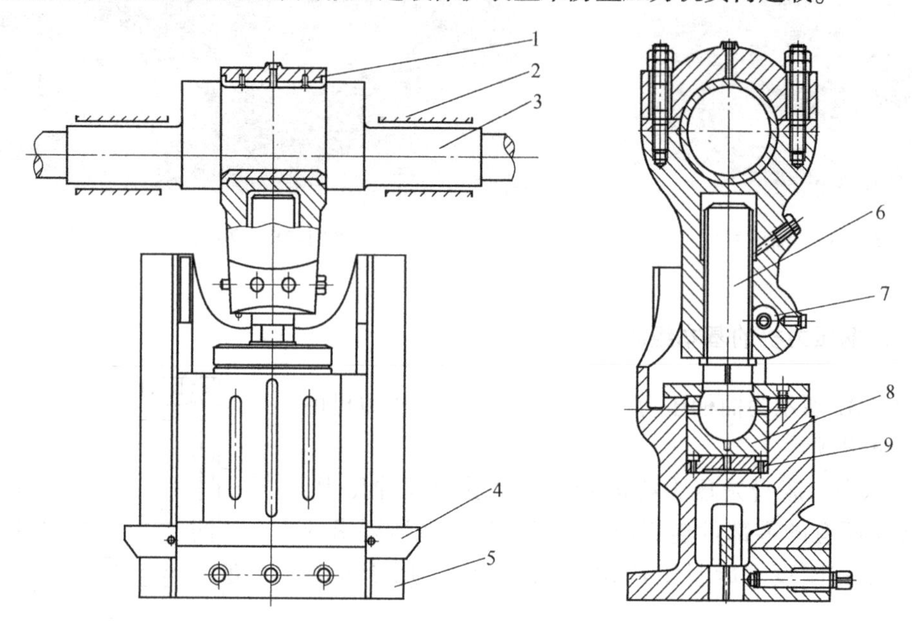

图 1-38　JB23-63 型压力机的曲柄滑块机构

1—连杆体　2—轴瓦　3—曲轴　4—横杆　5—滑块　6—调节螺杆　7—锁紧螺钉　8—支承座　9—保护块

在冲压工作中，为了从上模中打下工件或废料，压力机的滑块中装有打料装置，如图 1-39 所示，在滑块的矩形横向孔中放有横杆 1。当滑块处于回程位置，横杆 1 与床身上的制动螺钉 6 相碰时，即可通过上模中的推杆 2 将工件或废料 4 从上模中推出。调节制动螺钉 6，便可控制打料行程。

四、压力机的主要技术参数

压力机的主要技术参数能够反映一台压力机的工艺能力、所能加工零件的尺寸范围及生产率等。它是模具设计中选择冲压设备、确定模具结构的重要依据。

1. 公称压力

压力机滑块下压时的冲击力就是压力机的压力。由曲柄连杆机构的工作原理可知，压力机滑块的压力在全部行程中不是一个常数，而是随曲轴转角的变化而不断变化着。如

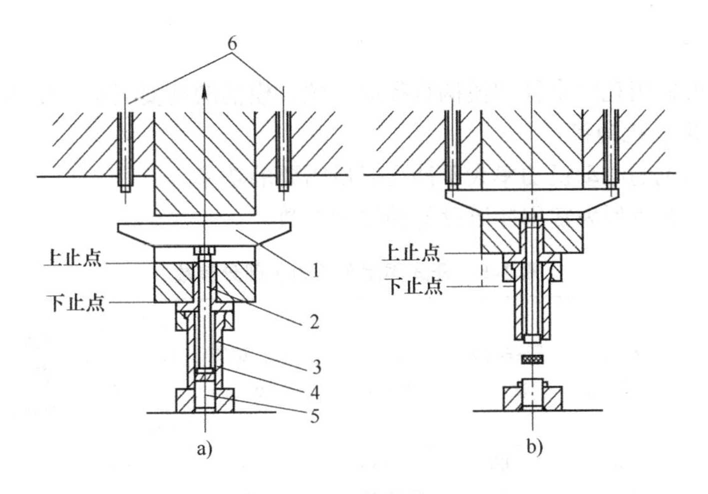

图1-39 打料装置

1—横杆 2—推杆 3—凹模 4—工件或废料 5—凸模 6—制动螺钉

图1-40所示为曲柄压力机的原理，从图中可以看出，在曲轴从离下死点的转角约等于30°处一直转至下死点位置的范围内，压力机的许用压力达到最大值 F_{max}。公称压力是指压力机曲柄旋转到离下死点前某一特定角度（称为公称压力角，约等于30°）时，滑块上所容许的最大工作压力。图1-40中还表示出了压力角所对应的滑块位移点。公称压力是表示压力机规格的主要参数。我国的压力机公称压力已经系列化了，例如63、100、160、250、400、630、800、1000、1250、1600等。公称压力必须大于冲压工艺所需的冲压力。

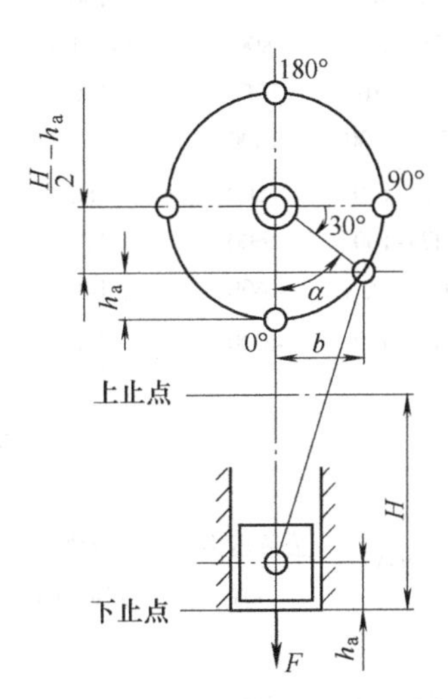

图1-40 曲柄压力机的原理

2. 滑块行程

滑块行程是指滑块从上死点到下死点所经过的距离。对于曲柄压力机，其值为曲柄半径的两倍。

3. 行程次数

滑块的行程次数是指滑块每分钟往复的次数。滑块每分钟往复次数的多少，关系到生产率的高低。一般压力机每分钟行程次数都是固定的。

4. 压力机的装模高度

压力机的装模高度是指滑块在下死点时，滑块底平面到工作台上的垫板上平面的高度。调节压力机连杆的长度，可以调节装模高度的大小。模具的闭合高度应在压力机的最大装模高度与最小装模高度之间。

5. 压力机工作台面尺寸

压力机工作台面尺寸应大于冲模的最大平面尺寸。一般工作台面每边应比模具下模座每边大50~70mm，以便安装固定模具用的螺钉和压板。

6. 漏料孔尺寸

当工件或废料需要下落，或模具底部需要安装弹顶装置时，下落件或弹顶装置的尺寸必须小于工作台中间的漏料孔尺寸。

7. 模柄孔尺寸

滑块内安装模柄用孔的直径和模柄直径应一致，模柄的高度应小于模柄孔的深度。

8. 压力机的电动机功率

必须保证压力机的电动机功率大于冲压时所需要的功率。

表 1-5 和表 1-6 所列为常用冲压设备的技术参数。

表 1-5　开式固定台压力机部分参数

型号	公称压力/kN	滑块行程/mm	行程次数/(次/min)	最大装模高度/mm	连杆调节长度/mm	工作台面尺寸前后×左右/(mm×mm)	模柄孔尺寸直径×深度/(mm×mm)	电动机功率/kW
J21-40	400	80	80	330	70	460×700	ϕ50×70	5.5
J21-63	630	100	45	400	80	480×710		5.5
JB21-63	630	80	65	320	70	480×710		5.5
J21-80	800	130	45	380	90	540×800	ϕ60×75	7.5
J21-80A	800	14~130	45	380	90	540×800		7.5
JA21-100	1000	130	38	480	100	710×1080		7.5
JB21-100	1000	60~100	70	390	85	600×850		7.5
J21-160	1600	160	40	450	100	710×710	ϕ70×80	13
J29-160	1600	117	40	480	80	650×1000		10
J29-160A	1600	140	37	450	120	630×1000		10
J21-400	4000	200	25	550	150	900×1400	T 形槽	30

表 1-6　开式双柱可倾式压力机部分参数

型号	公称压力/kN	滑块行程/mm	行程次数/(次/min)	最大装模高度/mm	连杆调节长度/mm	工作台面尺寸前后×左右/(mm×mm)	模柄孔尺寸直径×深度/(mm×mm)	电动机功率/kW
J23-10A	100	60	145	180	35	240×360	ϕ30×50	1.1
J23-16	160	55	120	220	45	300×450		1.5
J23-25	250	55/105	270	55	55	370×560	ϕ50×70	2.2
JD23-25	250	55	270	50	50	370×560		2.2
J23-40	400	45/90	330	65	65	460×700		5.5
JC23-40	400	65	210	60	60	380×630		4
J23-63	630	50	360	80	80	480×710		5.5
JB23-63	630	40/80	400	80	80	570×860		7.5
JC23-63	630	50	360	80	80	480×710		5.5
J23-80	800	130	45	380	90	540×800	ϕ60×75	7.5
JB23-80	800	115	45	417	80	480×720		7
J23-100	1000	130	38	480	100	710×1080		10
J23-100A	1000	16/140	45	400	100	600×900		7.5
JA23-100	1000	150	60	430	120	710×1080		10
JB23-100	1000	150	60	430	120	710×1080		10
J23-125	1250	130	38	480	110	710×1080		10

任务准备

曲柄压力机或油压机，冲压模具若干套，模具拆装工具一套，模具挂图，冲压材料等。

任务实施

同学们在老师及工厂师傅的带领下，参观冲压车间。学生要仔细观察冲压设备的工作过程及特点，注意冲压设备铭牌上的参数。老师及工厂师傅现场讲解冲压车间的安全操作规程和冲压加工原理，使学生熟悉不同类型冲压设备的名称和组成。

检查评议

序　号	检查项目	考核要求	配　分	得　分
1	冲压设备类型的判断	准确判断冲压设备类型并指出压力机的基本组成部分	30	
2	冲压设备的技术参数	准确无误地说出冲压设备技术参数的意义	30	
3	不同冲压设备的异同点	准确无误地说出冲压设备的异同点	40	
合　计			100	

任务6　了解冲压加工安全操作规程

学习目标

◎ 了解冲压设备安全作业知识

◎ 掌握各种冲压加工安全操作规程

任务描述

本任务主要是熟悉冲压设备安全作业知识，掌握各种冲压加工安全操作规程。做到文明生产，可有效防止设备和人身事故的发生。如何才能做到文明生产呢？下面将介绍冲压加工安全操作规程相关知识。

相关知识

一、冲压安全操作规程

众所周知，在任何企业中，安全操作都是放在首位的。冲压加工生产也不例外，在冲压件加工行业中，发生事故的主要原因是多数冲压作业还采用手工操作，操作者在简单、频繁、连续重复作业的情况下，容易产生疲劳。一旦操作失误，放料不准，模具移位，都有可能发生冲断手指等事故。冲压设备多数以机械传动为主，其特点是行程速度快，每分钟几次到数百次。目前在冲压机械化、自动化程度还不是很高的情况下，要特别注意冲压安全操作要求。

1）加强冲压机械的定期检修，严禁“带病”运转。开始操作前，必须认真检查防护装置是否完好，离合器制动装置是否灵活和安全可靠；应把工作台上的一切不必要的物件清理干净，以防工作时震落到脚踏开关上，造成冲床突然起动而发生事故。

2）冲小工件时，不得用手，应该用专用工具，最好安装自动送料装置。

3）操作者对脚踏开关的控制必须小心谨慎。装卸工件时，脚应离开脚踏开关。严禁其他人员在脚踏开关的周围停留。

4）如果工件卡在模子里，应用专用工具取出，不准用手拿，并应先将脚从脚踏开关上移开。

5）注意模具的安装、调整与拆卸中的安全。

① 安装前应仔细检查模具是否完整，必要的防护装置及其他附件是否齐全。

② 检查压力机和模具的闭合高度，保证所用模具的闭合高度介于压力机的最大闭合高度与最小闭合高度之间。

③ 使用压力机的卸料装置时，应将其暂时调到最高位置，以免调整压力机闭合高度时被折弯。

④ 安装、调整模具时，对小型压力机（公称压力为150t以下）要求用手扳动飞轮，带动滑块做上下运动进行操作；而对大型压力机用动力操纵，使用微动按钮点动，不许使用脚踏开关操纵。

⑤ 模具的安装顺序一般是先装上模，后装下模。

⑥ 模具安装完成后，应进行空转或试冲，检验上、下模位置的正确性，检查卸料、打料及顶料装置是否灵活、可靠，并装上全部安全防护装置，直至全部符合要求方可投入生产。

⑦ 拆卸模具时，应切断电源，用手或撬杆转动压力机飞轮（对于大型压力机则按微动按钮起动电动机），使滑块降至下死点，上、下模处于闭合状态。然后拆上模，拆完后将滑块升至上死点，使其与上模完全脱开。最后拆去下模，并将拆下的模具运到指定地点，再仔细擦去表面油污，涂上防锈油，稳妥存放，以备再用。

6）开机前应检查设备及模具的主要紧固螺栓有无松动，模具有无裂纹，操纵机构、急停机构或自动停止装置、离合器、制动器是否正常。必要时，对大型压力机可按点动开关试机，对小型压力机可用手扳动试机，试机过程中要注意手指安全。

7）模具安装与调试工作应由经过专业培训的模具工进行。安装调试时应采取加垫板等措施，防止上模零件坠落而伤手。冲压工不得擅自安装、调试模具。模具的安装应使闭合高度正确，尽量避免出现偏心载荷，模具必须紧固牢靠，经试运行合格后方能投入使用。

8）工作中注意力要集中。禁止边操作、边闲谈或抽烟。送料、接料时严禁将手或身体其他部分伸进危险区内。加工小件时应选用辅助工具（如专用镊子、钩子、电磁吸盘或送接料机构）。模具卡住坯料时，只准用工具解开和取出，以防发生事故。

9）发现冲床运转异常或有异常声响，如敲键声、爆裂声，应马上停机查明原因。传动部件或紧固件松动，操纵装置失灵而发生连冲，模具裂损时应立即停机修理。

10）在排除故障或修理时，必须切断电源、气源，待机床完全停止运动后方可进行。

11）正确使用劳动防护用品，扣好衣扣。女工的发辫不应露于工作帽之外，工作时戴好防护手套。不得赤脚或穿拖鞋、凉鞋、高跟鞋进入车间工作。

12）工作前应仔细检查工位是否布置妥当、工作区域有无异物、设备和机具的状况等，在确认无误后方可工作或起动设备。

13）开机后，先将设备起动空转1～3min，严禁操作有故障的设备。

14）工作时发生安全装置失灵、照明熄灭，在单次行程操作时发生连冲、坯料卡死在冲模中、设备运转生硬异常、产品质量状况变化等情况时，应立即关机，并通知设备维修人员。

15）工作时突然停电或暂时离开操作岗位时，必须关机，并把脚踏开关移至空挡或锁住。

16）冲模安装调整、设备检修、机器清理等需要停机排除各种故障时，必须切断电源，在设备起动开关旁挂上"有人工作，严禁合闸"的警告牌，警告牌的色调、字体必须醒目易见，必要时应有人监护开关。

17）生产中，坯料和工件的堆放要稳妥、整齐、不超高。冲床工作台上禁止堆放坯料或其他物件，废料应及时清理。

18）工作完毕应将模具落靠，切断电源、气源，认真收拾工具，清理保养设备，并做好记录、交接班工作。

19）发生下列情况时，要立即停机检查、修理：

① 听到设备有不正常的敲击声。

② 在单次行程操作时，发现有连冲现象。

③ 坯料卡死在冲模上或者发现废品。

④ 照明灯熄灭。

⑤ 安全防护装置不正常。

⑥ 冲模发生异常情况。

⑦ 没有防护的手工操作，缺少手动工具。

安全操作示意图如图1-41所示。

图1-41　安全操作示意图

二、文明安全生产要求

1）保证良好的工作态度。

2）岗前做好安全全面的检查。

3）正确使用劳动防护用品。

4）严格遵守公司制度和操作规程。

5）随时注意周围安全状态。

6）保护好工作台的安全。

7）下班做好工作区的清洁。

安全操作宣传图如图1-42所示。

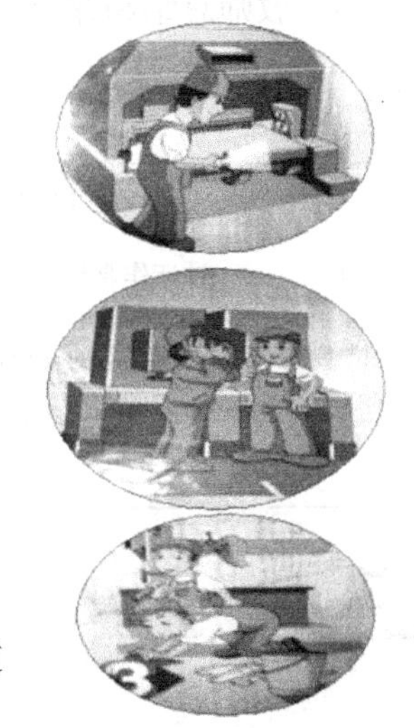

图1-42　安全操作宣传图

三、正确使用冲压辅助工具

1）握住安全手时，不能超过手柄，手指部分超过或全部超过都属于操作不当。

2）操作工具时，保持手与压力机冲裁区域的距离，严禁伸入压力机的冲裁区域内。

单头磁铁安全手如图 1-43 所示，双头磁铁安全手如图 1-44 所示。

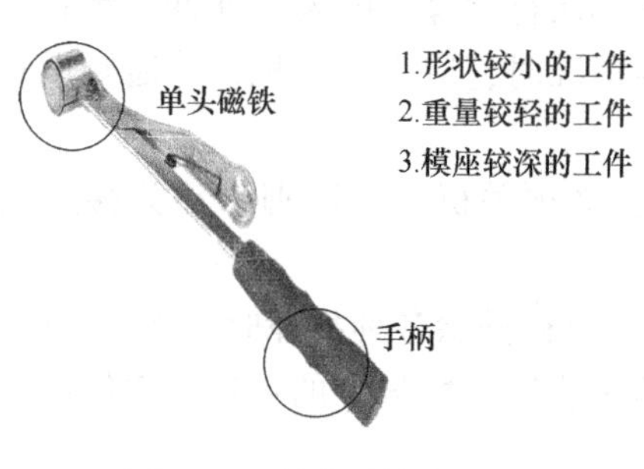

图 1-43　单头磁铁安全手

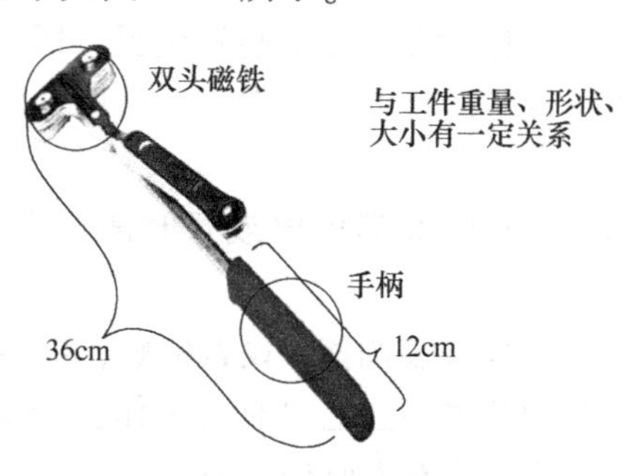

图 1-44　双头磁铁安全手

任务准备

曲柄压力机一台，冲孔模、落料模、弯曲模、拉深模、级进模挂图及模具实物若干，拆装模具用的内六角扳手、铜棒、锤子等工具一套，专用镊子、钩子、电磁吸盘或单、双头磁铁安全手各 1 把，冲压材料做成的条料若干。

任务实施

1）同学们在老师及工厂师傅的带领下，参观冲压加工车间和模具制作实训场，观察冲压加工的工作过程及特点，留意操作工人劳保用品的穿戴。老师及工厂师傅现场讲解冲压车间的安全操作规程和冲压加工原理。

2）老师或工厂师傅示范劳保用品的正确穿戴方法，演示冲压模具的工作过程。

3）课堂上结合冲压设备及安全挂图讲解冲压设备的安全操作规程及文明安全生产要求。

4）安排到一体化教室或多媒体教室进行视频教学。

5）老师演示在冲裁过程中如何正确使用冲床作业常用工具。

6）教师总结和评价。

检查评议

序　号	检查项目	考核要求	配　分	得　分
1	冲床作业常用工具的使用方法	准确说出并演示冲床作业常用工具的使用方法	40	
2	冲压设备的安全操作规程	准确说出冲压设备的安全操作规程	30	
3	文明安全生产要求	准确说出文明安全生产的各项要求	30	
合　计			100	

扩展知识

冲压生产的安全管理

冲压生产的安全管理，不仅仅是制度上的完善，更重要的是从技术角度和员工意识方面加强建设，这样才能形成一个良好的安全生产环境。

严格的安全管理制度和管理体系以及约束员工的各种安全操作规程是保证生产安全的重要方面，但是仅仅从制度上提供保证是远远不够的，企业在生产现场还必须采用各种安全技术手段来保障生产过程中的人身安全。在企业文化和员工安全意识上同步循环改善，才能创造更好的安全生产环境，同时也为高效率和高质量的产品制造提供保障。这一点在冲压生产中显得尤为重要。

一、冲压生产中引发事故的主要原因

通过对以往冲压生产中所发生事故的总结，我们将主要原因归结为以下几点：

1）冲压安全管理工作不完善，例如安全技术培训教育、安全装置的合理使用及文明生产等贯彻不严格。

2）生产现场劳动条件不符合要求，例如照明条件不合适、噪声过大等。

3）无安全技术措施或安全技术措施不够完善，例如压力机上未配备可靠的安全装置或安全装置发生故障和损坏等。

4）模具结构不合理，需要操作人员手工校正毛坯位置或者其他一些部位。

5）操作者违章作业。

二、冲压生产的防护装置

冲压生产的防护装置根据具体作业情况配置，既要保证作业安全，又不能影响作业进程。为了使安全装置更好地发挥作用，操作人员必须按规程正确使用，以保证自身安全。冲压设备的防护装置形式较多，按结构可分为机械式、按钮式、光电式、感应式等，其中光电式保护装置使用范围广、效果好。

光电式保护装置按光源不同可分为红外光电保护装置和白灼光电保护装置，其中红外光电保护装置在冲压行业的应用较为普遍。红外光电保护装置由发光器、受光器、同步发信开关和控制器四个部分组成。

光电式保护装置的工作原理是：将预先调制成频率为1kHz的脉冲电流通过发光二极管转换成红外光脉冲信号，受光装置接收到光束信号以后，再将它变成脉冲电信号并进行滤波、放大。当其中任意一束光信号被人遮断时，鉴别电路会立即进行判断，然后由同步发信开关的无触头行程开关发出信号和滤波器输出的信号相“与”。“与”门输出信号使记忆电路翻转，驱动电路随即驱动继电器切断冲压机械的制动电磁铁或空气制动阀，使下落的滑块制动。

光电式保护装置主要应用于装有刚性离合器的压力机上（见图1-45）。在冲压生产时，将两对红外光电保护装置固定于压力机操作台面的四角。光电装置的高度可以调节，在压力机滑块下行途中，若人或物突然入模，遮挡住任意一束光束信号，滑块就会立即停止运行，从而实现自动保护。光电式保护装置使用方便，对正常作业基本上没有干扰，可以为高效率和高品质的冲压生产提供安全保障。

当然，一般压力机本身也有安全考虑，如压力机的急停开关，其作用就在于当压力机出现紧急故障时，按下急停开关可以使压力机立即停止运行，保护工装及人身安全。

图1-45　冲压机上安装的光电式保护装置

三、安全教育与管理

1. 安全生产教育

一般企业执行的安全教育分为三级：厂级、车间级、小组级。新工人进厂，厂级要进行工厂安全生产情况和工厂安全要求、注意事项等初步安全教育和训练；车间级要进行车间安全生产知识和规章制度教育，重点讲解安全生产的意义，本单位伤亡事故的典型案例及事故发生的主要原因；小组级要进行冲压安全操作规程的教育，介绍本工种的工作性质、职责范围、生产情况，介绍冲床的特点、冲床伤害事故发生的原因和预防措施等。

2. 冲压安全生产管理

冲压生产作业有具体明确的操作规程和工艺文件，操作人员要严格按照操作规程和工艺要求进行作业，不安全的危险作业可拒绝接受。同时，企业还应建立负责人安全巡回检查制度，深入了解生产现场安全情况和各项制度的贯彻落实情况。

3. 危险预知培训

危险预知培训（KYT）起源于日本住友金属工业公司，K（Kiken）代表危险，Y（Yochi）代表预知，T（Training）代表训练，是针对生产特点和作业全过程，以危险因素为对象，以作业班组为团队开展的一项安全教育和训练活动，它是一种群众性的“自主管理”活动。调查发现，70%的事故是由于违章操作造成的。因此，企业应鼓励员工形成相互谈论安全的文化，不断提高员工的安全意识，使安全管理由被动管理逐步提升为员工的主动参与。

制定KYT活动导入计划时，要同时注意对活动开展情况进行检查诊断，并按照季度设定阶段性必达考核指标。KYT活动导入时，首先要对冲压车间中层管理人员进行培训，然后对班组长及车间安全员进行培训，让每个人都重视并掌握开展KYT活动的目的、意义和方法。

KYT核心的八项安全改善活动包括：KYT的实施、安全巡视的实施、标准作业的实施、设备保全活动的实施、作业前手指口述活动的实施、“吓一跳、冒冷汗”记录的实施、班前安全会的实施、事故信息快递与共享的实施。这八项改善活动立足于班组，以分阶段稳步实施的方式，促进员工从“要我安全”向“我要安全、我会安全”转变，挖掘班组可以改进的潜力，引导和推动班组安全自主管理能力的提升，最终实现班组自主安全管理。班组可以模拟工作岗位场景、厂内区域活动、上下班交通、虚惊事件展开、类似事故展开等，找到危险源，确定对策，提高员工对危险的敏感度、对作业的注意力及提高解决问题的能力，控制作业过程中的危险，预测和预防可能出现的事故。

KYT的八项安全改善活动共分为五个阶段进行，分别是：评价班组的培训效果；评价是否已导入实施；评价是否深入实施；评价是否标准、规范；PDCA循环和维持管理。每个阶段都有具体的指标要求，检查诊断时一定要前一个阶段所有指标达标后才能诊断下一个阶段的工作。

单元2　冲裁模设计

2

任务1　认识冲裁模

子任务1　了解冲裁变形过程

学习目标

◎ 掌握冲裁变形过程中弹性变形阶段的特点

◎ 掌握冲裁变形过程中塑性变形阶段的特点

◎ 掌握冲裁变形过程中剪裂阶段的特点

任务描述

通过单元1中任务3，同学们已经掌握了冲裁分离六大类工序：落料、冲孔、切断、切边、剖切、切舌的特点，也了解了上述六大类工序的应用场合，那么冲裁分离过程究竟是怎样形成的？冲裁变形过程有几个阶段？若要回答上述问题，就必须了解冲压模具冲裁变形过程的基本知识。

相关知识

冲裁过程如图2-1所示。凸模1与凹模2具有与工件轮廓一样的刃口。凸、凹模之间存在一定的间隙。当压力机滑块把凸模推下时，便将放在凸、凹模中间的板料冲裁成所需的工件。

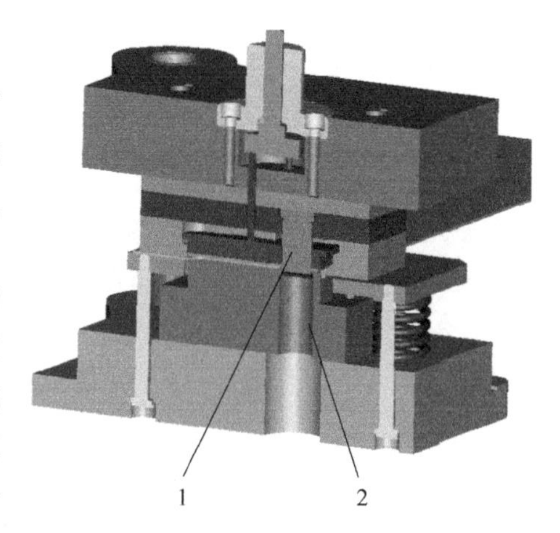

图2-1　冲裁过程
1—凸模　2—凹模

冲裁过程是在瞬间完成的。为了控制冲裁件的质量，研究冲裁的变形机理，就需要分析冲裁时板料分离的实际过程。如图2-2所示是金属板料冲裁变形过程。当模具间隙正常时，这个变形过程大致可分为三个变形阶段，即弹性变形阶段、塑性变形阶段和剪裂阶段。

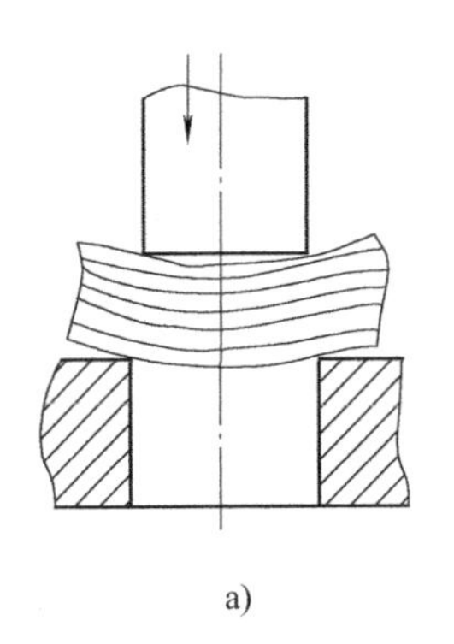

a)

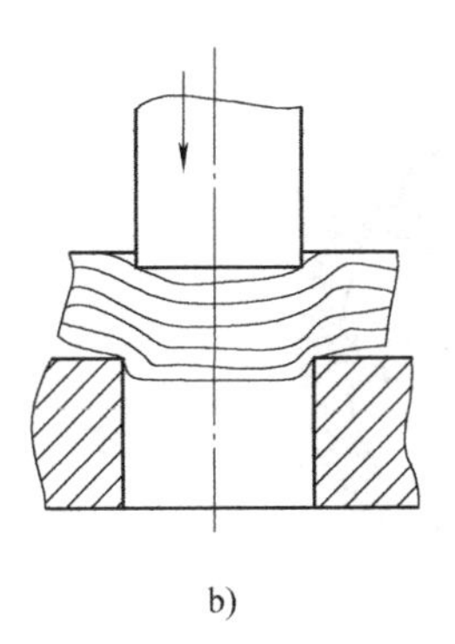

b)

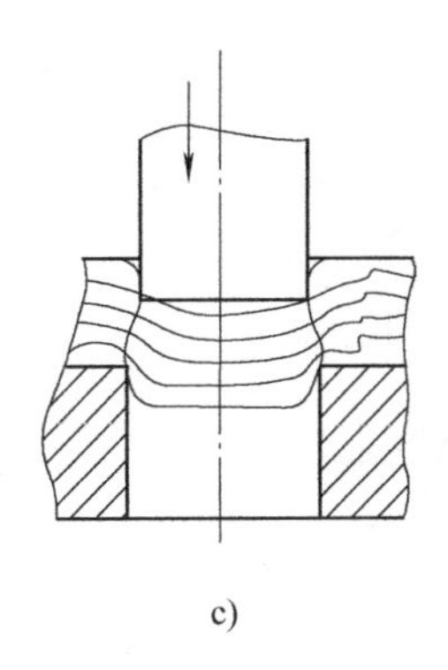

c)

图2-2　金属板料冲裁变形过程

a）弹性变形阶段　b）塑性变形阶段　c）剪裂阶段

一、弹性变形阶段

当凸模开始接触板料并下压时，凸模与凹模让刃口周围的板料产生应力集中现象，使材料产生弹性压缩、弯曲、拉深等复杂的变形，板料略有挤入凹模洞口的现象。此时，凸模下的材料略有弯曲，凹模上的材料则向上翘。间隙越大，弯曲和上翘越严重。随着凸模继续压入，直到材料内的应力达到弹性极限，如图2-2a所示。

二、塑性变形阶段

当凸模继续压入时，板料内的应力达到屈服极限，板料与凸模和凹模的接触处产生塑性剪切变形，如图2-2b所示。凸模切入板料，将板料挤入凹模洞口。在板料剪切面的边缘，由于弯曲拉深等作用而形成塌角，同时由于塑性剪切变形，在切断面上形成一小段光亮且与板面垂直的直边。纤维组织产生更大的弯曲和拉深变形。随着凸模的下压，应力不断加大，直到分离变形区的应力达到强度极限，塑性变形阶段结束。

三、剪裂阶段

当板料的应力达到强度极限后，凸模再向下压，则在板料与凸模和凹模的接触处分别产生裂纹，如图2-2c所示。随着凸模下压，裂纹逐渐扩大并向材料内延伸。当上、下裂纹重合时，板料便被分离。凸模再下压，使已分离的材料克服摩擦阻力从板料中推出，由此完成冲裁过程。

由上述冲裁变形过程的分析可知，冲裁变形是很复杂的，除了剪切变形外，还存在拉深、弯曲与横向挤压等变形。所以冲裁件及废料的平面不平整，常有翘曲现象。常见冲裁件如图2-3所示。

任务准备

冲孔模挂图及模具实物一套，条料若干，拆装模具用的内六角扳手、铜棒、锤子等工具一套，各种不同类型的冲裁产品实物若干。

任务实施

1）同学们在老师及工厂师傅的带领下，参观冲压加工车间和模具制作实训场，要仔细

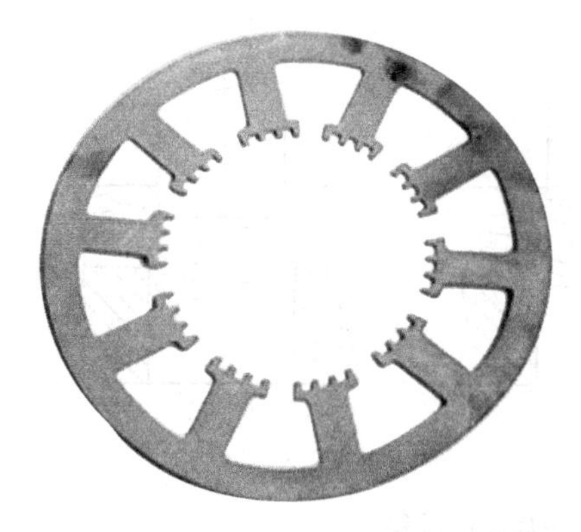
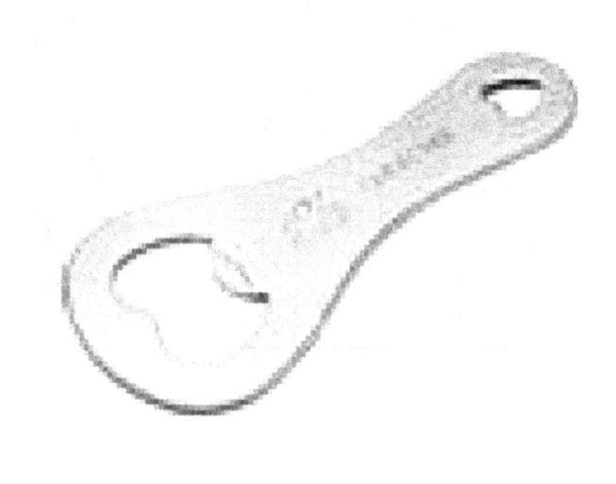

图 2-3　冲裁件

观察冲裁模冲压加工的工作过程及特点。老师及工厂师傅现场讲解冲裁变形过程三个不同阶段的特点。

2）课堂上由老师结合冲孔模挂图讲解冲裁变形过程三个不同阶段的特点。

3）安排到一体化教室或多媒体教室进行视频教学。

4）分组讨论冲裁变形过程三个不同阶段的特点。

5）小组代表上台展示分组讨论结果。

6）小组之间互评、教师评价。

检查评议

序　号	检查项目	考核要求	配　分	得　分
1	冲裁变形过程中弹性变形阶段的特点	准确无误地说出冲裁变形过程中弹性变形阶段的特点	10	
2	冲裁变形过程中塑性变形阶段的特点	准确无误地说出冲裁变形过程中塑性变形阶段的特点	10	
3	冲裁变形过程中剪裂阶段的特点	准确无误地说出冲裁变形过程中剪裂阶段的特点	20	
4	冲裁模种类的识别	准确无误地说出冲裁模种类	30	
5	小组内成员分工情况、参与程度	组内成员分工明确，所有的学生都积极参与小组活动，为小组活动献计献策	5	
6	合作交流、解决问题	组内成员分工协助，认真倾听、互助互学，在共同交流中解决问题	10	
7	小组活动的秩序	活动组织有序，服从领导	5	
8	讨论活动结果的汇报水平	敢于发言、质疑，汇报发言声音洪亮，思路清晰、简练，突出重点	10	
合　计			100	

考证要点

一、填空题

1. 普通冲裁件断面具有________、________、________和________四个明显区域。

2. 一般落料模先确定________刃口尺寸，以________为基准，间隙取在凸模上；冲孔模先确定________刃口尺寸，以________为基准，间隙取在凹模上。

3. 冲裁的变形过程主要包括________、________、________。

二、判断题（正确的打“√”，错误的打“×”）

冲裁变形过程中，微裂纹最早出现在凹模端面。(   )

三、选择题

1. 厚度为10mm的Q215热轧钢板的冲裁件，断面部分有塌角带、光亮带、断裂带、________。

A. 回弹带　　B. 变形带　　C. 毛刺区　　D. 强化带

2. 冲裁变形过程中的塑性变形阶段形成了________。

A. 光亮带　　B. 毛刺　　C. 断裂带

子任务2　了解冲裁模间隙的确定方法

学习目标

◎ 掌握冲裁模间隙的确定方法

◎ 了解合理选择冲裁模间隙的重要性

任务描述

冲裁模种类很多，冲裁各种不同类型材料时凸、凹模之间间隙如何确定呢？要学会合理选择冲裁间隙，就必须让同学们首先了解冲裁间隙的相关知识。

相关知识

一、冲裁间隙的定义

冲裁间隙（见图2-4）是指冲裁凸、凹模之间工作部分的尺寸之差，用Z表示，即

$$Z = D_d - D_p \tag{2-1}$$

如无特殊说明，冲裁间隙都是指双边间隙。Z值可为正，也可为负，但在普通冲裁中均为正值。

冲裁间隙对冲裁过程有着很大的影响。除此之外，间隙对模具寿命也有较大的影响。冲裁间隙是保证合理冲裁过程最主要的工艺参数。

由冲裁变形过程的分析可知，决定合理间隙值的理论依据是应保证在冲裁塑性变形结束后，由凸、凹模刃口处所产生的上、下剪裂纹重合。

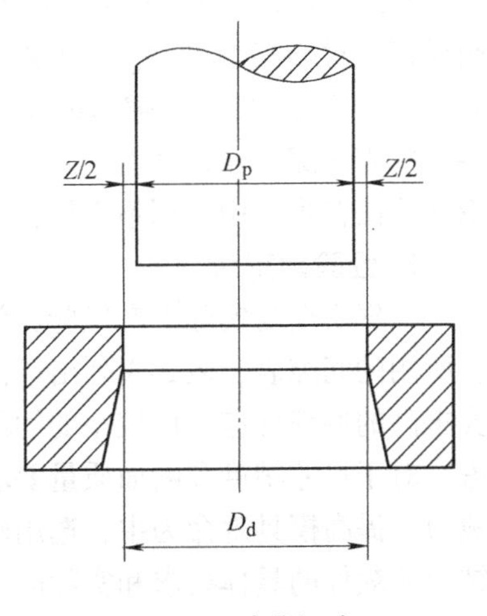

图2-4　冲裁间隙

板料厚度增大，间隙数值应增大。反之亦然，板料越

薄，则间隙越小。

材料塑性好，光亮带所占的相对宽度 b/t 大，间隙数值就小。而塑性差的硬材料，间隙数值就大一些。综合上述两个因素的影响可以看出，材料厚度对间隙的综合影响并不是简单的正比关系。但是概括地说，板料越厚，塑性越差，则间隙越大；材料越薄，塑性越好，则间隙越小。

二、冲裁间隙的确定方法

间隙对冲裁件质量、冲裁力、模具寿命等都有很大的影响，但很难找到一个固定的间隙值能同时满足冲裁件质量最佳、寿命最长、冲裁力最小等各方面的要求。因此，在冲压实际生产中，主要根据冲裁件断面质量、尺寸精度和模具寿命这三个因素综合考虑，给间隙规定一个范围。模具间隙只要在这个范围内，就能得到质量合格的冲裁件和较长的模具寿命，在这个范围内的间隙称为合理间隙，在这个范围内的最小值称为最小合理间隙（Z_{min}），最大值称为最大合理间隙（Z_{max}）。考虑到在生产过程中的磨损使间隙变大，故设计与制造新模具时应采用最小合理间隙 Z_{min}。

确定合理间隙值有理论确定法和经验确定法两种方法。

1. 理论确定法

理论确定法主要是根据凸、凹模刃口产生的裂纹相互重合的原则进行计算。如图 2-5 所示为冲裁过程中开始产生裂纹的瞬时状态，根据图中几何关系可求得合理间隙 Z 为

$$Z=2(t-h_0)\tan\beta=2t\left(1-\frac{h_0}{t}\right)\tan\beta \qquad (2\text{-}2)$$

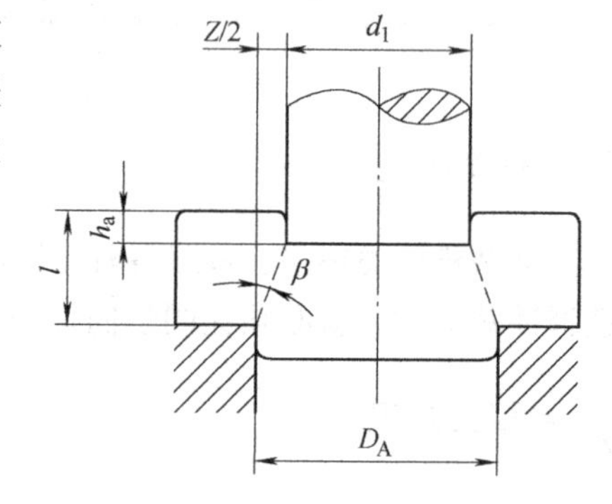

图 2-5　冲裁过程中开始产生裂纹的瞬时状况

式中　t——材料厚度；

h_0——产生裂纹时凸模挤入材料的深度；

h_0/t——产生裂纹时凸模挤入材料的相对深度；

β——裂纹方向与垂线间的夹角。

从式（2-2）可以看出，合理间隙 Z 与材料厚度 t、凸模挤入材料的深度 h_0、裂纹方向角 β 有关，而 h_0 又与材料塑性有关，h_0/t 与 β 值见表 2-1。因此，影响间隙值的主要因素是材料塑性和厚度。厚度越大、塑性越差的硬脆材料，所需间隙 Z 值就越大；厚度越小、塑性越好的材料，则所需间隙 Z 值就越小。由于理论计算法在生产中使用不方便，故目前广泛采用的是经验确定法。

2. 经验确定法

根据研究与实际生产经验，间隙值可按要求分类查表确定。表 2-2 列出了电器、仪表行业所用的间隙表，表 2-3 列出了汽车、拖拉机行业常用的间隙表。对于尺寸精度和断面质量要求高的冲裁件应选用较小的间隙值（见表 2-2），这时冲裁力与模具寿命作为次要因素考虑。对于尺寸精度和断面质量要求不高的冲裁件，在满足冲裁件要求的前提下，应以降低冲裁力、提高模具寿命为主，选用较大的间隙值（见表 2-3）。在确定间隙的具体数值时，应结合冲裁件的具体要求和实际的生产条件来考虑，其总的原则是在保证满足冲裁件剪切断面质量和尺寸精度的前提下，使模具寿命最高。

表2-1　h_0/t 与 β 值

材　料	h_0/t		β	
	退　火	硬　化	退　火	硬　化
软钢、纯铜、软黄铜	0.5	0.35	6°	5°
中硬钢、硬黄铜	0.3	0.2	5°	4°
硬钢、硬青铜	0.2	0.1	4°	4°

表2-2　冲裁模初始双面间隙Z（电器、仪表行业用）　　　　（单位：mm）

板料厚度	软　钢		纯铜、黄铜 $w(C)=0.08\%\sim0.2\%$ 的软钢		杜拉铝、$w(C)=0.3\%\sim0.4\%$ 的中等硬钢		硬钢（$w(C)=0.5\%\sim0.6\%$）	
	Z_{min}	Z_{max}	Z_{min}	Z_{max}	Z_{min}	Z_{max}	Z_{min}	Z_{max}
0.2	0.008	0.012	0.010	0.014	0.012	0.016	0.014	0.018
0.3	0.012	0.018	0.015	0.021	0.018	0.024	0.021	0.027
0.4	0.016	0.024	0.020	0.028	0.024	0.032	0.028	0.036
0.5	0.020	0.030	0.025	0.035	0.030	0.040	0.035	0.045
0.6	0.024	0.036	0.030	0.042	0.036	0.048	0.042	0.054
0.7	0.028	0.042	0.035	0.049	0.042	0.056	0.049	0.063
0.8	0.032	0.048	0.040	0.056	0.048	0.064	0.056	0.072
0.9	0.036	0.054	0.045	0.063	0.054	0.072	0.063	0.081
1.0	0.040	0.060	0.050	0.070	0.060	0.080	0.070	0.090
1.2	0.060	0.084	0.072	0.096	0.084	0.108	0.096	0.120
1.5	0.075	0.105	0.090	0.120	0.105	0.135	0.120	0.150
1.8	0.090	0.126	0.108	0.144	0.126	0.162	0.144	0.180
2.0	0.100	0.140	0.120	0.160	0.140	0.180	0.160	0.200
2.2	0.132	0.176	0.154	0.198	0.176	0.220	0.198	0.242
2.5	0.150	0.200	0.175	0.225	0.200	0.250	0.225	0.275
2.8	0.168	0.224	0.196	0.252	0.224	0.280	0.252	0.308
3.0	0.180	0.240	0.210	0.270	0.240	0.300	0.270	0.330
3.5	0.245	0.315	0.280	0.350	0.315	0.385	0.350	0.420
4.0	0.280	0.360	0.320	0.400	0.360	0.440	0.400	0.480
4.5	0.315	0.405	0.360	0.450	0.405	0.495	0.450	0.540
5.0	0.350	0.450	0.400	0.500	0.450	0.550	0.500	0.600
6.0	0.480	0.600	0.540	0.660	0.600	0.720	0.660	0.780
7.0	0.560	0.700	0.630	0.770	0.700	0.840	0.770	0.910
8.0	0.720	0.880	0.800	0.960	0.880	1.040	0.960	1.120
9.0	0.810	0.990	0.900	1.080	0.990	1.170	1.080	1.260
10.0	0.900	1.100	1.000	1.200	1.100	1.300	1.200	1.400

注：1. 初始间隙的最小值相当于间隙的公称数值。
2. 初始间隙的最大值是考虑到凸模和凹模的制造公差时所增加的数值。
3. 在使用过程中，由于模具工作部分的磨损，间隙将有所增加，因而使用时间隙的最大数值要超过表中所列数值。

表 2-3　冲裁模初始双面间隙 Z（汽车、拖拉机行业用）　　（单位：mm）

板料厚度	08、10、35、09Mn、Q235		16Mn		40、50		65Mn	
	Z_{min}	Z_{max}	Z_{min}	Z_{max}	Z_{min}	Z_{max}	Z_{min}	Z_{max}
<0.5	极 小 间 隙							
0.5	0.040	0.060	0.040	0.060	0.040	0.060	0.040	0.060
0.6	0.048	0.072	0.048	0.072	0.048	0.072	0.048	0.072
0.7	0.064	0.092	0.064	0.092	0.064	0.092	0.064	0.092
0.8	0.072	0.104	0.072	0.104	0.072	0.104	0.064	0.092
0.9	0.090	0.126	0.090	0.126	0.090	0.126	0.090	0.126
1.0	0.100	0.140	0.100	0.140	0.100	0.140	0.090	0.126
1.2	0.126	0.180	0.132	0.180	0.132	0.180	—	—
1.5	0.132	0.240	0.170	0.240	0.170	0.230	—	—
1.75	0.220	0.320	0.220	0.320	0.220	0.320	—	—
2.0	0.246	0.360	0.260	0.380	0.260	0.380	—	—
2.1	0.260	0.380	0.280	0.400	0.280	0.400	—	—
2.5	0.360	0.500	0.380	0.540	0.380	0.540	—	—
2.75	0.400	0.560	0.420	0.600	0.420	0.600	—	—
3.0	0.460	0.640	0.480	0.660	0.480	0.660	—	—
3.5	0.540	0.740	0.580	0.780	0.580	0.780	—	—
4.0	0.640	0.880	0.680	0.920	0.680	0.920	—	—
4.5	0.720	1.000	0.680	0.960	0.780	1.040	—	—
5.5	0.940	1.280	0.780	1.100	0.980	1.320	—	—
6.0	1.080	1.400	0.840	1.200	1.140	1.500	—	—
6.5	—	—	0.940	1.300	—	—	—	—
8.0	—	—	1.200	1.680	—	—	—	—

注：冲裁皮革、石棉和纸板时，间隙取 08 钢的 25%。

从表 2-2 和表 2-3 中可以看出，合理间隙值有一个相当大的变动范围，为（5% ~ 25%）t。取较小的间隙有利于提高冲件的质量，取较大的间隙则有利于提高模具的寿命。因此，在保证冲件质量的前提下，应采用较大间隙。

表中所列 Z_{min} 与 Z_{max} 只是指新制造模具时的变动范围，并非磨损极限。

对于薄料，间隙很小。如板料厚度为 0.2 ~ 0.3mm 时，可认为是无间隙模具。因此，冲薄料的工艺性是很差的，对模具的精度要求很高。在模具结构上也应采取一些特殊的措施来满足冲裁时无间隙的要求。

冲裁间隙的合理数值应在设计凸、凹模工作部分尺寸时给予保证，同时在模具装配时必须保证间隙沿封闭轮廓线分布均匀，这样才能保证取得满意的效果。

任务准备

选择落料模、冲孔模、切断模、切口模、切边模、剖切模中 2 ~ 3 套模具，Q235 钢条料若干（长度大于100mm），曲柄压力机一台，游标卡尺、螺旋千分尺，拆装模具用的内六角扳手、铜棒、锤子等工具一套。

任务实施

1）同学们在老师及工厂师傅的带领下，参观冲压加工车间和模具制作实训场，要仔细观察冲压加工的工作过程及特点，留意各种不同类型冲件产品的异同点。老师及工厂师傅现场讲解冲压车间的安全操作规程和冲压加工原理，熟悉各种不同类型的模具名称和作用。

2）老师在课堂上结合挂图和模具实物进行讲解，并将模具实物大体拆开观看，观察不同冷冲压工序的异同点。

3）安排到一体化教室或多媒体教室进行视频教学。

4）分组讨论冲裁间隙的确定方法。

5）小组代表上台展示分组讨论结果。

6）小组之间互评、教师评价。

检查评议

序　号	检查项目	考核要求	配　分	得　分
1	冲裁间隙的重要性	准确无误地说出冲裁间隙的重要性	10	
2	冲裁模初始双面间隙 Z 值	能准确无误地查出冲裁模初始双面间隙 Z 值	20	
3	间隙对冲裁力的影响	准确无误地说出间隙对冲裁力的影响	20	
4	冲裁模间隙大小的判断	准确无误地测出冲裁模间隙值，并判断冲裁模间隙是否合理	20	
5	小组内成员分工情况、参与程度	组内成员分工明确，所有的学生都积极参与小组活动，为小组活动献计献策	5	
6	合作交流、解决问题	组内成员分工协助，认真倾听、互助互学，在共同交流中解决问题	10	
7	小组活动的秩序	活动组织有序，服从领导	5	
8	讨论活动结果的汇报水平	敢于发言、质疑，汇报发言声音洪亮，思路清晰、简练，突出重点	10	
合　计			100	

考证要点

一、填空题

1. 刃口尺寸计算原则里，初始设计间隙采用________间隙值。

2. 当间隙值较大时，冲裁后因材料的弹性回复使__________凹模尺寸，冲孔件的孔径________。凸、凹模分开制造时，它们的制造公差应符合________的条件。

3. 冲模装配的关键是保证________均匀一致。

4. 若凸模与凹模有较大的间隙，落料件的外形尺寸总是接近或等于________的刃口尺寸。

二、判断题（正确的打“√”，错误的打“×”）

1. 冲裁件产生毛刺的原因很多，其中凸模和凹模的间隙不合理和模具刃口变钝是主要原因。(   )

2. 一般情况下，冲裁凸模刃口端面的磨损量最大。(   )

3. 冲裁间隙过大时，断面将出现二次光亮带。(   )

4. 板料越薄，材料塑性越好，合理的冲裁间隙越小。(   )

三、选择题

1. 冷冲模装配时，凸模的间隙应符合图样要求，且沿整个轮廓上的间隙要________。

A. 偏左　　B. 偏右　　C. 均匀一致

2. 冲裁间隙对冲裁件的尺寸精度有一定影响。一般情况下，若间隙过大，落料件尺寸________凹模尺寸。

A. 大于　　B. 小于　　C. 等于　　D. 不确定

3. 在合理的冲裁间隙范围内，适当地取大间隙有利于（   ）。

A. 提高冲压件质量　　B. 延长模具使用寿命

C. 提高材料利用率　　D. 提高生产率

4. 冲裁间隙对冲裁件的尺寸精度有一定影响，(   )。

A. 若间隙过大，则落料件的尺寸会小于凹模尺寸，冲孔件的尺寸会大于凸模尺寸

B. 若间隙过大，则落料件的尺寸会大于凹模尺寸，冲孔件的尺寸会大于凸模尺寸

C. 若间隙过小，则落料件的尺寸会小于凹模尺寸，冲孔件的尺寸会小于凸模尺寸

D. 若间隙过小，则落料件的尺寸会大于凹模尺寸，冲孔件的尺寸会大于凸模尺寸

5. 若发现所冲的孔有毛刺，则凹模刃口变钝，应着重刃磨（   ）。

A. 凸模　　B. 凹模　　C. 边缘　　D. 刃口

6. 当冲裁间隙较大时，冲裁后因材料弹性回复，使冲孔件尺寸________凸模尺寸，落料件尺寸________凹模尺寸。

A. 大于，小于　　B. 大于，大于

C. 小于，小于　　D. 小于，大于

7. 冲裁模的冲裁间隙（   ）。

A. 是均匀的　　B. 不均匀

C. 是否均匀没有影响　　D. 是否均匀要视情况而定

四、简答题

在设计冲裁模时，确定冲裁间隙的原则是什么？

子任务3　了解凸、凹模刃口尺寸的计算方法

学习目标

◎ 掌握凸、凹模刃口基本尺寸的计算方法

◎ 掌握凸、凹模刃口公差的确定方法

任务描述

在学习了冲裁间隙的基本知识后，我们知道冲裁模的凸、凹模的刃口尺寸和公差，直接影响冲裁件的尺寸精度。模具的合理间隙值也靠凸、凹模刃口尺寸及其公差来保证。因此，正确确定凸模与凹模刃口尺寸和公差对尺寸精度和模具寿命相当重要。下面介绍凸、凹模刃口尺寸的计算原则与计算方法。

相关知识

一、凸、凹模刃口尺寸的计算原则

在确定冲模凸模和凹模刃口尺寸时，必须遵循以下原则：

1）根据落料和冲孔的特点，落料件的尺寸取决于凹模尺寸，因此落料模应先确定凹模尺寸，通过减小凸模尺寸来保证合理间隙；冲孔件尺寸取决于凸模尺寸，故冲孔模应先确定凸模尺寸，用增大凹模尺寸来保证合理间隙。

2）根据凸、凹模刃口的磨损规律，凹模刃口磨损后使落料尺寸变大，其刃口尺寸应接近或等于工件的最小极限尺寸；凸模刃口磨损后使冲孔件孔径减小，故应使刃口尺寸接近或等于工件的最大极限尺寸。

3）考虑工件精度与模具精度间的关系，在确定模具制造公差时，既要保证工件的精度要求，又要保证合理的间隙数值。一般冲模精度比工件精度高 2 ~3 级。

二、凸、凹模刃口尺寸的计算方法

由于模具加工和测量方法的不同，尺寸计算可分为两类：

（1）凸模与凹模分开加工　这种加工方法适用于圆形或简单形状的冲裁件。其尺寸计算公式见表 2-4。

表 2-4　凸、凹模分开加工时刃口尺寸的计算公式

工序性质	工件尺寸	凸模刃口尺寸	凹模刃口尺寸
落料	$D_{-\Delta}^{\ 0}$	$D_p=(D-x\Delta-Z_{min})_{-\delta_p}^{\ 0}$	$D_d=(D-x\Delta)_{0}^{+\delta_d}$
冲孔	$d_{0}^{+\Delta}$	$d_p=(d+x\Delta)_{-\delta_p}^{\ 0}$	$d_d=(d+x\Delta+Z_{min})_{0}^{+\delta_d}$

注：计算时，需先将工件尺寸转化成 $D_{-\Delta}^{\ 0}$，$d_{0}^{+\Delta}$ 的形式。

表中　D_p、D_d——分别为落料凸、凹模的刃口尺寸（mm）；

d_p、d_d——分别为冲孔凸、凹模的刃口尺寸（mm）；

D——落料件外形的最大极限尺寸（mm）；

d——冲孔件孔径的最小极限尺寸（mm）；

x——磨损系数，可查表 2-5；

δ_p、δ_d——分别为凸、凹模的制造公差（mm），见表 2-6；

Δ——零件（工件）的公差（mm）。

Z_{min}——最小合理间隙。

表 2-5　磨损系数 x

材料厚度 t/mm	非圆形			圆形	
	工件公差 Δ/mm				
0~1	<0.16	0.17~0.35	≥0.36	<0.16	≥0.16
1~2	<0.20	0.21~0.41	≥0.42	<0.20	≥0.20
2~4	<0.24	0.25~0.49	≥0.50	<0.24	≥0.24
>4	<0.30	0.31~0.59	≥0.60	<0.30	≥0.30
x	1	0.75	0.5	0.75	0.5

表 2-6　圆形凸、凹模的制造公差　（单位：mm）

材料厚度 t	基本尺寸									
	<10		>10~50		>50~100		>100~150		>150~200	
	δ_d	δ_p	δ_d	δ_p	δ_d	δ_p	δ_d	δ_p	δ_d	δ_p
0.4	+0.006	-0.004	+0.006	-0.004	—	—	—	—	—	—
0.5	+0.006	-0.004	+0.006	-0.004	+0.008	-0.005	—	—	—	—
0.6	+0.006	-0.004	+0.008	-0.005	+0.008	-0.005	+0.010	-0.007	—	—
0.8	+0.007	-0.005	+0.008	-0.006	+0.010	-0.007	+0.012	-0.008	—	—
1.0	+0.008	-0.006	+0.010	-0.007	+0.012	-0.008	+0.015	-0.010	+0.017	-0.012
1.2	+0.010	-0.007	+0.012	-0.008	+0.015	-0.010	+0.017	-0.012	+0.022	-0.014
1.5	+0.012	-0.008	+0.015	-0.010	+0.017	-0.012	+0.020	-0.014	+0.025	-0.017
1.8	+0.015	-0.010	+0.017	-0.012	+0.020	-0.014	+0.025	-0.017	+0.029	-0.019
2.0	+0.017	-0.012	+0.020	-0.014	+0.025	-0.017	+0.029	-0.019	+0.032	-0.031
2.5	+0.023	-0.014	+0.027	-0.017	+0.030	-0.020	+0.035	-0.023	+0.040	-0.037
3.0	+0.027	-0.017	+0.030	-0.020	+0.035	-0.023	+0.040	-0.027	+0.045	-0.030
4.0	+0.030	-0.020	+0.035	-0.023	+0.040	-0.027	+0.045	-0.030	+0.050	-0.035
5.0	+0.035	-0.023	+0.040	-0.027	+0.045	-0.030	+0.050	-0.035	+0.060	-0.040
6.0	+0.045	-0.030	+0.050	-0.035	+0.060	-0.040	+0.070	-0.045	+0.080	-0.050
8.0	+0.060	-0.040	+0.070	-0.045	+0.080	-0.050	+0.090	-0.055	+0.100	-0.060

注：本表适用于电器仪表行业。当冲裁件精度要求不高时，表中数值可增大25%~30%。

为了保证新冲模的间隙小于最大合理间隙（Z_{max}），凸模和凹模的制造公差必须保证：

$$|\delta_p| + |\delta_d| > Z_{max} - Z_{min} \tag{2-3}$$

当 δ_p、δ_d 无现成资料时，一般可取

$$\delta_p = \frac{1}{4}\Delta, \quad \delta_d = 2\delta_p \tag{2-4}$$

例　如图 2-6 所示的垫圈，材料为 08，料厚为 3mm，试计算凸模尺寸。

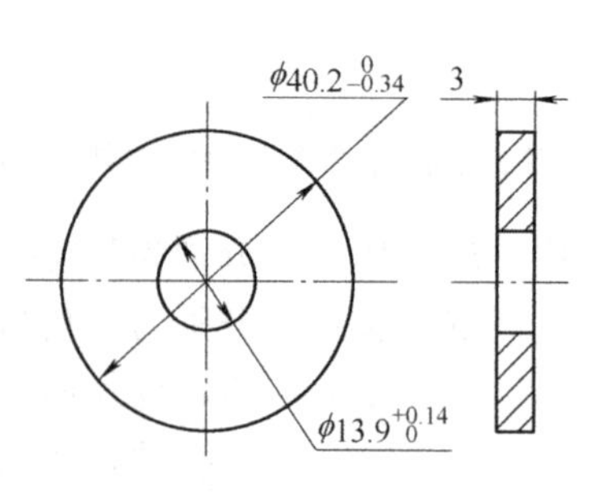

图 2-6　垫圈

材料：08　料厚：3mm

解　由表 2-3 查得

$$Z_{max} = 0.64\text{mm}$$
$$Z_{min} = 0.46\text{mm}$$

$$Z_{max}-Z_{min}=(0.64-0.46)\text{mm}=0.18\text{mm}$$

落料件尺寸 $\phi40.2_{-0.34}^{\ 0}$mm 的凸、凹模公差值查表2-6得

$$\delta_d=+0.030\text{mm}$$

$$\delta_p=-0.020\text{mm}$$

$$|\delta_p|+|\delta_d|=0.04\text{mm}<Z_{max}-Z_{min}$$

由表2-5查得 $x=0.5$

刃口尺寸计算见表2-7。

表2-7 刃口尺寸计算 （单位：mm）

冲裁种类	工件尺寸	凸模刃口尺寸	凹模刃口尺寸
落料	$D_{-\Delta}^{\ 0}=40.2_{-0.34}^{\ 0}$	$D_p=(D-x\Delta-2c_{min})_{-\delta_p}^{\ 0}$ $=(40.2-0.5\times0.34-0.46)_{-0.02}^{\ 0}$ $=39.57_{-0.02}^{\ 0}$	$D_d=(D-x\Delta)_{0}^{+\delta_d}$ $=(40.2-0.5\times0.34)_{0}^{+0.03}$ $=40.03_{0}^{+0.03}$
冲孔	$D_{0}^{+\Delta}=13.9_{0}^{+0.24}$	$d_p=(d+x\Delta)_{-\delta_p}^{\ 0}$ $=(13.9+0.5\times0.24)_{-0.02}^{\ 0}$ $=14.02_{-0.02}^{\ 0}$	$d_d=(d+x\Delta+2c_{min})_{0}^{+\delta_d}$ $=(13.9+0.5\times0.24+0.46)_{-0.02}^{\ 0}$ $=14.48_{-0.02}^{\ 0}$

（2）凸模与凹模配合加工 对于冲制复杂或薄材料工件的模具，其凸、凹模通常采用配合加工的方法。此方法是先做凸模或凹模中的一件，然后根据制作好的凸模或凹模的实际尺寸配制另一件，使它们之间达到最小合理间隙值。落料时，先作凹模，并以它作为基准配制凸模，保证最小合理间隙；冲孔时，先做凸模，并以它作为基准配制凹模，保证最小合理间隙。因此，只需在基准件上标注尺寸和公差，另一件只标注基本尺寸，并注明“凸模尺寸按凹模实际尺寸配制，保证间隙××”（落料时）或“凹模尺寸按凸模实际尺寸配制，保证间隙××”（冲孔时）。这种方法可放大基准件的制造公差，使其公差大小不再受凸、凹模间隙的限制，制造容易。对一些复杂的冲裁件，由于各部分尺寸的性质不同，凸、凹模刃口的磨损规律也不相同，所以基准件刃口尺寸的计算方法也不同。

凸、凹模配合加工时刃口尺寸的计算公式见表2-8。落料件凹模刃口尺寸在凹模磨损后可变大（图2-7中A类尺寸）、变小（图2-7中B类尺寸）、不变（图2-7中C类尺寸）；冲孔件凸模刃口尺寸在凸模磨损后可变小（图2-8中A类尺寸）、变大（图2-8中B类尺寸）和不变（图2-8中C类尺寸）。

表2-8 凸、凹模配合加工时刃口尺寸的计算公式

工序性质	制件尺寸		凸模刃口尺寸	凹模刃口尺寸
落料	$A_{-\Delta}^{\ 0}$		按凹模尺寸配制，其双面间隙为 $Z_{min}\sim Z_{max}$	$A_d=(A-x\Delta)_{0}^{+0.25\Delta}$
	$B_{0}^{+\Delta}$			$B_d=(B+x\Delta)_{-0.25\Delta}^{\ 0}$
	C	$C_{0}^{+\Delta}$		$C_d=(C+0.5\Delta)\pm0.125\Delta$
		$C_{-\Delta}^{\ 0}$		$C_d=(C-0.5\Delta)\pm0.125\Delta$
		$C\pm\Delta'$		$C_d=C\pm0.125\Delta$

（续）

工序性质	制件尺寸		凸模刃口尺寸	凹模刃口尺寸
冲孔	$A_{-\Delta}^{\ 0}$		$A_p=(A-x\Delta)_{\ 0}^{+0.25\Delta}$	按凸模尺寸配制，其双面间隙为 $Z_{min}\sim Z_{max}$
	$B_{\ 0}^{+\Delta}$		$B_p=(B+x\Delta)_{-0.25\Delta}^{\ \ 0}$	
	C	$C_{\ 0}^{+\Delta}$	$C_p=(C+0.5\Delta)\pm0.125\Delta$	
		$C_{-\Delta}^{\ 0}$	$C_p=(C-0.5\Delta)\pm0.125\Delta$	
		$C\pm\Delta'$	$C_p=C\pm0.125\Delta$	

表中 A_p、B_p、C_p——凸模刃口尺寸（mm）；

A_d、B_d、C_d——凹模刃口尺寸（mm）；

A、B、C——工件基本尺寸（mm）；

Δ——工件的公差（mm）；

Δ'——工件的偏差（mm）。为对称偏差时，$\Delta'=\frac{1}{2}\Delta$。

x——磨损系数，其值见表2-5。

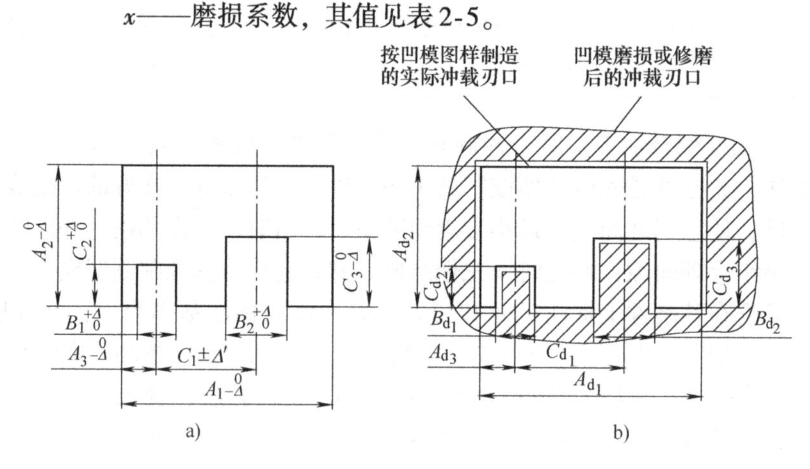

图2-7　落料件与凹模刃口尺寸

a）落料件　b）凹模

例　如图2-9所示的变压器铁芯片零件，材料为D42硅钢片，料厚为0.35mm ± 0.04mm，尺寸如图2-9所示。确定落料凹、凸模刃口尺寸及制造公差。

解　根据零件形状，凹模磨损后其尺寸变化有三种情况。

第一类：凹模磨损后尺寸增大的是图中的A_1、A_2、A_3，由表2-5查得

$$x_1=0.75，x_2=0.75，x_3=0.5$$

由表2-8中的公式得

$$A_{d_1}=(40-0.75\times0.34)_{\ 0}^{+0.25\times0.34}\text{mm}=39.75_{\ 0}^{+0.09}\text{mm}$$

$$A_{d_2}=(10-0.75\times0.3)_{\ 0}^{+0.25\times0.3}\text{mm}=9.78_{\ 0}^{+0.07}\text{mm}$$

尺寸A_3为（30 ± 0.34）mm，转化成为$30.34_{-0.68}^{\ \ 0}$mm，则

$$A_{d_3}=(30.34-0.5\times0.68)_{\ 0}^{+0.25\times0.68}\text{mm}=30_{\ 0}^{+0.17}\text{mm}$$

第二类：凹模磨损后减小的尺寸是图中的尺寸B。

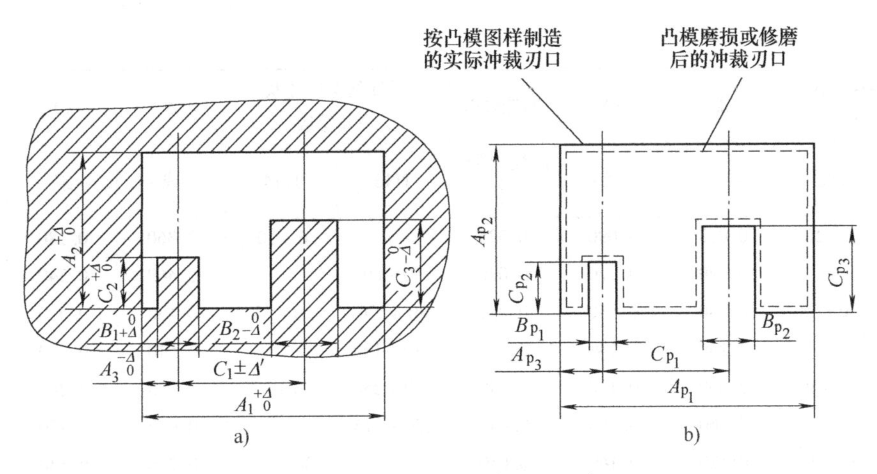

图 2-8　冲孔件与凸模刃口尺寸

a）冲孔件　b）凸模

查表 2-5 得

$$x=0.75$$

由表 2-8 中公式得

$B=(10+0.75\times0.2)^{\ 0}_{-0.25\times0.2}=10.15^{\ 0}_{-0.05}\text{mm}$

第三类：磨损后尺寸没有增减的是 C（图中 C 为正偏差）。

$$C_{\rm d}=\left(25+\frac{1}{2}\times0.28\right)\text{mm}\pm\frac{1}{8}\times0.28\text{mm}$$

$$=25.14\text{mm}\pm0.035\text{mm}$$

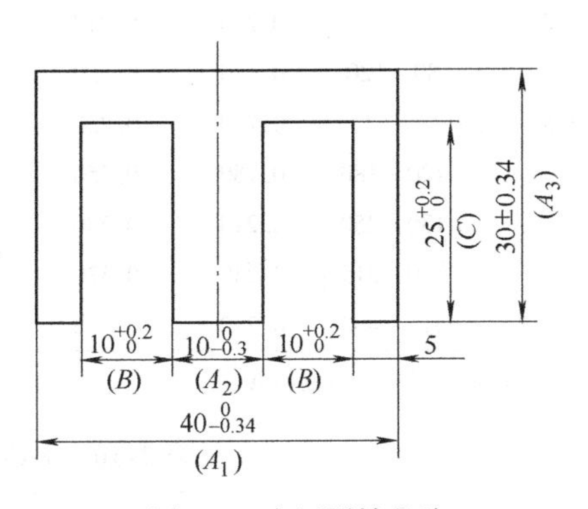

图 2-9　变压器铁芯片

工件为非圆形时，冲裁凸、凹模的制造公差见表 2-9，曲线形状的冲裁凸、凹模的制造公差见表 2-10。

表 2-9　工件为非圆形时，冲裁凸、凹模的制造公差　　（单位：mm）

工件基本尺寸及公差等级		Δ	xΔ	制造公差		工件基本尺寸及公差等级		Δ	xΔ	制造公差	
IT10	IT11	+或－	+或－	凸模 －	凹模 +	IT13	IT14	+或－	+或－	凸模 －	凹模 +
1~3		0.040	0.040	0.010		1~3		0.140	0.105	0.030	
3~6		0.048	0.048	0.012		3~6		0.180	0.135	0.040	
6~10		0.058	0.058	0.014		0~10		0.220	0.160	0.050	
	1~3	0.045	0.060	0.015			1~3	0.270	0.200	0.060	
10~18		0.070	0.070	0.018		10~18		0.250	0.130	0.060	
	3~6	0.050	0.075	0.020			3~6	0.330	0.250	0.070	
18~30		0.080	0.084	0.021		18~30		0.300	0.150	0.075	
30~50		0.100	0.100	0.023		30~50		0.390	0.290	0.085	

（续）

工件基本尺寸及公差等级		Δ	xΔ	制造公差		工件基本尺寸及公差等级		Δ	xΔ	制造公差	
IT10	IT11	+或−	+或−	凸模 −	凹模 +	IT13	IT14	+或−	+或−	凸模 −	凹模 +
	6~10	0.060	0.090	0.025			6~10	0.360	0.180	0.090	
50~80		0.120	0.120	0.030		50~80		0.460	0.340	0.100	
	10~18	0.080	0.110	0.035		80~120	10~18	0.430	0.220	0.110	
80~120		0.140	0.140	0.040		120~180		0.540	0.400	0.115	
	18~30	0.090	0.130	0.042		180~250	18~30	0.520	0.260	0.130	
120~180		0.160	0.160	0.046		250~315		0.630	0.470	0.130	
	30~50	0.120	0.160	0.050			30~50	0.720	0.540	0.150	
180~250		0.185	0.185	0.054		315~400		0.620	0.310	0.150	
	50~80	0.140	0.190	0.057			50~80	0.810	0.600	0.170	
250~315		0.210	0.210	0.062				0.740	0.370	0.185	
	80~120	0.170	0.220	0.065			80~120	0.890	0.660	0.190	
315~400		0.230	0.230	0.075				0.870	0.440	0.210	
	120~180	0.180	0.250	0.085			120~180	1.000	0.500	0.250	
	180~250	0.210	0.290	0.095			180~250	1.150	0.570	0.290	
	250~315	0.240	0.320	—			250~315	1.300	0.650	0.340	
	315~400	0.270	0.360	—			315~400	1.400	0.700	0.350	

注：本表适用于电器行业。

表 2-10　曲线形状的冲裁凸、凹模的制造公差　　（单位：mm）

工 件 要 求	工作部分最大尺寸		
	≤150	>150~500	>500
普通精度	0.2	0.35	0.5
高精度	0.1	0.2	0.3

注：1. 本表中的公差，只在凸模或凹模一个零件上标注，而另一件则注明配制间隙。

2. 本表适用于汽车、拖拉机行业。

任务准备

选择落料模、冲孔模、切断模、切口模、切边模、剖切模中 1~2 套模具及相关挂图，游标卡尺、螺纹千分尺，拆装模具用的内六角扳手、铜棒、锤子等工具一套等。

任务实施

1）同学们在老师及工厂师傅的带领下，参观冲压加工车间和模具制作实训场，要仔细观察冲压加工的工作过程及特点。老师及工厂师傅现场讲解冲压车间的安全操作规程，以及冲压加工中凸模与凹模的刃口尺寸和公差与尺寸精度和模具寿命的关系。

2）老师将模具实物大体拆开，学生观察和测量冲裁模凸模与凹模的刃口尺寸。

3）老师讲解凸、凹模刃口尺寸的计算方法并举例说明。

4）老师讲解凸、凹模刃口公差的确定方法。

5）分组讨论凸、凹模刃口尺寸和公差的计算方法。

6）小组代表上台展示分组讨论结果。

7）小组之间互评、教师评价。

检查评议

序　号	检查项目	考核要求	配　分	得　分
1	凸、凹模刃口尺寸的计算方法	能准确计算凸、凹模刃口尺寸	20	
2	凸、凹模刃口公差的确定方法	能准确查表确定凸、凹模刃口公差	20	
3	凸、凹模刃口尺寸的测量	准确无误地测量出凸、凹模刃口尺寸	30	
4	小组内成员分工情况、参与程度	组内成员分工明确，所有的学生都积极参与小组活动，为小组活动献计献策	5	
5	合作交流、解决问题	组内成员分工协助，认真倾听、互助互学，在共同交流中解决问题	10	
6	小组活动的秩序	活动组织有序，服从领导，勤于思考	5	
7	讨论活动结果的汇报水平	敢于发言、质疑，汇报发言声音洪亮，思路清晰、简练，突出重点	10	
合　计			100	

考证要点

一、填空题

1. 在复合冲裁模中，凸、凹模的刃口尺寸通常应以________、________的刃口实际尺寸配制。

2. 在确定冲裁模刃口尺寸时，落料模先确定________刃口尺寸，其公称尺寸应取接近或等于制件的________尺寸。

二、判断题（正确的打“√”，错误的打“×”）

1. 落料的尺寸由凸模尺寸决定。（　　）

2. 冲裁模凸模、凹模的间隙小于导柱、导套的间隙。（　　）

三、选择题

1. 冲孔时要计算凸模刃口尺寸，并使之接近孔的________极限尺寸。

A. 最大　　B. 最小　　C. 最大或最小

2. 精度高、形状复杂的冲件一般采用________凹模形式。

A. 直筒式刃口　　B. 锥筒式刃口　　C. 斜刃口

3. 冲裁模试冲时，凹模胀裂的主要原因是（　　）。

A. 刃口不锋利　　B. 冲裁间隙太大

C. 凹模孔有反向斜度　　D. 冲裁间隙不均匀

4. 落料时，其刃口尺寸的计算原则是先确定（　　）。

A. 凹模刃口尺寸　　B. 凸模刃口尺寸　　C. 凸、凹模尺寸公差

四、简答题

1. 影响冲裁件尺寸精度的因素主要有哪些？

2. 确定冲裁凸、凹模刃口尺寸的基本原则是什么？

五、计算题

1. 图2-10所示的制件，材料为10钢，料厚为0.5mm，试根据制件的尺寸，计算凸、凹模分别加工时凸、凹模的刃口尺寸（凸模按6级、凹模按7级制造）。已知 $2c_{min}=0.04$mm，$2c_{max}=0.06$mm。表2-11所列是工件公差。

表2-11　工件公差　　（单位：mm）

材料厚度 t	非圆形			圆形	
	1	0.75	0.5	0.75	0.5
	工件公差 Δ				
<1	≤0.16	0.17~0.35	≥0.36	<0.16	≥0.16
1~2	≤0.20	0.21~0.41	≥0.42	<0.20	≥0.20

2. 某厂生产的变压器硅钢片零件如图2-11所示，试计算落料模凹、凸模刃口尺寸及制造公差。

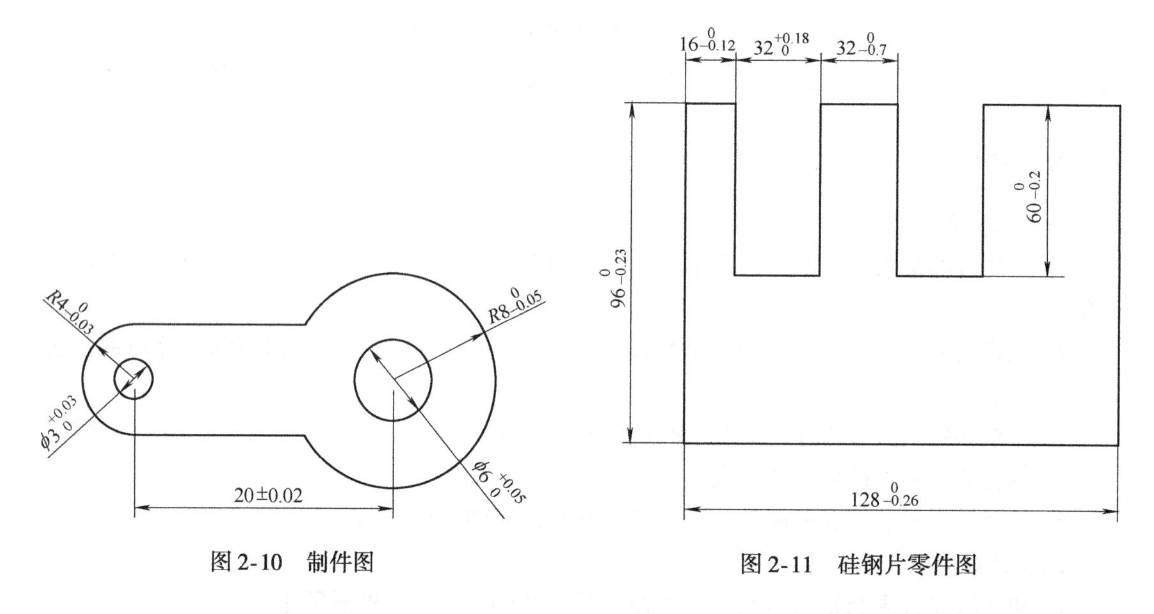

图2-10　制件图　　　图2-11　硅钢片零件图

3. 计算图2-12所示零件加工所用模具的刃口尺寸，并确定制造公差。材料厚度 $t=0.8$mm，材料为08F。

4. 设计冲制图2-13所示零件的凹模。

5. 计算图2-14所示零件的凸、凹模刃口尺寸及制造公差。

6. 如图2-15所示零件，材料为40钢，板厚为6mm，请确定落料凹、凸模尺寸及制造公差。

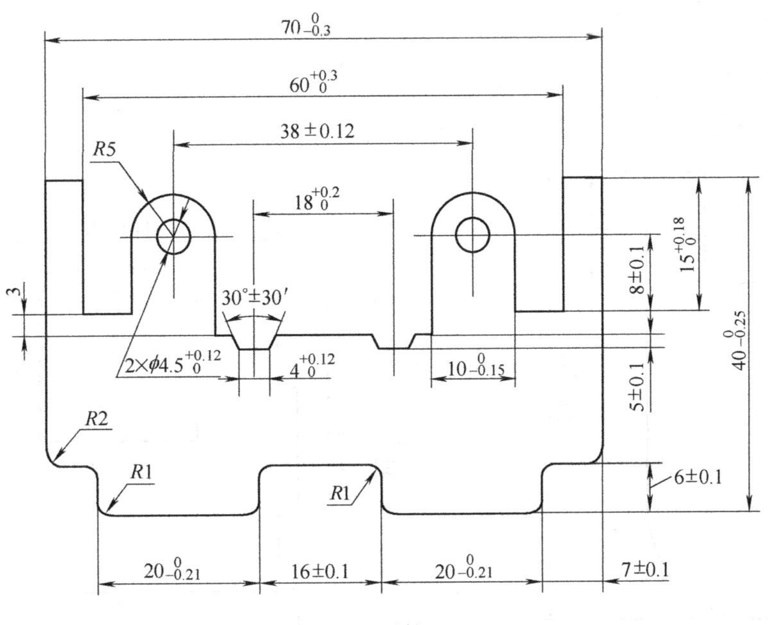

图2-12　零件（一）

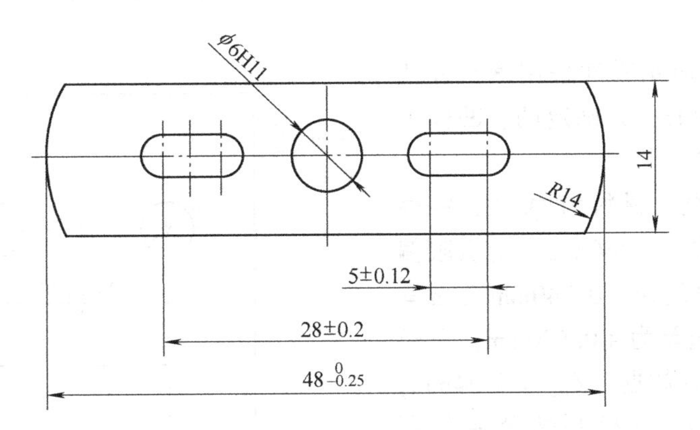

图2-13　零件（二）

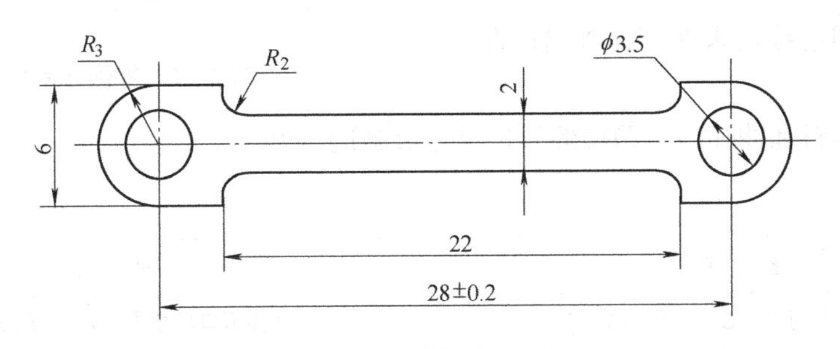

图2-14　零件（三）

7. 如图 2-16 所示零件，材料为 10 钢，料厚为 2mm，采用配作法加工，求凸、凹模刃口尺寸及公差。

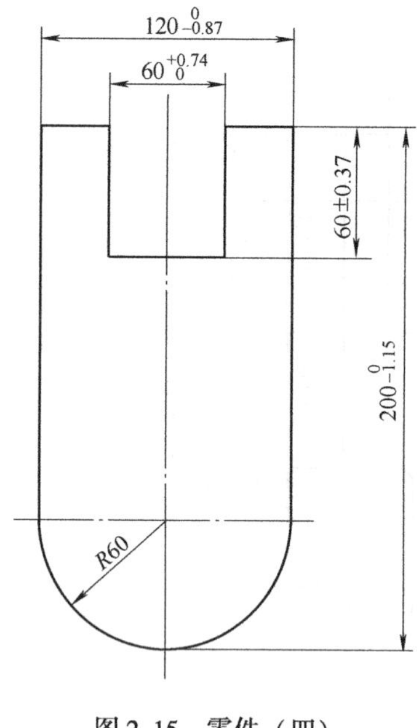

图 2-15　零件（四）

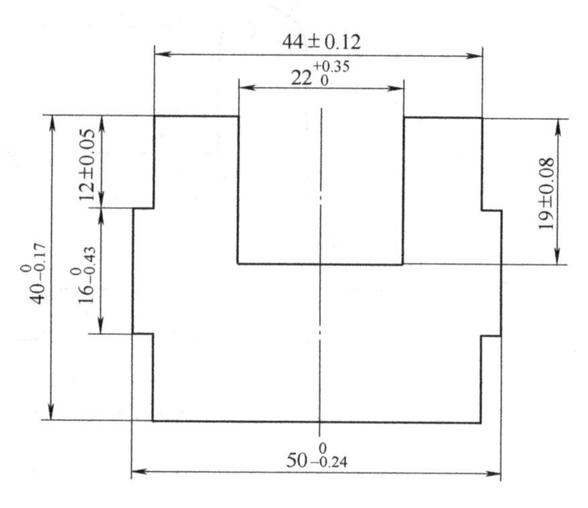

图 2-16　零件（五）

8. 求图 2-17 所示零件采用落料冲孔复合模时的压力中心，并确定凸、凹模刃口尺寸和制造公差。

9. 冲制一垫圈，材料为 Q235，料厚为 3mm，垫圈尺寸 $D=\phi80$mm（上极限偏差为 0，下极限偏差为 -0.740mm），$d=\phi10$mm（上极限偏差为 $+0.620$mm，下极限偏差为 0）。相关数据：$Z_{max}=0.64$mm，$Z_{min}=0.46$mm；凸、凹模制造公差分别为 -0.02mm、0.03mm；磨损系数均为 0.5。

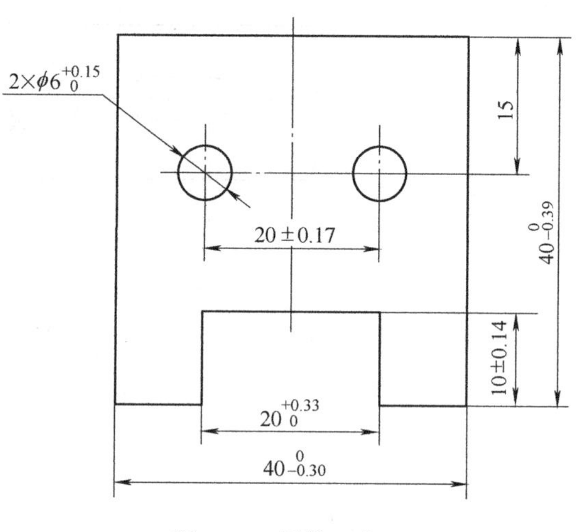

图 2-17　零件（六）

（1）若采用连续模来加工，画出产品图及排样图。

（2）计算落料和冲孔凸、凹模的刃口尺寸及制造公差。

已知：

落　料	冲　孔
凹模刃口尺寸为 $D_d=(D-x\Delta)^{+\delta_d}_{0}$	凸模刃口尺寸为 $d_p=(d+x\Delta)^{0}_{-\delta_p}$
凸模刃口尺寸为 $D_p=(D_d-Z_{min})^{0}_{-\delta_p}$	凹模刃口尺寸为 $d_d=(d_p+Z_{min})^{+\delta_d}_{0}$

子任务 4　设计冲裁件排样图

学习目标

◎ 掌握搭边值大小的确定方法
◎ 掌握提高材料利用的方法
◎ 了解常见的排样方式
◎ 掌握排样图的绘制方法

任务描述

在本任务中通过学习冲裁材料利用率的计算方法，确定搭边值大小、冲裁件的排样方式，并绘制冲裁件排样图，为学会冲裁模设计奠定基础。

相关知识

一、冲裁件的排样

在冲压生产中，节约金属和减少废料具有非常重要的意义，特别是在大批量生产中，较好地确定冲裁件形状尺寸和合理排样是降低成本的有效措施之一。

排样是指冲裁件在条料、带料或板料上的布置方法。冲裁件的合理布置（即材料的经济利用）与冲裁件的外形有很大关系。根据不同几何形状的冲裁件，可得出与其相适应的排样类型，而根据排样的类型，又可分为少、无废料的排样与有废料的排样，排样方式见表 2-12。

表 2-12　排样方式

种　类	有废料排样	少、无废料排样
直排	B　A	B　A
斜排	B　h	B　h
直对排	B　A	B　A

（续）

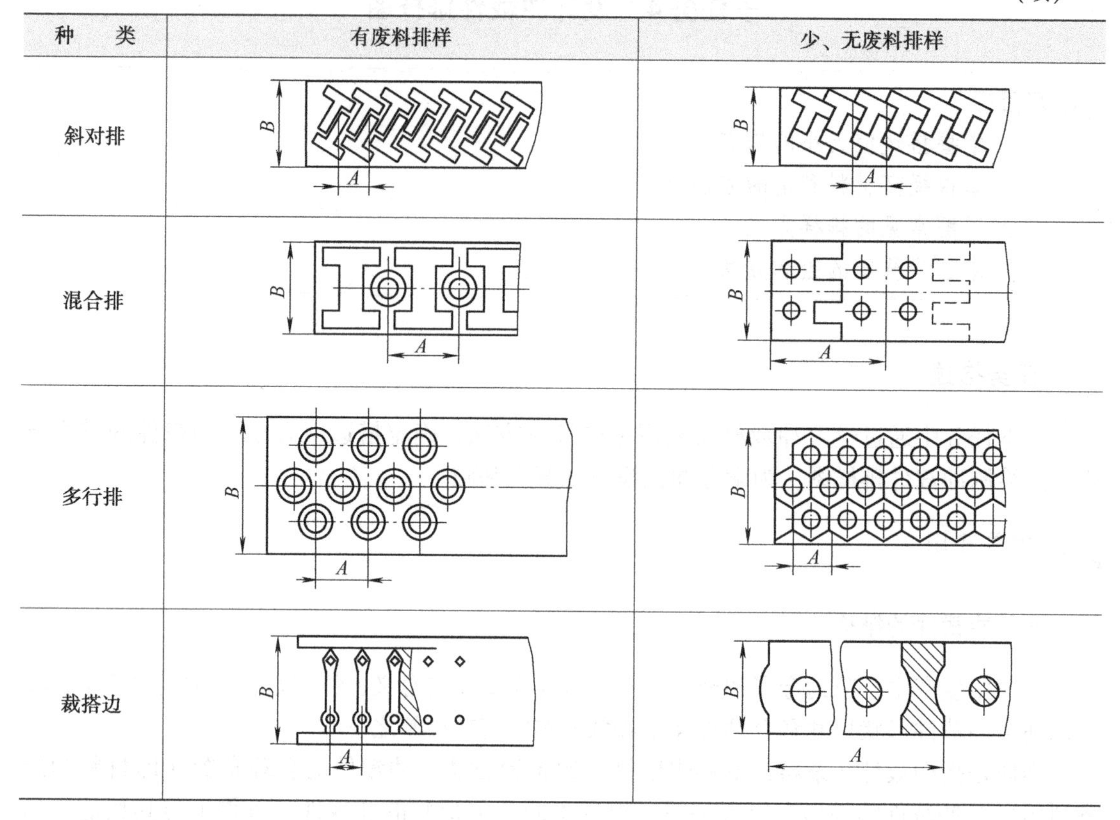

种　类	有废料排样	少、无废料排样
斜对排		
混合排		
多行排		
裁搭边		

二、搭边

排样时，冲裁件之间及冲裁件与条料侧边之间留下的余料叫做搭边。它的作用是补偿定位误差，保证冲出合格的冲裁件，以及保证条料有一定刚度，便于送料。

搭边数值取决于以下因素：

1）冲件的尺寸和形状。

2）材料的硬度和厚度。

3）排样的形式（直排、斜排、对排等）。

4）条料的送料方法（是否有侧压板）。

5）挡料装置的形式（包括挡料销、导料销和定距侧刃等的形式）。

搭边值是由经验决定的，低碳钢搭边值可参考表 2-13。

三、排样的注意事项

1. 冲裁工序顺序的安排

1）对于带孔或有缺口的冲裁件，采用单工序冲裁时，一般是落料工序在前，冲孔或冲缺口工序在后。若采用级进模连续冲裁，则应先冲缺口或孔，然后落料。

2）对于冲多孔的冲裁件，当孔间距、孔边距大于允许值时，最好落料与冲孔在一道复合工序中完成。当模具结构太复杂时，也可先落料后冲孔，用两道工序完成。

表2-13 搭边 a 和 a_1 数值（低碳钢）

材料厚度	圆件及 $r>2t$ 的圆角		矩形件边长 $l<50$		矩形件边长 $l>50$ 或圆角 $r<2t$	
	工件间 a	侧面 a_1	工件间 a	侧面 a_1	工件间 a	侧面 a_1
<0.25	1.8	2.0	2.2	2.5	2.8	3.0
0.25~0.50	1.2	1.5	1.8	2.0	2.2	2.5
0.5~0.8	1.0	1.2	1.5	1.8	1.8	2.0
0.8~1.2	0.8	1.0	1.2	1.5	1.5	1.8
1.2~1.6	1.0	1.2	1.5	1.8	1.8	2.0
1.6~2.0	1.2	1.5	1.8	2.5	2.0	2.2
2.0~2.5	1.5	1.8	2.0	2.2	2.2	2.5
2.5~3.0	1.8	2.2	2.2	2.5	2.5	2.8
3.0~3.5	2.2	2.5	2.5	2.8	2.8	3.2
3.5~4.0	2.5	2.8	2.5	3.2	3.2	3.5
4.0~5.0	3.0	3.5	3.5	4.0	4.0	4.5
5.0~12	$0.6t$	$0.7t$	$0.7t$	$0.8t$	$0.8t$	$0.9t$

注：对于其他材料，应将表中数值乘以以下系数：中等硬度钢0.9，硬钢0.8，硬黄铜1~1.1，硬铝1~1.2，软黄铜、纯铜1.2，铝1.3~1.4，非金属1.5~2。

3）对于靠近工件边缘较近的孔，应先落料后冲孔，以防落料时作用力过大而使孔变形。

4）若在工件上需冲制两个直径不同的孔，且其位置又较近时，应先冲大孔后冲小孔，以避免由于冲大孔时变形大而引起小孔变形。

5）若在工件上需冲制两个精度不同的孔，且其位置也较近时，应先冲一般精度孔，后冲精度要求较高的孔。

2. 排样注意事项

在冷冲压生产中，采用单工序模或复合模冲压时，其排样的合理性一般可以用材料利用率来衡量。当采用级进模冲压时，排样设计除了要考虑提高材料利用率外，还必须注意以下几点：

1）对于公差要求较严的零件，排样时工步不宜太多，否则累积误差大，零件公差要求不易保证。

2）对孔壁较小的冲裁件，其孔可以分步冲出，以保证凹模孔壁的强度。

3）零件孔距公差要求较严时，应尽量在同一工步冲出或在相邻工步冲出。

4）当凹模壁厚太小时，应增设空步，以提高凹模孔壁的强度。

5）尽量避免复杂型孔，对复杂外形零件的冲裁，可分步冲出，以减小模具制造难度。

6）当零件小而批量大时，应尽可能采用多工位级进模成形的排样法。

7）在较大零件的大量生产中，为了缩短模具的长度，可采用连续-复合成形的排样法。

8）对于要求较高或工步较多的冲件，为了减小定位误差，排样时可在条料两侧设置工艺定位孔，用导正销定位。

9）在级进模的连续成形排样中，如有切口翘脚、起伏成形、翻边等成形工步，一般应安排在落料前完成。

10）当材料塑料性较差时，在有弯曲工步的连续成形排样中，必须使弯曲线与材料纹向成一定夹角。

四、送料步距与条料宽度的计算

选定排样方法与确定搭边值之后，就要计算送料步距与条料宽度了，这样才能画出排样图。

1. 送料步距

条料在模具上每次送进的距离称为送料步距（简称步距或进距，用 A 表示）。每个步距可以冲出一个零件，也可以冲出几个零件。送料步距的大小应为条料上两个冲裁件对应点之间的距离。每次只冲一个零件时步距 A 的计算公式为

$$A = D + a \tag{2-5}$$

式中　D——平行于送料方向的冲裁件宽度；

a——冲裁件之间的搭边值。

2. 条料宽度

条料是由板料剪裁下料而得，为保证送料顺利，剪裁时的公差带分布规定为上极限偏差为零，下极限偏差为负值（$-\Delta$）。条料在模具上送进时一般都有导向，当使用导料板导向而又无侧压装置时，在宽度方向也会产生送料误差。条料宽度 B 的计算应保证在这两种误差的影响下，仍能保证冲裁件与条料侧边之间有一定的搭边值 a_1。

当导料板之间有侧压装置时或用手将条料紧贴单边导料板（或两个单边导料销）时，条料宽度按下式计算（见图 2-18）：

$$B = (D + 2a_1 + \Delta)_{-\Delta}^{\ 0} \tag{2-6}$$

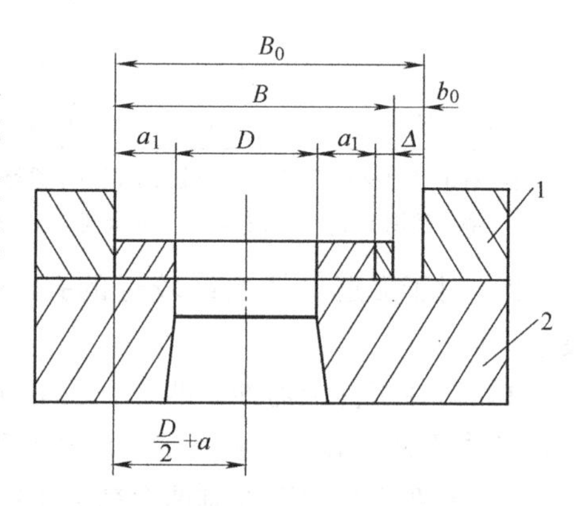

图 2-18　有侧压装置时条料宽度的确定
1—导料板　2—凹模

式中　D——冲裁件与送料方向垂直的最大尺寸；

a_1——冲裁件与条料侧边之间的搭边；

Δ——板料剪裁时的下极限偏差（见表 2-14）。

当条料在无侧压装置的导料板之间送料时，条料宽度按下式计算（图 2-19）

$$B = (D + 2a_1 + 2\Delta + b_0)_{-\Delta}^{\ 0} \tag{2-7}$$

式中　b_0——条料与导料板之间的间隙（见表 2-15）。

由图 2-19 可知，用式（2-7）计算的条料宽度，保证了不论条料靠向哪一边，即使条料裁成最小的极限尺寸时（即 $B-\Delta$），仍能保证冲裁时的搭边值 a_1。

条料是从板料剪裁而得。条料宽度一经决定，就可以裁板。板料一般都是长方形的，所以就有纵裁（沿长边裁，也就是沿辗制纤维方向裁）和横裁（沿短边裁）两种方法（见图 2-20）。

表2-14　板料剪裁时的下极限偏差Δ

条料厚度/mm	条料宽度/mm			
	≤50	>50～100	>100～200	>200～400
≤1	0.5	0.5	0.5	1.0
>1～3	0.5	1.0	1.0	1.0
>3～4	1.0	1.0	1.0	1.5
>4～6	1.0	1.0	1.5	2.0

表2-15　条料与导料板之间的间隙 b_0

条料厚度/mm	无侧压装置			有侧压装置	
	条料宽度/mm				
	≤100	>100～200	>200～300	≤100	>100
≤1	0.5	0.5	1	5	8
>1～5	0.8	1	1	5	8

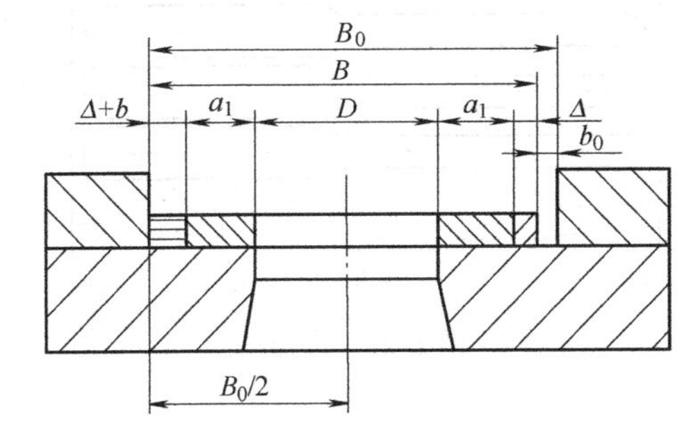

图2-19　无侧压装置时条料宽度的确定

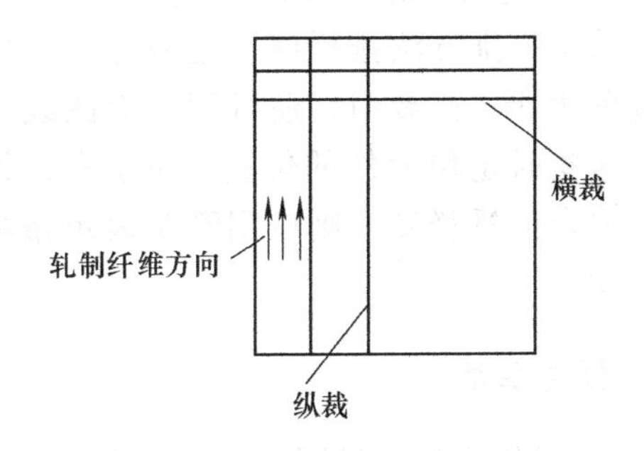

图2-20　板料的纵裁与横裁

因为纵裁裁板次数少，冲压时调换条料次数少，工人操作方便，生产率高，所以应尽可能采用纵裁。在以下情况可考虑用横裁：

1）板料纵裁后的条料太长，受冲压车间压力机排列的限制移动不便时。

2）条料太重，超过12kg时（工人劳动强度太高）。

3）横裁的板料利用率显著高于纵裁时。

4）纵裁不能满足弯曲件坯料对纤维方向的要求时。

3. 材料利用率的计算

材料利用率通常是以一个步距内零件的实际面积与所用毛坯面积的百分比来表示，即

$$\eta = \frac{S_1}{S_0} \times 100\% = \frac{S_1}{AB} \times 100\% \qquad (2\text{-}8)$$

式中　S_1——一个步距内零件的实际面积（mm^2）；

S_0——一个步距内所用毛坯面积（mm^2）；

A——送料步距（mm）；

B——条料宽度（mm）。

准确的材料利用率还应考虑料头、料尾以及裁板时边料的消耗情况，此时可用条料（或整个板料）的总利用率 η_0 来表示：

$$\eta_0 = \frac{nS_2}{LB} \times 100\% \tag{2-9}$$

式中　n——条料（或整个板料）上实际冲裁的零件数；

L——条料（或板料）长度（mm）；

B——条料（或板料）宽度（mm）；

S_2——一个零件的实际面积（mm^2）。

五、排样图

排样图是排样设计最终的表达方式。排样图是编制冲压工艺与设计模具的重要工艺文件。一张完整的模具装配图应在其右上角画出冲裁件图及排样图。在排样图上应标注条料宽度及其公差、送料步距及搭边 a、a_1 值，如图 2-21 所示。

采用斜排方法排样时，还应注明倾斜角度的大小。必要时，还可用双点画线画出在送料时定位元件的位置。对于有纤维方向要求的排样图，则应用箭头表示条料的纹向。

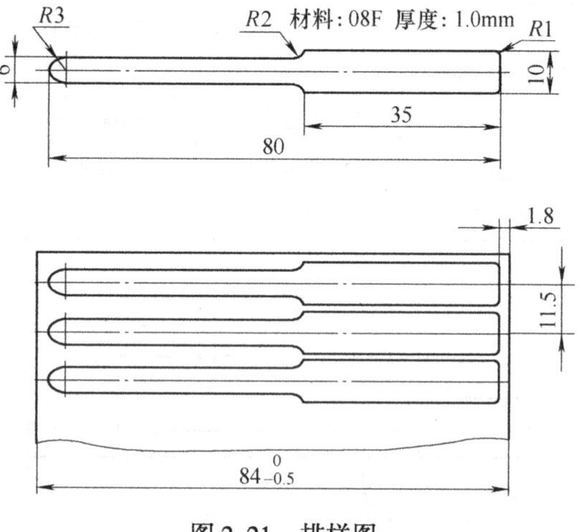

图 2-21　排样图

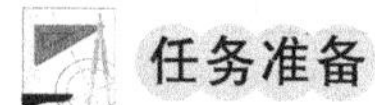

任务准备

1）排样实物（见图 2-22）一条。

2）游标卡尺等量具。

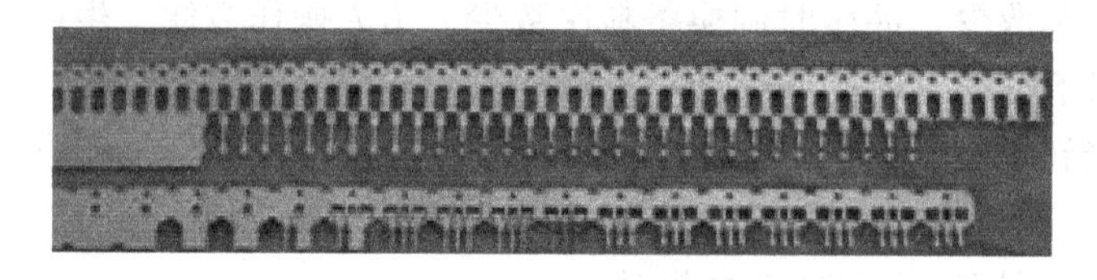

图 2-22　排样实物

任务实施

1）教师展示冲裁模排样实物，并借助教学课件讲解冲裁模的常用排样方式。

2）讲解搭边值大小的确定方法和搭边值查表方法；送料步距的计算方法；材料利用率 η 的计算方法；排样设计方法。

3）学生分组讨论搭边值大小的确定方法，如何快速准确地查找搭边值，材料利用率 η 的计算方法，怎样设计排样图才能做到节约金属、减少废料和降低成本。

4）小组代表上台展示分组讨论结果。

5）小组之间互评、教师评价。

检查评议

序　号	检查项目	考核要求	配　分	得　分
1	有废料的排样方式	能准确说出有废料排样方式的种类	10	
2	少、无废料的排样方式	能准确说出少、无废料排样方式的种类	10	
3	搭边值的确定	能准确查表确定低碳钢材料的搭边值	10	
4	送料步距与条料宽度的计算	能准确计算出送料步距与条料宽度	10	
5	材料利用率 η 的计算	能准确计算出材料利用率 η	10	
6	冲裁件排样图的绘制	能绘制出合理的冲裁件排样图	30	
7	小组内成员分工情况、参与程度	组内成员分工明确，所有的学生都积极参与小组活动，为小组活动献计献策	5	
8	合作交流、解决问题	组内成员分工协助，认真倾听、互助互学，在共同交流中解决问题	5	
9	小组活动的秩序	活动组织有序，服从领导，勤于思考	5	
10	讨论活动结果的汇报水平	敢于发言、质疑，汇报发言声音洪亮，思路清晰、简练，突出重点	5	
合　计			100	

考证要点

一、填空题

1. 排样的方法有________、________、________三种。
2. 合理的排样可以提高材料的利用率，排样的主要措施是减少________废料。
3. 排样方法可分为如下三种：________排样法、________排样法和________排样法。
4. 排样时，制件之间及制件与条料侧边之间留下的余料叫做________。
5. 冲裁件在带料或条料上的布置方法称为________。
6. 冲裁时废料有________和________两大类。

二、判断题（正确的打“√”，错误的打“×”）

搭边值的作用是补偿定位误差，保持条料有一定的刚度，以保证零件质量和送料方便。（　）

三、选择题

对 T 形件，为提高材料的利用率，应采用________。

A. 多排　　B. 直对排　　C. 斜对排

四、简答题

1. 什么叫排样？排样的合理与否对冲裁工作有何意义？
2. 排样的方式有哪些？它们各有何优缺点？
3. 试确定图2-23所示零件的合理排样方法，并计算其条料宽度和材料利用率。

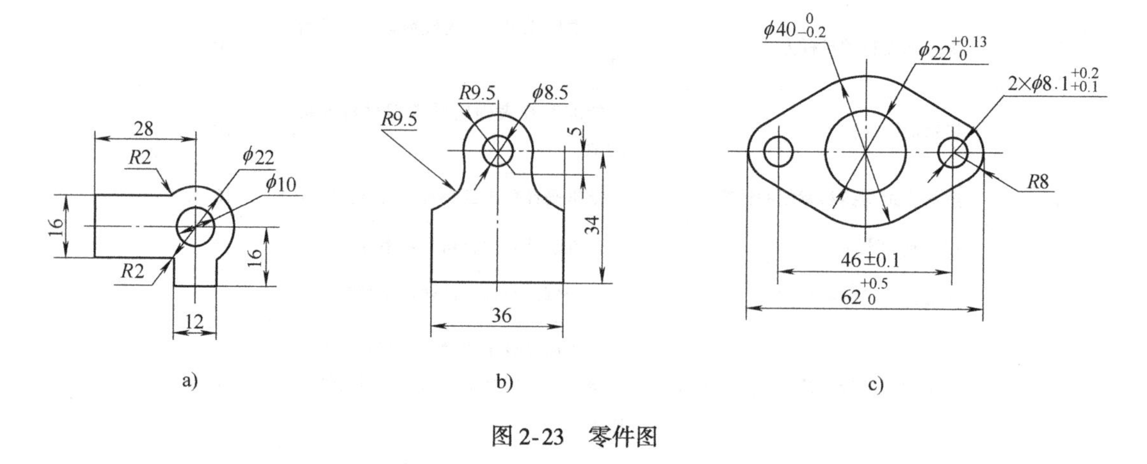

图2-23　零件图

4. 试根据图2-24所示的凹模简图画出冲裁件形状及冲裁时的排样图。
5. 试根据图2-25所示的凹模简图画出冲裁件形状及冲裁时的排样图。

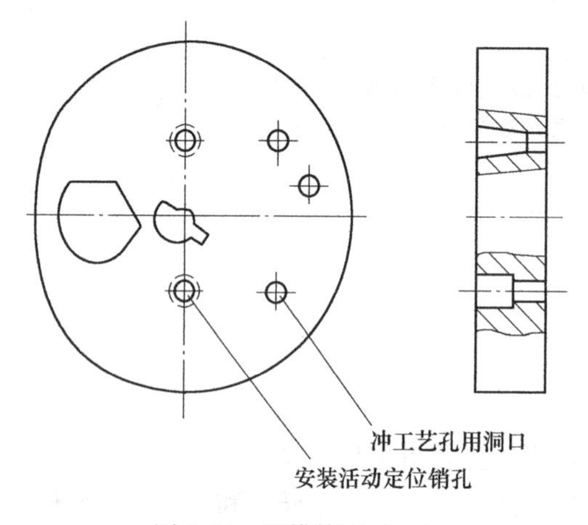

图2-24　凹模简图（一）

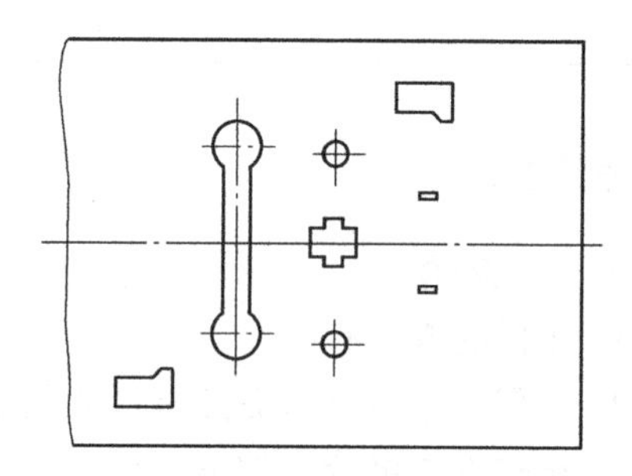

图2-25　凹模简图（二）

子任务5　了解冲裁力的计算方法

学习目标

◎ 掌握冲裁力的计算方法

◎ 掌握卸料力、推件力和顶件力的估算方法

◎ 了解降低冲裁力的措施

◎ 掌握压力中心的计算方法

任务描述

通过学习冲裁模基本知识可以知道，必须有压力机才能实现冲裁，如何合理选用压力机就至关重要。在选择压力机前，首先要掌握冲裁力、卸料力、推件力和顶件力的计算方法等基本知识。

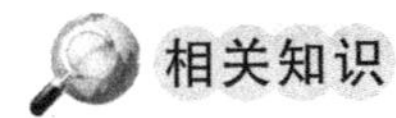

相关知识

一、冲裁力的计算

冲裁模设计时，为了合理地设计模具及选用设备，必须计算冲裁力。所选压力机的吨位必须大于所计算的冲裁力，以适应冲裁的要求。

平刃口模具冲裁时，其理论冲裁力（F_0）可按下式计算：

$$F_0 = Lt\tau \tag{2-10}$$

式中　L——冲裁件周长（mm）；

t——材料厚度（mm）；

τ——材料抗剪强度（MPa）。

选择压力机吨位时，需考虑刃口磨损和材料厚度及力学性能波动等因素，实际冲裁力可能增大，所以应取

$$F = 1.3F_0 = 1.3Lt\tau \approx Lt\sigma_b \tag{2-11}$$

式中　F——最大可能冲裁力（简称冲裁力）；

σ_b——材料抗拉强度（MPa）。

不同工序冲裁力的计算公式见表 2-16。

表 2-16　不同工序冲裁力的计算公式

工序	简　图	尺寸/mm	计算公式	
			公式	示例
在剪床上用平刃口切断		$t=1$ $b=100$	$F = bt\tau$	$F = 1000 \times 1 \times 440\text{N} = 440000\text{N}$
在剪床上用斜刃剪切		$t=1$	$F = 0.5t^2\tau \dfrac{1}{\tan\phi}$ 一般 φ 在 2°～5°之间	当 $\varphi = 3°$ 时 $F = 0.5 \times 1 \times 440 \dfrac{1}{0.0524}\text{N} = 4200\text{N}$
用平刃口冲裁工件		$t=1$ $a=100$ $b=200$	$F = Lt\tau$ $L = 2(a+b)$	$F = 600 \times 1 \times 440\text{N} = 264000\text{N}$ $L = 2(100+200)\text{mm} = 600\text{mm}$

（续）

工序	简　图	尺寸/mm	计算公式	
			公式	示例
用平刃口冲裁工件		$t=1$ $d=476$	$F=\pi dt\tau$	$F=3.14\times476\times1\times440\text{N}$ $=657633\text{N}$
用单边斜刃冲模冲裁工件或冲缺口		$t=1$ $a=100$ $b=200$	当 $h>t$ 时 $F=t\tau(a+b\dfrac{t}{h})$ 当 $h=t$ 时 $F=t\tau(a+b)$	当 $h=t$ 时 $F=1\times440\times(100+200)\text{N}=132000\text{N}$
在双边斜刃冲模上冲裁工件		$t=1$ $d=100$	当 $h>0.5t$ 时 $F=2dt\tau\times\arccos\dfrac{h-0.5t}{h}$	当 $h=t$ 时 $F=2\times100\times100\times440\times\arccos\dfrac{1-0.5}{1}\text{N}=92107\text{N}$
			当 $h>0.5t$ 时 $F=2dt\tau\times\arccos\dfrac{h-0.5t}{h}$	

二、降低冲裁力的方法

当冲裁力过大时，可用下述方法降低：

1）将材料加热冲裁，材料的抗剪强度 τ 可大大降低，从而降低冲裁力。但材料加热后产生氧化皮，冲裁中会产生拉深现象。此法一般只适于材料厚度大、表面质量及精度要求不高的零件。

2）在多凸模冲模中，将凸模做成不同高度，使各凸模冲裁力的峰值不同时出现。凸模的阶梯布置法如图 2-26 所示。对于薄材料，H 一般取材料厚度 t，对于厚材料则取材料厚度的一半。

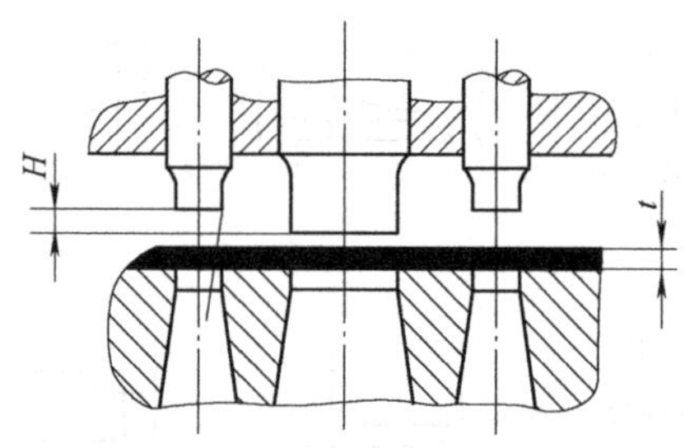

图 2-26　凸模的阶梯布置法

3）刃口做成一定斜度。为了得到平整的零件，落料时凹模做成一定斜度，凸模为平刃口，而冲孔时，则凸模做成一定斜度，凹模为平刃口，结构如

图 2-27所示。一般采用的斜刃数值见表 2-17。

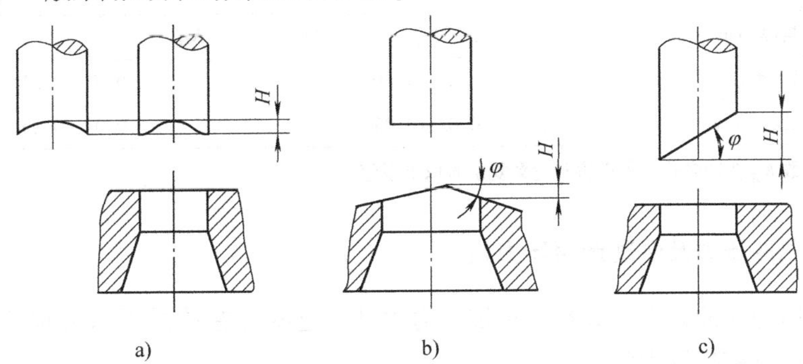

图 2-27　斜刃冲裁模

a) 冲孔　b) 落料　c) 切口

表 2-17　一般采用的斜刃数值

材料厚度 t/mm	斜刃高度 H/mm	斜刃角 φ/(°)
<3	$2t$	<5
3～10	t～$2t$	<8

斜刃冲模虽降低了冲裁力，但增加了模具制造和修磨的困难，刃口也易磨损，故一般情况下尽量不用，只在大型工件冲裁及厚板冲压中采用。

冲裁时，工件或废料从凸模上卸下来的力叫卸料力，从凹模内将工件或废料顺着冲裁的方向推出的力叫推件力，逆着冲裁方向顶出的力叫顶件力。通常多以经验公式计算。

卸料力为

$$F_{卸} = K_{卸} F \tag{2-12}$$

推件力为

$$F_{推} = nK_{推} F \tag{2-13}$$

顶件力为

$$F_{顶} = K_{顶} F \tag{2-14}$$

式中　F——冲裁力 (N)；

n——同时卡在凹模里的工件（或废料）数目。$n = h/t$（h 为凹模孔口直壁高度；t 为材料厚度）。

$K_{卸}$、$K_{推}$、$K_{顶}$——分别为卸料力、推件力、顶件力系数，其值见表 2-18。

表 2-18　卸料力、推件力和顶件力系数

料厚/mm		$K_{卸}$	$K_{推}$	$K_{顶}$
钢	0.1	0.065～0.075	0.1	0.14
	>0.1～0.5	0.045～0.055	0.063	0.08
	>0.5～2.5	0.04～0.05	0.055	0.06
	>2.5～6.5	0.03～0.04	0.045	0.05
	>6.5	0.02～0.03	0.025	0.03

（续）

料厚/mm	$K_{卸}$	$K_{推}$	$K_{顶}$
铝、铝合金	0.025～0.08	0.03～0.07	
纯铜、黄铜	0.02～0.06	0.03～0.09	

注：卸料力系数 $K_{卸}$ 在冲多孔、大搭边和轮廓复杂时取上限值。

三、计算总冲压力及合理选用压力机

冲裁时冲压力为冲裁力、卸料力和推件力之和，这些力在选择压力机时是否考虑进去，要根据不同的模具结构区别对待。

1）采用刚性卸料装置和下出料方式的冲模时为

$$F_{总}=F_{冲}+F_{推} \tag{2-15}$$

2）采用弹性卸料装置和下出料方式的冲模时为

$$F_{总}=F_{冲}+F_{卸}+F_{推} \tag{2-16}$$

3）采用弹性卸料装置和上出料方式的冲模时为

$$F_{总}=F_{冲}+F_{卸}+F_{顶} \tag{2-17}$$

四、模具压力中心的确定

压力中心的计算是采用空间平行力系和合力作用线的求解方法。下面分别说明不同工作情况下的计算方法。

（1）开式冲裁（如少、无废料排样时出现的工作情况）　开式冲裁的压力中心如图2-28所示。

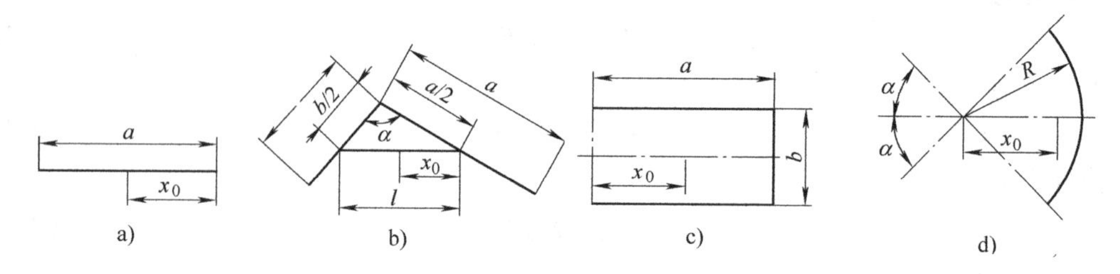

图2-28　开式冲裁的压力中心

图2-28a 所示为一任意线段：

$$x_0=0.5a$$

图2-28b 所示为任意角 α 的折线：

$$x_0=\frac{bl}{a+b}$$

图2-28c 所示为一不封闭的矩形：

$$x_0=\frac{ab+a^2}{2a+b}$$

图2-28d 所示为一半径为 R、夹角为 2α 的弧线段：

$$x_0 = \frac{57.3}{\alpha} R\sin\alpha$$

$$\alpha = 90^\circ \qquad x_0 = 0.6366R$$

$$\alpha = 45^\circ \qquad x_0 = 0.9003R$$

$$\alpha = 30^\circ \qquad x_0 = 0.9549R$$

（2）闭式冲裁　闭式冲裁的压力中心如图 2-29 所示。

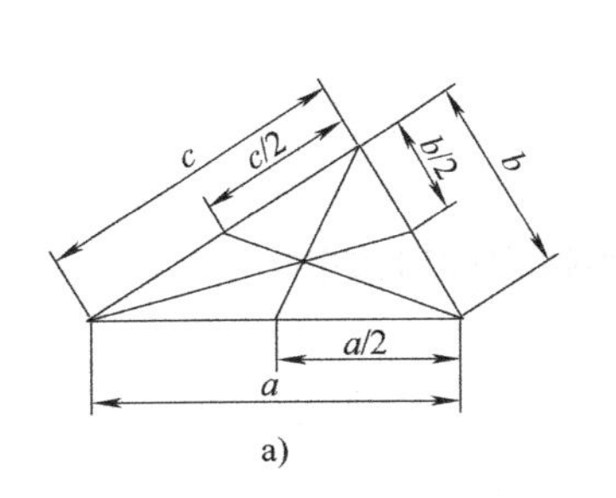

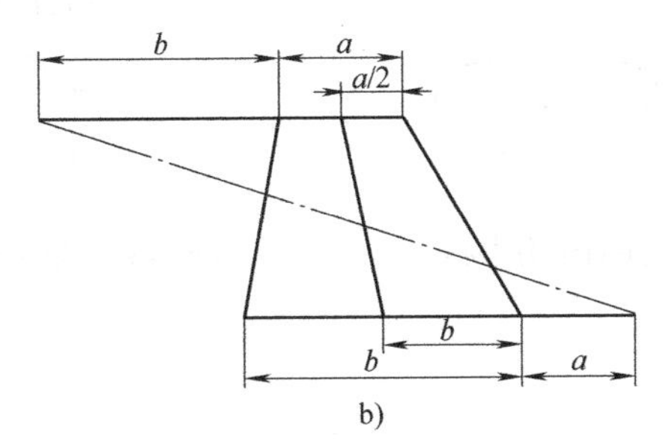

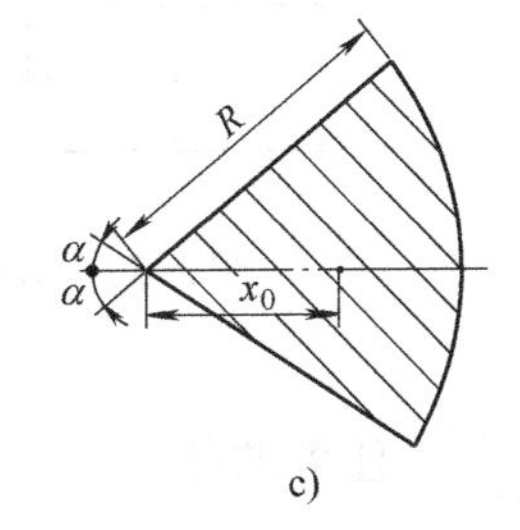

图 2-29　闭式冲裁的压力中心

图 2-29a 所示为任意三角形，压力中心为三条中线的交点。

图 2-29b 所示为任意梯形，可直接由图示的作图法求得。

图 2-29c 所示为一半径为 R、夹角为 2α 的扇形。

$$x_0 = \frac{38.2}{\alpha} R\sin\alpha$$

$$\alpha = 90^\circ \qquad x_0 = 0.4244R$$

$$\alpha = 45^\circ \qquad x_0 = 0.6002R$$

$$\alpha = 30^\circ \qquad x_0 = 0.6366R$$

当冲裁其他任何形状对称的工件时（见图 2-30），其压力中心就是工件的几何中心。

（3）其他复杂形状工件的压力中心　可根据“合力对某轴之力矩等于各分力对同轴力矩之和”的力学原理求得。现以图 2-31 所示复杂形状工件为例，说明压力中心的计算方法。

1）先选定坐标轴 x 和 y。

2）将工件周边分成若干段简单的直线和圆弧段，求出各段长度及压力中心的坐标尺寸。得 l_1，l_2，…，l_n；x_1，x_2，…，x_n；y_1，y_2，…，y_n。

3）计算压力中心 A 的坐标位置：

$$x_0 = \frac{x_1 l_1 + x_2 l_2 + \cdots + x_n l_n}{l_1 + l_2 + \cdots + l_n} \tag{2-18}$$

$$y_0 = \frac{y_1 l_1 + y_2 l_2 + \cdots + y_n l_n}{l_1 + l_2 + \cdots + l_n} \tag{2-19}$$

式中　l_n——单段图线长度；

x_n、y_n——单段图线合力点的坐标位置。

对于多凸模冲裁，压力中心的计算方法同上。此时，l_1，l_2，…，l_n 应为各凸模的周长，而 x_1，x_2，…，x_n 与 y_1，y_2，…，y_n 则分别为各凸模压力中心的坐标位置。

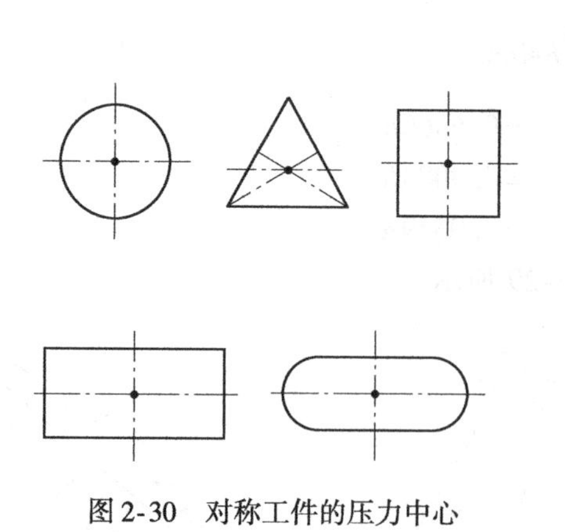

图 2-30　对称工件的压力中心

图 2-31　复杂形状工件的压力中心

任务准备

曲柄压力机或油压机，落料模、冲孔模、切断模、切口模、切边模、剖切模中 1 ~ 2 套模具及相关挂图，游标卡尺、螺旋千分尺，拆装模具用的内六角扳手、铜棒、锤子等工具一套，冲压条料等。

任务实施

1）同学们在老师及工厂师傅的带领下，参观冲压加工车间和模具制作实训场，要仔细观察压力机加工的工作过程及特点，注意观察压力机上的铭牌参数。老师及工厂师傅现场讲解冲压车间的安全操作规程和如何正确估算冲裁力的大小，以及降低冲裁力的方法。

2）教师结合模具挂图、实物，并借助辅助教学课件讲解如何正确估算冲裁力的大小，以及降低冲裁力的方法。

3）讲解冲裁加工卸料力、推件力和顶件力的估算方法并举例；压力中心的计算方法；总冲压力的计算方法及合理选用压力机的方法。

4）分组讨论降低冲裁力的方法。

5）小组代表上台展示分组讨论结果。

6）小组之间互评、教师评价。

检查评议

序　号	检查项目	考核要求	配　分	得　分
1	压力机铭牌上的技术参数	准确无误地说出冲压设备技术参数的含义	20	
2	压力中心的计算方法	正确计算模具的压力中心	20	
3	卸料力、推件力和顶件力的估算方法	正确计算卸料力、推件力和顶件力	20	
4	计算总冲压力，选用压力机	正确计算总冲压力，合理选用压力机	20	

（续）

序 号	检查项目	考核要求	配 分	得 分
5	小组内成员分工情况、参与程度	组内成员分工明确，所有的学生都积极参与小组活动，为小组活动献计献策	5	
6	合作交流、解决问题	组内成员分工协助，认真倾听、互助互学，在共同交流中解决问题	5	
7	小组活动的秩序	活动组织有序，服从领导	5	
8	讨论活动结果的汇报水平	敢于发言、质疑，汇报发言声音洪亮，思路清晰、简练，突出重点	5	
合 计			100	

考证要点

一、填空题

1. 降低冲裁力的主要措施有________、________、________等。

2. 有时将冲裁模的刃口修磨成斜刃，这主要是为了降低________。

3. 冲裁总工艺力包括________、________和________。

二、判断题（正确的打“√”，错误的打“×”）

1. 冲裁力是由冲压力、卸料力、推料力及顶料力四部分组成。（ ）

2. 采用斜刃冲裁时，为了保证工件平整，冲孔时凸模应做成平刃，而将凹模做成斜刃。（ ）

三、选择题

1. 选用冲床时，冲床的公称压力必须________。

A. 小于冲压工艺所需的冲裁力　　B. 等于冲压工艺所需的冲裁力

C. 大于冲压工艺所需的冲裁力

2. 选用冲床时，冲床的公称压力必须________。

A. 小于冲压工艺所需的冲裁力　　B. 等于冲压工艺所需的冲裁力

C. 大于冲压工艺所需的冲裁力

3. 斜刃冲裁比平刃冲裁有________的优点。

A. 模具制造简单　　B. 冲件外形复杂　　C. 冲裁力小

4. 冲裁时，工件或废料从凸模上卸下来的力叫________。

A. 推件力　　B. 卸料力　　C. 顶件力

5. 冲裁多孔冲件时，为了降低冲裁力，应采用________的方法来实现小设备冲裁大冲件。

A. 阶梯凸模冲裁　　B. 斜刃冲裁　　C. 加热冲裁

6. 冲裁大小不同、相距较近的孔时，为了减少孔的变形，应先冲________和________的孔，后冲________和________的孔。

A. 大　　B. 小　　C. 精度高　　D. 一般精度

7. 冲裁一工件，冲裁力为 F，采用刚性卸料、下出件方式，则总压力为________。

A. 冲裁力+卸料力　　B. 冲裁力+推料力　　C. 冲裁力+卸料力+推料力

四、简答题

1. 降低冲裁力的措施有哪些？
2. 计算图2-32所示零件落料冲孔复合模的冲裁力、推件力、卸料力，确定压力机吨位。

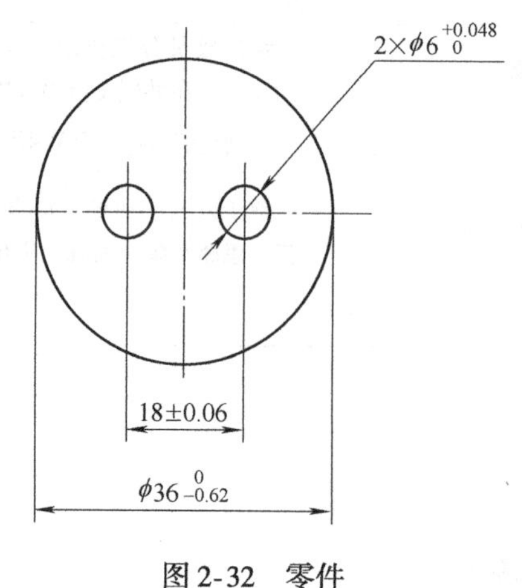

图2-32　零件

子任务6　了解冲裁模结构及分类方法

学习目标

◎ 了解冲裁模的常用分类方法
◎ 了解单工序模的结构特点及工作原理
◎ 了解复合冲裁模的分类
◎ 了解正装式复合模和倒装式复合模的结构特点
◎ 了解冲裁级进模的结构特点及工作原理

 **任务描述**

本任务将介绍冲裁模的常用分类方法，以及无导向模、导板模、导柱模等单工序模的结构特点及工作原理，正装式复合模、倒装式复合模的结构特点及工作原理。掌握冲裁模的结构组成，可为学好冲裁模设计奠定基础。

 **相关知识**

一、单工序模

1. 无导向模

如图2-33所示为无导向的敞开式简单冲裁模（简称无导向模）。这是一副圆片落料模，模具的上模部分由模柄1、凸模2组成，通过模柄1安装在压力机的滑块上做往复运动。模具下模部分由刚性卸料板3、导料板4、凹模5、下模座6和挡料块7组成。模具的下模座用螺钉、压板固定在压力机工作台上。导料板4左右各一块，以控制条料的送料方向。挡料块7控制条料的送料步距。由图可知，挡料块7是通过挡住条料的搭边来达到控制送料步距的目的。每次送料时，要将条料抬起，超过挡料块7的高度，才能向前送进。冲裁件直接由凹模孔中落下。卡在凸模2上的条料则在上模回程时由卸料板3（左右各一块）将其卸下。模具的上、下模之间无直接导向关系，依靠压力机滑块的导轨导向。模具的导料板4、挡料块7及卸料板3在一定的范围内均可调节，凸模2、凹模5的装拆也较方便，因此这副模具只需要更换凸、凹模就可以冲尺寸相近的不同规格的圆片。

无导向模结构简单，重量较轻，尺寸较小，模具制造简单，成本低廉。但是，这类模具使用时安装调整麻烦，模具寿命低，冲裁件精度差，操作也不够安全。

无导向模主要适用于精度要求不高、形状简单对称、批量小或试制用冲裁件。

2. 导板模

如图2-34所示为带固定挡料销的导板式落料模。模具的上模部分由模柄1、上模座2、垫板3、凸模固定板4和凸模5组成。模柄1压入上模座2中。上模座2、垫板3、凸模固定板4用螺钉与销钉紧固在一起。凸模5和凸模固定板4紧配，凸模5尾部铆接在固定板上，然后一起磨平，使其在轴向位置得到可靠的固定。垫板3是由淬火钢板做的，用以承受凸模5的压力，以免上模座2被压出凹坑而使凸模5上下松动。模具的下模部分由导板6、导料板7、固定挡料销8、凹模9、下模座10以及承料板11组成。

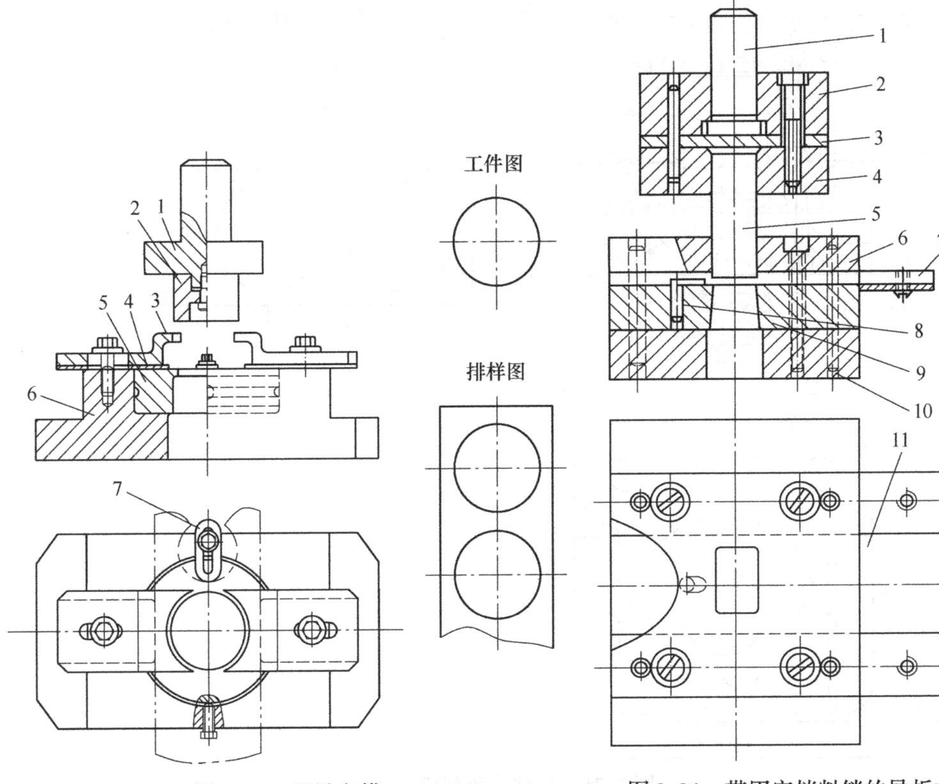

图2-33　无导向模

1—模柄　2—凸模　3—卸料板　4—导料板
5—凹模　6—下模座　7—挡料块

图2-34　带固定挡料销的导板式落料模

1—模柄　2—上模座　3—垫板　4—凸模固定板
5—凸模　6—导板　7—导料板　8—固定挡料销
9—凹模　10—下模座　11—承料板

它们用螺钉与销钉紧固在一起。导板 6 对上模的运动起导向作用，保证在冲裁过程中凸、凹模间隙的均匀分布。导板 6 与凸模 5 为间隙配合，其配合间隙必须小于凸、凹模间隙。对于薄料（$t<0.8$mm），导板 6 与凸模 5 的配合为 H6/h5；对于厚料（$t>3$mm），其配合为 H8/h7。冲裁时，要保证凸模 5 始终不脱离导板 6。因此对于这类导板式冲模要选用行程能调节的偏心压力机。导板 6 还起卸料作用。承料板 11 的顶面与凹模 9 顶面在同一平面内，它的作用是在冲裁时增大条料的支承面。固定挡料销 8 控制送料步距。挡料销采用钩形结构。可以使安装挡料销的孔离开凹模孔口远一些，减少凹模孔口强度的影响。为了保证条料的顺利送进，导料板 7 的高度必须大于固定挡料销 8 的高度与板料厚度之和。

这种挡料销结构简单，但是送料时必须把条料往上抬一下才能推进，使用不太方便。

3. 导柱模

对于精度要求高、生产批量较大的冲裁件，多采用有导柱的冲裁模（简称导柱模）。工作时，上、下模之间由导柱、导套进行导向。导柱模结构比较完善，应用十分广泛。

如图 2-35 所示为导柱式落料模。导套 20 压入上模座 1，导柱 19 压入下模座 14，导柱 19 与导套 20 之间为间隙配合，常采用 H6/h5 或 H7/h6。图 2-35 中的模具结构采用两个导柱与导套布置在模具的后侧，便于工人操作。导柱与导套的入口处均有较大圆角，因此当模具开启时，即使导柱 19、导套 20 脱离，在闭合时仍能正常工作。

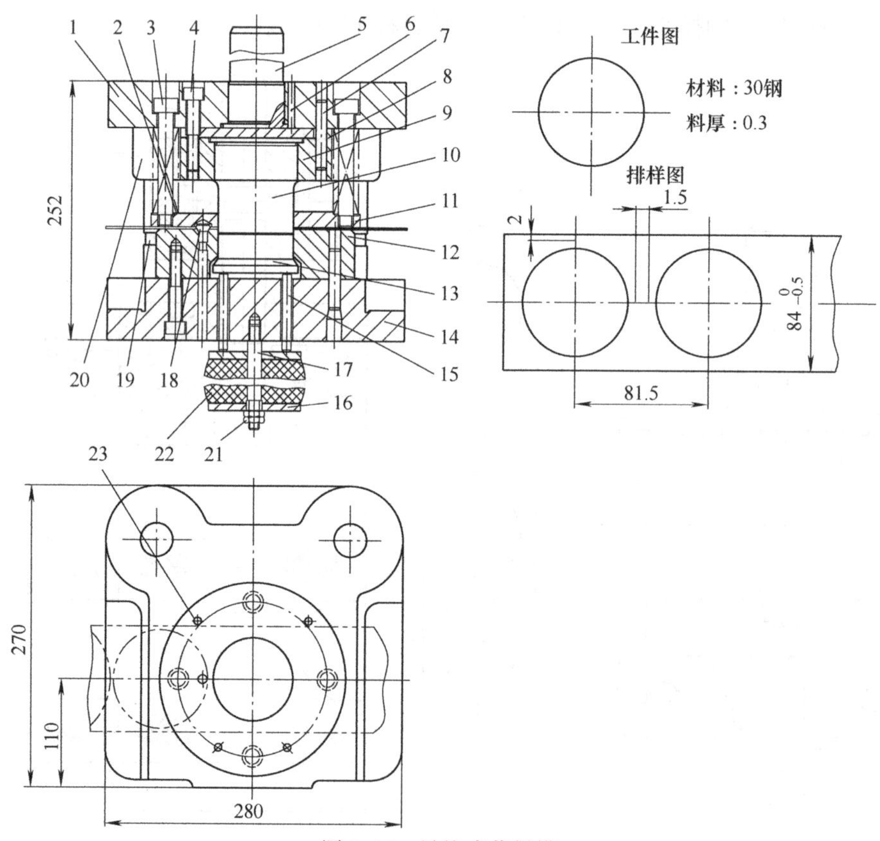

图 2-35　导柱式落料模

1—上模座　2—卸料弹簧　3—卸料螺钉　4—螺钉　5—模柄　6—止转销　7—圆柱销　8—垫板　9—凸模固定板　10—落料凸模　11—卸料板　12—落料凹模　13—顶件板　14—下模座　15—顶杆　16—圆板　17—螺栓　18—固定挡料销　19—导柱　20—导套　21—螺母　22—橡皮　23—导料销

这副模具采用了由卸料板11、卸料弹簧2与卸料螺钉3组成的弹性卸料装置和由安装在下模座14下的橡皮22、顶杆15与顶件板13组成的由下向上的弹性顶件装置。在冲压过程中不论是条料还是冲裁件均有良好的压平作用，所以冲出来的工件表面比较平整，质量较好，特别适合于冲裁厚度较薄、材料较软的冲裁件。为了不妨碍弹性卸料的压平作用，在卸料板11上对应于落料凹模面上固定挡料销18及导料销23的相应位置上开有沉孔。

用导柱19、导套20进行导向比一般导板导向可靠，精度高，寿命长，使用安装方便，所以在成批、大量生产中广泛采用导柱式冲裁模。

4. 冲孔模

落料模冲裁的对象是条料或卷料，而冲孔模的对象是已经落料或其他冲压加工后的半成品。所以冲孔模要解决半成品在模具上如何定位、如何将半成品放进模具以及冲好后取出既方便又安全等问题。这些问题的解决必须根据冲裁件的实际情况而定。

（1）冲孔模Ⅰ　如图2-36所示为一副在已落好料的平板冲件上冲五个孔的冲裁模。冲裁件如图2-36右下角所示。上模部分装有五个冲裁凸模，其结构与图2-34所示完全相同。

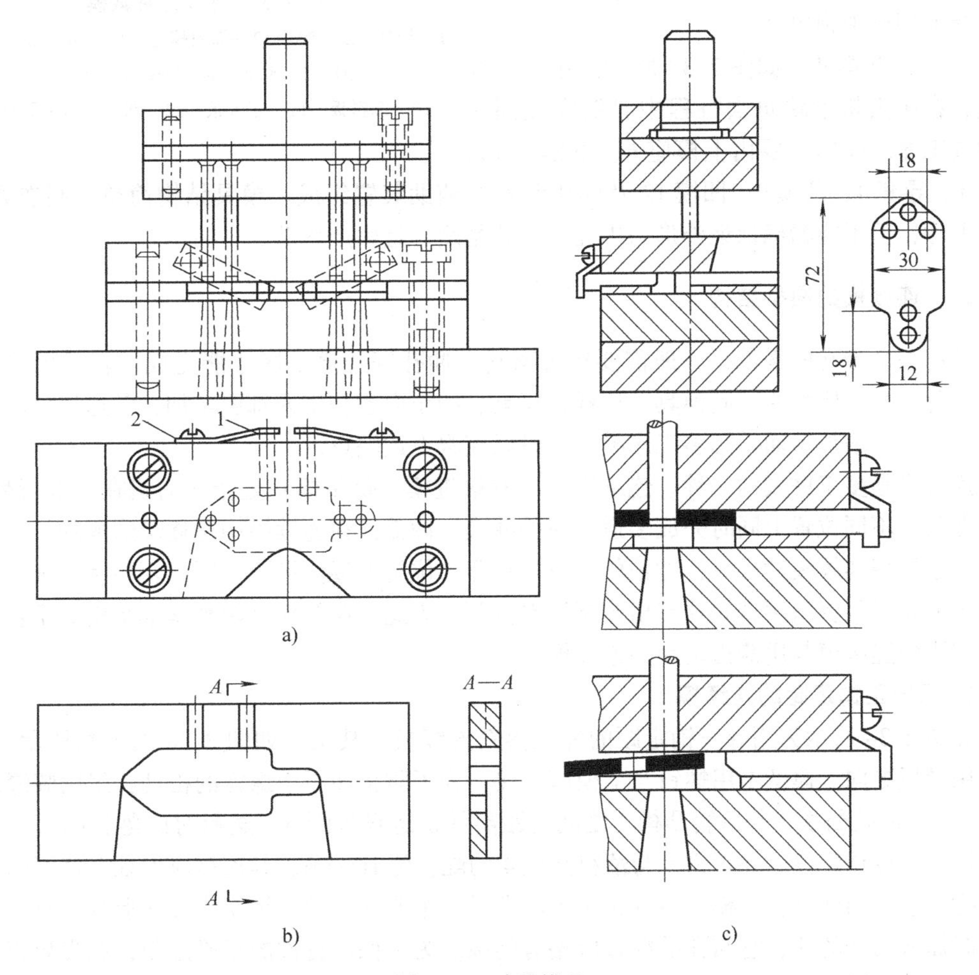

图2-36　冲孔模Ⅰ

a）冲孔模结构　b）定位板结构　c）冲裁件自动弹出示意

1—推件销　2—板簧

下模部分的导板兼起卸料作用，其前方开有缺口，以便用钳子将半成品夹入。导板下面是一块定位板（图 2-36b）。它的中间有一个与冲裁件外形对应的孔用于半成品定位。其前端开一槽用来放进半成品。导板、定位板与凹模一起用螺钉、销钉固定在下模座上。

冲孔后，这副模具能将冲裁件从模具中自动弹出。其结构如下：在下模定位板的后方装有两个推件销 1，它的后端由板簧 2 压着，前端下部有一斜面。当冲孔后的冲裁件随凸模上升时，冲裁件通过推件销 1 的斜面使推件销 1 往后移动，板簧 2 增加势能。在导板将冲裁件从凸模卸落的瞬间，板簧 2 顶推件销 1，把冲裁件从定位板前端槽中弹出。

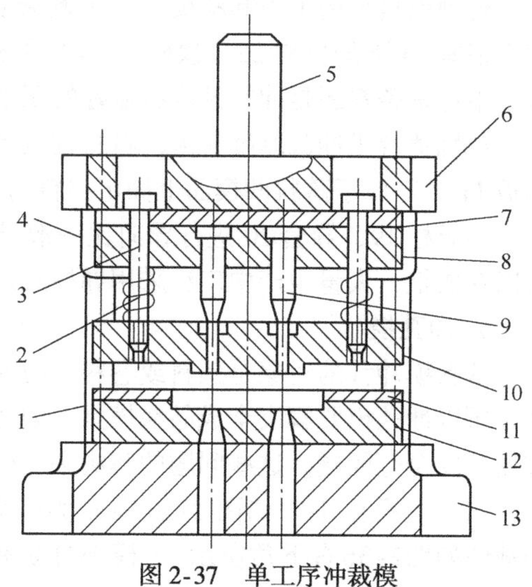

图 2-37　单工序冲裁模

1—导柱　2—弹簧　3—卸料螺钉　4—导套　5—模柄　6—上模座　7—垫板　8—凸模固定板　9—凸模　10—卸料板　11—定位板　12—凹模　13—下模座

（2）冲孔模Ⅱ　如图 2-37 所示的单工序冲裁模，在压力机滑块每次行程中只能完成同一种冲裁工序。此模主要由上模座 6、下模座 13、导柱 1、导套 4、凸模 9、凹模 12 及弹压装置等辅助装置组成。模具结构简单，制造方便，成本低廉，但不能精确保证外形与内孔的位置精度，且生产率低。

二、连续模的典型结构

冲制一个带孔的零件，一般需要经过落料、冲孔等几道工序才能完成。若采用单工序模，则每一道工序都要一副模具。这样，模具、冲压设备和工人都要增加，各道工序间的半成品运输也会增加。而采用多工序模，则可以克服上述缺点。

连续模是多工序模的一种。连续模（又称级进模、跳步模）是指压力机在一次行程中，依次在几个不同位置上同时完成多道工序的冲模。冲裁件在连续模中是逐步形成的。

由于采用连续模冲压时，冲裁件是依次在几个位置上逐步形成，因此要控制冲裁件的孔与外形的相对位置精度就必须严格控制送料步距。为此，连续模有两种基本结构类型：用导正销定距的连续模与用侧刃定距的连续模。

1. 用导正销定距的连续模

如图 2-38 所示为用导正销定距的冲孔落料连续模。其工件如图 2-38 右上角所示。上、下模用导板导向。模柄 1 用螺钉与上模座连接。为了防止冲压中螺钉的松动，采用骑缝的紧定螺钉 2。冲孔凸模 3 与落料凸模 4 之间的距离就是送料步距 A。送料时由落料凸模 4 上的导正销 5 进行精定位。导正销 5 与落料凸模 4 的配合为 H7/r 6，其连接应保证在修磨凸模时的装拆方便，因此落料凸模安装导正销 5 的孔是一个通孔。导正销 5 头部的形状应有利于在导正时插入已冲的孔，它与孔的配合应略有间隙。为了保证首件的正确定距，在带导正销的连续模中，常采用始用挡料装置。它安装在导板下的导料板中间。在条料冲制首件时，用手推始用挡料销 7，使它从导料板中伸出来抵住条料的前端，即可冲第一件上的两个孔。以后各次冲裁时就都由固定挡料销 6 控制送料步距初定位。

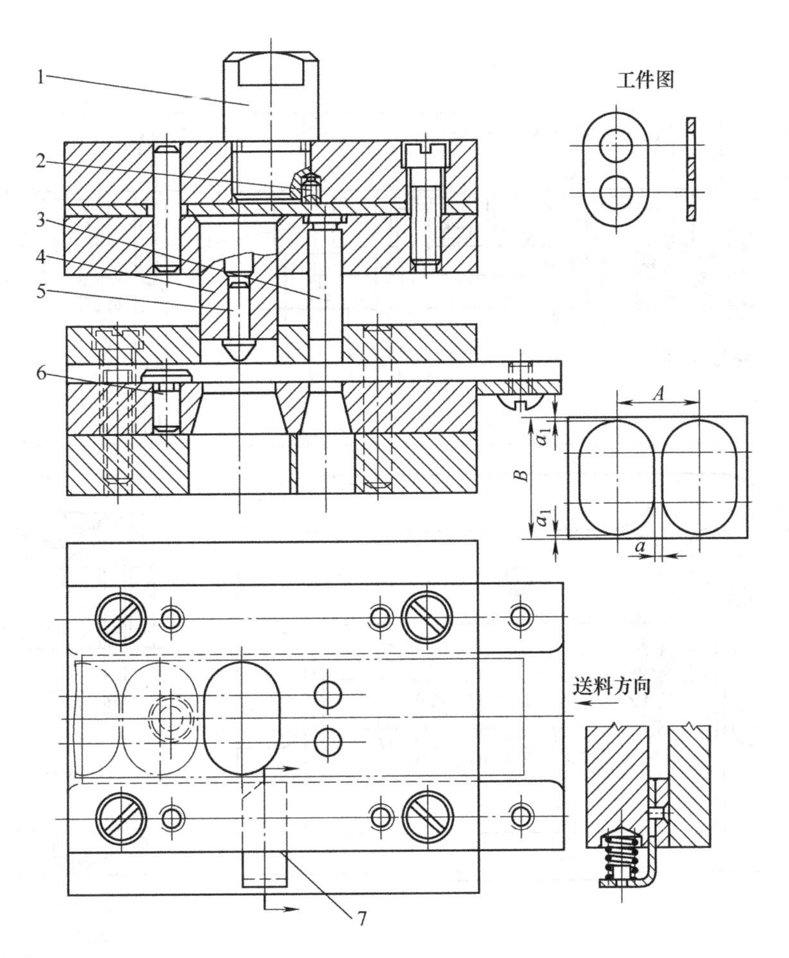

图2-38 用导正销定距的冲孔落料连续模
1—模柄 2—螺钉 3—冲孔凸模 4—落料凸模
5—导正销 6—固定挡料销 7—始用挡料销

用导正销定距结构简单。当定位间距较大时，定位也较精确。但是它的使用也受到了一定的限制。当板料太薄（一般 $t<0.3$mm）时，特别是对于较软的材料，很容易将孔边冲弯；当冲裁件的孔与外形间的距离较小时，落料凸模中做了装导正销的孔后，强度很弱；当所冲的孔很小时，由于导正销本身很弱，容易折断；当冲裁件上无圆孔又无法在条料上设置工艺孔时不能使用。由于导正销在使用时的这些限制，连续模还需要有其他的定距方法。

如图2-39所示为另一种用导正销定距的冲孔落料连续模。这副模具采用导柱套进行导向。考虑到增加凹模的强度，在冲孔工位后安排了一个空位（见图2-40）。为此，在控制条料首次冲孔的步距时，需要设置两个始用挡料销，到第三行程之后方可用自动挡料销10控制送料步距。落料时用导正销3进行精定位。模具的下模部分用整体的凹模固定板1固定落料凹模2与冲孔凹模13。冲孔凸模8、9与落料凸模7则分别由落料凸模固定板11和冲孔凸模固定板12固定，便于调整间隙。

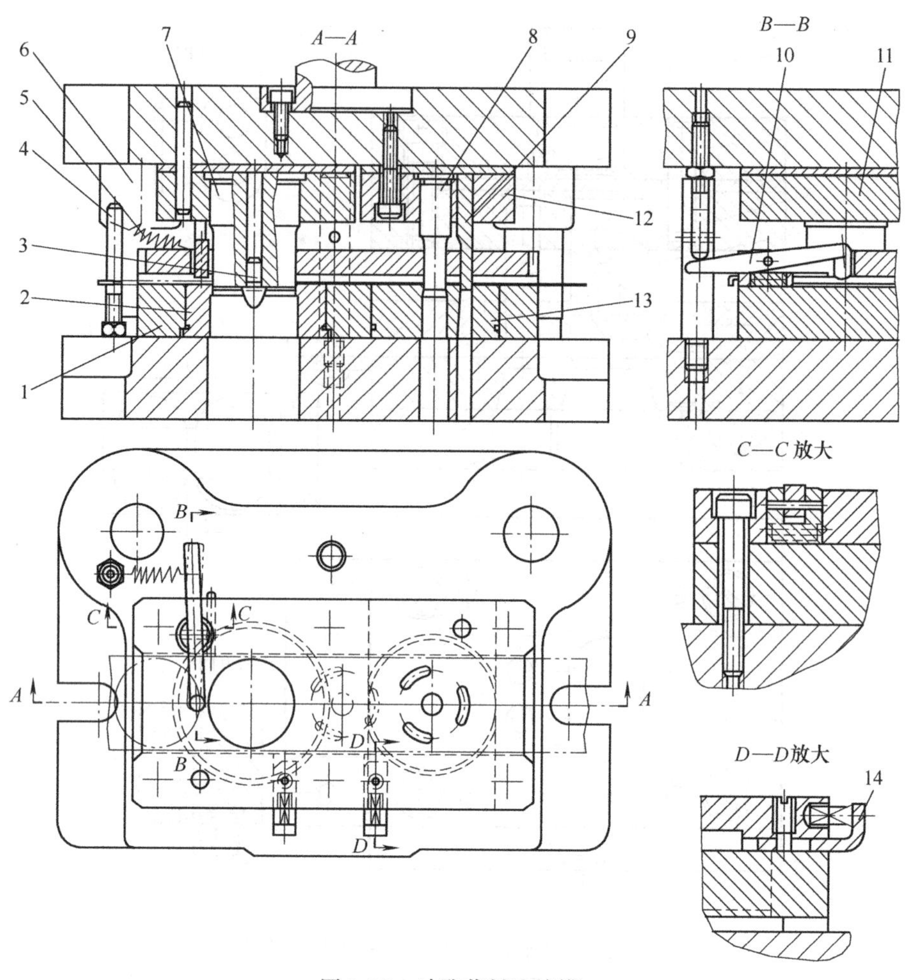

图 2-39　冲孔落料连续模

1—凹模固定板　2—落料凹模　3—导正销　4—拉簧座　5—拉簧　6—导套　7—落料凸模　8、9—冲孔凸模　10—自动挡料销　11—落料凸模固定板　12—冲孔凸模固定板　13—冲孔凹模

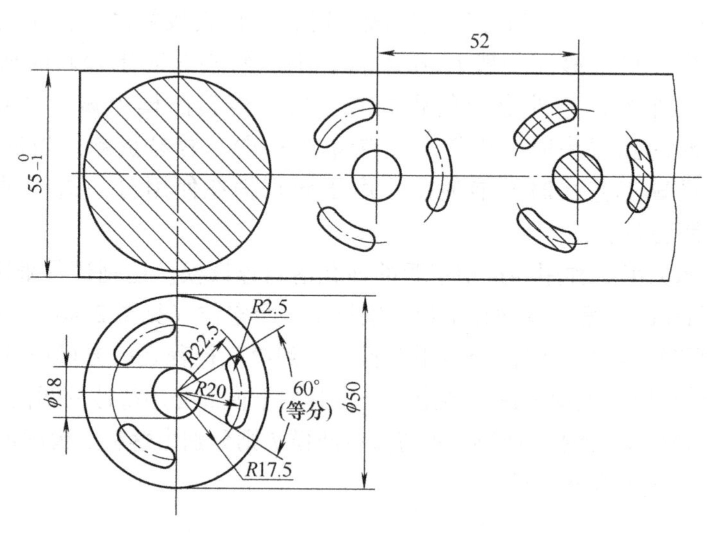

图 2-40　冲孔落料连续模排样图

2. 用侧刃定距的连续模

侧刃定距连续模的工作原理如图2-41所示。在凸模固定板上，除装有一般的冲孔、落料凸模外，还装有特殊的凸模——侧刃。侧刃断面的长度等于送料步距。在压力机的每次行程中，侧刃在条料的边缘冲下一块长度等于步距的料边。由于侧刃前后导料板之间的宽度不同（前宽后窄），在导料板的 m 处形成一个凸肩，所以只有在侧刃切去一个长度等于步距的料边而使其宽度减少之后，条料才能再向前送进一个步距，从而保证孔与外形相对位置的正确。侧刃的定位可以采用单侧刃，这时当条料冲到最后一件的孔时，条料的狭边被冲完，于是在条料上不再存在凸肩，在落料时无法再定位，所以末件是废品。为了避免这些废品的产生，可采用错开排列的双侧刃（见图2-41）。一个侧刃应排在第一个工作位置或其前面，另一个侧刃应排在最后一个工作位置或其后面。图2-41中的第二个侧刃安排在落料工位之后（考虑凹模的强度问题）。在使用双侧刃的连续模时，有时也有将左、右两侧刃并排布置，它的目的是为了使送料时条料不致歪斜，以提高送料精度。

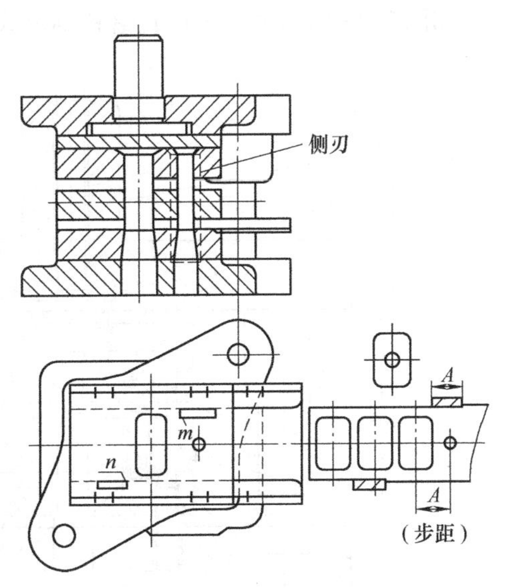

图2-41　侧刃定距连续模的工作原理

用侧刃定距的优点是其应用不受冲裁件结构限制，而且操作方便安全，送料速度高，便于实现自动化。它的缺点是模具结构比较复杂，材料有额外的浪费，在一般情况下其定距精度比导正销低。所以有些连续模将侧刃与导正销联合使用。这时用侧刃作粗定位，以导正销精定位。侧刃断面的长度应略大于送料步距，使导正销有导正的余地。

三、复合模的典型结构

复合模也是多工序模中的一种。它是在压力机的一次行程中，在同一位置上同时完成几道工序的冲模。因此它不存在连续模冲压时的定位误差问题。

由于复合模要在同一位置上完成几道工序，因此它必须在同一位置上布置几套凸、凹模。对于复合模，如何合理地布置这几套凸、凹模是其先要解决的问题。

如图2-42所示为冲孔落料复合模的基本结构。在模具的一方（指上模或下模）外面装着落料凹模，中间装着冲孔凸模，而在另一方，则装着凸凹模（这是在复合模中必有的零件，其外形是落料凸模，其内孔是冲孔凹模，故称此零件为凸凹模）。当上、下模两部分嵌合时，就能同时完成冲孔与落料。将复合模中的落料凹模装在上模上，称为倒装式复合模，反之称为正装式复合模。

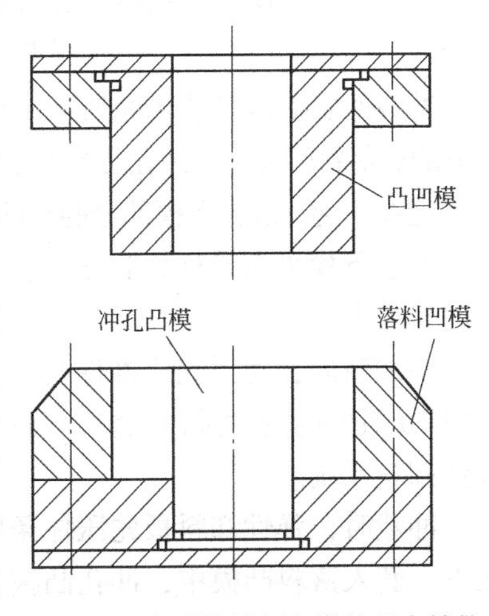

图2-42　冲孔落料复合模的基本结构

1. 倒装式复合模

如图 2-43 所示为一副冲孔落料倒装式复合模的典型结构。

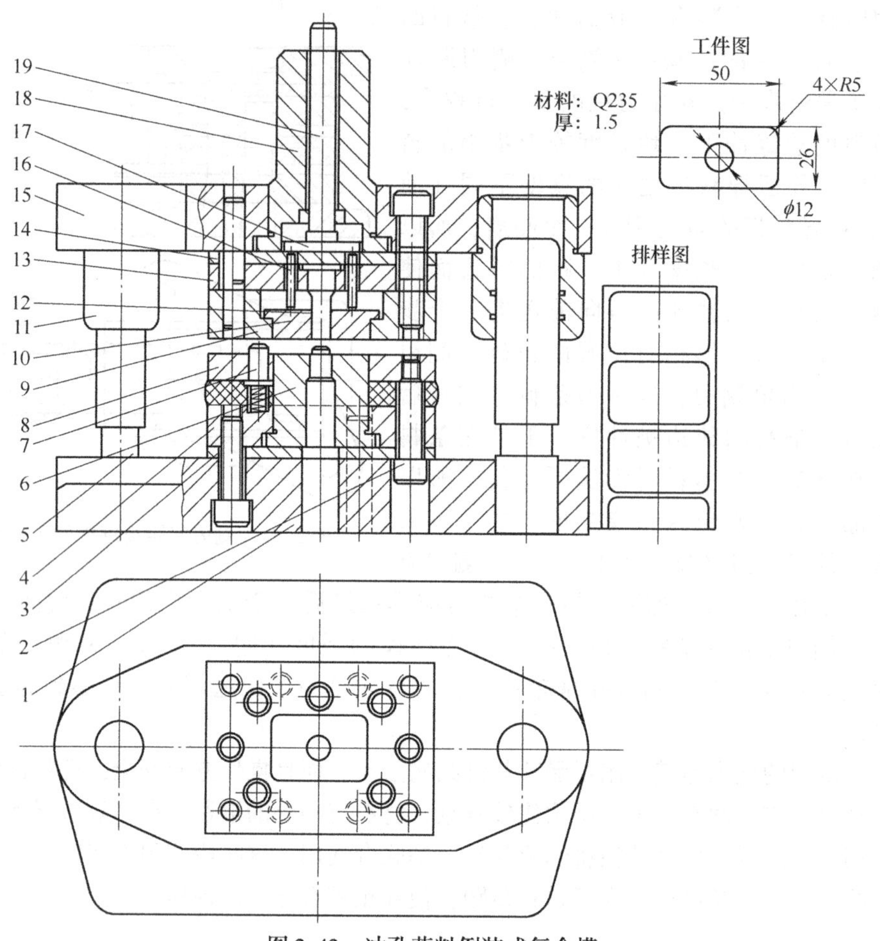

图 2-43 冲孔落料倒装式复合模

1—下模座 2—卸料螺钉 3、14—垫板 4—凸凹模固定板 5—导柱 6—凸凹模 7—活动导料销 8—卸料板 9—落料凹模 10—推件板 11—导套 12—冲孔凸模 13—冲孔凸模固定板 15—上模座 16、19—推杆 17—推板 18—模柄

冲裁件如图 2-43 右上角所示。其外形为带圆角的矩形片，中间有一个 ϕ12mm 孔。装在上模部分的有落料凹模 9 与冲孔凸模 12，通过冲孔凸模固定板 13、垫板 14 用螺钉和定位销与上模座 15 固定在一起。装在下模部分的凸凹模 6 是通过凸凹模固定板 4、垫板 3 与下模座 1 固定在一起。

上、下模采用导柱导套导向，导柱布置在中间的两侧。为防止使用时模具装反，两个导柱的直径大小不一。

在冲裁后，为了完成推件与卸料，在上模部分还装有由推杆 19、推板 17、推杆 16 与推件板 10 组成的刚性推件系统，而在下模部分则装有由卸料板 8、卸料螺钉 2 与橡皮组成的弹性卸料系统。

冲裁时，弹性卸料板先压住条料，起校平作用。继续下行时，落料凹模 9 将弹性卸料板压下，套入落料凸模中，冲孔凸模 12 也进入冲孔凹模孔中，于是同时完成冲孔与落料。当上模回程时，弹性卸料板在橡皮作用下将条料从凸凹模 6 上卸下，而推杆 19 受到压力机横杆的推动，通过推板 17、推杆 16 与推件板 10 将冲件从落料凹模 9 中自上而下推出，冲孔废料则直接由凸凹模孔中漏到压力机台面下。

冲裁时，条料在模具上的定位是采用布置在左侧的两个活动导料销 7 控制送料方向，中间的一个活动挡料销控制送料步距。这两种销的结构完全相同。这种导料与挡料的方法在复合模中应用较多，它可以不妨碍弹性卸料板对条料的压平作用。

这是一副结构十分典型的复合模。在设计时，只要根据冲裁的形状与尺寸确定落料凹模的形状与尺寸，即可在标准中查出全部零件的规格与结构，使用十分方便。

2. 正装式复合模

如图 2-44 所示为一副冲孔落料正装式复合模的典型结构。其冲裁件和模具与图 2-43 所示基本相同，只是凸、凹模在上、下模的布置与倒装式复合模相反。因此，在冲裁后，上模部分由压力机横杆通过推件系统推出的是冲孔废料，而冲裁件则由安装在下模座下的弹顶装置将其在落料凹模中由下向上顶出。

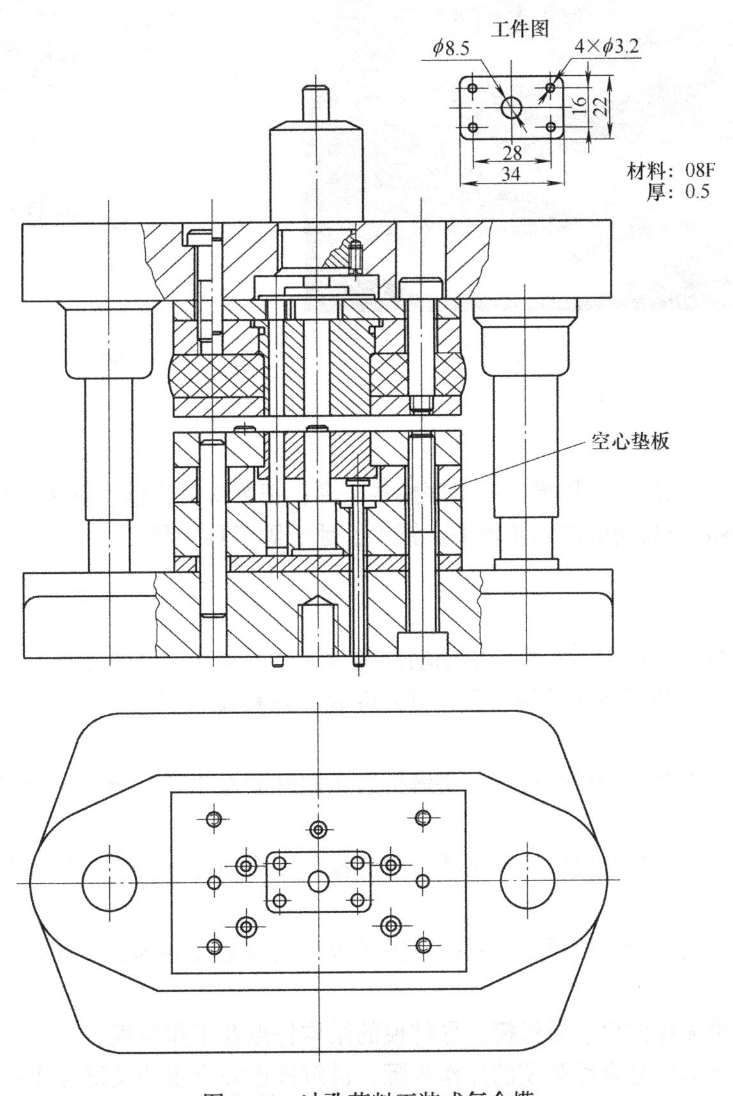

图 2-44　冲孔落料正装式复合模

这副模具在落料凹模下安装了空心垫板。采用这种结构，使落料凹模的型孔成为柱形通孔，便于加工，还可以减薄凹模，节约模具钢。

3. 倒装式复合模与正装式复合模的比较

倒装式复合模（见图2-45）的主要优点是废料能直接从压力机台面落下，而冲裁件从上模推下，比较容易引出去，因此操作方便安全。由于倒装式复合模安装了送料装置，生产率较高，所以倒装式复合模应用比较广泛。正装式复合模（见图2-46）的主要优点是顶件板、卸料板均是弹性的，条料与冲裁件同时受到压平作用，所以对于较软、较薄的冲裁件能达到平整要求，冲裁件的精度也较高。用正装式复合模，在凸凹模的孔内不会积聚冲孔废料，可以减少孔内废料的胀力，有利于减小凸凹模的最小壁厚。

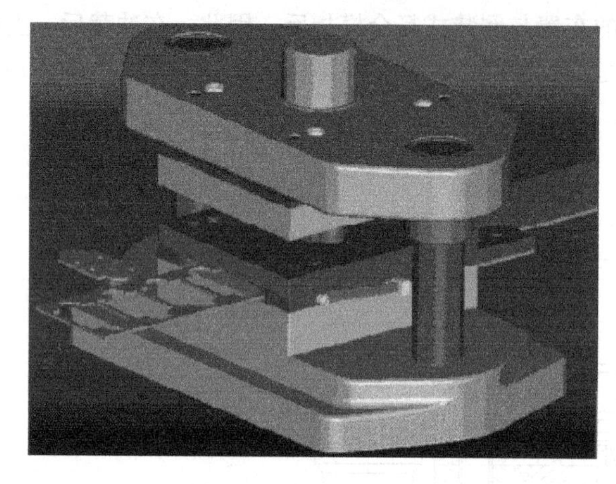

图2-45　倒装式复合模

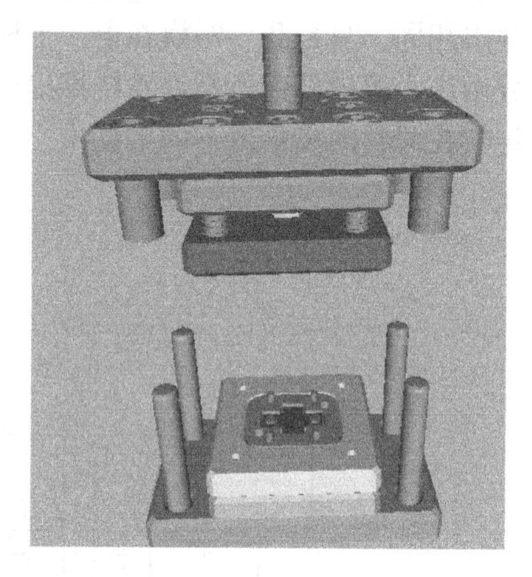

图2-46　正装式复合模

任务准备

无导向模、导板模、导柱模等单工序模各一套；正装式复合模、倒装式复合模、冲裁级进模各一套。拆装模具用的内六角扳手、铜棒、锤子等工具一套。

任务实施

1）教师结合模具挂图、实物，借助辅助教学课件讲解冲裁模的分类。

2）教师演示拆装无导向模的过程，讲解拆装步骤和安全事项，分析无导向模的结构特点及工作原理。

3）教师演示拆装导板模的过程，讲解拆装步骤和安全事项，分析导板模的结构特点及工作原理。

4）教师演示拆装导柱模的操作步骤，讲解操作安全事项，分析导柱模的结构特点及工作原理。

5）学生分组使用内六角扳手、铜棒、锤子等工具拆装无导向模、导板模、导柱模等单工序模。

6）分组讨论无导向模、导板模、导柱模的结构特点及工作原理。

7）教师演示拆装复合冲裁模的操作步骤，讲解操作安全事项及复合冲裁模的分类。

8）分析正装式、倒装式复合模的结构特点及工作原理。

9）学生分组使用内六角扳手、铜棒、锤子等工具拆装正装式、倒装式复合模。

10）分组讨论正装式、倒装式复合模的结构特点及工作原理。

11）教师演示拆装冲裁级进模的操作步骤，讲解操作安全事项及常见冲裁级进模的结构特点及工作原理。

12）学生分组讨论冲裁级进模的结构特点及工作原理。

13）小组代表上台展示分组讨论结果。

14）教师评价并总结本次课程所学的内容，强调重点内容。

检查评议

序　号	检查项目	评分标准	配　分	得　分
1	冲裁模的常用分类方法	准确无误地说出冲裁模的常用分类	5	
2	拆装无导向模	能正确拆装无导向模	10	
3	拆装导板模	能正确拆装导板模	10	
4	拆装导柱模	能正确拆装导柱模	10	
5	拆装正装式复合模	会拆装正装式复合模	10	
6	拆装倒装式复合模	会拆装倒装式复合模	10	
7	正装式、倒装式复合模的结构特点及工作原理	能描述出正装式、倒装式复合模的结构特点及工作原理	5	
8	拆装冲裁级进模	会拆装冲裁级进模	10	
9	冲裁级进模的结构特点及工作原理	能正确说出冲裁级进模的结构特点及工作原理	10	
10	小组内成员分工情况、参与程度	组内成员分工明确，所有的学生都积极参与小组活动，为小组活动献计献策	5	
11	合作交流、解决问题	组内成员分工协助，认真倾听、互助互学，在共同交流中解决问题	5	
12	小组活动的秩序	活动组织有序，服从领导	5	
13	讨论活动结果的汇报水平	敢于发言、质疑，汇报发言声音洪亮，思路清晰、简练，突出重点	5	
合　计			100	

考证要点

一、填空题

1. 凸模的结构形式包括________凸模、________凸模、________凸模。

2. 凹模外形结构有________、________、________三种情况。

3. 冲压加工是利用安装在压力机上的________，对板料施加压力，使板料在模具里产生变形或分离，从而获得一定________、________和性能的产品零件的生产技术。

4. 冲床一次行程中，在模具同一位置上能完成几个不同冲裁工序的模具叫________冲裁模，也称多工序冲裁模。

5. 复合冲裁模的结构特点是：在一副模具中，在一个________，它既是落料的凸模又是冲孔凹模，或者既是落料凸模又是拉深凹模等。

二、判断题（正确的打“√”，错误的打“×”）

1. 在压力机的一次行程中完成两道或两道以上冲孔（或落料）工序的冲模称为复合模。（　　）

2. 凸凹模就是落料、冲孔复合模中把冲孔凸模和落料凹模做成一体的工作零件。（　　）

三、选择题

1. 对送料精度要求最高的模具是________模具。

A. 单工模　　B. 复合模　　C. 级进模

2. 图2-47表示的是一套________。

A. 简单冲模　　B. 复合冲模　　C. 连续冲模

3. 上模________安装在冲床的滑块上。

A. 借助于压板螺栓　　B. 借助于模柄

C. 一般不用固定

4. 冲压模具安装在冲床上的位置关系为________。

A. 上、下模分别固定在滑块和工作台上

B. 上模不固定，下模固定在工作台上

C. 上、下模不固定，放在工作台上

5. 复合模与级进模比较，则________。

A. 复合模的生产率比级进模高

B. 复合模的生产安全性好于级进模

C. 复合模冲制的工件精度比级进模高

D. 复合模冲制的工件的形状更不受限制

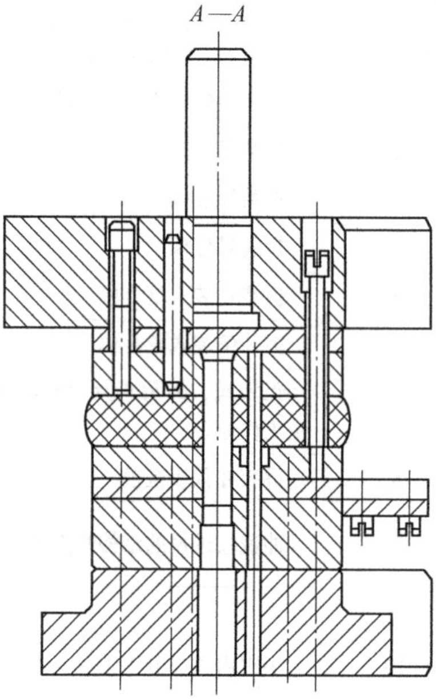

A—A

图　2-47

6. 采用拼块结构的凸、凹模有不少优点，但________优点不成立。

A. 可以提高模具的制造精度和延长模具的使用寿命

B. 可以简化模具结构，使模具装配方便

C. 可以节约贵重的模具钢材

D. 便于凸、凹模的加工与修理

7. 冲裁件外形和内形有较高的位置精度要求，宜采用________。

A. 导板模　　B. 级进模　　C. 复合模

8. 用于高速压力机上的模具是________。

A. 导板模　　B. 级进模　　C. 复合模

9. 用于高速压力机的冲压材料是________。

A. 板料　　B. 条料　　C. 卷料

10. 在复合模的一次行程动作中，可以完成的冲压工序数是________。

A. 一次　　B. 两次　　C. 两次或两次以上　　D. 三次或三次以上

任务2　制订冲裁产品工艺方案

子任务1　分析冲裁产品工艺

学习目标

◎ 了解冲裁产品形状对冲裁工艺的影响

◎ 了解冲裁产品精度要求

◎ 了解冲裁产品尺寸要求

任务描述

在本任务中要了解冲裁产品结构工艺性的特点，掌握冲裁产品的精度要求和断面的表面粗糙度要求。学会根据冲压制品图样分析冲压件的形状特点、尺寸大小、精度要求、表面质量及所用材料是否符合冲压工艺要求。

相关知识

冲裁产品的工艺性是指冲裁产品对冲裁工艺的适应性。对冲裁产品工艺性影响最大的是产品的结构形状、精度要求、几何公差及技术要求等。冲裁产品合理的工艺性应能满足材料较省、工序最少、模具加工容易、寿命较高、操作方便及产品质量稳定等要求。

一、冲裁件结构工艺要求

1）冲裁件的形状应尽可能简单、对称，避免复杂形状的曲线，以使排样时废料最少。

2）冲裁件的形状及内孔的转角，在一般情况下不能有尖角，均应采用 $R \geqslant 0.5t$ 的圆角过渡（R 为圆角半径，t 为材料厚度）。冲裁件有关尺寸的限制如图2-48所示。当工件的转角处以尖角过渡时，不仅会使凹模热处理时易发生淬裂，而且冲压时在凸凹模尖角处也容易磨损，影响冲裁件的加工精度。

3）冲裁件上应避免细长的悬臂与窄槽，以使模具结构简单，制造维修方便。若工件要求带有悬臂和窄槽时，其悬臂和窄槽的宽度应大于材料厚度的2倍，即 $b>2t$（图2-48）。此时凸、凹模在悬臂与窄槽处最薄弱，宜采用镶拼结构。

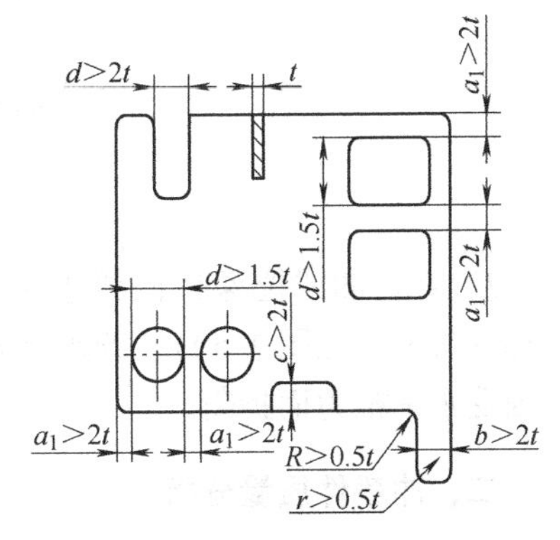

图2-48　冲裁件有关尺寸的限制

4）冲裁件上的孔因受冲孔凸模强度的限制，尺寸不能过小，其最小冲孔尺寸与材料种类、性能（τ）、孔形状及模具结构有关，见表2-19和表2-20。

5）冲裁件的孔与孔之间、孔与边缘之间的距离 d、a_1 不应过小，否则会影响凹模强度、寿命及冲裁件的质量，一般取 $d>1.5t$，$a_1>2t$，如图2-48所示。

6）冲裁件端部带有圆弧形状时，若采用落料工艺应取圆弧半径 $R=B/2$；若采用切断

工艺应取 $R>B/2$，这样便于保证工件质量。否则，若条料为正偏差时仍取 $R=B/2$ 进行切断加工，会使两端出现台阶，如图 2-49 所示。

表 2-19　各种材料的最小冲孔尺寸

冲裁材料	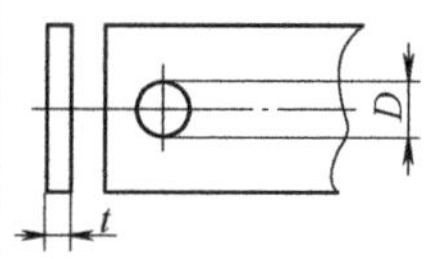	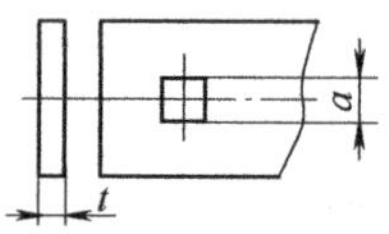	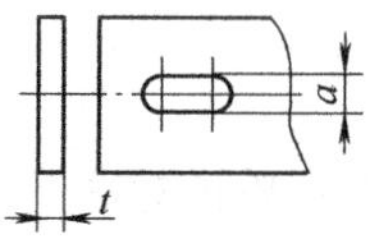	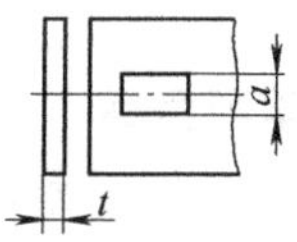
钢($\tau>700$MPa)	≥1.5t	≥1.35t	≥1.1t	≥1.2t
钢($\tau=400\sim700$MPa)	≥1.3t	≥1.2t	≥0.9t	≥1.0t
钢($\tau=400$MPa)	≥1.0t	≥0.9t	≥0.7t	≥0.8t
黄铜、铜	≥0.9t	≥0.8t	≥0.6t	≥0.7t
铝、锌	≥0.8t	≥0.7t	≥0.5t	≥0.6t
纸板、布胶板	≥0.7t	≥0.6t	≥0.4t	≥0.5t
硬纸、纸	≥0.6t	≥0.5t	≥0.3t	≥0.4t

表 2-20　采用护套式凸模冲孔的最小尺寸

材　料	圆孔 D	矩形孔（a 短边）
硬钢	≥0.5t	≥0.4t
黄铜、软钢	≥0.35t	≥0.3t
纯铜、铝、锌	≥0.3t	≥0.26t
纸板、布胶板	≥0.3t	≥0.25t

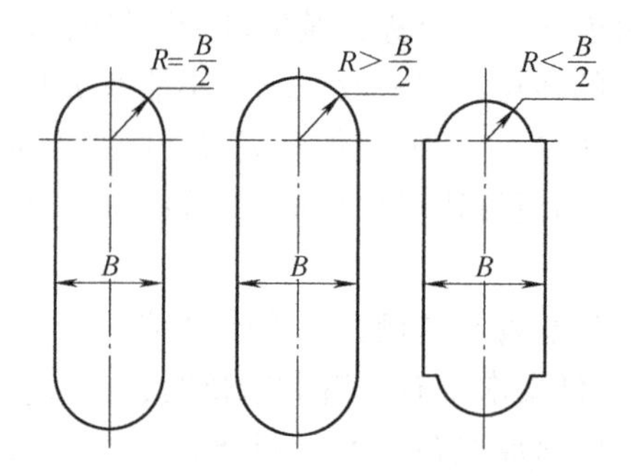

图 2-49　冲裁件端部圆弧

7）在弯曲或拉深件凸缘上冲孔时，其孔壁与工件直壁之间应保持一定的距离，即 $L\geqslant R+0.5t$（见图 2-50）。若距离太小，冲孔时会使凸模受水平推力，尤其当凸模细长时往往因受水平推力而折断。

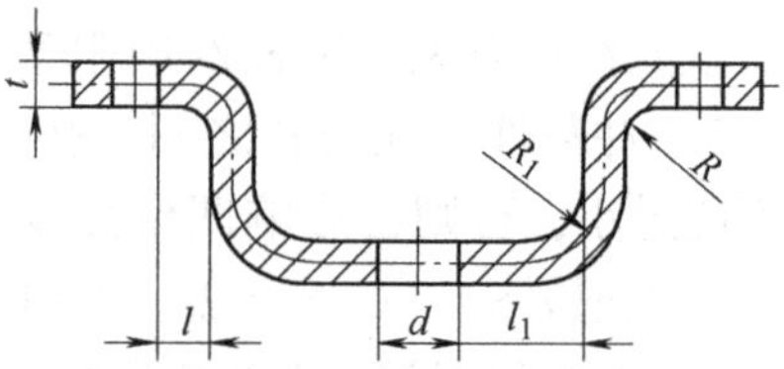

图 2-50　弯曲件上冲孔的位置

二、冲裁件质量分析

1. 尺寸精度

冲裁件的尺寸精度与许多因素有关，如冲模的制造精度、材料性质、冲裁间隙和冲裁件的形状等。

（1）冲模的制造精度　冲模的制造精度对冲裁件的尺寸精度有直接影响。冲模的精度越高，冲裁件的精度也越高。当冲模具有合理间隙与锋利刃口时，其制造精度与冲裁件精度的关系见表 2-21。

表 2-21　冲模制造精度与冲裁件精度的关系

冲模制造精度	材料厚度 t/mm											
	0.5	0.8	1.0	1.6	2	3	4	5	6	8	10	12
IT6 ~ IT7	IT8	IT8	IT9	IT10	IT10	—	—	—	—	—	—	—
IT7 ~ IT8	—	IT9	IT10	IT10	IT12	IT12	IT12	—	—	—	—	—
IT9	—	—	—	IT12	IT12	IT12	IT12	IT12	IT14	IT14	IT14	IT14

（2）材料性质　由于冲裁过程中材料产生一定的弹性变形，冲裁件产生“回弹”现象，使冲裁件的尺寸与凸、凹模尺寸不符，从而影响其精度。

材料的性质对该材料在冲裁过程中的弹性变形量有很大的影响。对于比较软的材料，弹性变形量较小，冲裁后的回弹值也少，因而零件精度较高。而硬的材料情况正好相反。

2. 冲裁间隙

冲裁间隙对冲裁件精度也有很大的影响。当间隙适当时，在冲裁过程中板料的变形区在比较纯的剪切作用下被分离，使落件的尺寸等于凹模尺寸，冲孔的尺寸等于凸模的尺寸。

如间隙过大，板料在冲裁过程中除受剪切外，还产生较大的拉伸与弯曲变形，冲裁后由于回弹的作用，将使冲裁件的尺寸向实际方向收缩。对于落料件，其尺寸将会小于凹模尺寸，对于冲孔件，其尺寸将会大于凸模尺寸。

如间隙过小，则板料在冲裁过程中除受剪切外还会受到较大的挤压作用，冲裁后同样由于回弹的作用，使冲裁件的尺寸向实体的反方向胀大。对于落料件，其尺寸将会大于凹模尺寸，对于冲孔件，其尺寸将会小于凸模尺寸。

对于断面质量，起决定作用的是冲裁间隙。由冲裁过程的分析可知，在具有合理间隙的冲裁条件下，由凸、凹模刃口所产生的裂纹重合。所得冲裁件断面有一个微小的塌角，并有正常的既光亮又与板平面垂直的光亮带，其断裂带虽然粗糙但比较平坦，虽有斜度但并不大，所产生的毛刺也不明显。虽然这样的断面质量也不尽如人意，但从冲裁的变形机理分析，这样的断面质量已是正常的了。当间隙过大或过小时，就会使上、下裂纹不能重合。

如间隙过大（见图 2-51a），使凸模产生的裂纹相对于凹模产生的裂纹向里移动一定距离。板料受拉伸、弯曲的作用加大，使剪切断面塌角加大，光亮带的高度缩短，断裂带的高度增加，锥度也加大，就会有明显的拉断毛刺，冲裁件平面可能产生穹弯现象。

如间隙过小（见图 2-51b），会使凸模产生的裂纹向外移动一定距离。上、下裂纹不重合，产生第二次剪切，从而在剪切面上形成了略带倒锥的第二个光亮带。在第二个光亮带下面存在着潜伏的裂纹。由于间隙过小，板料与模具的挤压作用加大，在最后被分

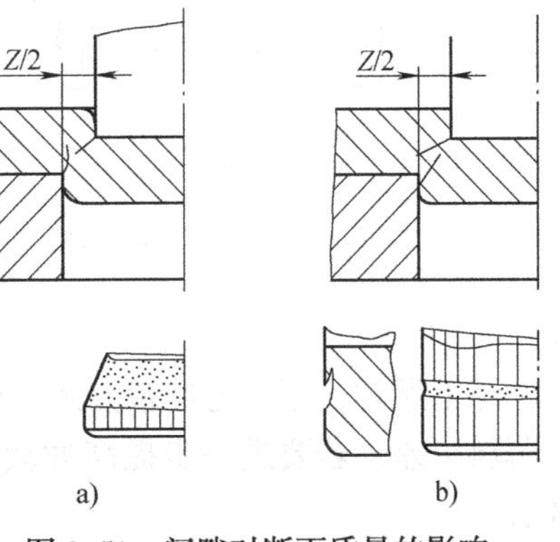

图 2-51　间隙对断面质量的影响
a）间隙过大　b）间隙过小

离时，冲裁件上有较尖锐的挤出毛刺。

由此可知，观察与分析断面质量是判断冲裁过程是否合理、冲模的工作情况是否正常的主要手段。

3. 毛刺

由冲裁过程的分析可知，冲裁件产生微小的毛刺是不可避免的。若产品要求不允许存在极小毛刺，则在冲裁后应增加去除毛刺的辅助工序。正常冲裁中允许的毛刺高度见表2-22。

表2-22　毛刺的允许高度　　（单位：mm）

料　厚	生　产　时	试　模　时
<0.3	≤0.05	≤0.015
0.5～1	≤0.10	≤0.03
1.5～2.0	≤0.15	≤0.05

若冲裁过程不正常，毛刺就会明显增大，这是不允许的。产生毛刺的原因主要有两个：一个是冲裁间隙不合理，如上所述，间隙过大，会产生明显的拉断毛刺，间隙过小，会产生尖锐的挤出毛刺。显然，若间隙值合理而且分布均匀，依然会在冲件上产生局部毛刺。另一个是凸模或凹模磨钝后，其刃口处形成圆角，这是产生毛刺的主要原因。

当凸、凹模刃口带有圆角后，冲裁时材料中就减少了应力集中现象而增大了变形区域，产生的裂纹偏离刃口，凸、凹模间金属在剪裂前有很大的拉深，这就使冲裁断面上产生了明显的毛刺。

凸、凹模刃口磨钝后冲裁件产生的毛刺情况如图2-52所示。当凸模刃口磨钝时，则会在落料件上端产生毛刺（图2-52a）；当凹模刃口磨钝时，则会在冲孔件的孔口下端产生毛刺（图2-52b）；当凸、凹模刃口同时磨钝时，则冲裁件上、下端都会产生毛刺。

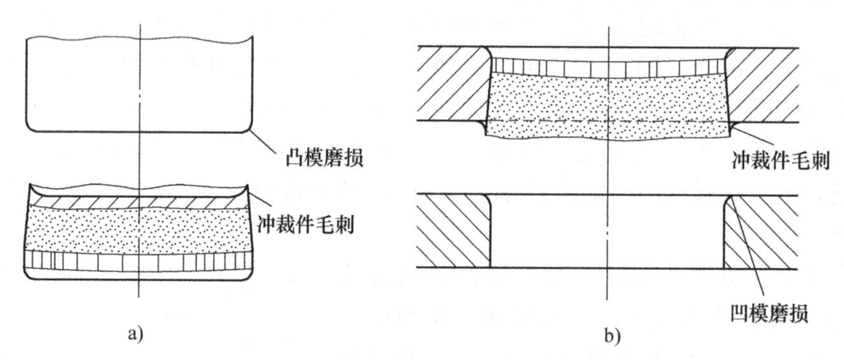

图2-52　凸、凹模刃口磨钝时毛刺的形成情况

a）凸模刃口磨钝　b）凹模刃口磨钝

综上所述，用普通冲裁方式所能得到的冲裁件，其尺寸精度与断面质量都不太高，厚料比薄料更差。若要进一步提高冲裁件的质量要求，则要在冲裁后加整修工序或采用精密冲裁法。

任务准备

曲柄压力机，冲压模具及模具挂图若干套，冲裁产品若干。

任务实施

1）老师在课堂上结合冲压产品实物进行讲解，让学生观察不同冲压产品的精度和断面的表面粗糙度。

2）安排到多媒体教室进行视频教学。

3）同学们在老师及工厂师傅的带领下参观冲压车间，要仔细观察各种不同类型冲裁模冲裁后产品的精度和断面的表面粗糙度情况。老师及工厂师傅现场讲解冲裁产品的结构工艺性，让学生学会根据冲压制品图样分析冲压件的形状特点、尺寸大小、精度要求、表面质量及所用材料是否符合冲压工艺要求。

4）分组讨论冲裁件结构工艺要求和冲裁产品的精度及表面粗糙度要求。

5）小组代表上台展示分组讨论结果。

6）小组之间互评、教师评价。

7）布置相关课外作业。

检查评议

序　号	检查项目	考核要求	配　分	得　分
1	冲裁件结构工艺要求	能准确说出冲裁件结构工艺的具体要求	30	
2	冲裁产品的精度和表面粗糙度	能准确地描述冲裁产品的精度和表面粗糙度	40	
3	小组内成员分工情况、参与程度	组内成员分工明确，所有的学生都积极参与小组活动，为小组活动献计献策	10	
4	合作交流、解决问题	组内成员分工协助，认真倾听、互助互学，在共同交流中解决问题	5	
5	小组活动的秩序	活动组织有序，服从领导	5	
6	活动结果的汇报水平	敢于发言、质疑，汇报发言声音洪亮，思路清晰、简练，突出重点	10	
合　计			100	

子任务2　制订工艺方案

学习目标

◎ 了解生产批量与模具类型

◎ 学会冲裁工序的组合方法

◎ 能够合理安排冲裁顺序

任务描述

在任务中要了解生产批量与模具类型的关系，掌握冲裁工序的组合方法，学会合理安排冲裁顺序。对于一个冲裁件，经过分析可以得出很多种工艺方案。我们要对这些方案进行分析比较，在满足冲裁件质量与生产率的要求下，如何筛选出模具制造成本较低、寿命较高、操作较方便及安全的工艺方案？

相关知识

在冲裁工艺性分析的基础上，要根据冲裁件的特点确定冲裁工艺方案。确定工艺方案首先要考虑的问题是确定冲裁的工序数、冲裁工序的组合以及冲裁工序顺序的安排。

1. 冲裁工序的组合

冲裁可分为单工序冲裁、复合工序冲裁和连续冲裁。复合工序冲裁比单工序冲裁生产率更高，加工的公差等级也更高。

确定冲裁方式时主要考虑的因素包括：

（1）生产批量　一般来说，小批量与试制生产采用单工序冲裁，中批量和大批量生产采用复合工序冲裁或连续冲裁。生产批量与模具类型的关系见表2-23。

表2-23　生产批量与模具类型的关系

生产性质	生产批量/万件	模具类型	设备类型
小批量或试制	1	简易模、组合模、单工序模	通用压力机
中批量	1～30	单工序模、复合模、级进模	通用压力机
大批量	30～150	复合模、多工位自动级进模、自动模	机械化高速压力机、自动化压力机
大量	>150	硬质合金模、多工位自动级进模	自动化压力机、专用压力机

（2）冲裁件尺寸和公差等级　复合冲裁所得到的冲裁件尺寸公差等级高，避免了多次单工序冲裁的定位误差，并且在冲裁过程中可以进行压料，冲裁件较平整。连续冲裁的冲裁件比复合冲裁尺寸公差等级低。

（3）冲裁件尺寸形状　当冲裁件的尺寸较小时，考虑到单工序送料不方便和生产率低，常采用复合冲裁或连续冲裁。对于尺寸中等的冲裁件，由于制造多副单工序模具的费用比复合模昂贵，常采用复合冲裁。当冲裁件上的孔与孔之间或孔与边缘之间尺寸太小时，不宜采用复合冲裁或单工序冲裁，宜采用连续冲裁。所以连续冲裁可以加工形状复杂、宽度很小的异形冲裁件，且可冲裁的材料厚度比复合冲裁时要厚，但连续冲裁受压力机台面尺寸与工序数的限制，冲裁件尺寸不宜太大。

（4）模具的制造、安装与调整 对形状复杂的冲裁件来说，采用复合冲裁比采用连续冲裁较为适宜，因为模具制造、安装与调整较为容易，且成本较低。

（5）操作是否方便与安全 复合冲裁时出件或清除废料较困难，工作安全性较差，连续冲裁较安全。

模具结构类型的最终确定需综合分析上述影响因素，普通冲裁模的对比见表2-24。

表2-24 普通冲裁模的对比

比较项目 \ 模具种类	单工序模		级进模	复合模
	无导向的	有导向的		
冲压精度	低	一般	IT13 ~ IT10	IT10 ~ IT8
零件平整程度	差	一般	不平整、高质量件需较平	因压料较好，零件平整
零件最大尺寸和材料厚度	尺寸、厚度不受限制	中小型尺寸、厚度较厚	尺寸在250mm以下，厚度在0.1 ~6mm之间	尺寸在300mm以下，厚度在0.05 ~3mm之间
冲压生产率	低	较低	工序间自动送料生产率较高	冲件留在工作面上需清理，生产率稍低
使用高速自动压力机的可能性	不能使用	可以使用	可在高速压力机上工作	操作时出件困难，不作推荐
多排冲压法的应用	—		广泛用于尺寸较小的冲件	很少采用
模具制造的工作量和成本	低	比无导向模略高	冲裁较简单的零件时低于复合模	冲裁复杂零件时低于级进模
安全性	不安全，需采取安全措施		比较安全	不安全，需采取安全措施

综上所述，对于一个冲裁件，可以得出多种工艺方案，必须对这些方案进行比较，在满足冲裁件质量与生产率的要求下，选取模具制造成本较低、寿命较高、操作较方便及安全的工艺方案。

2. 冲裁顺序的安排

（1）连续冲裁顺序的安排

1）先冲孔或冲缺口，最后落料或切断，将冲裁件与条料分离。首先冲出的孔可作后续工序的定位孔。

2）采用定距侧刃时，定距侧刃切边工序安排与首次冲孔同时进行，以便控制送料进距。采用两个定距侧刃时，可以安排成一前一后。

（2）多工序冲裁件用单工序冲裁时的顺序安排

1）先落料使坯料与条料分离，再冲孔或冲缺口。后继工序的定位基准要一致，以避免定位误差和尺寸链换算误差。

2）冲裁大小不同、相距较近的孔时，为减少孔的变形，应先冲大孔后冲小孔。

根据冲裁件的生产批量、尺寸精度要求、尺寸大小、形状复杂程度、材料厚薄、冲模制造条件与冲压设备条件、操作方便与否等多方面因素，拟订出多种可能的工艺方案，并进行全面分析和研究，从中选择出技术可行、经济合理、满足产量和质量要求的最佳冲裁工艺方案。

任务准备

冲压模具及模具挂图若干套，冲裁产品若干。

任务实施

1）老师在课堂上结合冲压产品实物和挂图进行讲解，对于同一个冲裁件，将采用多种工艺方案冲压出来的产品实物拿给学生观看，让学生观察单工序冲裁模、复合工序冲裁模和连续冲裁模冲裁产品的精度和断面的表面粗糙度情况。对这些方案进行分析比较，在满足冲裁件质量与生产率的要求下，讲解如何筛选出模具制造成本较低、寿命较高、操作较方便及安全的工艺方案。

2）安排到一体化或多媒体教室进行视频教学。

3）分组讨论冲裁工序的组合、冲裁顺序的安排。

4）小组代表上台展示分组讨论结果。

5）小组之间互评、教师评价。

6）布置相关课外作业。

检查评议

序　号	检查项目	考核要求	配　分	得　分
1	生产批量与模具类型	能准确说出生产批量与模具类型的关系	20	
2	单工序模、复合模和连续冲裁模的特点	能准确说出单工序模、复合模和连续冲裁模的特点	30	
3	冲裁顺序的安排原则	能说出冲裁顺序的安排原则	30	
4	小组内成员分工情况、参与程度	组内成员分工明确，所有的学生都积极参与小组活动，为小组活动献计献策	5	
5	合作交流、解决问题	组内成员分工协助，认真倾听、互助互学，在共同交流中解决问题	5	
6	小组活动的秩序	活动组织有序，服从领导，勤于思考	5	
7	讨论活动结果的汇报水平	敢于发言、质疑，汇报发言声音洪亮，思路清晰、简练，突出重点	5	
合　计			100	

任务3　认识冲裁模常用零件及装置

子任务1　认识冲裁模成形零件

学习目标

◎ 了解凸模的结构形式

◎ 掌握凸模常见的固定方法

◎ 了解凹模结构形式

◎ 了解凸凹模结构形式

任务描述

冲裁模种类有很多，每种不同类型的冲裁模其结构和应用场合也各不相同。要对冲裁模结构的关键成形零件有初步认识，就必须让学生首先了解不同冲裁模成形零件的基本知识。

相关知识

冲裁模成形零件是指直接对坯料进行加工，完成板料分离的零件，主要包括凸模、凹模及凸凹模等零件。

一、凸模的结构形式

国家标准规定的圆形凸模形式如图2-53所示。图2-53a所示的形式刚性较好，可用于直径$d \geqslant 1.1$mm的凸模；图2-53b所示的形式用于凸模外形尺寸较大时；图2-53c所示的形式利于换模。

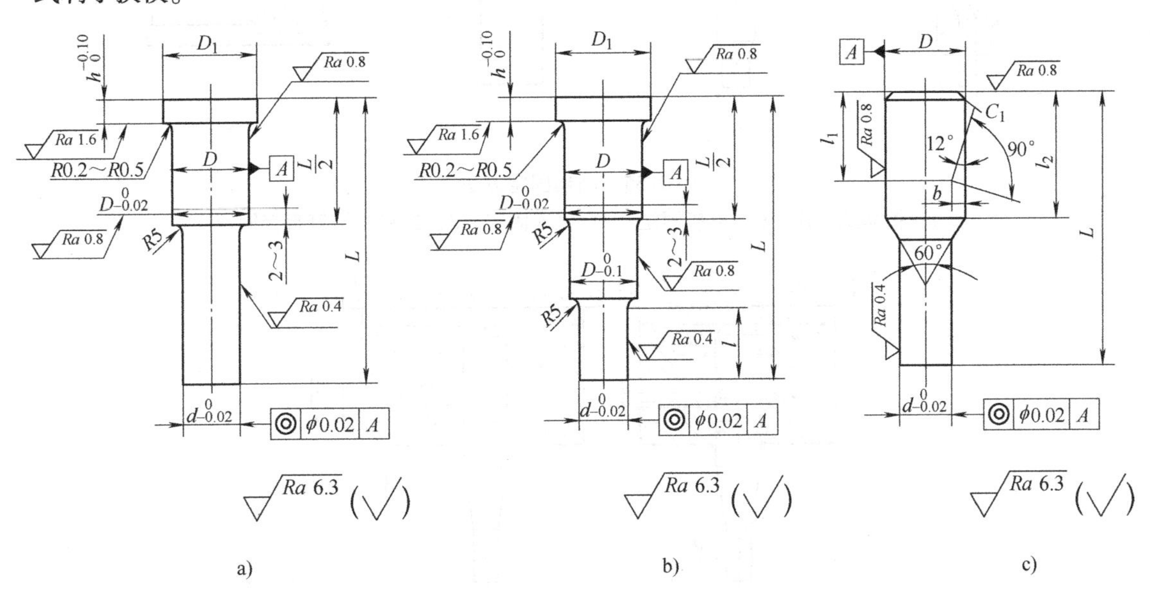

图2-53　圆形凸模

凸模材料可用 T10A、Cr6WV、9Mn2V、Cr12MoV。刃口部分热处理硬度 T10A、Cr6WV 材料为 58～60HRC，9Mn2V、Cr12MoV 材料为 58～62HRC，尾部回火至 40～50HRC。

对于采用线切割和成形磨削的非圆形凸模，则制成没有台阶的等断面形式，如图 2-54 所示。常用 Cr6WV、Cr12、Cr12MoV、CrWMn 等材料。

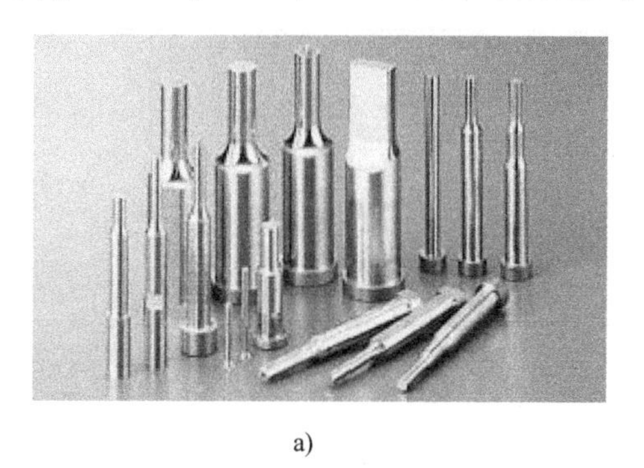

a)

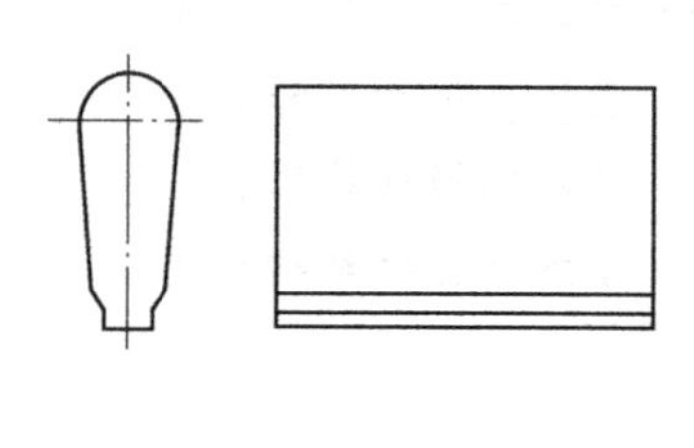

b)

图 2-54 等断面凸模

凸模的固定方法见图 2-55。图 2-55a 所示为冲小孔的凸模，为防止凸模折断，常采用带护套的凸模；图 2-55b 所示为直通式凸模，用 N7/h6、P7/h6 铆接固定。对于小凸模采用粘接固定，如图 2-55c 所示为台阶式，将凸模直接压入固定板内，采用 H7/m6 配合；对于大尺寸的凸模，可直接用螺钉、销钉固定到模座上，如图 2-55d 所示。对于大型冲模中冲小孔的易损凸模采用快换模的固定方法，以便修理与更换凸模，如图 2-56 所示。

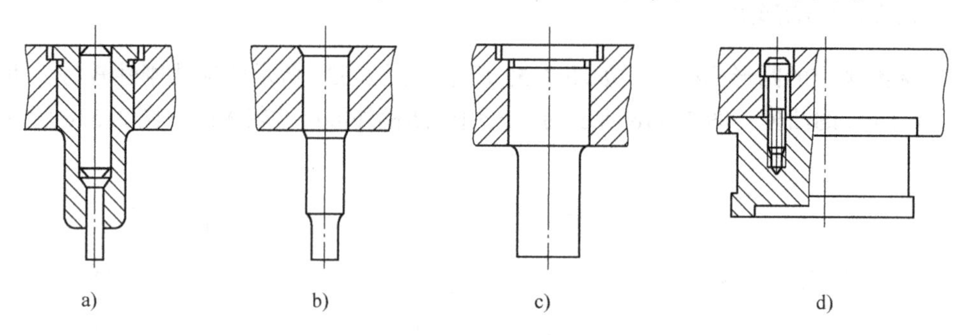

图 2-55 凸模固定方法

a）护套式凸模 b）铆接固定 c）压入固定 d）螺钉、销钉直接固定

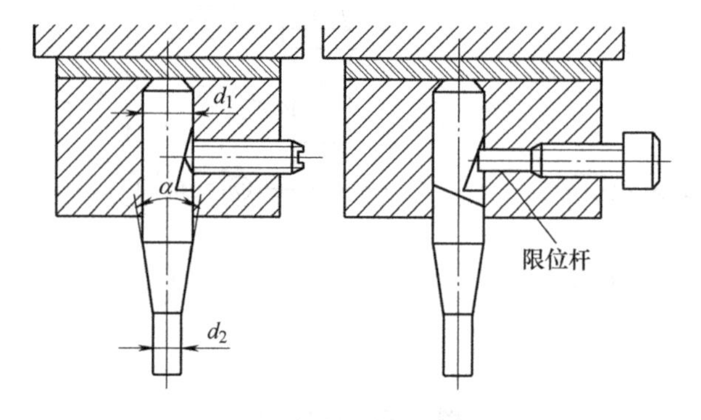

图 2-56 小孔凸模快换式固定

二、凹模的结构形式

国家标准推荐凹模（见图 2-57）所采用的材料为 9Mn2V、T10A、Cr6WV、Cr12，热处理硬度为 58～62HRC。

凹模的刃口孔型见表 2-25，表内孔型参数 α、β 和 h 见表 2-26。凹模的外形一般有矩形与圆形两种，根据模具结构而定。对于凹模外形尺寸，采用查表的方法不够准确，误差较大，因此经常用经验公式确定，即根据被冲材料的厚度和冲件的最大外形尺寸来确定，如图 2-58 所示。

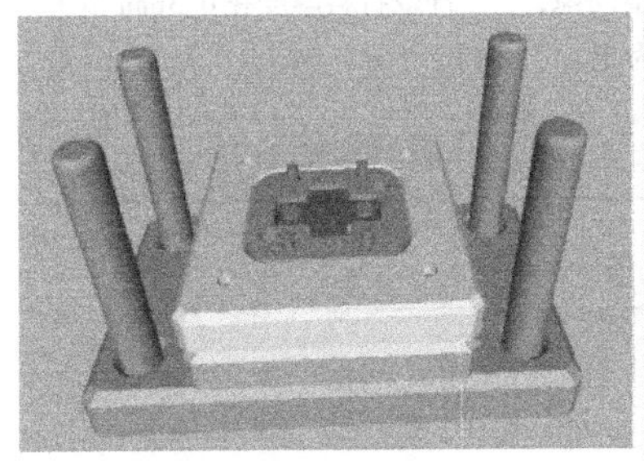
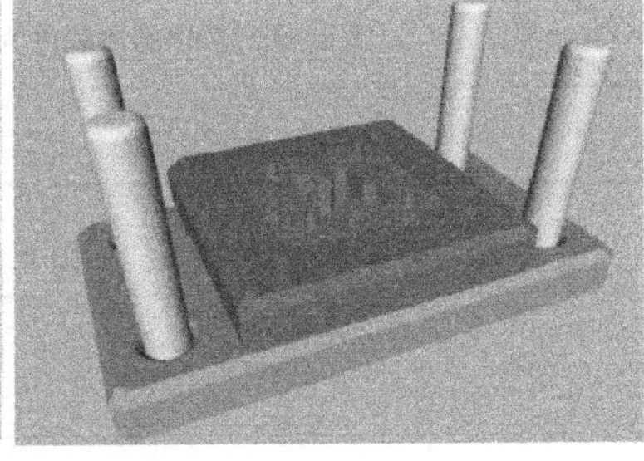

图 2-57　凹模

图 2-58　凹模外形尺寸

表 2-25　凹模刃口孔型

序号	简　　图	特　　点	应 用 范 围
1		刃口强度较好，刃口尺寸不随修磨而增大 易积压冲裁件或废料，孔壁磨损和压力较大，修磨时刃口磨去的尺寸较多	向上（下）顶出零件或废料的模具；形状复杂或精度较高的零件
2		刃口强度较差，刃口尺寸随修磨而增大 不易积冲裁件或废料，对孔壁的摩擦及压力较小	零件或废料向下落的模具；形状简单或精度较低的零件
3		刃口强度较差，刃口尺寸随修磨而增大 不易积冲裁件或废料，对孔壁的摩擦及压力较小	同序号 2，但冲件形状较复杂

（续）

序号	简　图	特　点	应用范围
4	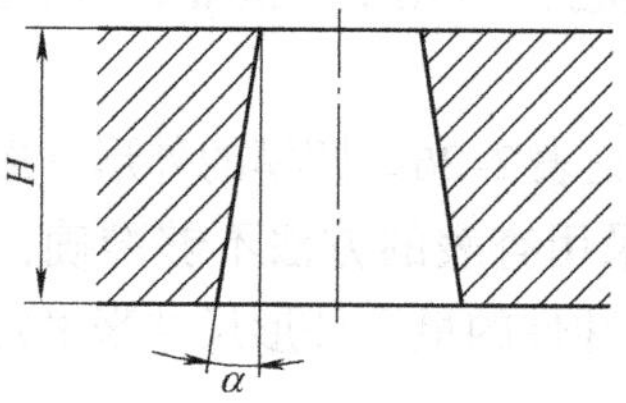	刃口强度较差，刃口尺寸随修磨而增大 不易积冲裁件或废料，对孔壁的摩擦及压力较小	同序号2，但冲裁材料和凹模的厚度较薄
5	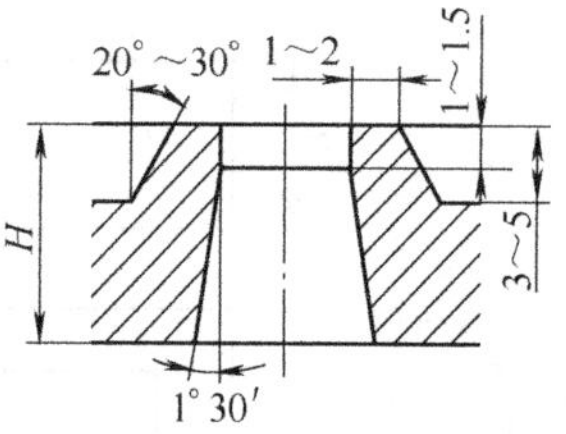	淬火硬度为35～40HRC，可用锤打斜面的方法来调整间隙，直到试出合格的冲裁件为止	冲裁材料厚度在0.3mm以下

表2-26　不同料厚时的α、β和h值

材料厚度 t/mm ＼ 主要参数	α	β	h/mm	附　注
<0.5 >0.5～1 >1～2.5	15′	2°	≥4 ≥5 ≥6	表中α、β值仅适用于钳工加工。电火花加工时：α=4′～20′（复杂模具取小值），β=20′～50′。带斜度装置的线切割时：β=1°～1.5°
>2.5～6 >6	30′	3°	≥8 —	

凹模厚度为

$$H = Kb(\geqslant 15\text{mm}) \tag{2-20}$$

凹模壁厚为

$$C = (1.5 \sim 2)H(\geqslant 30\text{mm}) \tag{2-21}$$

式中　b——冲裁件的最大外形尺寸；

　　K——系数（见表2-27）。

表2-27　系数K值

b/mm	料厚 t/mm				
	0.5	1	2	3	>3
<50	0.3	0.35	0.42	0.5	0.6
50～100	0.2	0.22	0.28	0.35	0.42
100～200	0.15	0.18	0.2	0.24	0.3
>200	0.1	0.12	0.15	0.18	0.22

凹模一般采用螺钉和销钉固定在下模座上，螺孔、销孔之间及至刃口边的距离要满足足够的强度，其最小值可参考表2-28。

表2-28 螺孔、销孔之间及至刃口边的最小距离 （单位：mm）

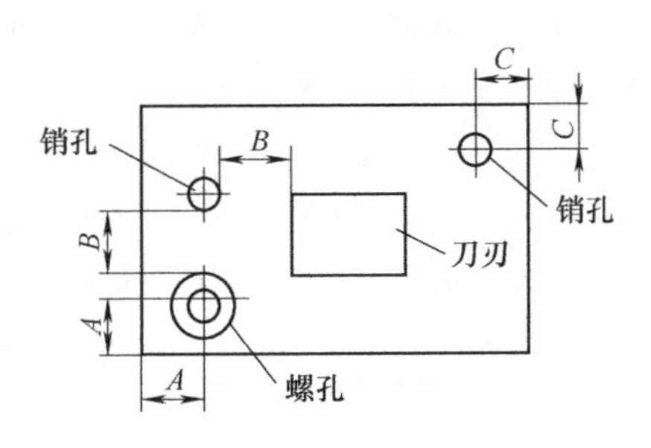

螺孔		M4	M6	M8	M10	M12	M16	M20	M24
A	淬火	8	10	12	14	16	20	25	30
	不淬火	6.5	8	10	11	13	16	20	25
B	淬火	5							
	不淬火	3							

销孔		ϕ2	ϕ3	ϕ4	ϕ5	ϕ6	ϕ8	ϕ10	ϕ12	ϕ16	ϕ20	ϕ25
C	淬火	5	6	7	8	9	11	12	15	16	20	25
	不淬火	3	3.5	4	5	6	7	8	10	13	16	20

不同凹模厚度的紧固螺钉尺寸选用及许可承载能力见表2-29。

表2-29 不同凹模厚度的紧固螺钉尺寸选用及许可承载能力

凹模厚度/mm	<13	>13~19	>19~25	>25~32	>32
螺钉直径/mm	M4、M5	M5、M6	M6、M8	M8、M10	M10、M12

螺钉的许可承载能力

螺钉直径	许用负载/N		
	45	Q275	Q235
M6	3100	2900	2300
M8	5800	5200	4300
M10	9200	8300	6900
M12	13200	11900	9900
M16	25000	22500	18700

三、凸凹模结构形式

复合模中至少有一个凸凹模。凸凹模的内外缘均为刃口，内外缘之间的壁厚决定于冲裁件的尺寸。从强度考虑，壁厚应有最小限制。凸凹模的最小壁厚受冲模结构影响。对于倒装复合模，由于凸凹模装于上模，内孔不会积存废料，胀力小，最小壁厚可小些；对于正装复合模，因孔内会积存废料，所以最小壁厚要大些。

凸凹模的最小壁厚值，一般由经验数据决定。倒装复合模的凸凹模最小壁厚：对于黑色金属和硬材料约为工件料厚的 1.5 倍，但不小于 0.7mm；对于有色金属及软材料，约等于工件料厚，但不小于 0.5mm。正装复合模凸凹模的最小壁厚可参考表 2-30。

表 2-30　正装复合模凸凹模的最小壁厚 a　（单位：mm）

料厚 t	0.4	0.5	0.6	0.7	0.8	0.9	1.0	1.2	1.5	1.75
最小壁厚 a	1.4	1.6	1.8	2.0	2.3	2.5	2.7	3.2	3.8	4.0
最小直径 D	15					18			21	
料厚 t	2.0	2.1	2.5	2.75	3.0	3.5	4.0	4.5	5.0	5.5
最小壁厚 a	4.9	5.0	5.8	6.3	6.7	7.8	8.5	9.3	10.0	12.0
最小直径 D	21	25		28		32		35	40	45

1. 凸凹模的镶拼结构

（1）镶拼结构的应用场合及镶拼方法　对于大、中型的凸凹模或形状复杂、局部薄弱的小型凸凹模，如果采用整体式结构，将给锻造、机械加工或热处理带来困难，而且当发生局部损坏时，就会造成整个凸凹模的报废，因此凸凹模常采用镶拼结构。

镶拼结构有镶接和拼接两种。镶接是将局部易磨损部分另做一块，然后镶入凹模体或凹模固定板内，如图 2-59 所示；拼接是整个凸凹模的形状按分段原则分成若干块，分别加工后拼接起来，如图 2-60 所示。

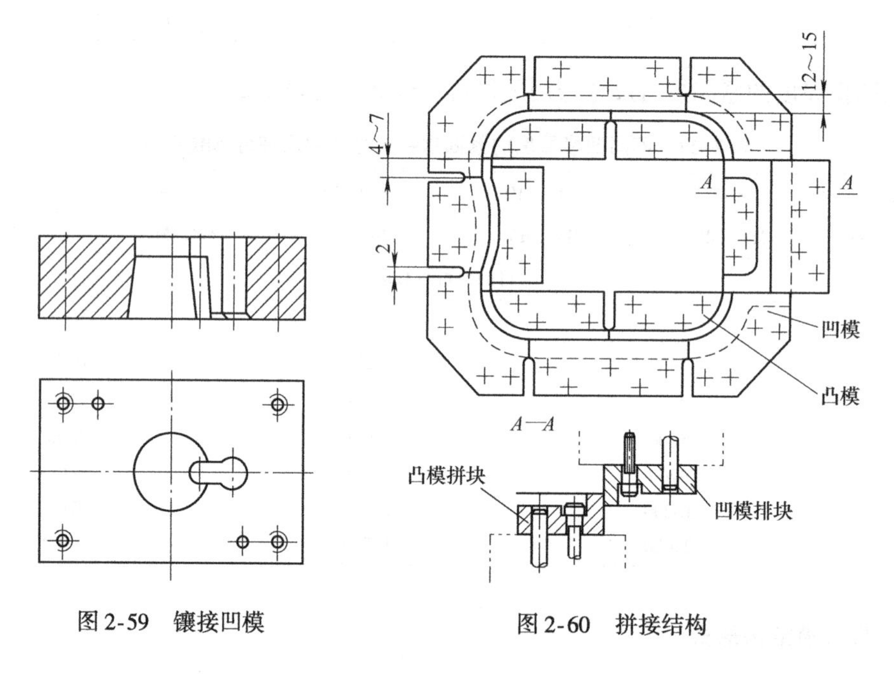

图 2-59　镶接凹模　　　图 2-60　拼接结构

（2）镶拼结构的设计原则　凸模和凹模镶拼结构设计的依据是凸、凹模形状、尺寸及其受力情况、冲裁板料厚度等。镶拼结构设计的一般原则如下：

1）力求改善加工工艺性，减少钳工工作量，提高模具加工精度。

① 尽量将形状复杂的内形加工变成外形加工，以便于切削加工和磨削，如图 2-61a、b、d、g 所示。

② 尽量使分割后拼块的形状、尺寸相同，可以几块同时切削加工和磨削，如图2-61d、g、f所示，一般沿对称线分割可以实现这个目的。

③ 应沿转角、尖角分割，并尽量使拼块角度大于或等于90°，如图2-61j所示。

④ 圆弧尽量单独分块，拼接线应在离切点4～7mm的直线处，大圆弧和长直线可以分为几块，如图2-61所示。

⑤ 拼接线应与刃口垂直，而且不宜过长，一般为12～15mm，如图2-61所示。

2）便于装配调整和维修。

① 比较薄弱或容易磨损的局部凸出或凹进部分，应单独分为一块，如图2-59、图2-61a所示。

② 拼块之间应能通过磨削或增减垫片，调整其间隙或保证中心距公差，如图2-61h、i所示。

③ 拼块之间应尽量以凸、凹槽形相嵌，便于拼块定位，防止在冲压过程中发生相对移动，如图2-61k所示。

3）满足冲压工艺要求，提高冲压件质量。为此，凸模与凹模的拼接线应至少错开3～5mm，以免冲裁件产生毛刺；拉深模拼接线应避开材料增厚部位，以免零件表面出现拉痕。

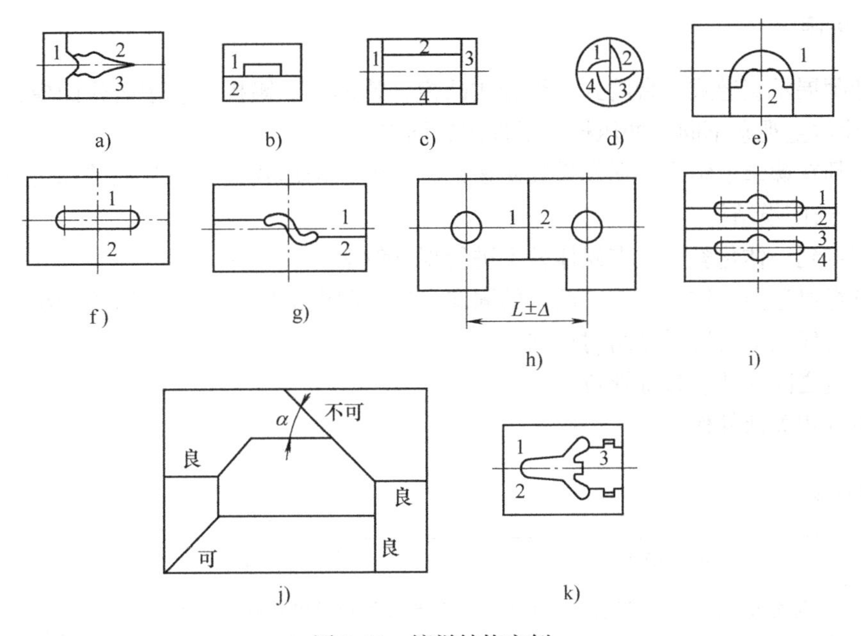

图2-61 镶拼结构实例

为了减小冲裁力，大型冲裁件或厚板冲裁的镶拼模，可以把凸模（冲孔时）或凹模（落料时）制成波浪形斜刃，如图2-62所示。斜刃应对称，拼接面应取在最低或最高处，每块一个或半个波形，斜刃高度H一般取板料厚度的1～3倍。

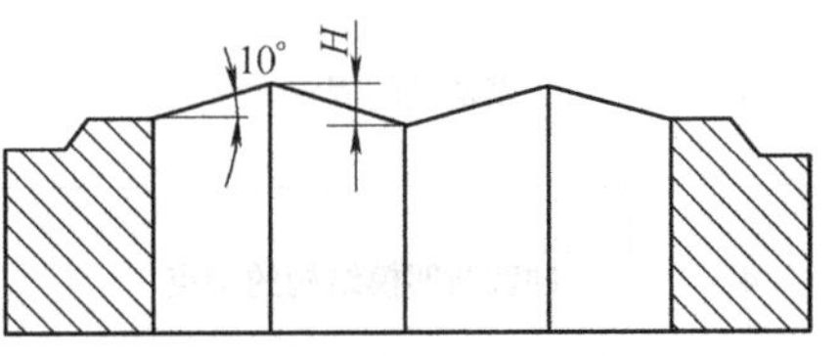

图2-62 斜刃拼块结构

（3）镶拼结构的固定方法 镶拼结构的固定方法主要有以下几种：

1）平面式固定，即把拼块直接用螺钉、销钉紧固定位于固定板或模座平面上，如图2-60所示。这种固定方法主要用于大型镶拼凸、凹模。

2）嵌入式固定，即把各拼块拼合后嵌入固定板凹槽内，如图2-63a所示。

3）压入式固定，即把各拼块拼合后，以过盈配合压入固定板孔内，如图2-63b所示。

4）斜楔式固定，如图2-63c所示。

此外，还有用粘结剂浇注等固定方法。

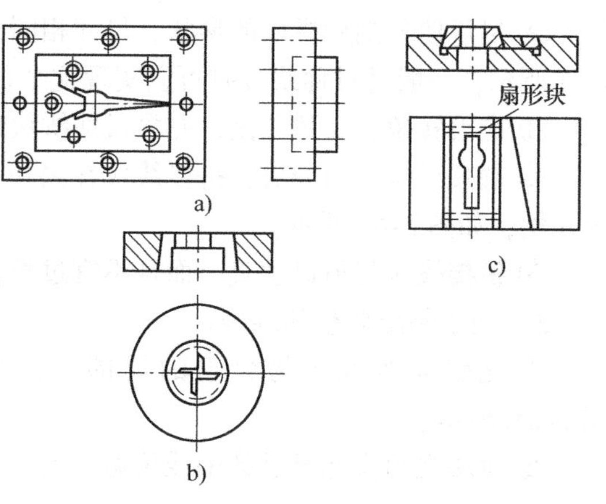

图2-63　镶拼结构固定方法

任务准备

落料模、冲孔模、切断模、切口模、切边模、剖切模实物和挂图。相应模具的直通式、台阶式、组合式凸模各一个，整体式、镶拼式、镶嵌式凹模各一个，冲裁凸凹模实物若干。

任务实施

1）老师展示直通式、台阶式、组合式凸模，整体式、镶拼式、镶嵌式凹模，冲裁凸凹模实物，让学生观察不同冷冲压模具零件的异同点。

2）老师在课堂上结合挂图及模具实物讲解凸模结构形式、凸模常见的固定方法、凹模结构形式、凸凹模结构。

3）安排到一体化教室或多媒体教室进行视频教学。

4）分组讨论凸模结构形式、凸模的固定方法、凹模结构形式、凸凹模结构。

5）小组代表上台展示分组讨论结果。

6）小组之间互评、教师评价。

7）布置相关课外作业。

检查评议

序　号	检查项目	考核要求	配　分	得　分
1	直通式、台阶式、组合式凸模的特点	准确无误地说出直通式、台阶式、组合式凸模结构的特点	20	
2	整体式、镶拼式、镶嵌式凹模的特点	准确无误地说出整体式、镶拼式、镶嵌式凹模的特点	20	
3	凸模常见的固定方法	准确无误地说出凸模常见的固定方法	20	
4	冲裁凸凹模结构的特点	准确无误地说出冲裁凸凹模结构的特点	20	

（续）

序　号	检查项目	考核要求	配　分	得　分
5	小组内成员分工情况、参与程度	组内成员分工明确，所有的学生都积极参与小组活动，为小组活动献计献策	5	
6	合作交流、解决问题	组内成员分工协助，认真倾听、互助互学，在共同交流中解决问题	5	
7	小组活动的秩序	活动组织有序，服从领导	5	
8	讨论活动结果的汇报水平	敢于发言、质疑，汇报发言声音洪亮，思路清晰、简练，突出重点	5	
合　计			100	

子任务2　认识冲裁模定位零件

学习目标

◎ 了解常用定位零件的种类

◎ 了解导料销、导料板及侧压装置等送进导向零件结构

◎ 了解挡料销、导正销、侧刃等送进定距零件结构

任务描述

在冲裁模中实现准确送料，保证冲压成形精度、生产率和生产中的技术安全，是很重要的一个环节，为此首先要让学生了解不同冲裁模定位零件的基本知识。

相关知识

冲裁模的定位装置用以保证材料的正确送进及在冲模中的正确位置。使用条料时，要保证条料送进导向的零件有导料板、导料销等。保证条料进距的零件有挡料销、定距侧刃等。在级进模中保证工件孔与外形的相对位置可使用导正销。单个毛坯定位则用定位销或定位板。

一、导料板和导料销的结构特点

导料板和导料销的作用是导正材料的送进方向。有时导料板还靠其一侧定位，将条料送进。导料销一般用两个，压装在凹模上的为固定式，在卸料板上的为活动式。导料销多用于单工序模和复合模。

导料板有与卸料板分离和联成整体的两种结构。为使条料顺利通过，导料板间的距离应

等于条料的最大宽度加上间隙值（一般大于0.5mm）。导料板的高度 H 视料厚 t 与挡料销的高度 h 而定，参见表2-31。使用固定挡料销时，导料板高度较大，挡料销之上要有适当的空间，使条料易于通过。送料不受阻碍时，导料板高度可小些。

表2-31　导料板的高度　（单位：mm）

材料厚度 t	挡料销高度 h	导料板高度 H	
		固定挡料销	自动挡料销或侧刃
0.3～2.0	3	6～8	4～8
2.0～3.0	4	8～10	6～8
3.0～4.0	4	10～12	6～10
4.0～6.0	5	12～15	8～10
6.0～10.0	8	15～25	10～15

标准导料板如图2-64所示，其尺寸可按JB/T 7648.5—2008选取。从右向左送进时，与条料相靠的基准导料板装在后侧；从前向后送进时，基准导料板装在左侧。为保证条料紧靠导料板一侧正确送进，常采用侧压装置。侧压装置有如图2-65所示的几种形式。

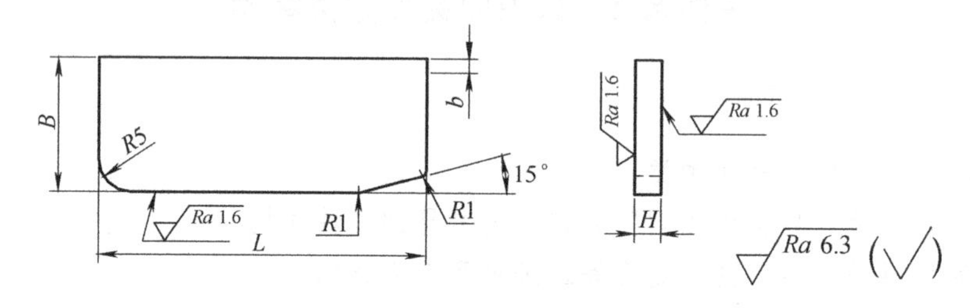

图2-64　标准导料板

簧片式与簧片压板式的侧压较小，宜用于料厚在1mm以下的薄料冲裁；弹簧压块式的侧压力较大，适用于冲裁原料，一般设置2～3个；板式的侧压力大且均匀，一般装于进料口一端，适用于有侧刃定位和挡料装置的级进模中。

当材料厚度小于0.3mm时，不能采用侧压装置。

二、挡料销的结构特点

挡料销用于限定条料送进距离、抵住条料的搭边或工件轮廓，起定位作用。挡料销有固定挡料销和活动挡料销两种。

固定挡料销分圆形与钩形两种，一般装在凹模上。圆形挡料销结构简单，制造容易，但销孔离凹模刃口较近，会削弱凹模强度。钩形挡料销销孔远离凹模刃口，不削弱凹模强度。为了防止形状不对称的钩头转动，需增加定向销，因此也增加了制造的工作量。固定挡料销的标准结构如图2-66所示。

活动挡料销的标准结构如图2-67所示。它装于卸料板上，并可以伸缩。销要倒角或做出斜面，这样便于条料通过。图2-67c所示为回带式挡料装置，送料、定位要两个动作，先送后拉。如图2-67a所示为扭簧顶挡装置，图2-67b所示为橡胶弹顶挡料销，图2-67d所示为弹簧弹顶挡料装置。

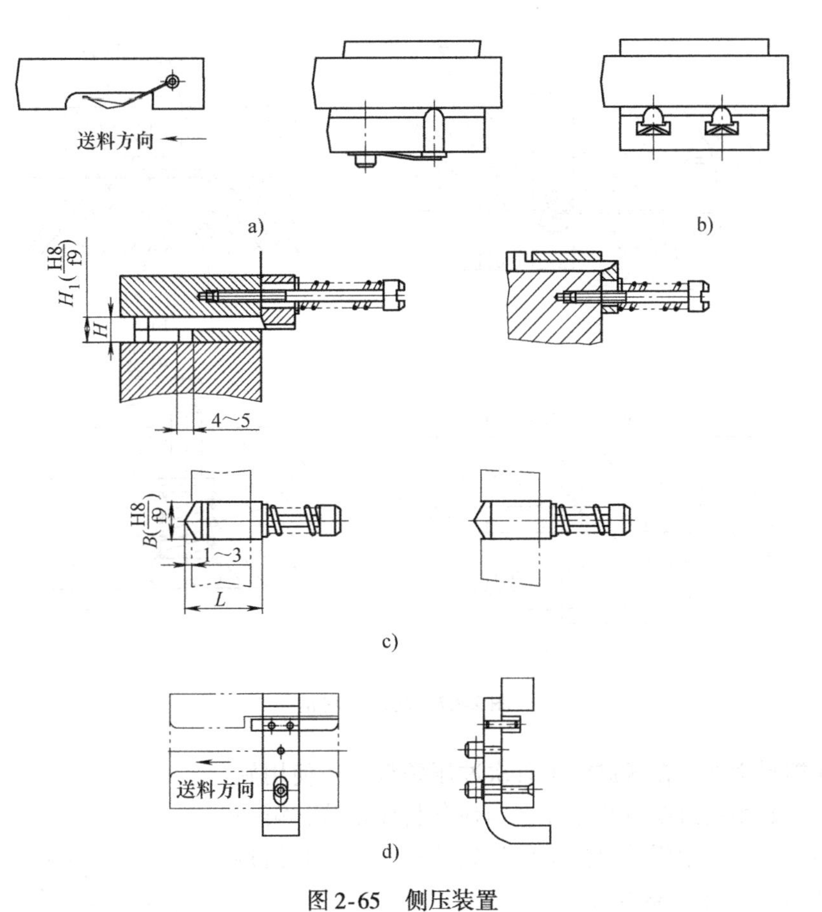

图2-65　侧压装置

a）簧片式　b）簧片压板式　c）弹簧压块式　d）板式

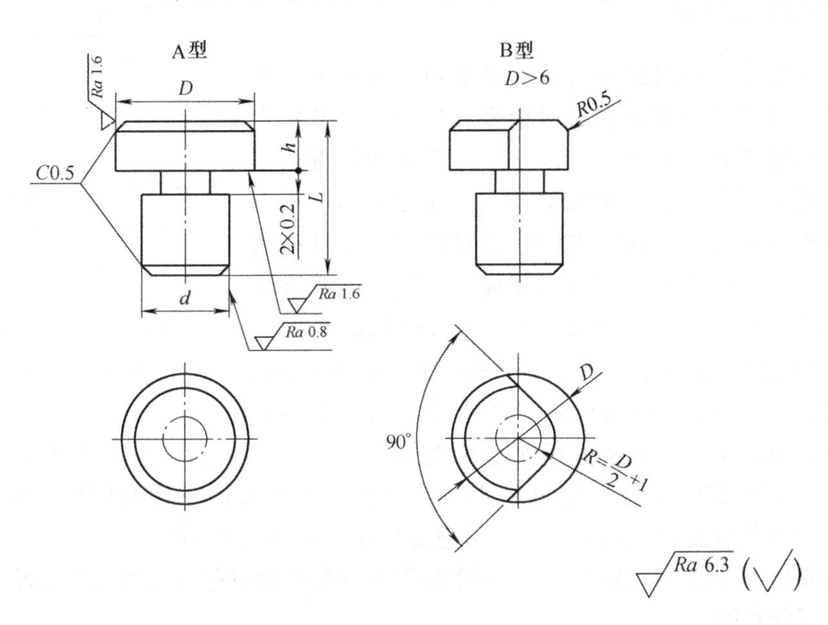

图2-66　固定挡料销

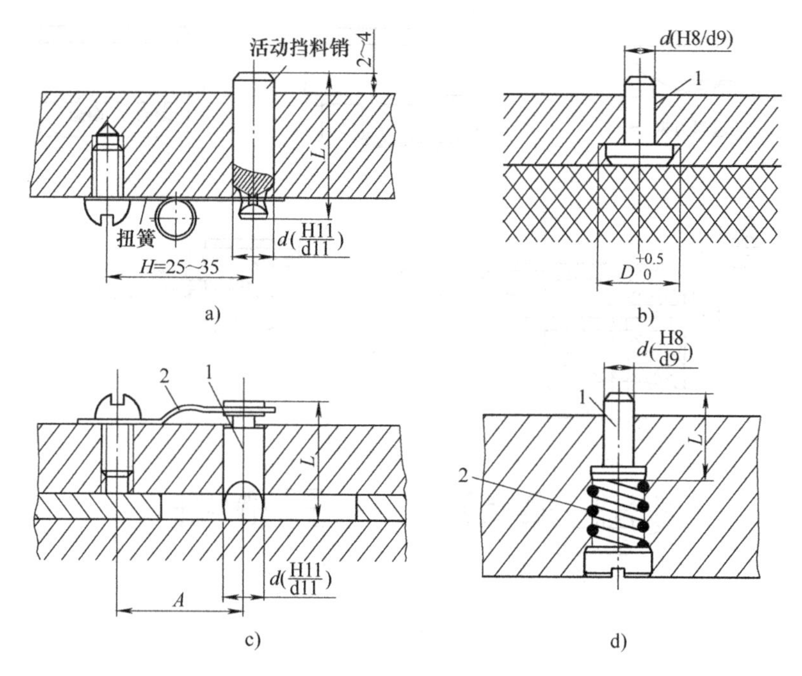

图 2-67　活动挡料销

除上述挡料销外，在级进模中首次冲压条料时还使用始用挡料销。用始用挡料销时往里压，挡住条料而定位，第一次冲裁后不再使用。始用挡料销又称初始挡料销或临时挡料销，其标准结构如图 2-68 所示。

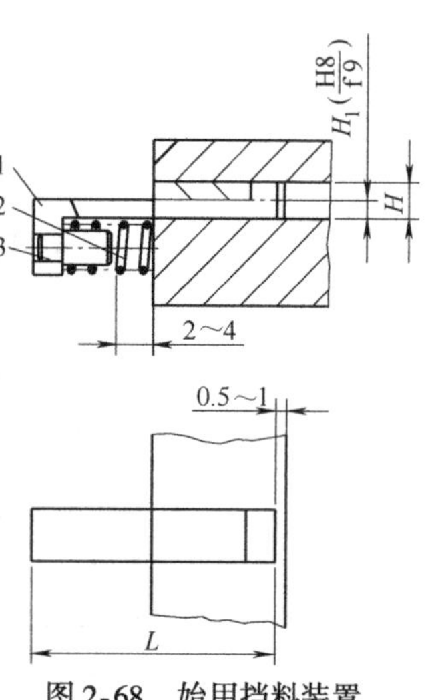

图 2-68　始用挡料装置
1—挡料销　2—弹簧　3—螺钉

三、侧刃的结构特点

侧刃用于级进模中限定条料的送进步距。这种定位形式准确可靠，可以保证较高的送料精度和生产率。其缺点是增加了材料消耗和冲裁力，所以一般用于下述情况：不可能采用上述挡料形式时；冲裁薄料（$t<0.5$mm），采用导正销会压弯孔边而达不到精确定位的目的时；工件侧边需冲出一定形状，由侧刃定距同时完成时。侧刃的标准结构如图 2-69 所示。A 型长方形侧刃的结构和制造都较简单，但当刃口尖角磨损后，在条料被冲的一边会产生毛刺，影响正常送进。B 型、C 型成形侧刃产生的毛刺位于条料侧边凹进处，克服了上述缺点，但制造难度加大，冲裁废料也增多。侧刃的工作端面有做成平的（Ⅰ型）和做成台阶型的（Ⅱ型）两种。Ⅱ型多用于冲裁较厚($t>1$mm)的材料，冲裁前凸出部分先进入凹模导向，可避免侧压力对侧刃的损坏。

侧刃的数量可以是一个或者两个。两个侧刃可以在两侧对称或两侧对角布置，后者可以保证料尾的充分利用。

侧刃凸模及凹模可根据冲孔模的设计原则，孔按侧刃凸模配制，取单面间隙。侧刃长度为

$$S=步距公称尺寸+(0.05\sim0.1)\text{mm}$$

侧刃宽度 B 为6～10mm。侧刃制造公差取负值，一般为0.02mm。两对角侧刃的距离一般为步距的整数倍。

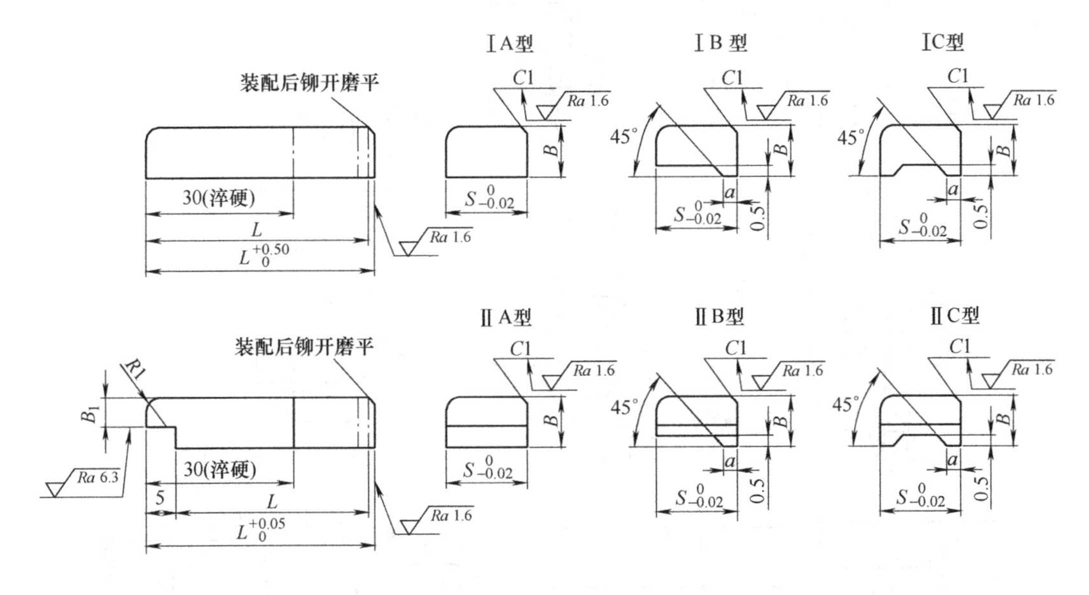

图2-69　侧刃

四、导正销的结构特点

导正销主要用于级进模，以获得内孔与外缘相对位置准确的冲裁件或保证坯料的准确定位。导正销装在落料凸模上，在落料前先插入已冲好的孔中，使孔与外缘的相对位置准确，然后落料，消除送料和导向造成的误差，起精确定位作用。导正销也可以装在凸模固定板上，与工艺孔配合，起精确定位作用。

导正销的标准结构形式如图2-70所示，具体可根据孔的尺寸选用。导正销由导入和定位两部分组成。导入部分一般用圆弧或圆锥过渡，定位部分为圆柱面。考虑到冲孔后孔径的缩小，为使导正销顺利地进入孔中，圆柱直径取间隙配合h6或h9。

A型导正销用于导正 $\phi2\sim\phi12$mm的孔，材料用T10A，热处理硬度为50～54HRC，圆柱面高度 h 在设计时确定，一般可取 $(0.8\sim1.2)t$。

B型导正销用于导正 $\leqslant\phi10$mm的孔，材料用9Mn2V或Cr12，热处理硬度为52～56HRC，可用于级进模上对条料的工艺孔或工件孔的导正。采用弹簧压紧结构，对送料或坯件定位不正确时，可避免损坏导正销和模具。

C型导正销用于 $\phi4$mm～$\phi12$mm孔的导正，使用材料同B型导正销。采用带台肩螺母固定结构，装拆方便，模具刃磨后导正销长度可相应调节。

D型导正销用于 $\phi12$mm～$\phi50$mm孔的导正，使用材料同B型导正销。

级进模采用挡料销与导正销定位时，挡料销只作初步定位，而导正销将条料导正到精确的位置。所以，挡料销的安装位置应保证导正销在导正条料的过程中，条料有被少许拉回的可能。挡料销与导正销的位置关系如图2-71所示。计算公式如下：

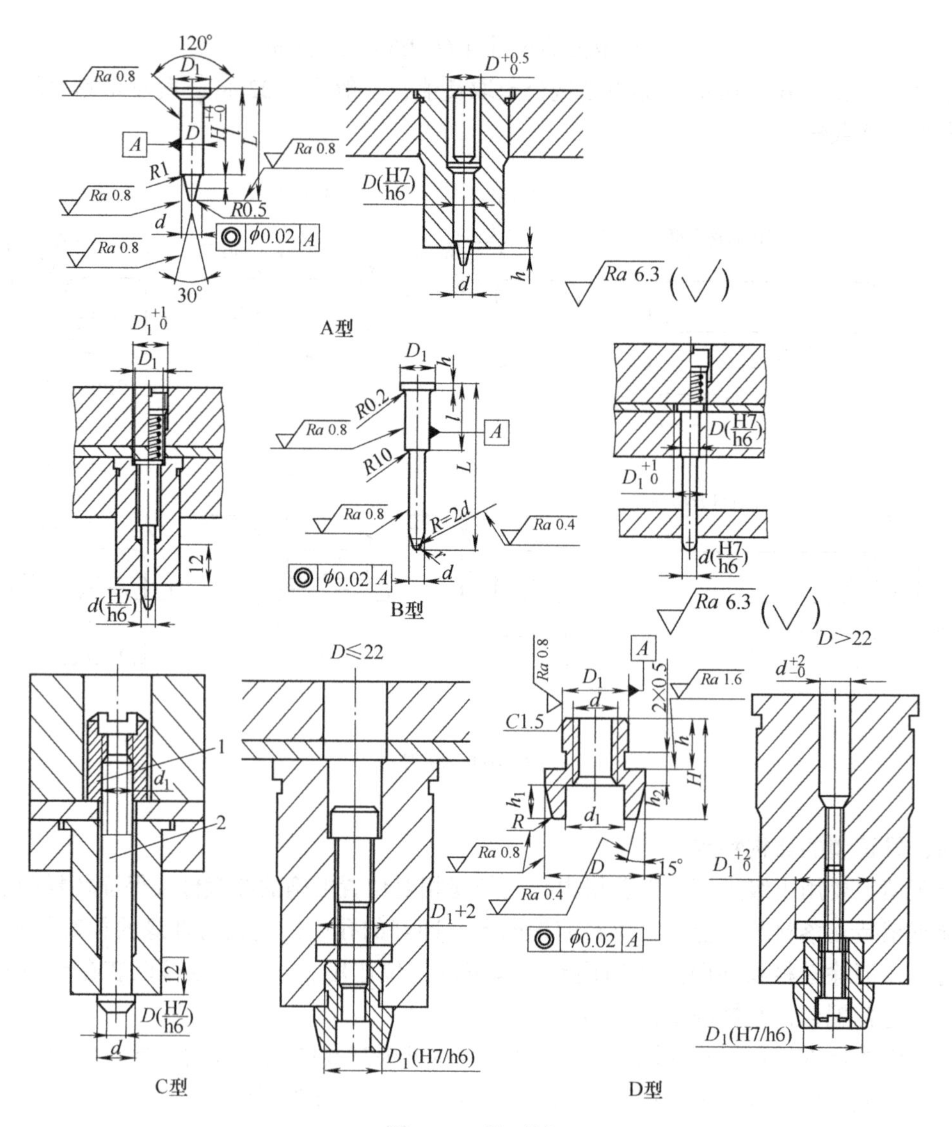

图 2-70 导正销

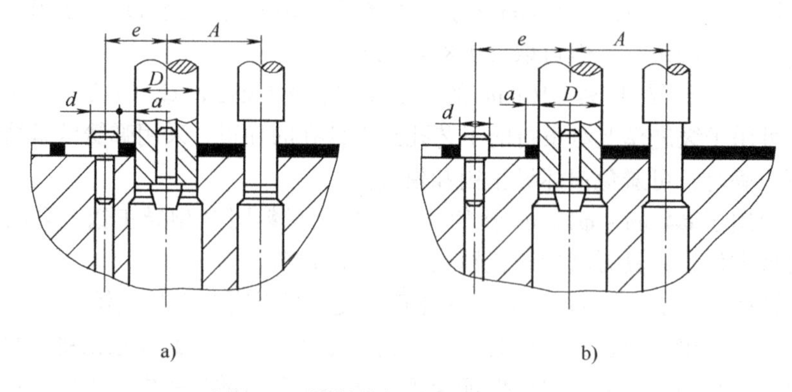

图 2-71 挡料销与导正销的位置关系

图2-71a所示挡料销位置e为

$$e = A - \frac{D}{2} + \frac{d}{2} + 0.1\text{mm} \tag{2-22}$$

图2-71b所示挡料销位置e为

$$e = A + \frac{D}{2} - \frac{d}{2} - 0.1\text{mm} \tag{2-23}$$

式中　A——步距，等于冲裁直径D与搭边a之和；

D——落料凸模直径；

d——挡料销柱形部分直径。

五、定位板和定位销的结构特点

定位板或定位销用于单个毛坯的定位，以保证前、后工序的相对位置精度或对工件内孔与外缘的位置精度要求。

图2-72所示为以毛坯外缘定位的定位板和定位钉。图2-72a所示用于矩形毛坯定位，图2-72b所示用于圆形毛坯定位，图2-72c所示用于定位销定位。

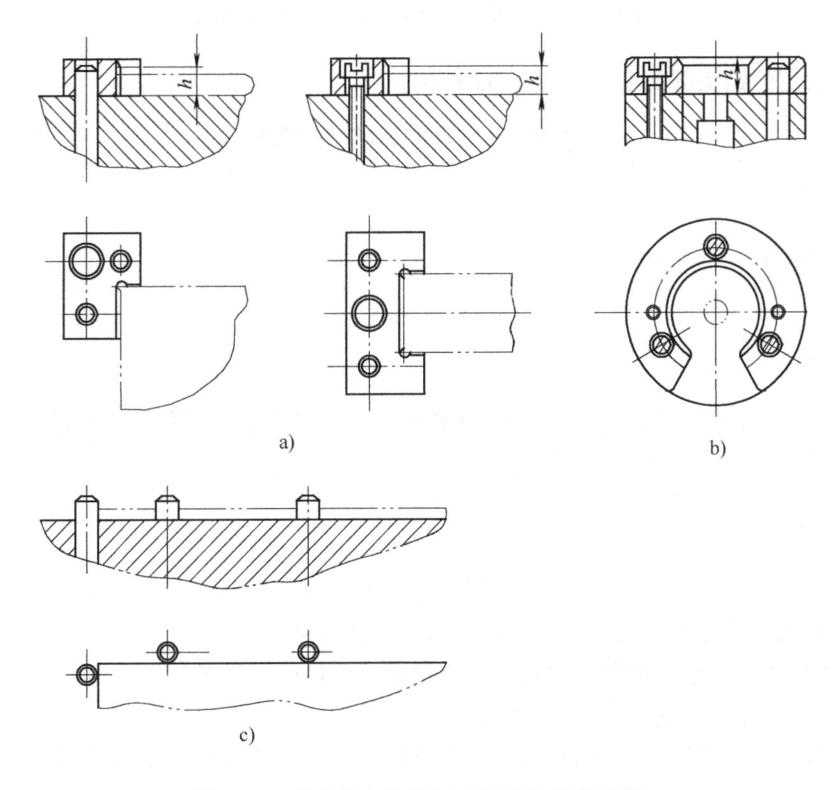

图2-72　定位板和定位钉（以毛坯外缘定位）

图2-73所示为以毛坯内孔定位用的定位板和定位销。图2-73a所示为$D<10$mm时所用的定位销，图2-73b所示为$D=10\sim30$mm时所用的定位钉，图2-73c所示为$D>30$mm时所用的定位板，图2-73d所示为大型非圆孔用的定位板。

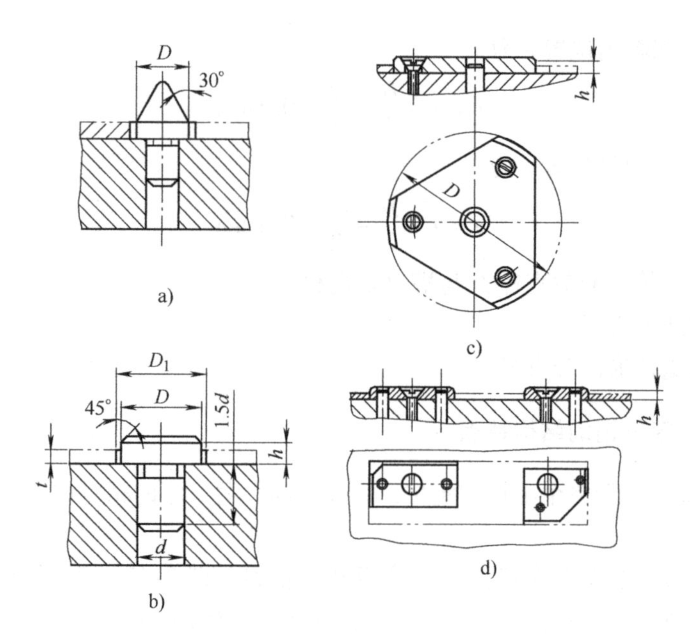

图 2-73　定位板与定位销（以毛坯内孔定位）

定位板或定位销头部高度可按表 2-32 选用。

表 2-32　定位板或定位销头部高度　　（单位：mm）

材料厚度 t	<1	1～3	>3～5
定位板或定位销头部高度 h	$t+2$	$t+1$	t

任务准备

带挡料销、导正销、侧刃、定位板、导料板、导料销等定位零件的模具若干套及相应的挂图，内六角扳手、铜棒等模具拆卸工具。

任务实施

1）老师展示带挡料销、导正销、侧刃、定位板、导料板、导料销等定位零件的模具若干套，让学生观察具有不同定位零件的模具结构的异同点。

2）老师在课堂上结合挂图及模具实物讲解定位零件的种类及结构特点。

3）安排到一体化教室或多媒体教室进行视频教学。

4）分组讨论常用定位零件的种类，分析导料销、导料板及侧压装置等送进导向零件的结构特点。

5）小组代表上台展示分组讨论结果。

6）小组之间互评、教师评价。

7）布置相关课外作业。

检查评议

序 号	检查项目	考核要求	配 分	得 分
1	常用定位零件的种类	准确无误地说出常用定位零件的种类	30	
2	导料销、导料板及侧压装置等送进导向零件的结构特点	准确无误地说出导料销、导料板及侧压装置等送进导向零件的结构特点	40	
3	小组内成员分工情况、参与程度	组内成员分工明确，所有的学生都积极参与小组活动，为小组活动献计献策	10	
4	合作交流、解决问题	组内成员分工协助，认真倾听、互助互学，在共同交流中解决问题	5	
5	小组活动的秩序	活动组织有序，服从领导	5	
6	讨论活动结果的汇报水平	敢于发言、质疑，汇报发言声音洪亮，思路清晰、简练，突出重点	10	
合 计			100	

考证要点

1. 下列（　　）不起导向作用。

A. 导柱、导套　　B. 定位装置　　C. 导柱辅助器　　D. 滑块锁紧块

2. 对步距要求高的级进模，采用________的定位方法。

A. 固定挡料销　　B. 侧刃 + 导正销　　C. 固定挡料销 + 始用挡料销

3. 材料厚度较薄，则条料定位应该采用________。

A. 固定挡料销 + 导正销　　B. 活动挡料销　　C. 侧刃

4. 导板模中，要保证凸、凹模正确配合，主要靠________导向。

A. 导筒　　B. 导板　　C. 导柱、导套

5. 在导柱式单工序冲裁模中，导柱与导套的配合采用________。

A. H7/m6　　B. H7/r6　　C. H7/h6

子任务3　认识冲裁模卸料与推出装置

学习目标

◎ 了解刚性、弹性卸料装置的结构特点和应用场合

◎ 了解推件和顶件装置的结构特点

◎ 了解废料切刀的应有场合

 任务描述

通过前一个任务的学习，同学们已经知道冲压材料在模具中依靠定位零件准确送料来保证冲压成形精度、生产率和生产中的技术安全，那么当冲压完成后冲压件又如何从模具中脱离出来呢？下来我们开始学习不同冲压模具卸料与推出结构的基本知识。

相关知识

1. 卸料装置

卸料装置的形式较多，它包括固定卸料板、活动卸料板、弹压卸料板和废料切刀等几种。

卸料装置除把板料从凸模上卸下外，有时也起压料或为凸模导向的作用。因此，在大批量生产的模具上，要用淬硬的卸料板，卸料板和废料切刀如图 2-74 所示。

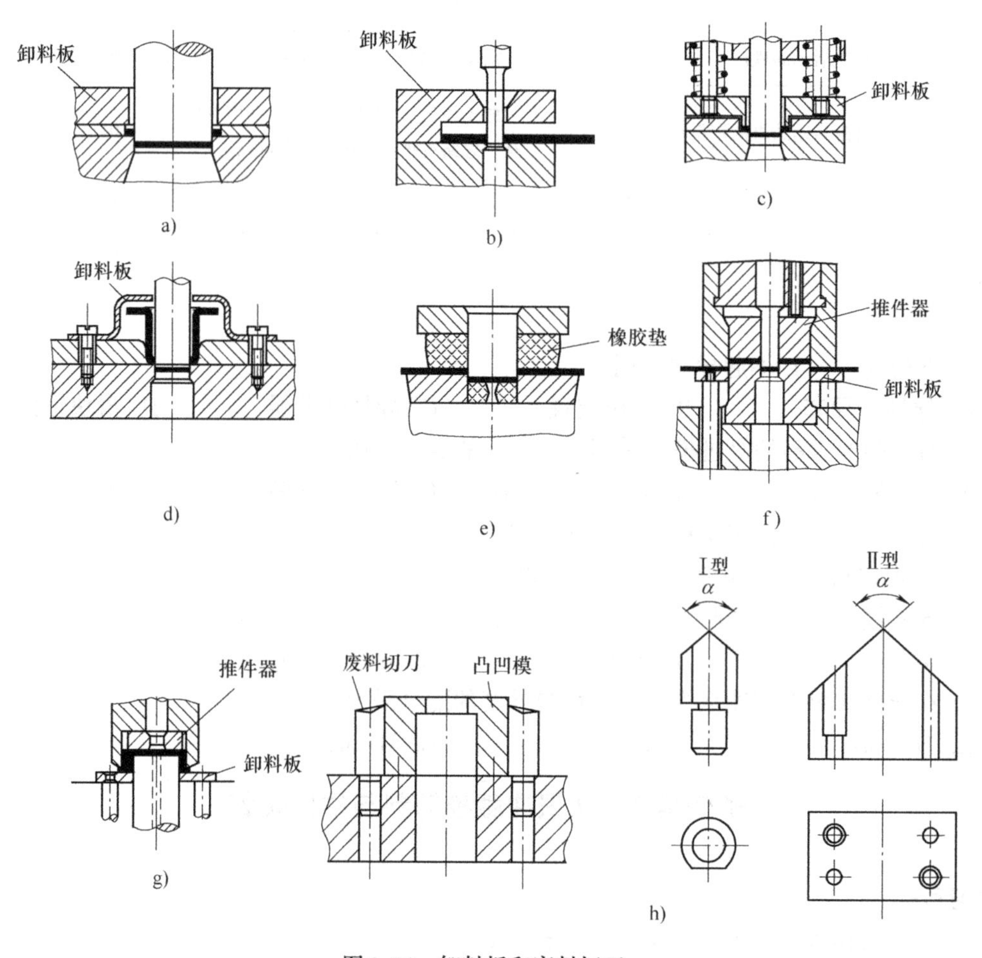

图 2-74　卸料板和废料切刀

(1) 固定卸料板　图 2-74a 所示为固定卸料板，适用于冲制材料厚度≥0.8mm 的带料或条料。图 2-74b 所示为悬臂卸料板，主要用于窄而长的冲件，在做冲孔和切口的冲模上使用。

（2）弹压卸料板　弹压卸料既起卸料作用又起压料作用，所得冲裁零件质量较好，平直度较高。因此，质量要求较高的冲裁件或薄板冲裁宜用弹压卸料装置。图2-74c所示为弹压卸料板，主要用于冲制薄料和要求平整的冲件。此卸料板常用于复合冲裁模。其弹力来源为弹簧或橡皮，用后者使模具装校更方便。图2-74d所示为沟形卸料板，用于在空心工件底部冲孔时卸料。图2-74e所示为橡皮卸料装置，适用于薄材料的冲裁模。图2-74f、图2-74g所示为弹压卸料装置及顶件装置，其中图2-74f中的压力从橡皮或弹簧的弹顶器经卸料螺栓、顶杆传到卸料板或推件器上，作用与弹压卸料板相同；图2-74g所示装置主要用于冲裁模或拉深模中，拉深时卸料板也用作压边圈。推件是刚性的，压力由压力机横杠经顶杠传至推件器上。

（3）废料切刀　对于落料或成形件的切边，如果冲件尺寸大，卸料力大，通常采用废料切刀代替卸料板，将废料切开而卸料。对于冲裁形状简单的冲裁模，一般设置两个废料切刀。对件冲件形状复杂的冲裁模，可以用弹压卸料装置加废料切刀进行卸料。图2-74h所示是废料切刀，用于切边卸料，可将废料切成几段。切刀夹角 α 一般为78°～80°。Ⅰ型用于小型模具和切断薄废料；Ⅱ型适用于大型模具和切断厚废料。

2. 推件和顶件装置

推件和顶件的目的都是从凹模中卸下冲件或废料。向下推出的机构称为推件，一般装在上模内；向上顶出的机构称为顶件，一般装在下模内。

（1）推件装置　推件装置主要有刚性推件装置和弹性推件装置两种。一般刚性推件装置用得较多，它由打杆、推板、推杆和推件块组成。弹性推件器一般装于下模座下面，与下模板相连（见图2-75）。这种装置除有推出工件的作用外，还能压平工件，可用于卸料和缓冲。刚性推件一般装于上模，推件力大且可靠，如图2-76所示。其推件力通过打杆→推板→推杆→推件块传至工件。推杆常选用3～4个，且分布均匀、长短一致。推板装在上模板一孔内，为保证凸模支承刚度和强度，放推板的孔不能全挖空。

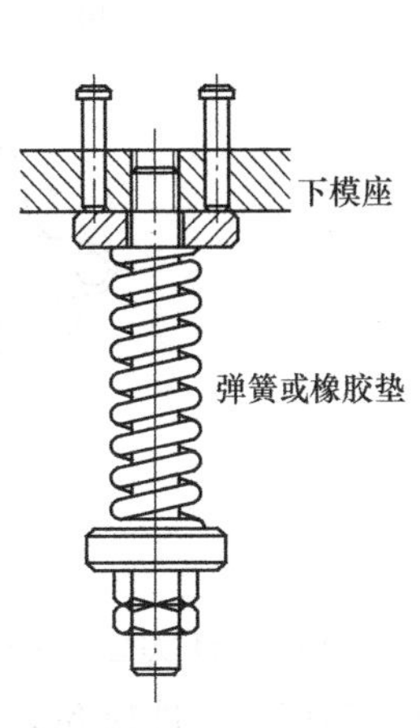

图2-75　弹性推件器

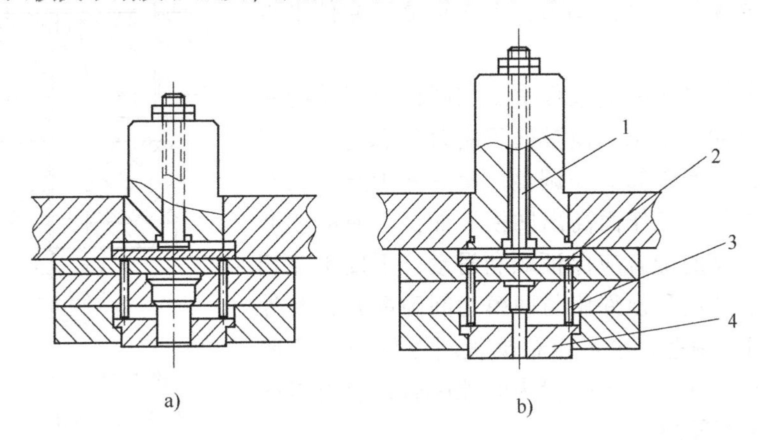

图2-76　刚性推件器

1—打杆　2—推板　3—推杆　4—推件块

图2-77所示为标准推板的结构，设计时可根据实际需要选用。

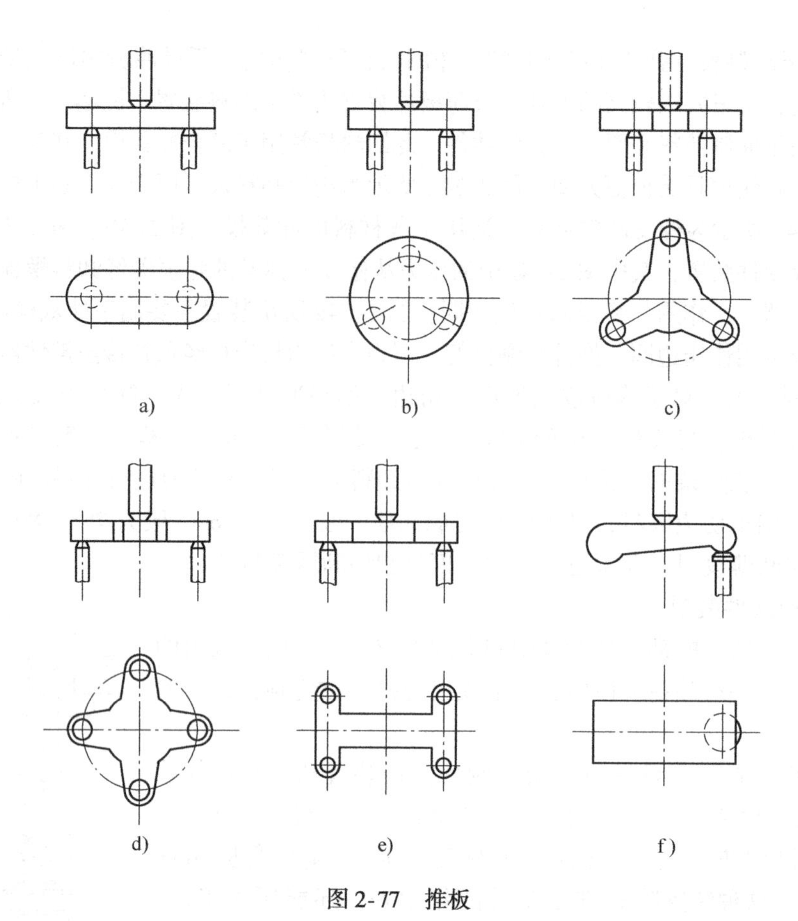

图 2-77　推板

(2) 顶件装置　顶件装置一般是弹性的，其基本组成有顶杆、顶件块和装在下模底下的弹顶器，弹顶器可以做成通用的，其弹性元件是弹簧或橡胶，如图 2-78 所示。这种结构的顶件力容易调节，工作可靠，冲件平直度较高。

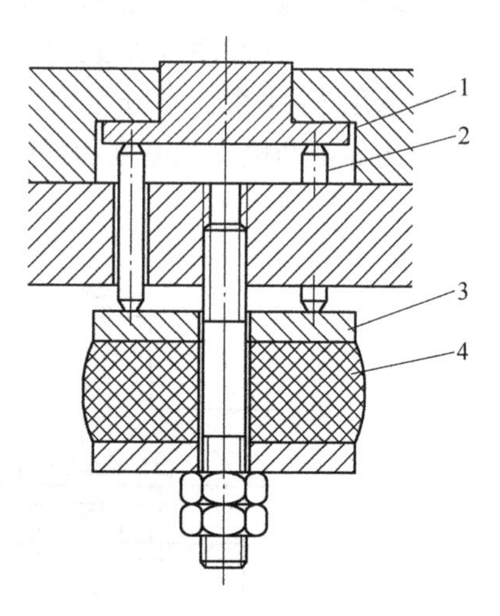

图 2-78　弹性顶件装置
1—顶件块　2—顶杆　3—托板　4—橡胶

推件块或顶件块在冲裁过程中是在凹模中运动的零件，因此对其有如下要求：模具处于闭合状态时，其背后有一定空间，以便于修磨和调整；模具处于开启状态时，必须顺利复位，工作面高出凹模平面，以便继续冲裁；与凹模和凸模的配合应保证顺利滑动，不发生互相干涉。为此，推件块和顶件块与凹模为间隙配合，其外形尺寸一般按 h8 制造，也可以根据板料厚度取适当间隙。推件块和顶件块与凸模一般为间隙配合，也可以根据板料厚度取适当间隙。

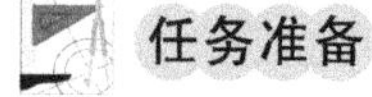

任务准备

带刚性卸料装置、弹性卸料装置、推件装置、顶件装置的模具各一套及相应的挂图；内六角扳手、铜棒等模具拆卸工具。

任务实施

1）老师展示带刚性卸料装置、弹性卸料装置、推件装置、顶件装置的模具各一套，让学生观察卸料与推件装置的异同点。

2）老师在课堂上结合挂图及模具实物讲解模具卸料与推出装置的种类及结构特点。

3）安排到一体化教室或多媒体教室进行视频教学。

4）分组讨论常用卸料与推出装置的种类，分析卸料装置、推件和顶件装置的特点。

5）小组代表上台展示分组讨论结果。

6）小组之间互评、教师评价。

7）布置相关课外作业。

检查评议

序号	检查项目	考核要求	配分	得分
1	常用卸料与推出装置的种类	准确无误地说出常用卸料与推出装置的种类	30	
2	卸料装置、推件与顶件装置的结构特点	准确无误地说出卸料装置、推件与顶件装置的结构特点	40	
3	小组内成员分工情况、参与程度	组内成员分工明确，所有的学生都积极参与小组活动，为小组活动献计献策。	5	
4	合作交流、解决问题	组内成员分工协助，认真倾听、互助互学，在共同交流中解决问题	10	
5	小组活动的秩序	活动组织有序，服从领导	5	
6	讨论活动结果的汇报水平	敢于发言、质疑，汇报发言声音洪亮，思路清晰、简练，突出重点	10	
合计			100	

子任务4 认识模架、模座及标准件

学习目标

◎ 了解紧固零件在冲压模中的应用

◎ 了解标准模架的结构

◎ 了解标准模座的结构

任务描述

通过前面任务的学习，同学们已经掌握了冲裁模的成形零件、定位零件、卸料与推出装置等非标准零件的结构及特点，这些零件是要根据冲裁件的结构形状、尺寸精度等要求由模具设计工程师专门设计而成。为了提高效率、缩短模具生产周期，国家专门制定了模柄、模架等模具零部件的标准。下面我们开始学习模架、模座及标准件选用的基本知识。

相关知识

一、模架种类

根据标准规定，模架主要分为两大类：一类是由上模座、下模座、导柱、导套组成的导柱模模架；另一类是由弹压导板、下模座、导柱、导套组成的导板模模架。模架及其组成零件已经标准化，并对其规定了一定的技术条件（见图2-79）。

图2-79　模架

1. 导柱模模架

导柱模模架按导向结构形式的不同分为滑动导向模架和滚动导向模架两种。

1）滑动导向模架的结构形式有6种，如图2-80所示。

滑动导向模架的精度等级分为Ⅰ级和Ⅱ级，滚动导向模架的精度等级分为0Ⅰ级和0Ⅱ级。各级对导柱、导套的配合精度，上模座上平面对下模座下平面的平行度，导柱轴线对下模座下平面的垂直度等都规定了一定的公差等级。这些技术条件保证了整个模架具有一定的精度，同时也是保证冲裁间隙均匀的前提。有了这一前提，加上工作零件的制造精度和装配精度达到一定的要求，整个模具达到预期的精度就有了基本的保证。

对角导柱模架、中间导柱模架、四角导柱模架的共同点是，导向装置都是安装在模具的对称线上，滑动平稳，导向准确可靠。所有要求导向精确可靠的模具都采用这三种结构形式。对角导柱模架上、下模座工作平面的横向尺寸一般大于纵向尺寸，常用于横向送料的级进模、纵向送料的单工序模或复合模。中间导柱模架只能纵向送料，一般用于单工序模或复合模。四角导柱模架常用于精度要求较高或尺寸较大冲件的生产及大批量生产用的自动模。

后侧导柱模架的特点是导向装置在后侧，横向和纵向送料都比较方便，但如果存在偏心载荷，压力机导向又不精确，就会造成上模歪斜，导向装置和凸、凹模都容易磨损，从而影响模具寿命，此模架一般用于较小的冲模。

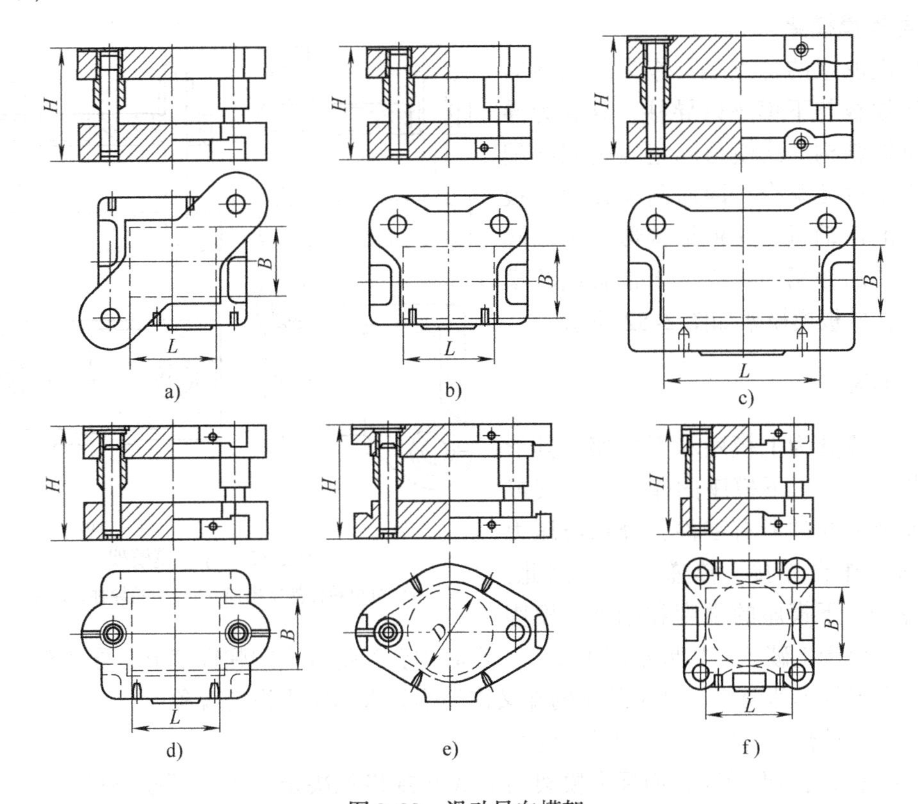

图2-80 滑动导向模架

a）对角导柱模架 b）后侧导柱模架 c）后侧导柱窄形模架 d）中间导柱模架 e）中间导柱圆形模架 f）四角导柱模架

2）滚动导向模架的结构形式有4种，如图2-81所示。

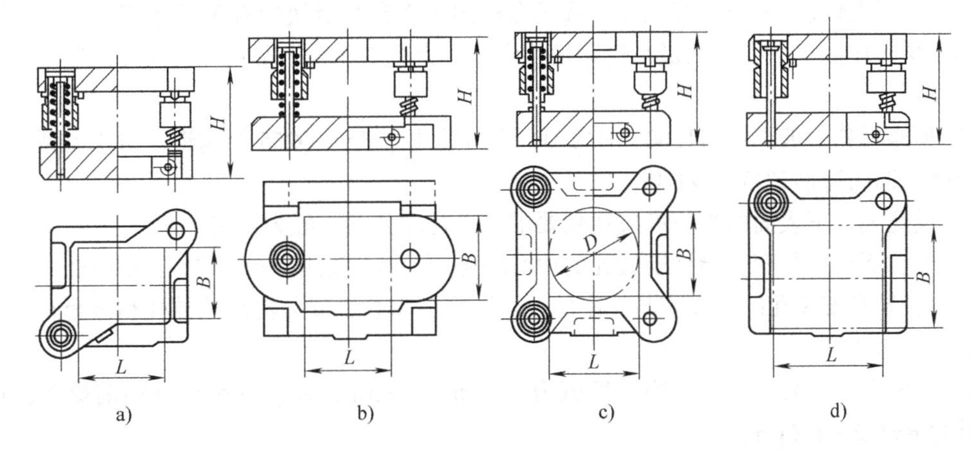

图2-81 滚动导向模架

a）对角导柱模架 b）中间导柱模架 c）四角导柱模架 d）后侧导柱模架

滚动导向模架在导柱和导套间装有保持架和钢球。由于导柱、导套间的导向通过钢球的滚动摩擦来实现，所以导向精度高，使用寿命长，主要用于高精度、高寿命的硬质合金模，薄材料的冲裁模以及高速精密级进模。

2. 导板模模架

导板模模架的特点是：作为凸模导向用的弹压导板与下模座以导柱、导套为导向构成整体结构。凸模与固定板是间隙配合，而不是过渡配合，因而凸模在固定板中有一定的浮动量。这种结构形式可以起到保护凸模的作用，一般用于带有细凸模的级进模，导板模模架如图 2-82 所示。

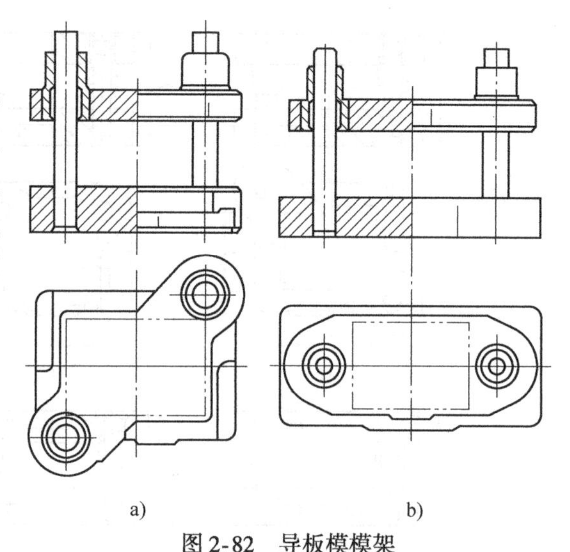

a)　　b)

图 2-82　导板模模架

a）对角导柱弹压模架　b）中间导柱弹压模架

二、模座

模座一般分为上模座和下模座，其形状基本相似。上、下模座的作用是直接或间接地安装冲模的所有零件，分别与压力机滑块和工作台连接，传递压力。因此，必须重视上、下模座的强度和刚度。模座因强度不足会产生破坏；如果刚度不足，工作时则会产生较大的弹性变形，导致模具的工作零件和导向零件迅速磨损，这是常见的却又往往不为人们所重视的现象。

选用和设计模座时应注意如下几点：

1）尽量选用标准模架，而标准模架的形式和规格就决定了上、下模座的形式和规格。如果需要自行设计模座，则圆形模座的直径应比凹模板直径大 30 ~ 70mm，矩形模座的长度应比凹模板长度大 40 ~ 70mm，其宽度可以略大或等于凹模板的宽度。模座的厚度可参照标准模座确定，一般为凹模板厚度的 1.0 ~ 1.5 倍，以保证有足够的强度和刚度。对于大型非标准模座，还必须根据实际需要，按铸件工艺性要求和铸件结构设计规范进行设计。

2）所选用或设计的模座必须与所选压力机的工作台和滑块的有关尺寸相适应，并进行必要的校核。比如，下模座的最小轮廓尺寸应比压力机工作台上漏料孔的尺寸每边至少要大 40 ~ 50mm。

3）模座材料一般选用 HT200、HT250，也可选用 Q235、Q255 结构钢。对于大型精密模具的模座，选用铸钢 ZG35、ZG45。

4）模座上、下表面的平行度应达到要求，平行度公差一般为 4 级。

5）上、下模座导套、导柱安装孔的中心距必须一致，精度一般要求在 ±0.02mm 以内；模座导柱、导套安装孔的轴线应与模座的上、下平面垂直，安装滑动式导柱和导套时，垂直度公差一般为 4 级。

6）模座上、下表面的表面粗糙度值为 $Ra1.6 \sim 0.8\mu m$，在保证平行度的前提下，可允许降低为 $Ra3.2 \sim 1.6\mu m$。

三、导柱、导套及导向装置

导向零件用来保证上模相对于下模的正确运动。对于生产批量较大、零件精度要求较高、寿命要求较长的模具，一般都采用导向装置。模具中应用最广泛的是导柱和导套。图2-83所示是标准的导柱结构。图2-84所示是标准的导套结构。

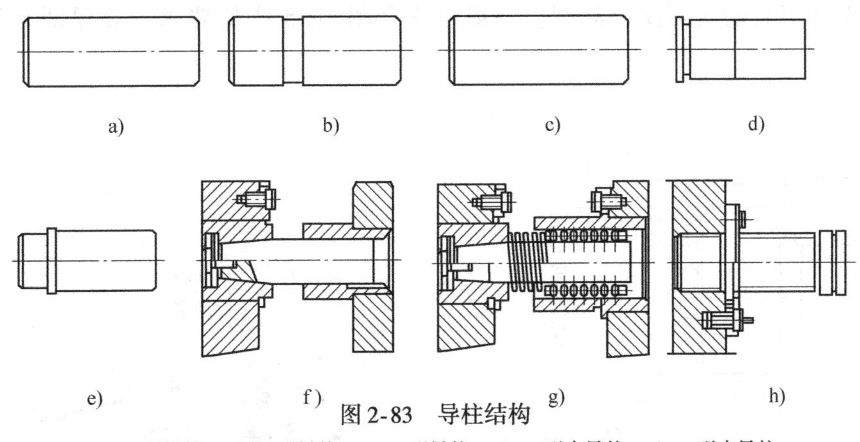

图2-83 导柱结构

a) A型导柱 b) B型导柱 c) C型导柱 d) A型小导柱 e) B型小导柱
f) A型可卸导柱 g) B型可卸导柱 h) 压圈固定导柱

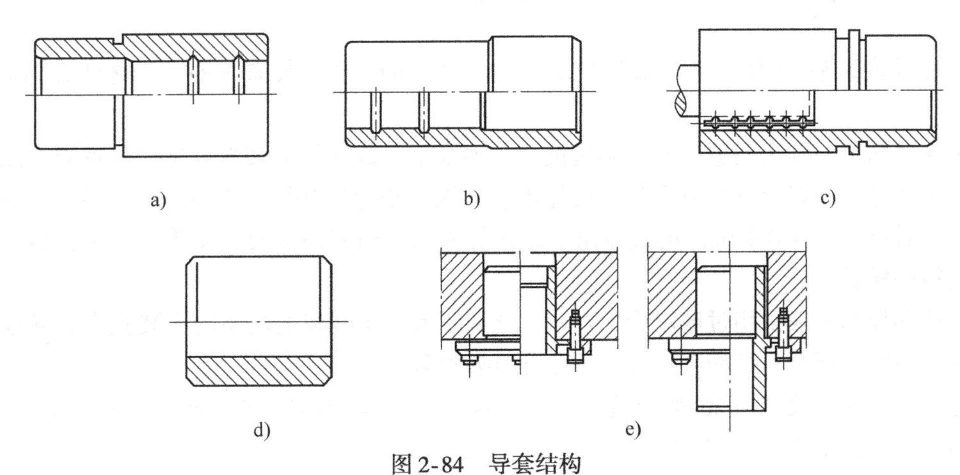

图2-84 导套结构

a) A型导套 b) B型导套 c) C型导套 d) 小导套 e) 压圈固定导套

A型、B型、C型导柱是常用的。尤其是A型导柱更为常用，其结构简单，制造方便，但与模座为过盈配合，装拆麻烦。A型和B型可卸导柱与衬套为锥度配合，并用螺钉和垫圈紧固，衬套又与模座以过渡配合并用压板和螺钉紧固，其结构复杂，制造麻烦，但可卸导柱或导套在磨损后，可以及时更换，便于模具维修和刃磨。

A型导柱、B型导柱和A型可卸导柱一般与A型或B型导套配套用于滑动导向，导柱、导套按H7/h6或H7/h5配合。其配合间隙必须小于冲裁间隙，冲裁间隙小的一般应按H6/h5配合；冲裁间隙较大的按H7/h6配合。C型导柱和B型可卸导柱的公差和表面粗糙值较小，与用压板固定的C型导套配套，用于滚珠导向。压圈固定导柱与压圈固定导套的尺寸较大，用于大型模具上，拆卸方便。导套用压板固定或压圈固定时，与模座为过渡配合，避免了用过盈配合而产生对导套内孔尺寸的影响，这是精密导向的特点。

A 型和 B 型小导柱与小导套配套使用，一般用于卸料板导向等结构上。导柱、导套与模座的装配方式及要求参考相关标准规定。但要注意，在选定导向装置及零件标准之后，所设计模具的实际闭合高度，一般应符合图 2-85 中的要求，并保证有足够的导向长度。

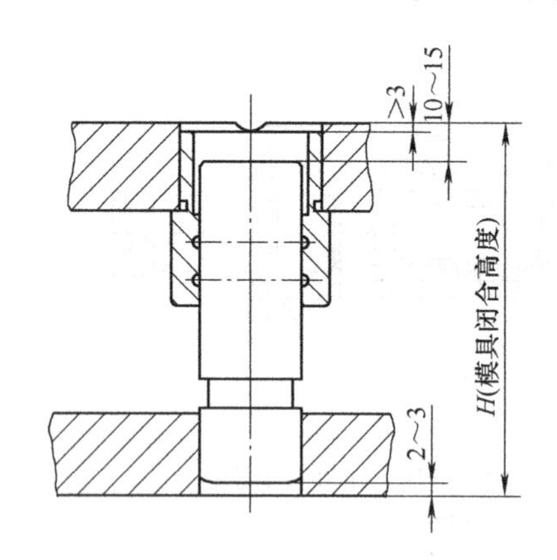

图 2-85　导柱和导套

导板导向装置分为固定导板导向装置和弹压导板导向装置两种。导板的结构已标准化。

滚珠导向是一种无间隙导向，其精度高，寿命长。滚珠导向装置及钢球保持架如图2-86所示。滚珠导向装置及其组成零件均已标准化。滚珠在导柱和导套之间应保证导套内径与导柱在工作时有 0.01 ~0.02mm 的过盈量。滚珠导向用于精密冲裁模、硬质合金模、高速冲模及其他精密模具上。

导柱和导套一般采用过盈配合 H7/r6，分别压入下模座和上模座的安装孔中。导柱、导套之间采用间隙配合，其配合尺寸必须小于冲裁间隙。

导柱、导套一般选用 20 钢制造。为了增加表面硬度和耐磨性，应进行表面渗碳处理，渗碳后的淬火硬度为 58 ~62HRC。

四、模具的连接与固定零件

模柄、固定板、垫板、螺钉、销钉等都是模具的连接与固定零件。这些零件大多有标准，设计时可按标准选用。

（1）模柄　中、小型模具一般是通过模柄将上模固定在压力机滑块上。对它的基本要求是：要与压力机滑块上的模柄孔正确配合，安装可靠；要与上模正确而可靠连接。标准的冷冲模模柄结构形式如图 2-87 所示。

1）图 2-87a 所示为压入式模柄，它与模座孔采用过渡配合（H7/m6、H7/h6），并加销钉以防止转动。这种模柄可较好保证轴线与上模座的垂直度，适用于各种中、小型冲模，生产中最为常见。

2）图2-87b所示为旋入式模柄，通过螺纹与上模座连接，并加螺钉防止松动。这种模具拆装方便，但模柄轴线与上模座的垂直度误差较大，多用于有导柱的中、小型冲模。

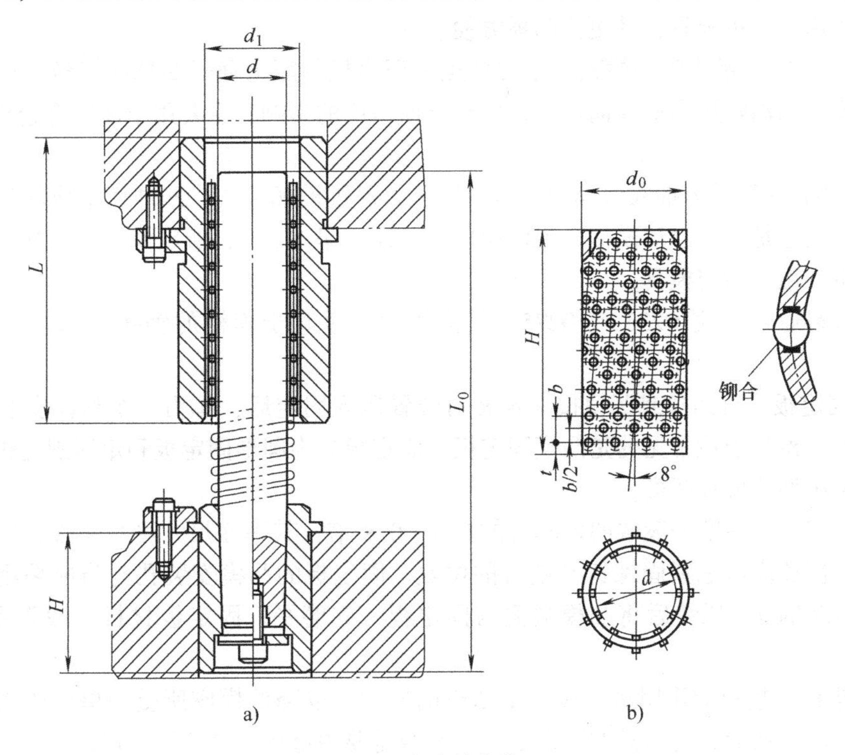

图2-86　滚珠导向装置

a）滚珠导向装置　b）钢球保持架

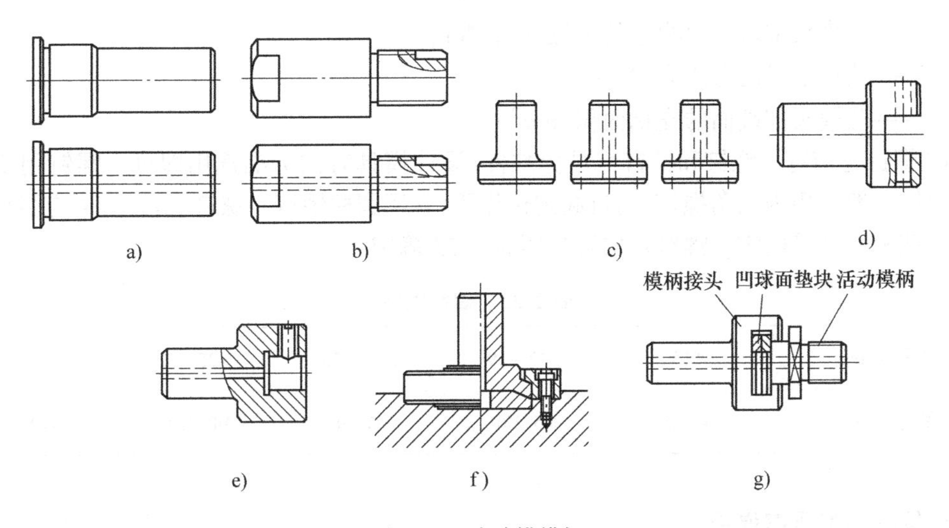

图2-87　冷冲模模柄

a）压入式模柄　b）旋入式模柄　c）凸缘模柄　d）槽形模柄

e）通用模柄　f）浮动模柄　g）推入式模柄

3）图2-87c所示为凸缘模柄，用3～4个螺钉紧固于上模座，模柄的凸缘与上模座的窝孔采用过渡配合（H7/js6），多用于大型模具。

4）图2-87d、e所示为槽型模柄和通用模柄，均用于直接固定凸模，也可称为带模座的模柄，主要用于简单模具，其更换凸模方便。

5）图2-87f所示为浮动模柄，主要特点是压力机的压力通过凹球面模柄和凸球面垫块传递到上模，以消除压力机导向误差对模具导向精度的影响，主要用于硬质合金模等精密导柱模。

6）图2-87g所示为推入式模柄，压力机压力通过模柄接头、凹球面垫块和活动模柄传递到上模，它也是一种浮动模柄。因模柄单面开通（呈U形），所以使用时导柱、导套不宜脱离。它主要用于精密模具。

模柄材料通常采用Q235或Q275，其支撑面应垂直于模柄的轴线（垂直度不应超过0.02:100）。

（2）固定板　将凸模或凹模按一定相对位置压入固定后，作为一个整体安装在上模座或下模座上。模具中最常见的是凸模固定板，固定板分为圆形固定板和矩形固定板两种，主要用于固定小型凸模和凹模。

凸模固定板的厚度一般取凹模厚度的0.6～0.8倍，其平面尺寸可与凹模、卸料板外形尺寸相同，但还应考虑紧固螺钉及销钉的位置。固定板的凸模安装孔与凸模采用过渡配合（H7/m6、H7/n6），压装后将凸模端面与固定板一起磨平。固定板材料一般采用Q235或45钢。

（3）垫板　垫板的作用是直接承受凸模的压力，以降低模座所受的单位压力，防止模座被局部压陷，从而影响凸模的正常工作。是否需要用垫板，可按下式校核：

$$p = \frac{F_z'}{A} \tag{2-24}$$

式中　p——凸模头部端面对模座的单位压力(N)；

F_z'——凸模承受的总压力(N)；

A——凸模头部端面的支承面积(mm^2)。

(4)螺钉与销钉　螺钉和销钉都是标准件,设计模具时按标准选用即可。螺钉用于固定模具零件,一般选用内六角螺钉;销钉起定位作用,常用圆柱销钉。螺钉、销钉规格应根据冲压力大小、凹模厚度等确定。螺钉规格可参照表2-33确定。

表2-33　螺钉规格

凹模厚度/mm	≤13	>13～19	>19～25	>25～32	>35
螺钉规格	M4、M5	M5、M6	M6、M8	M8、M10	M10、M12

五、圆柱螺旋压缩弹簧

冲模中常用的圆柱螺旋压缩弹簧(见表2-34)是用60Si2MnA、60SiMn或碳素弹簧钢丝卷制而成的,热处理硬度为43～48HRC,弹簧两端并紧并磨平,如图2-88所示。

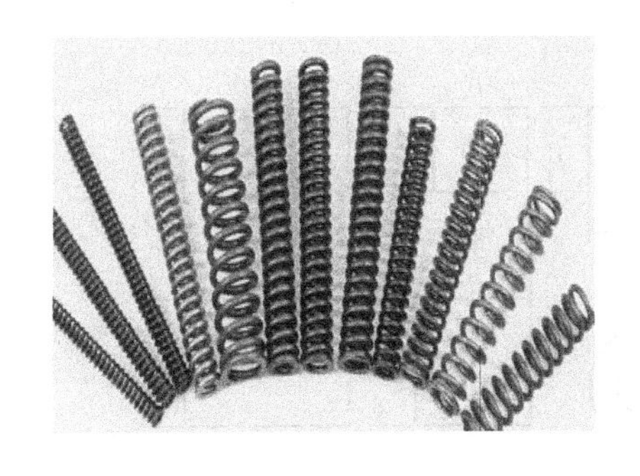
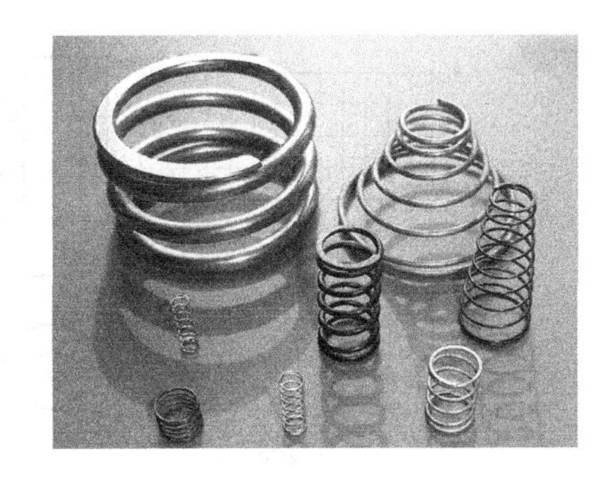

图 2-88　弹簧

1. 弹簧的选用原则及步骤

1）根据总卸料力 $F_{卸}$ 以及模具结构估计拟用弹簧的个数 n，计算每个弹簧所承受的负荷 $F_{预}$。即

$$F_{预}=\frac{F_{卸}}{n} \tag{2-25}$$

2）所选弹簧的工作极限负荷 F_j 大于 $F_{预}$。

3）根据所选弹簧的工作极限负荷 F_j 和工作极限负荷下的总变形量 h_j，作出该序号对应弹簧的特性曲线。

4）检查弹簧最大允许压缩量，如满足下列条件，则弹簧选得合适。

$$h_j \geqslant h_{预}+h_{工}+h_{修磨} \tag{2-26}$$

式中　$h_{预}$——弹簧预压缩量；

$h_{工}$——卸料板工作行程，一般取材料厚度（mm）；

$h_{修磨}$——凸、凹模修磨量，一般取 4～10mm。

如果 $h_j < h_{预}+h_{工}+h_{修磨}$，则必须重新选择弹簧。

2. 橡胶的选用原则

1）为保证橡胶垫不过早失去弹性而损坏，其允许的最大压缩量不得超过自由高度的 45%，一般取 $h_{总}=(0.35\sim0.45)h_{自由}$。橡胶垫的预压缩量一般取自由高度的 10%～15%，即 $h_{预}=(0.10\sim0.15)h_{自由}$。$h_{工作}=h_{总}+h_{预}$，故工作行程为

$$h_{工作}=h_{总}-(0.1\sim0.15)h_{自由} \tag{2-27}$$

由工作行程可计算出橡胶垫高度：

$$h_{自由}=h_{工作}/(0.25\sim0.30)$$

式中　$h_{自由}$——橡胶垫自由高度（mm）；

$h_{工作}$——所需工作行程（mm）。

2）橡胶垫产生的力

$$F=AP \tag{2-28}$$

式中　F——压力（N）；

A——橡胶垫横截面积（mm^2）；

P——与橡胶压缩量有关的单位压力（MPa），由表 2-34 和图 2-89 查得。

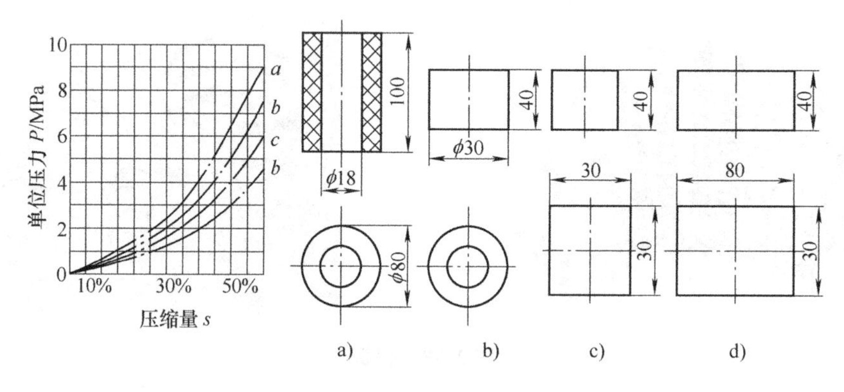

图 2－89　橡胶的特性曲线

a）圆筒形　b）圆柱形　c）正方形　d）长方形

表 2-34　橡胶垫压缩量和单位压力

橡胶垫压缩量（%）	单位压力 P/MPa	橡胶垫压缩量（%）	单位压力 P/MPa
10	0.26	25	1.03
15	0.50	30	1.52
20	0.70	35	2.10

3）核算橡胶垫的高度和直径：

$$0.5 \leqslant \frac{h}{d} \leqslant 1.5$$

式中　d——橡胶垫直径（mm）。

如果$\frac{h}{d}>1.5$，应适当将橡胶垫分成若干块，并在其中间加钢垫圈。

任务准备

后侧式、中间式、对角式和四角式标准模架各一套；压入式、旋入式、凸缘式和浮动式模柄各一个；圆柱弹簧、内六角螺钉、销钉多个。

任务实施

1）老师展示后侧式、中间式、对角式和四角式标准模架，让学生观察四种模架结构的异同点。

2）展示压入式、旋入式、凸缘式和浮动式模柄，展式圆柱弹簧、内六角螺钉、销钉等零件，让学生分别仔细观察它们的特点。

3）老师在课堂上结合挂图及模具实物讲解连接与固定零件的种类及结构特点。

4）安排到一体化教室或多媒体教室进行视频教学。

5）分组讨论后侧式、中间式、对角式和四角式标准模架的结构特点及应用。

6）小组代表上台展示分组讨论结果。

检查评议

序　号	检查项目	考核要求	配　分	得　分
1	后侧式、中间式、对角式和四角式标准模架的结构特点	准确无误地说出后侧式、中间式、对角式和四角式标准模架的结构特点	30	
2	压入式、旋入式、凸缘式和浮动式模柄的结构特点	准确无误地说出压入式、旋入式、凸缘式和浮动式模柄的结构特点	40	
3	小组内成员分工情况、参与程度	组内成员分工明确，所有的学生都积极参与小组活动，为小组活动献计献策	5	
4	合作交流、解决问题	组内成员分工协助，认真倾听、互助互学，在共同交流中解决问题	10	
5	小组活动的秩序	活动组织有序，服从领导，勤于思考	5	
6	讨论活动结果的汇报水平	敢于发言、质疑，汇报发言声音洪亮，思路清晰、简练，突出重点	10	
合　计			100	

考证要点

一、填空题

1. 模架有________导柱模架、________导柱模架、对角导柱模架、四角导柱等几种。

2. 冷冲模的上模座是通过________安装在压力机滑块上的。

二、判断题（正确的打“√”，错误的打“×”）

1. 相对于模架中心，四根导柱、导套的位置是一样的，没有任何区别。(　　)

2. 对于无导柱的模具，凸、凹模的配合间隙是在模具安装到压力机上时才进行调整。(　　)

子任务 5　了解冲裁模零件公差配合、几何公差、表面粗糙度的选择方法

学习目标

◎ 了解冲裁模具零件的公差配合要求

◎ 了解冲裁模具零件的几何公差要求

◎ 了解冲裁模具零件的表面粗糙度要求

任务描述

冲裁模中的成形零件、定位零件、卸料与顶出零件、导向零件等是模具设计的主要部

分，特别是成形零件的公差配合、表面粗糙度值的大小直接影响模具的正常工作和冲压件的质量，而且也影响模具的使用寿命和制造成本。为了做好冲裁模设计工作，同学们一定要先掌握相关的基础知识。

相关知识

设计模具时，应根据模具零件的功能和固定方式及配合要求的不同，合理选择其公差配合、几何公差及表面粗糙度。

1. 模具零件的公差配合要求

模具零件的公差配合分为过盈配合、过渡配合及间隙配合三种。过盈配合适用于模具工作时没有相对运动且又不经常拆装的零件的配合，如导柱、导套与模板的配合；过渡配合适用于模具工作时没有相对运动但需要经常拆装的零件的配合，如压入式凸模与固定板的配合；间隙配合适用于模具工作时需要相对运动的零件的配合，如导柱与导套之间的配合等。模具常用零件的公差配合要求见表2-35，可供模具设计时参考。

表2-35　模具常用零件的公差配合要求

序号	配合零件名称	配合要求	序号	配合零件名称	配合要求
1	导柱、导套分别与模板	H7/r6	10	固定挡料销与凹模	H7/m6、H7/n6
2	导柱与导套	H7/h6、H6/h5	11	活动挡料销与卸料板	H9/h8、H9/h9
3	导板与凸模	H7/h6	12	初始挡料销与导料板（导尺）	H8/f9
4	压入式模柄与上模板	H7/m6	13	侧压板与导料板（导尺）	H8/f9
5	凸缘式模柄与上模板	H7/h6、H7/js6	14	固定式导正销与凸模（压入凸模）	H7/r6、H7/js6
6	模柄与压力机滑块模柄孔	H11/d11	15	固定式导正销与凸模（用螺钉固定于凸模上）	H7/h6
7	凸模、凹模分别与固定板	H7/m6	16	活动式导正销与凸模或固定板	H7/h6
8	镶拼式凸、凹模与固定板	H7/h6	17	推（顶）件块与凹模或凸模	H8/f8
9	圆柱销与固定板、模板	H7/n6	18	弹簧芯柱与固定孔	H7/r6、H7/n6

2. 模具零件的几何公差要求

几何公差包括直线度、平面度、圆柱度、平行度、垂直度、同轴度、对称度及圆跳动等。根据模具零件的技术要求，应合理选择几何公差的种类及数值。模具零件中常用的几何公差有平行度、垂直度、同轴度、圆柱度及圆跳动等。

（1）平行度公差　模板、凹模板、垫板、固定板、导板、卸料板、压边圈等板类零件的两平面应有平行度公差，一般可按表2-36选取。

表2-36　平行度公差　（单位：mm）

公称尺寸	公差等级		公称尺寸	公差等级	
	4	5		4	5
	公差值 T			公差值 T	
>25～40	0.006	0.010	>100～160	0.012	0.020
>40～63	0.008	0.012	>160～250	0.015	0.025
>63～100	0.010	0.015	>250～400	0.020	0.030

（续）

公称尺寸	公差等级		公称尺寸	公差等级	
	4	5		4	5
	公差值 T			公差值 T	
>400～630	0.025	0.040	>1600～2500	0.050	0.080
>630～1000	0.030	0.050	>2500～4000	0.060	0.100
>1000～1600	0.040	0.060			

注：1. 公称尺寸是指被测表面的最大长度尺寸和最大宽度尺寸。

2. 滚动式导柱模架的模座平行度公差采用4级。

（2）垂直度公差　矩形、圆形凹模板的直角面，凸、凹模（或凸凹模）固定板安装孔的轴线与其基准面，模板上模柄（压入式模柄）安装孔的轴线与其基准面，一般均应有垂直度要求，可按表2-37选取。而上、下模板的导柱、导套安装孔的轴线与其基准面的垂直度公差，应按如下规定：安装滑动式导柱、导套时取0.01∶100；安装滚动式导柱、导套时取0.005∶100。

表2-37　垂直度公差　（单位：mm）

基本尺寸	>25～40	>40～63	>63～100	>100～160	>160～250	>250～400
公差等级	5					
公差值	0.010	0.012	0.015	0.020	0.025	0.030

注：1. 基本尺寸是指被测零件的短边长度。

2. 垂直度公差是指以长边为基准，短边对长边垂直度的最大允许值。

（3）圆跳动公差　各种模柄的圆跳动公差可按表2-38选取。与模板固定的导套圆柱面的径向圆跳动公差，可根据模具精度要求选取4级或5级，在冷冲模国家标准中，其圆跳动公差值已直接标注在导套零件图上。

表2-38　模柄圆跳动公差　（单位：mm）

基本尺寸	>18～30	>30～50	>50～120	>120～250
公差等级	8			
公差值	0.010	0.012	0.015	0.020

（4）同轴度公差　阶梯式的圆截面凸模、凹模、凸凹模的工作直径与安装直径（采用过渡配合压入固定板内），阶梯式导柱的工作直径与安装直径（采用过盈配合压入模板内），均应有同轴度要求，其同轴度公差可按表2-39选取。

表2-39　同轴度公差　（单位：mm）

基本尺寸	>6～10	>10～18	>18～30	>30～50	>50～120
公差等级	8				
公差值	0.015	0.020	0.025	0.030	0.040

注：基本尺寸是指被测零件的直径。

3. 模具零件的表面粗糙度要求

模具零件表面质量的高低用表面粗糙度衡量，通常以 *Ra*（μm）表示。*Ra* 数值越小，表示其表面质量越高。模具零件的工作性能如耐磨性、耐蚀性及强度等，在很大程度上受其表面粗糙度的影响。模具零件的表面粗糙度要求可按表 2-40 选取。

表 2-40　模具零件的表面粗糙度

GB/T 1031—2009		使用范围
表面粗糙度值 *Ra*/μm	标准示例	
0.1	*Ra* 0.1	抛光的转动体表面
0.2	*Ra* 0.2	抛光的成形面及平面
0.4	*Ra* 0.4	1. 压弯、拉深、成形的凸模和凹模工作表面 2. 圆柱表面和平面的刃口 3. 滑动和精确导向的表面
0.8	*Ra* 0.8	1. 成形的凸模和凹模刃口，凸模和凹模镶块的接合面 2. 过盈配合和过渡配合的表面，用于热处理零件 3. 支承定位和紧固表面，用于热处理零件 4. 磨削加工的基准面，要求精确的工艺基准表面
1.6	*Ra* 1.6	
3.2	*Ra* 3.2	1. 内孔表面（在非热处理零件上配合用） 2. 模座平面 1. 不磨削加工的支承、定位和紧固表面（用于热处理的零件） 2. 模座平面
6.3	*Ra* 6.3	不与冲压制件及模具零件接触的表面
12.5	*Ra* 12.5	粗糙的不重要表面
25	*Ra* 25	
		不需要机械加工的表面

任务准备

冲裁模一套及相应的挂图，游标卡尺、螺纹千分尺和内六角扳手、铜棒、锤子等模具拆装工具。

任务实施

1）老师在现场将冲裁模具的成形零件、定位零件、卸料与顶出零件、导向零件拆下，让学生观察模具成形零件、定位零件、卸料与顶出零件、导向零件等主要部分的公差配合、几何公差及表面粗糙度情况。

2）老师在课堂上结合挂图及模具实物讲解成形零件、定位零件、卸料与顶出零件、导向零件等主要部分公差配合、几何公差及表面粗糙度的选择原则。

3）安排到一体化教室或多媒体教室进行视频教学。

4）学生分组测量成形零件、定位零件、卸料与顶出零件、导向零件等的公差并做好记录，分组讨论分析以上零件的公差配合、几何公差及表面粗糙度状况是否符合选用原则。

5）小组代表上台展示分组讨论结果。

6）小组之间互评、教师评价。

7）布置相关课外作业。

检查评议

序号	检查项目	考核要求	配分	得分
1	成形零件的公差配合	准确测量成形零件的公差值大小	20	
2	冲裁模成形零件公差配合的选用	准确无误地说出冲裁模成形零件公差配合的选用方法	20	
3	冲裁模成形零件表面粗糙度的判断	准确检查冲裁模具成形零件的表面粗糙度	20	
4	冲裁模成形零件几何公差的选用	准确说出冲裁模成形零件几何公差的选用方法	10	
5	小组内成员分工情况、参与程度	组内成员分工明确，所有的学生都积极参与小组活动，为小组活动献计献策	5	
6	合作交流、解决问题	组内成员分工协助，认真倾听、互助互学，在共同交流中解决问题	10	
7	小组活动的秩序	活动组织有序，服从领导	5	
8	讨论活动结果的汇报水平	敢于发言、质疑，汇报发言声音洪亮，思路清晰、简练，突出重点	10	
合计			100	

任务4 设计阀片落料、冲孔复合模

学习目标

◎ 学会落料、冲孔复合模设计方法

◎ 能分析冲裁件的工艺性

◎ 懂得冲裁工艺方案的确定方法

◎ 掌握冲裁工艺的计算方法

◎ 掌握冲压设备的选用方法

任务描述

如图 2-90 所示是一个阀片图样，材料为 Q235，材料厚度为 2mm，生产批量为大批量。确定冲裁工艺并设计其模具。

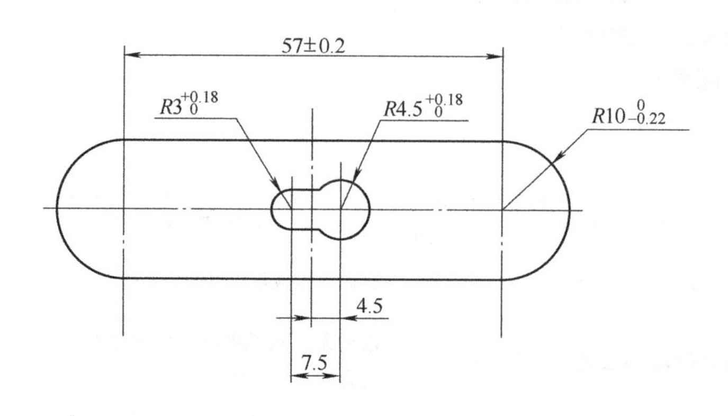

图 2-90　阀片

任务分析

本任务主要是识读阀片产品图样后对其进行冲压工艺分析，确定冲压工艺方案，选择合适的模具结构并对其进行工艺计算，选择相应的冲压设备，计算模具压力中心，对模具主要零部件进行设计并绘制模具总装配图和零部件图样。

相关知识

一、分析产品零件图

产品零件图是分析和制订冲压工艺方案的重要依据，设计冲压工艺过程要从分析产品的零件图入手。分析零件图包括经济性分析和工艺性分析两个方面。

（1）冲压加工的经济性分析　冲压加工方法是一种先进的工艺方法，因其生产率高、材料利用率高、操作简单等一系列优点而广泛使用。由于模具费用高，生产批量的大小对冲压加工的经济性起着决定性作用。批量越大，冲压加工的单件成本就越低；批量小时，冲压加工的优越性就不明显，这时采用其他方法制作该零件可能有更好的经济效果。例如在零件上加工孔，批量小时采用钻孔比冲孔要经济；有些旋转体零件，采用旋压比拉深会有更好的经济效果。所以，要根据冲压件的生产纲领，分析产品成本，阐明采用冲压生产可以取得的经济效益。

（2）冲压件的工艺性分析　冲压件的工艺性是指该零件在冲压加工中的难易程度。在技术方面，主要是分析该零件的形状特点、尺寸大小、精度要求和材料性能等因素是否符合冲压工艺的要求。良好的工艺性应保证材料消耗少，工序数目少，模具结构简单，且寿命长，产品质量稳定，操作简单、方便等。在一般情况下，对冲压件工艺性影响最大的是冲压件结构尺寸和精度要求，如果发现零件工艺性不好，则应在不影响产品使用要求的前提下，向设计部门提出修改意见，对零件图作出适合冲压工艺性的修改。

另外，分析零件图时还要明确冲压该零件的难点所在，对于零件图上的极限尺寸、设计基准以及变薄量、翘曲、回弹、毛刺大小和方向要求等要特别注意，因为这些因素对所需工序的性质、数量和顺序的确定，工件定位方法、模具制造精度和模具结构形式的选择，都有较大影响。

二、确定冲压件的总体工艺过程

在综合分析、研究零件成形性的基础上，以材料的极限变形参数，各种变形性质的复合程度及趋向性，当前的生产条件和零件的产量、质量要求为依据，提出各种可能的零件成形总体工艺方案。根据技术上可靠、经济上合理的原则对各种方案进行对比、分析，从而选出最佳工艺方案（包括成形工序和各辅助工序的性质、内容、复合程度、工序顺序等），并尽可能进行优化。

1）分析零件的形状特点、尺寸大小、精度要求和材料性能等因素是否符合冲裁工艺的要求。良好的工艺性能保证材料消耗少，工序数目少，模具结构简单且寿命长，产品质量稳定，操作简单、方便等。在一般情况下，对冲裁件工艺性影响最大的是冲裁件的结构尺寸和精度要求，如果发现零件工艺性不好，则应在不影响产品使用要求的前提下，向产品开发部门提出修改意见，对零件的形状和尺寸作必要的、合理的修改或在设计时采用相应的工艺方法，避免由于工艺性差而容易产生的问题。

分析冲裁件工艺时主要考虑以下几个方面：

① 结构形式、尺寸大小。包括冲裁件形状是否简单、对称；冲裁件的外形或内孔的转角处是否有尖锐的倾角；冲裁件上是否有过小的孔径；冲裁件上是否有细长的悬臂和狭槽；冲裁件上的最大尺寸是多少，属于大型、中型还是小型；冲裁件的孔与孔之间、孔与边缘之间的距离是否过小。

② 尺寸精度、表面粗糙度、位置精度。包括产品的最高尺寸精度是多少；产品的最高表面粗糙度要求是多少；产品的最高位置精度是多少。

③ 冲裁件材料性能。分析产品的材料是否满足以下要求：技术要求，材料性能是否满足使用要求，是否适应工作条件；冲压工艺要求，材料的冲压性能如何，表面质量怎样，材料的厚度公差是否符合国家标准。

2）选择冲压基本工序。剪裁、落料、冲孔、切边、弯曲、拉深、翻边等是常见的冲压工序，各工序有其不同的性质、特点和用途。有些可以从产品零件图上直观地看出冲压该零件所需工序的性质。例如平板件上的各种型孔只需要冲孔、落料或剪切工序；开口筒形件则需拉深工序。有些零件的工序性质必须经过分析和计算才能确定。

3）确定冲压次数和冲压顺序。冲压次数是指同一性质的工序重复进行的次数。对于拉深件，可根据它的形状和尺寸，以及板料许可的变形程度，计算出拉深次数。其他如弯曲件、翻边件等的冲压次数也是根据具体形状和尺寸以及极限变形程度来决定的。

冲压顺序的安排应有利于发挥材料的塑性以减少工序数量。主要根据工序的变形特点和质量要求来安排，确定冲压顺序的一般原则如下：

① 对于有孔或有缺口的平板件，当选用简单模时，一般先落料，再冲孔或切口；当使用连续模时，则应先冲孔或切口，后落料。

② 对于带孔的弯曲件，孔边与弯曲区域的间距较大，可先冲孔，后弯曲。如孔边在弯曲区域附近或孔与基准面有较高要求时，必须先弯曲后冲孔。

③ 对于带孔的拉深件，一般都是先拉深后冲孔。但是孔的位置在零件底部，且孔径尺寸要求不高时，也可先在毛坯上冲孔，后拉深。

④ 多角弯曲件，应从材料变形和弯曲时材料移动两方面考虑安排先后顺序，一般情况下先弯外角，后弯内角。

⑤ 对于形状复杂的拉深件，为便于材料变形和流动，应先成形内部形状，再拉深外部形状。

⑥ 整形或校平工序，应在冲压件基本成形以后进行。

4）工序的组合方式。一个冲压件往往需要经过多道工序才能完成，因此在编制工艺方案时，必须考虑是采用简单模一个个工序冲压呢，还是将工序组合起来，用复合模或连续模生产。通常，模具的选用主要取决于冲压件的生产批量、尺寸大小和精度要求等因素。生产批量大，冲压工序应尽可能地组合在一起，采用复合模或连续模冲压；小批量生产，常选用单工序简单模。但对于尺寸过小的冲压件，考虑到单工序模上料不方便和生产率低，也常选用复合模或连续模生产；若选用自动送料，一般用连续模冲压；为避免多次冲压的定位误差，常选用复合模生产；当用几个简单模的制造费用比复合模高，而生产批量又不大时，也可考虑将工序组合起来，选用复合模生产。

工序的组合方式可选用复合模或连续模。一般来说，复合模的冲压精度比连续模高，结构紧凑，模具轮廓面积比连续模小；但是，连续模的生产率较高，操作比较安全，容易实现单机自动化生产，若装上自动送料装置，可适用于小件的自动冲压。

5）辅助工序。对于某些组合冲压件或有特殊要求的冲压件，在分析了基本工序、冲压次数、顺序及工序的组合方式后，尚须考虑非冲压辅助工序，如钻孔、铰孔、车削等机械加工，焊接、铆合、热处理、表面处理、清理和去毛刺等工序。在多次拉深工序之间，为消除加工硬化，要进行退火处理，为除锈要酸洗等。这些辅助工序可根据冲压件的结构特点和使用要求选用，安排在各冲压工序之间进行，也可安排在冲压工序前或后完成。

三、确定并设计各工序的工艺方案

依据所确定的零件成形的总体工艺方案，确定并设计各道冲压工序的工艺方案。内容包括：确定完成本工序成形的加工方法；确定本工序的主要工艺参数；根据各冲压工序的成形极限，进行必要的工艺计算，如弯曲件的最小弯曲半径，一次翻边的高度等；确定毛坯的形状、尺寸和下料方式，计算材料利用率，确定各工序的成形力，计算本工序的材料、能源、工时的消耗定额等，由所定的工艺方案计算并确定每个工件的形状和尺寸，绘出各工序的工件图。

四、确定模具的类型和结构尺寸，进行模具设计

设计模具的一般程序如下：

(1) 模具类型和结构形式的确定　根据确定的工艺方案、冲压件的形状特点、精度要

求、生产批量、模具的制造和维修条件、操作的方便性与安全性要求，以及利用和实现机械化、自动化的可能性等确定选用复合模、连续模或者简单模。应特别注意使模具类型，模具的结构形式与模具的强度、刚度、使用寿命要求等协调一致。复合模常常遇到强度问题，如落料、冲孔及翻边集中到一副复合模上，而翻边高度又小，这时复合模的凸凹模壁较薄，不能满足强度要求。

(2) 工件定位方式的选择　工件在模具中的定位主要考虑定位基准、上料方式、操作安全可靠等因素。选择定位基准时应尽可能与设计基准重合。如果不重合，就需要根据尺寸链计算理论重新分配公差，把设计尺寸换算成工艺尺寸。不过，这样将会使零件的加工精度要求提高。当零件是采用多工序分别在不同模具上冲压时，应尽量使各工序采用同一基准。为使定位可靠，应选择精度高、冲压时不发生变形和移动的表面作为定位表面。冲压件上能够用作定位的表面随零件的形状不同而不同，平板零件最好用相距较远的两孔定位，或者一个孔和外形定位；弯曲件可用孔或外形定位；拉深件可用外形、底面或切边后的凸缘定位。

(3) 模具零件的选用、设计和计算　模具的工作零件，定位、压料和卸料零件，导向零件，连接和紧固零件要尽量按相应国家标准选用，若无标准可选用，再进行设计。此外还有弹簧、橡皮的选用和计算。对于小而长的冲头，壁厚较薄的凹模等还需要进行强度校核。如设计计算确定了凹模的结构尺寸后，可根据凹模边界选用模架；模具的闭合高度、轮廓大小、压力中心应与选用设备相适应，并画出模具结构草图。

(4) 绘制模具总装配图　根据模具结构草图绘制正式装配图，装配图应能清楚地表达各零件之间的相互关系，应有足够说明模具结构的投影图及必要的断面图、剖视图。还应画出工件图、排样图，填写零件明细表和技术要求等。

(5) 绘制模具零件图　按照模具的总装配图，拆绘模具零件图。零件图应标注全部尺寸、公差、表面粗糙度、材料及热处理、技术要求等。

五、合理选择冲压设备

根据零件的大小、所需的冲压力（包括压料力，卸料力等）、冲压工序的性质和工序数目、模具的结构形式、模具闭合高度和轮廓尺寸，结合现有设备的情况来决定所需设备的类型、吨位、型号和数量。

选择设备和设计模具的工作是相互联系的，许多工作可交叉进行或同时进行。如先根据计算的冲压力粗选的设备不大，但模具的轮廓尺寸大时，可重选大些的设备，使设备的闭合高度、漏料孔的尺寸与模具的结构尺寸相适应。通常，设计模具和选择压力机时应注意下列几点：

1）为保证冲模正确和平衡地工作，冲模的压力中心必须通过模柄轴线而和压力机滑块中心线相重合，以免滑块受偏心载荷，从而减少冲模和压力机导轨的不正常磨损。

2）模具的闭合高度 H 应介于压力机的最大装模高度 H_{max} 和最小装模高度 H_{min} 之间，即满足关系式

$$H_{min}+10\text{mm}<H<H_{max}-5\text{mm} \tag{2-29}$$

压力机的装模高度是指滑块在下死点时，滑块下表面至工作台垫板上表面之间的距离。

3）对于拉深模，要计算拉深功，校核压力机的电动机功率。

4）拉深、弯曲工序一般需要较大行程。在拉深中，为了便于安放毛坯和取出工件，要

校核模具出件时压力机的行程，其行程不小于拉深件高度的2.5倍。

六、编写工艺文件和设计计算说明书

为了科学地组织和实施生产，在生产中准确地反应工艺过程设计中确定的各项技术要求，保证生产过程的顺利进行，必须根据不同的生产类型，编写详细程度不同的工艺文件。冲压件的工艺文件，一般以工艺过程卡的形式表示，内容包括：工序名称，工序次数，工序草图（半成品形状和尺寸），所用模具，所选设备，工序检验要求，板料规格和性能，毛坯形状和尺寸等。

设计计算说明书是编写工艺文件指导生产的主要依据，也是一项重要的技术文件，其主要内容包括零件成形过程设计中的各项计算、选用依据和技术经济分析等。

任务准备

阀片产品图样、计算器、装有 AutoCAD2000 和 Pro/ENGINEER 软件的计算机、《模具设计与制造简明手册》、《机械零件设计手册》、打印机及纸张等。

任务实施

一、识读冲裁产品图样

认真阅读阀片产品图样，了解冲裁产品的形状、尺寸精度、几何公差要求、表面粗糙度要求等内容。

二、分析阀片冲裁工艺

1. 材料分析

Q235为普通碳素结构钢，具有较好的冲裁成形性能。

2. 结构分析

零件结构简单对称，无尖角，对冲裁加工较为有利。零件中部有一异形孔，孔的最小孔径为6mm，满足冲裁件最小孔径 $d_{min} \geqslant 1.0t = 2mm$ 的要求。另外，经计算异形孔与零件外形之间的最小孔边距为5.5mm，满足冲裁件最小孔边距 $l_{min} \geqslant 1.5t = 3mm$ 的要求。所以，该零件的结构满足冲裁的要求。

3. 精度分析

零件上有4个尺寸标注了公差要求，由公差表查得其公差精度都为IT13级，所以普通冲裁可以达到零件的精度要求。对于未注公差尺寸按IT14级精度查得。

由以上分析可知，该零件可以用普通冲裁的加工方法制得。

三、冲裁工艺方案的确定

零件为落料冲孔件，经分析有以下的加工方案：

方案一：先落料，后冲孔，采用两套单工序模生产。

方案二：落料—冲孔复合冲压，采用复合模生产。

方案三：冲孔—落料连续冲压，采用级进模生产。

方案一中的模具结构简单，但需要两道工序、两副模具，生产率低，零件精度较低，在生产批量较大的情况下不适用。方案二只需一副模具，冲压件的几何精度和尺寸精度易保证，且生产率高。尽管模具结构较方案一复杂，但零件的几何形状较简单，模具制造并不困难。方案三也只需一副模具，生产率也很高，但与方案二相比，生产的零件精度稍差。欲保证冲压件的几何精度，需在模具上设置导正销导正，模具制造、装配较复合模略为复杂。

所以，比较三个方案后可采用方案二生产。现对复合模中的凸凹模壁厚进行校核，当材料厚度为2mm时，可查得凸凹模最小壁厚为4.9mm，现零件上的最小孔边距为5.5mm，所以可以采用复合模生产，即采用方案二。

四、零件工艺计算

1. 刃口尺寸计算

根据零件形状特点，刃口尺寸计算采用分开制造法。

1）落料件尺寸的基本计算公式为

$$D_d = (D_{max} - x\Delta)^{+\delta_d}_{0} \tag{2-30}$$

$$D_p = (D_d - Z_{min})^{0}_{-\delta_p} = (D_{max} - x\Delta - Z_{min})^{0}_{-\delta_p} \tag{2-31}$$

尺寸$R10^{0}_{-0.22}$mm，可查得凸、凹模最小间隙$Z_{min}=0.246$mm，最大间隙$Z_{max}=0.360$mm，凸模制造公差$\delta_p=0.02$mm，凹模制造公差$\delta_d=0.03$mm。将以上各值代入$\delta_p+\delta_d \leqslant Z_{max}-Z_{min}$进行校验，经校验不等式成立，所以可按上式计算工作零件刃口尺寸。即

$$D_{d_1} = (10 - 0.75 \times 0.22)^{+0.03}_{0}\text{mm} = 9.835^{+0.030}_{0}\text{mm}$$

$$D_{p_1} = (9.835 - 0.246)^{0}_{-0.02}\text{mm} = 9.589^{0}_{-0.020}\text{mm}$$

2）冲孔基本公式为

$$d_p = (d_{min} + x\Delta)^{0}_{-\delta_p} \tag{2-32}$$

$$d_d = (d_{min} + x\Delta + Z_{min})^{+\delta_d}_{0} \tag{2-33}$$

尺寸$R4.5^{+0.18}_{0}$mm，查得其凸模制造公差$\delta_p=0.02$mm，凹模制造公差$\delta_d=0.02$mm。经验算，满足不等式$\delta_p+\delta_d \leqslant Z_{max}-Z_{min}$，因该尺寸为单边磨损尺寸，所以计算时冲裁间隙减半，得

$$d_{p_1} = (4.5 + 0.75 \times 0.18)^{0}_{-0.02}\text{mm} = 4.635^{0}_{-0.02}\text{mm}$$

$$d_{d_1} = (4.635 + 0.246/2)^{+0.02}_{0}\text{mm} = 4.758^{+0.02}_{0}\text{mm}$$

尺寸$R3^{+0.18}_{0}$mm，查得其凸模制造公差$\delta_p=0.02$mm，凹模制造公差$\delta_d=0.02$mm。经验算，满足不等式$\delta_p+\delta_d \leqslant Z_{max}-Z_{min}$，因该尺寸为单边磨损尺寸，所以计算时冲裁间隙减半，得

$$d_{p_1} = (3 + 0.75 \times 0.18)^{0}_{-0.02}\text{mm} = 3.135^{0}_{-0.02}\text{mm}$$

$$d_{d_1} = (3.135 + 0.246/2)^{+0.02}_{0}\text{mm} = 3.258^{+0.02}_{0}\text{mm}$$

3）中心距为

尺寸57mm ±0.2mm：

$$L = (57 \pm 0.2/4)\text{mm} = 57\text{mm} \pm 0.05\text{mm}$$

尺寸 7.5mm ±0.12mm：

$$L=(7.5\pm0.12/4)\text{mm}=7.5\text{mm}\pm0.03\text{mm}$$

尺寸 4.5mm ±0.12mm：

$$L=(4.5\pm0.12/4)\text{mm}=4.5\text{mm}\pm0.03\text{mm}$$

2. 排样计算

通过分析得知，阀片零件形状较简单，采用单直排的排样方式较佳，零件可能的排样方式有图 2-91 所示两种方式（方案 a 和方案 b）。

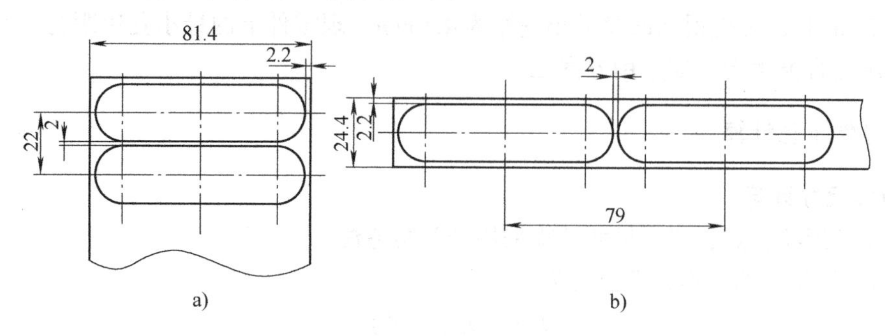

图 2-91　排样方式

a）纵排（方案 a）　b）横排（方案 b）

比较方案 a 和方案 b，方案 b 所裁条料宽度过窄，剪板时容易造成条料的变形和卷曲，所以应采用方案 a。现选用 4000mm ×1000mm 钢板，则需计算采用不同的裁剪方式时，每张板料能裁出的零件总个数。

1）将板料裁剪成宽 81.4mm、长 1000mm 的条料，则一张板材能裁出的零件总个数为

$$\frac{4000}{81.4}\times\frac{1000}{22}\approx49\times45=2205$$

2）将板料裁剪成宽 81.4mm、长 4000mm 的条料，则一张板材能裁出的零件总个数为

$$\frac{1000}{81.4}\times\frac{4000}{22}\approx12\times181=2172$$

经比较以上两种裁剪方法的经济性得知，采用第一种裁剪方式所得的零件总数较多，其方案可行。其具体排样图如图 2-92 所示。

3. 冲压力计算

冲裁力基本计算公式为

$$F=KLT\tau \tag{2-34}$$

阀片零件的周长为 216mm，材料厚度为 2mm，Q235 钢的抗剪强度取 350MPa，K 取 1.3，则冲裁该零件所需冲裁力为

$$F=1.3\times216\times2\times350\text{N}=196560\text{N}\approx197\text{kN}$$

模具采用弹性卸料装置和推件结构，所以所需卸料力 $F_{卸}$ 和推件力 $F_{推}$ 为

$$F_{卸}=K_{卸}F=0.05\times197\text{kN}=9.85\text{kN}$$

$$F_{推}=NK_{推}F=3\times0.055\times197\text{kN}\approx32.5\text{kN}$$

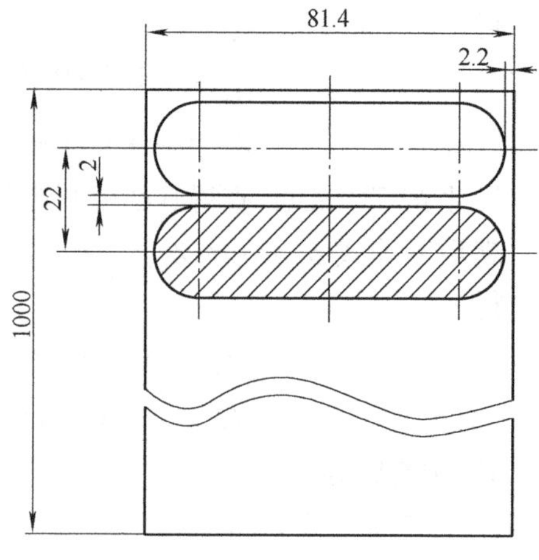

图 2-92　条料排样图

则零件所需冲压力为

$$F_{总} = F + F_{卸} + F_{推} = (197 + 9.85 + 32.5)\text{kN} = 239.35\text{kN}$$

4. 压力中心计算

阀片零件为对称件，中间的异形孔虽然左右不对称，但孔的尺寸很小，左、右两边圆弧各自的压力中心与零件中心线的距离差距很小，所以该零件的压力中心可近似认为就是零件外形中心线的交点。

五、冲压设备的选用

根据冲压力的大小，选取 JH23-35 型开式双柱可倾压力机，其主要技术参数如下：

公称压力：350kN

滑块行程：80mm

最大闭合高度：280mm

闭合高度调节量：60mm

滑块中心线到床身的距离：205mm

工作台尺寸：380mm ×610mm

工作台孔尺寸：200mm ×290mm

模柄孔尺寸：ϕ50mm ×70mm

垫板厚度：60mm

六、模具零部件结构的确定

1. 标准模架的选用

标准模架的选用依据为凹模的外形尺寸，所以应首先计算凹模周界的大小。由凹模高度和壁厚的计算公式得，凹模高度 $H = Kb = 0.28 \times 77\text{mm} \approx 22\text{mm}$，凹模壁厚 $C = (1.5 \sim 2)H = 1.8 \times 22\text{mm} \approx 40\text{mm}$。

所以，凹模的总长 $L = (77 + 2 \times 40)\text{mm} = 157\text{mm}$（取 160mm），凹模的宽度 $B = (20 + 2 \times 40)\text{mm} = 100\text{mm}$。

模具采用后置导柱模架，根据以上计算结果，可查得模架规格为：上模座 160mm ×125mm ×35mm，下模座 160mm ×125mm ×40mm，导柱 25mm ×150mm，导套 25mm ×85mm ×33mm。

2. 卸料装置中弹性元件的计算

模具采用弹性卸料装置，弹性元件选用橡胶，其尺寸计算如下：

1）确定橡胶的自由高度 H_0。

$$H_0 = (3.5 \sim 4)H_{工} \tag{2-35}$$

$$H_{工} = h_{工作} + h_{修磨} \tag{2-36}$$

由以上两个公式，取 $H_0 = 40\text{mm}$。

2）确定橡胶的横截面积 A。

$$A = F_X / p \tag{2-37}$$

查得矩形橡胶在预压量为 10% ~15% 时的单位压力为 0.6MPa，所以

$$A = \frac{9850\text{N}}{0.6\text{MPa}} \approx 16417\text{mm}^2$$

3）确定橡胶的平面尺寸 b。根据零件的形状特点，橡胶垫的外形应为矩形，中间开有矩形孔以避让凸模。结合零件的具体尺寸，橡胶垫中间的避让孔尺寸为 82mm ×25mm，外形暂定一边长为 160mm，则另一边长 b 为

$$b \times 160 - 82 \times 25 = A$$

$$b = \frac{16417 + 82 \times 25}{160}\text{mm} \approx 115\text{mm}$$

4）校核橡胶的自由高度 H_0。为满足橡胶垫的高径比要求，将橡胶垫分割成四块装入模具中，其最大外形尺寸为 80mm，所以

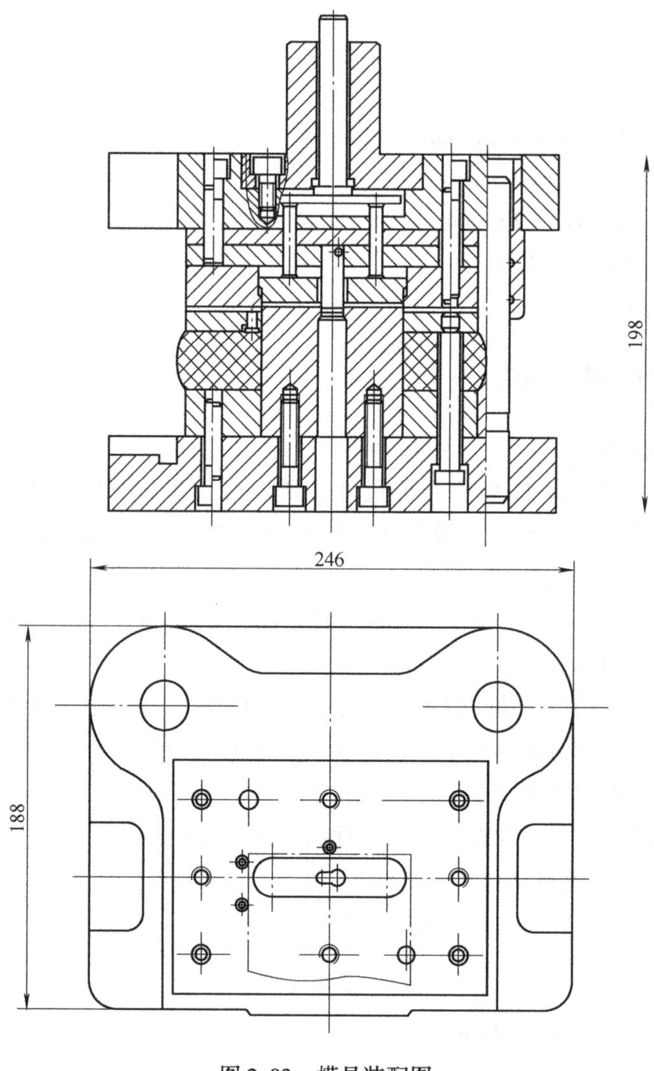

图 2-93　模具装配图

$$\frac{H_0}{D}=\frac{40\text{mm}}{80\text{mm}}=0.5$$

橡胶垫的高径比在0.5~1.5之间，所以选用的橡胶垫规格合理。橡胶的装模高度约为0.85×40mm=34mm。

3. 其他零部件结构

凸模由凸模固定板固定，两者采用过渡配合。采用凸缘式模柄，根据设备上模柄孔的尺寸，选用规格为A50×100的模柄。

七、绘制模具装配图

绘制模具装配图，如图2-93所示。

八、绘制模具零件图

绘制模具零件图，上模座、下模座、垫板、凸模固定板、卸料板、凸凹模固定板、冲孔凸模、凸凹模、凹模、推件块如图2-94~图2-103所示。

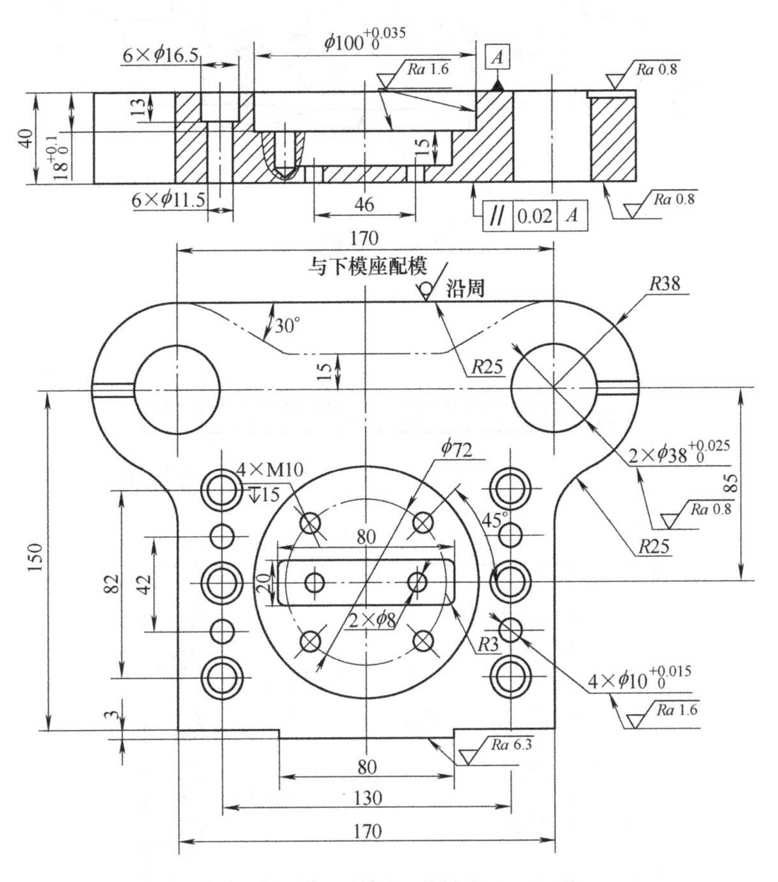

图2-94　上模座

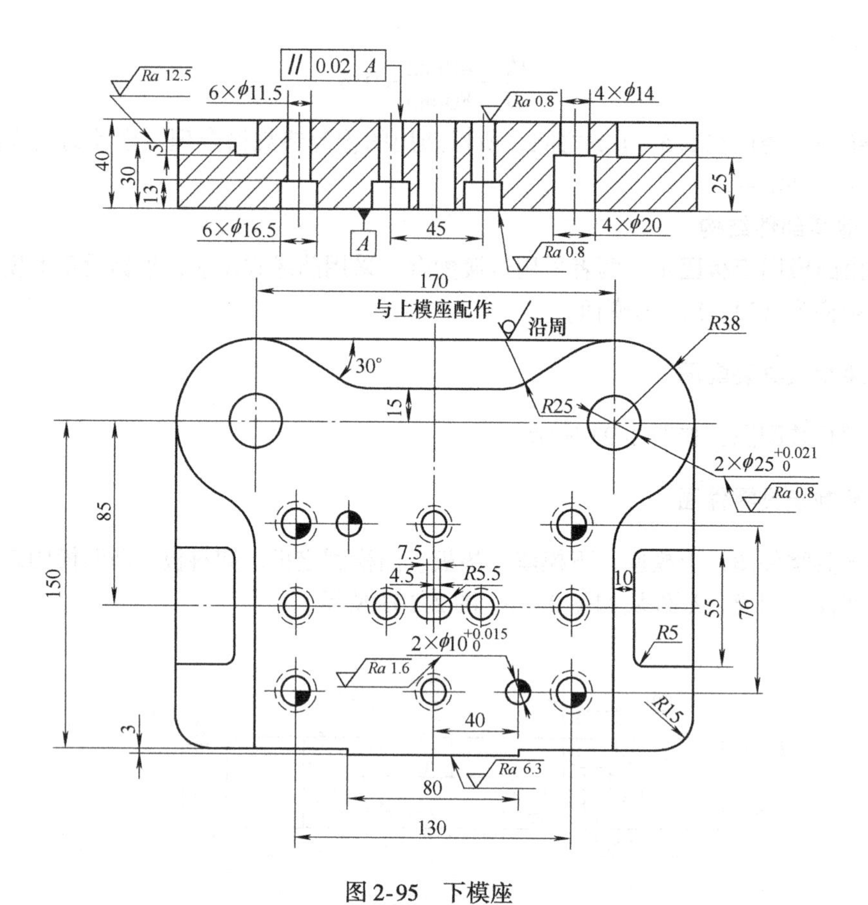

图 2-95　下模座

图 2-96　垫板

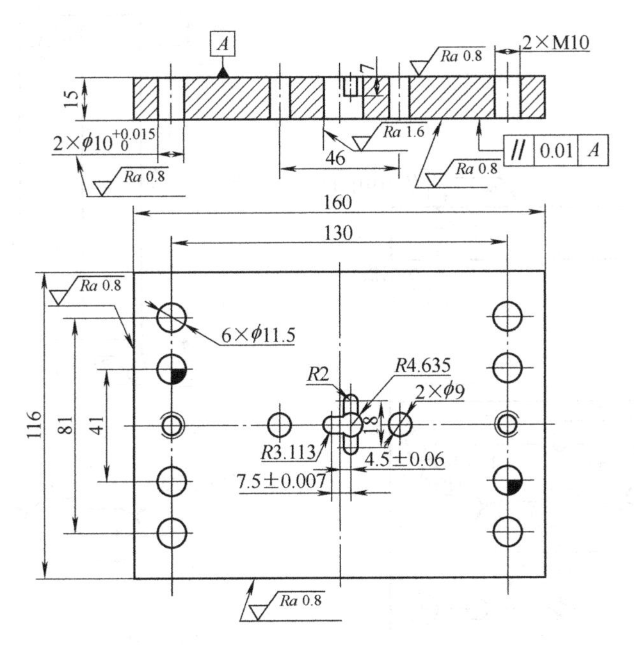

图 2-97　凸模固定板

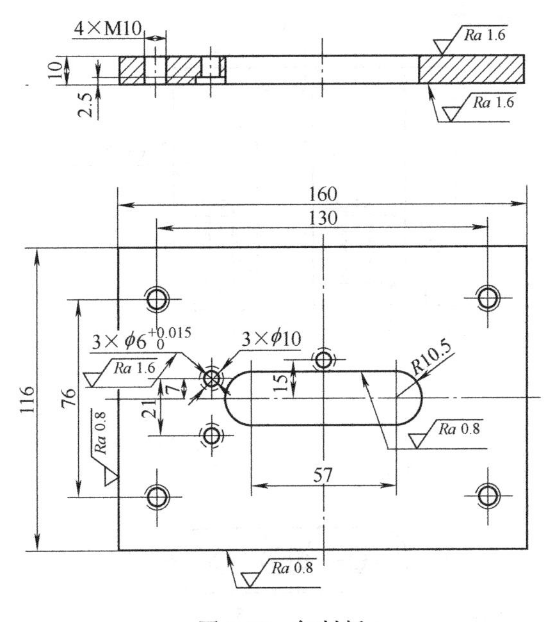

图 2-98　卸料板

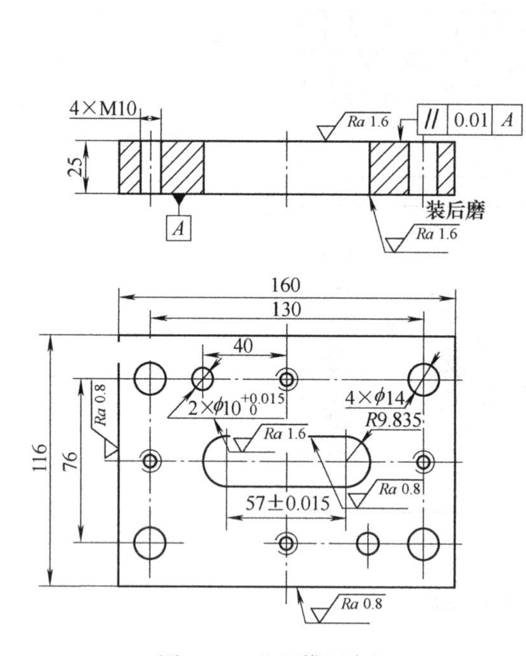

图 2-99　凸凹模固定板

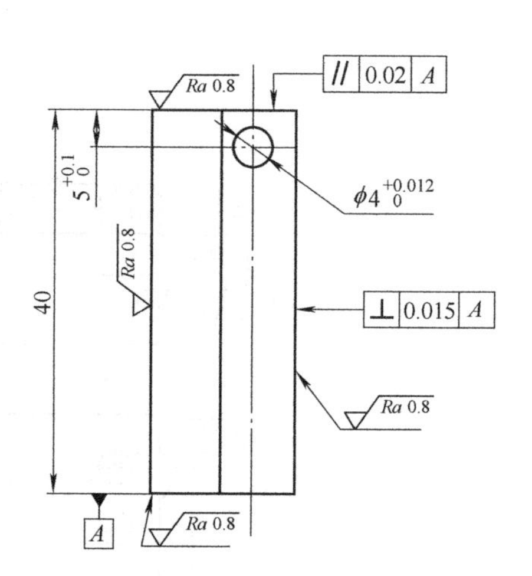

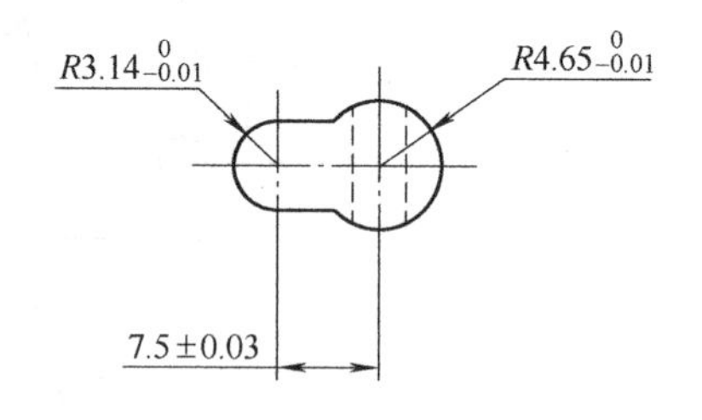

图 2-100　冲孔凸模

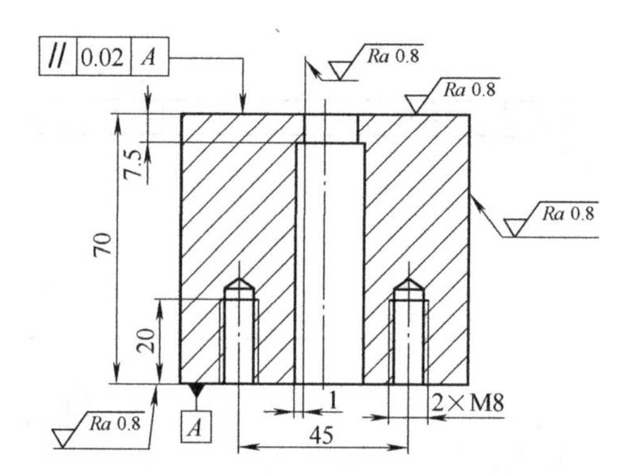

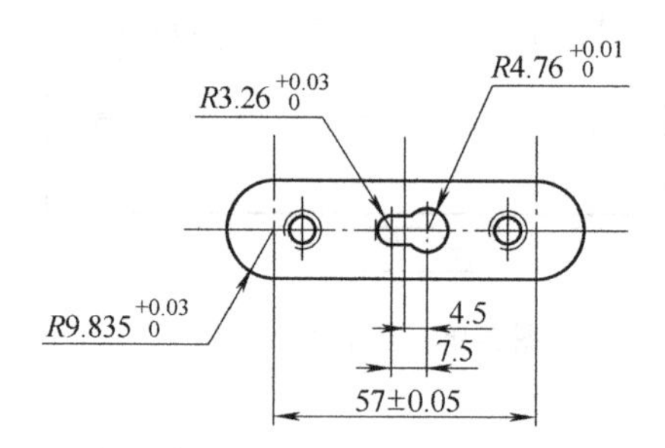

图 2-101　凸凹模

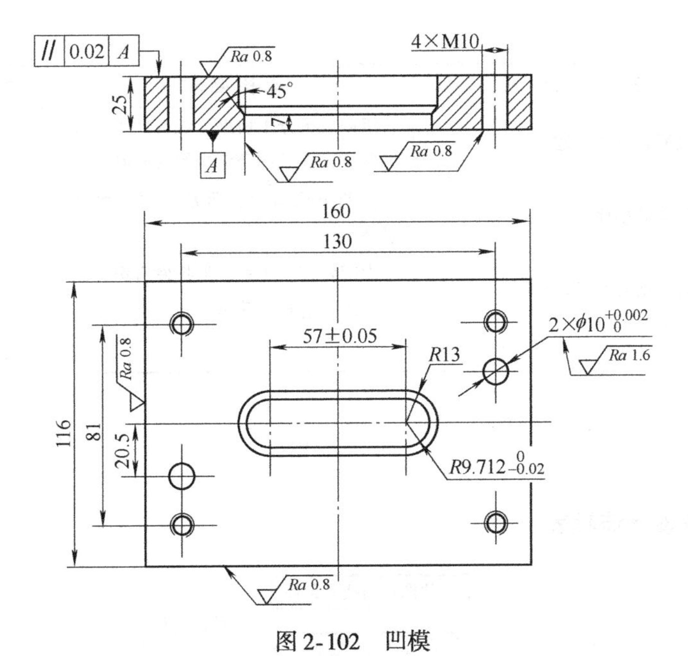

图 2-102 凹模

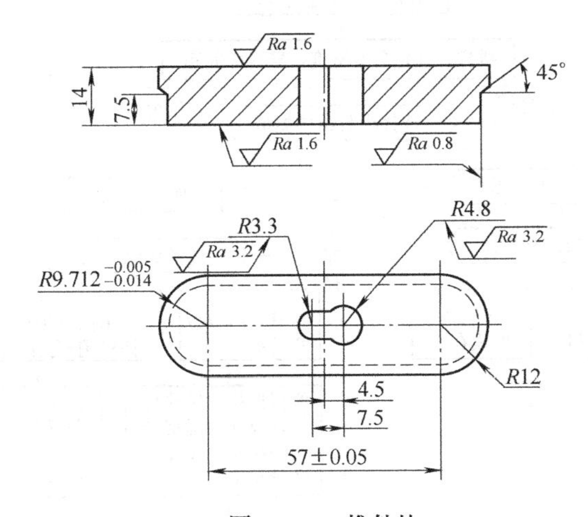

图 2-103 推件块

检查评议

序号	检 查 项 目	考 核 要 求	配分	得分
1	冲裁产品工艺性分析	正确分析冲裁产品的工艺性	15	
2	冲裁工艺方案的确定方法	能正确选择冲裁工艺方案	15	
3	冲裁工艺力的计算方法	正确计算冲裁工艺力	30	
4	冲压设备的选用方法	正确选择合适的冲压设备	10	
5	小组内成员分工情况、参与程度	组内成员分工明确，所有的学生都积极参与小组活动，为小组活动献计献策	5	

（续）

序号	检查项目	考核要求	配分	得分
6	合作交流、解决问题	组内成员分工协助，认真倾听、互助互学，在共同交流中解决问题	10	
7	小组活动的秩序	活动组织有序，服从领导，勤于思考	5	
8	讨论活动结果的汇报水平	大胆发言、质疑，汇报发言声音洪亮，思路清晰、简练，突出重点	10	
合计			100	

扩展知识

一、冲压模具设计流程表

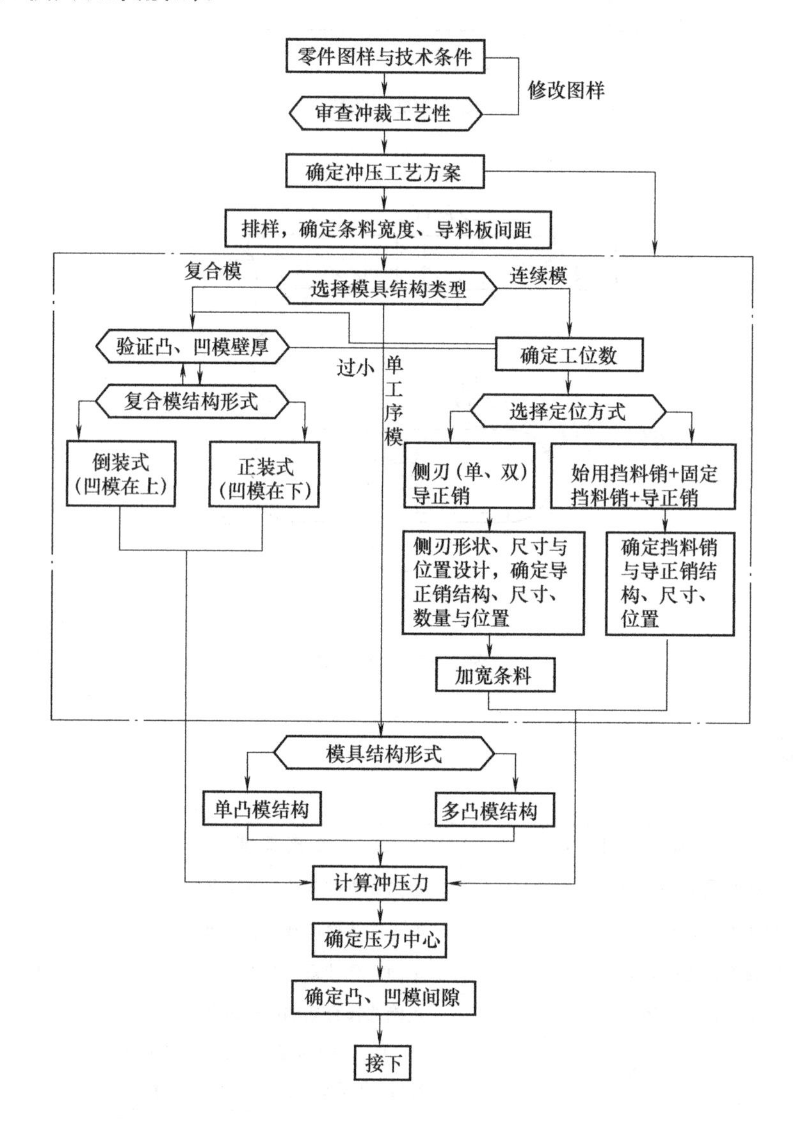

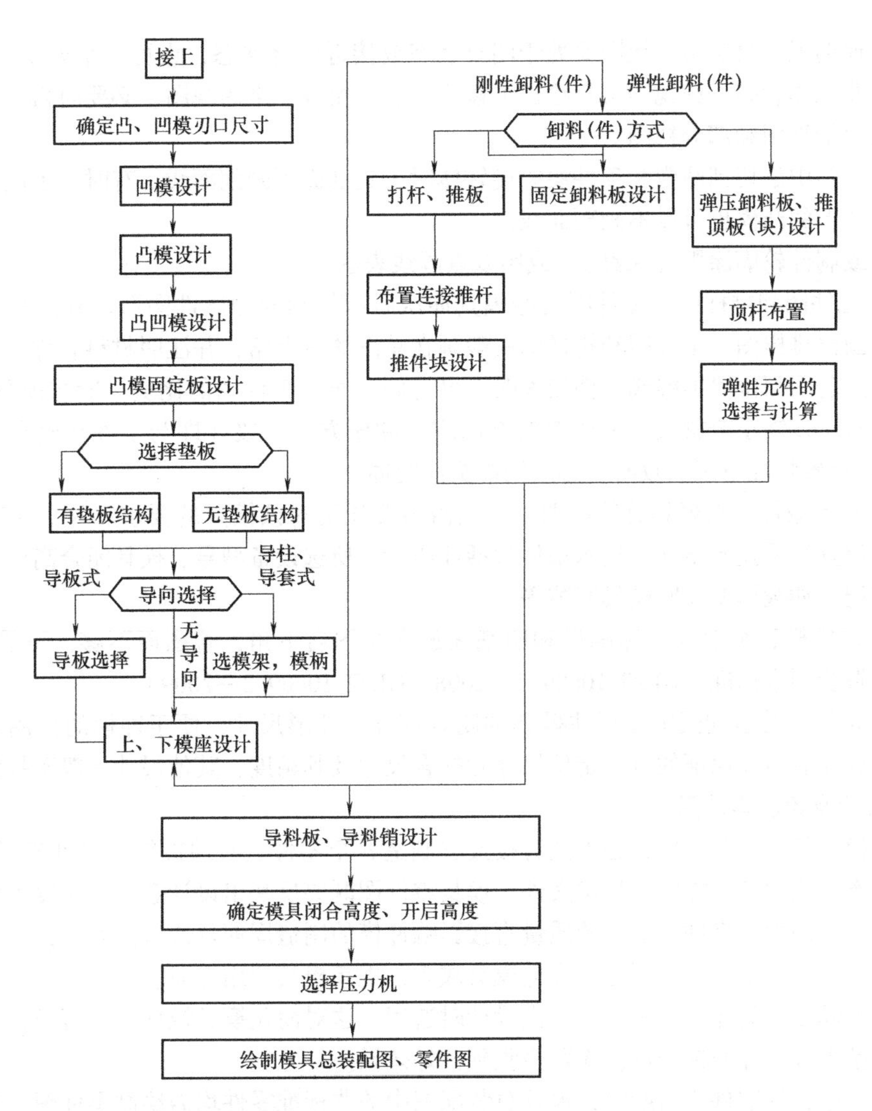

二、设计及绘制装配图和零件图

1. 设计及绘制装配图

冲模图样由总装配图、零件图两部分组成。一个零件往往需要多道工序，用几副模具才能加工完成，由指导老师指定一副模具进行设计。为防止总装配图设计反复，应先画装配结构草图，经指导教师认可后，再画正式的总装配图。

总装配图应有足够说明冲模结构的投影图及必要的剖视图、断面图，一般主视图和俯视图对应绘制。绘图时，先画工作零件，再画其他各部分零件，并注意与上一步计算工作结合进行。如发现模具不能保证工艺的实施，则须更改工艺设计。

装配图的绘制除遵守机械制图的一般规定外，还有一些习惯或特殊规定的绘制方法。绘图的步骤如下：

（1）布置图面及选定比例　绘图比例最好取1:1，这样直观性好。小尺寸模具的模具图可放大，大尺寸可以缩小，但必须按照机械制图要求缩放。

（2）模具总装配图　模具总装配图主视图上尽可能将模具的所有零件剖出，可采用全剖视或阶梯剖视。绘制出的视图要处于闭合状态或接近闭合状态，也可一半处于工作状态，另一处于非工作状态。俯视图可只绘出下模或上、下模各一半的视图。必要时再绘制一侧视图以及其他剖视图和部分视图。

在剖视图中剖切到凸模和顶件块等旋转体时，其剖面不画剖面线；有时为了图面结构清晰，非旋转形的凸模也可以不画剖面线。

条料或制件轮廓涂黑（涂红），或用双点画线表示。

（3）工件图和排样图　工件图是经模具冲压后所得到的冲压件图形。有落料工序的模具，还应画出排样图。工件图和排样图一般画在总图的右上角，并注明材料名称、厚度及必要的尺寸。若图面位置不够或工件较大时，可另画一页。工件图的比例一般与模具图一致，特殊情况时可以缩小或放大。工件图的方向应与冲压方向一致（即与工件在模具中的位置一样）。在特殊情况下不一致时，必须用箭头注明冲压方向。

（4）技术条件　在模具总装配图中，只需简要注明对该模具的要求和注意事项，在右下方适当位置注明技术条件。技术条件包括冲压力、所选设备型号、模具闭合高度，以及模具打的印记，冲裁模要注明模具间隙等。

（5）标题栏和明细表　标题栏和明细表放在总图右下角，若图面不够，可另画一页。其格式应符合国家标准（GB/T 10609. 1—2008，GB/T 10609. 2—2009）。

（6）标注　总装配图中需标注模具的闭合高度、外形尺寸，便于冲模的使用管理。此外，还应标注靠装配保证的有关定位尺寸和配合尺寸及其精度，其他尺寸一般不标注。

2. 设计及绘制零件图

完成模具的总装配图后，还不能直接按它制造各个零件。必须拆绘及设计模具零件图，以作为生产及检验各个零件的技术文件。模具零件图既要反映出设计意图，又要考虑到制造的可能性及合理性，零件图设计的质量直接影响冲模的制造周期及造价。因此，设计好的零件图可以减少废品率，方便制造，降低模具成本，提高模具使用寿命。

目前大部分模具零件已标准化，供设计时选用，这对简化模具设计、缩短设计及制造周期，集中精力去设计非标准件，无疑会收到良好效果。

在生产中，标准件不需绘制，模具总装配图中的非标准零件均需绘制零件图。有些标准零件（如上、下模座）需补加工的地方太多时，也要求画出。

模具零件图是冲模零件加工的唯一依据，包括制造和检验零件的全部内容，因而必须满足下列要求：

（1）正确而充分的视图　所选的视图应充分而准确地表示出零件内部和外部的结构形状和尺寸大小。而且视图及剖视图等的数量应为最少。

（2）具备制造和检验零件的数据　零件图中的尺寸是制造和检验零件的依据，故应慎重细致地标注。尺寸既要完备，同时又不重复。在标注尺寸前，应研究零件的加工工艺过程，正确选定尺寸的基准面，以利于加工和检验。零件图的方位应尽量按其在总装配图中的方位画出，不要任意旋转和颠倒，以防画错，影响装配。

（3）标注加工尺寸的公差及表面粗糙度　所有的配合尺寸或精度要求较高的尺寸都应标注公差（包括表面形状及位置公差）。未注尺寸公差按 IT14 级制造。模具工作零件（如凸模、凹模和凸凹模）的工作部分尺寸按计算出的标注。

所有的加工表面都应注明表面粗糙度等级。正确决定表面粗糙度等级是一项重要的技术工作。一般来说，零件的表面粗糙度等级可根据各个表面的工作要求及公差等级来决定。具体决定表面粗糙度等级时，可参考相关图册中相应的图样类比确定。

（4）技术条件　凡是图样或符号不便于表示，而在制造时又必须保证的条件和要求都应注明在技术条件中。它的内容随着不同的零件、不同的要求及不同的加工方法而不同。其中主要应注明：

1）对材质的要求。如热处理方法及热处理表面所应达到的硬度等。

2）表面处理。如表面涂层以及表面修饰（如锐边倒钝、清砂）等要求。

3）未注倒圆半径的说明，个别部位的修饰加工要求。

4）其他特殊要求。

单元3　弯曲模具设计

3

任务1　认识弯曲模

子任务1　观察弯曲变形过程，了解弯曲变形特点

学习目标

◎ 熟悉弯曲变形过程

◎ 了解弯曲变形区的变形特点

◎ 掌握弯曲变形区受力分析方法

 **任务描述**

弯曲成形的零件，由于其形状、尺寸、精度要求、生产批量、原材料性能等各不相同，生产中所使用的弯曲工艺方法也就多种多样。本任务主要是让同学们通过观察弯曲变形过程及弯曲模具结构，分析并讨论弯曲变形的特点。

 **相关知识**

将金属材料沿弯曲线弯成一定角度和形状的工艺方法称为弯曲。弯曲是冲压的基本工序之一，在冲压生产中占有很大的比重。根据弯曲成形所用模具及设备的不同，弯曲方法可分为压弯、拉弯、折弯、滚弯等。常见的是在压力机上进行压弯，本单元主要介绍在压力机上进行压弯的工艺。

一、弯曲变形过程

V形件的弯曲是板料弯曲中最基本的一种，其弯曲过程如图3-1所示。在开始弯曲时，板料的弯曲内侧半径大于凸模的圆角半径。随着凸模的下压，板料的质变与凹模V形表面逐渐减少，即

$$r_0 > r_1 > r_2 > r \tag{3-1}$$

同时弯曲力臂也逐渐减少，即

$$l_0 > l_1 > l_2 > l_k \tag{3-2}$$

当凸模、板料与凹模三者完全压合，板料的内侧弯曲半径及弯曲力臂达到最小时，弯曲

过程结束。

由于板料在弯曲过程中弯曲内侧半径逐渐减少，因此弯曲变形部分的变形程度逐渐增加；又由于弯曲力臂逐渐减小，弯曲变形过程中板料与凹模之间有相对滑移现象。

凸模、板料与凹模三者完全压合后，如果再增加一定的压力对弯曲件施压，则成为校正弯曲。没有这一过程的弯曲称为自由弯曲。弯曲件如图 3-2 所示 。

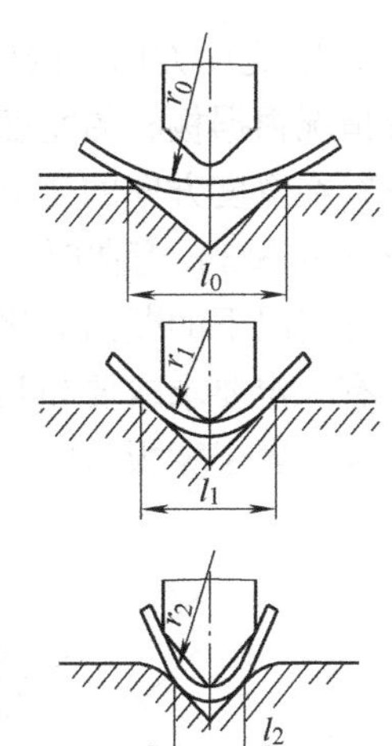

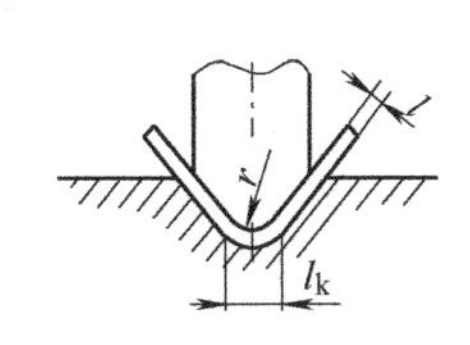

图 3-1　弯曲过程

二、弯曲变形的特点

研究材料的冲压变形时常采用网格法，板料弯曲前后的网格变化如图 3-3 所示。在弯曲前的板料侧面用机械刻线或照相腐蚀的方法画出网格，可以观察到弯曲变形后位于工件侧壁的坐标网格的变化情况，就可以分析出变形时板料的受力情况。从板料弯曲变形后的情况可以发现：

1）弯曲变形主要发生在弯曲带中心角 φ 范围内，中心角以外基本上不变形。若弯曲后工件如图 3-4 所示，则反映弯曲变形区的弯曲带中心角为 φ，而弯曲后工件的角度为 α，两者的关系为

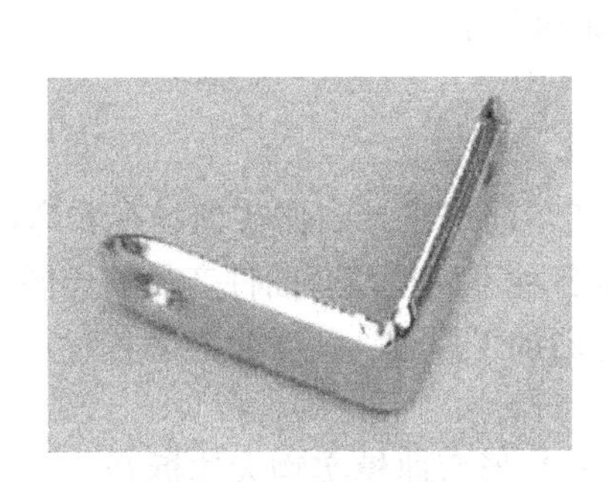

图 3-2　弯曲件

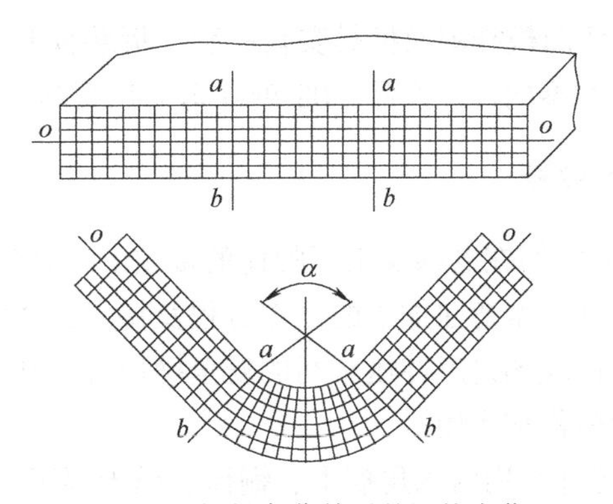

图 3-3　板料弯曲前后的网格变化

$$\varphi = 180° - \alpha$$

2）在变形区内，从网格变形情况来看，板料在长、宽、厚三个方向都产生了变形。

① 长度方向：网格由正方形变成了扇形，靠近凹模的外侧长度伸长，靠近凸模的内侧长度缩短，即 $bb > \overline{bb}$，$aa < \overline{aa}$。由内、外表面至板料中心，其缩短和伸长的程度逐渐变小。在缩短和伸长的两个变形区之间必然有一层金属，它的长度在变形前后没有变化，这层金属称为中性层。

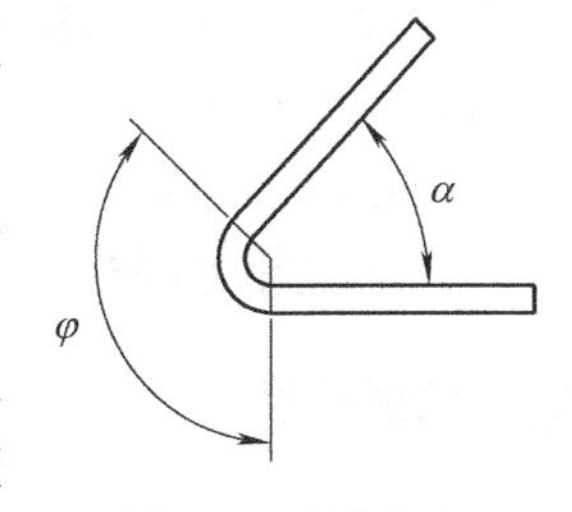

图 3-4　弯曲角与弯曲带中心角

② 厚度方向：由于内层长度方向缩短，因此厚度应增加，但由于凸模紧压板料，厚度方向增加不易。外侧长度伸长，厚度要变薄。因为增厚量小于变薄量，因此材料厚度在弯曲变形区内有变薄现象，使在弹性变形时位于板料厚度中间的中性层发生内移。

③ 宽度方向：内层材料受压缩，宽度应增加。外层材料受拉深，宽度要减少。这种变形情况根据板料的宽度不同分为两种情况：在宽板（板料宽度与厚度之比 $b/t>3$）弯曲时，材料在宽度方向的变形会受到相邻金属的限制，横断面几乎不变，基本保持为矩形；而在窄板（$b/t\leqslant3$）弯曲时，宽度方向变形不受约束，断面变成了内宽外窄的扇面。图 3-5 所示为两种情况下的断面变化情况。由于窄板弯曲时变形区断面发生畸变，因此当弯曲件的侧面尺寸有一定要求或要和其他零件配合时，需要增加后续辅助工序。对于一般的板料弯曲来说，大部分属于宽板弯曲。

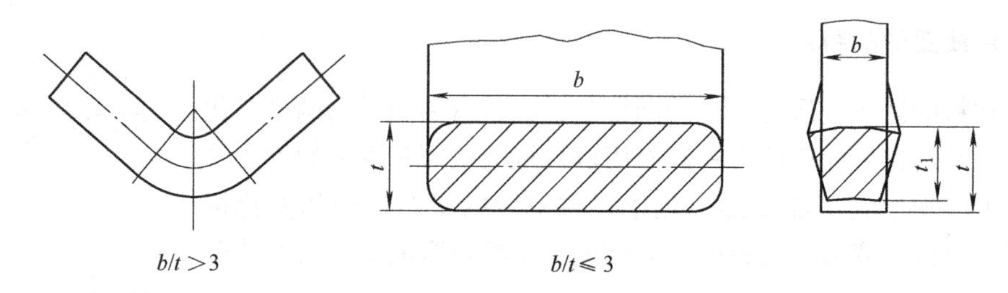

图 3-5　板料弯曲后的断面变化

任务准备

V 形弯曲模挂图及模具实物一套，拆装模具用的内六角扳手、铜棒、锤子等工具一套，各种不同类型的冲件产品、08 钢（弯曲用材料）条料若干。

任务实施

1）同学们在老师及工厂师傅的带领下，到生产车间或模具制作实训场观看弯曲加工操作，要仔细观察弯曲加工的工作过程及特点，注意各种不同类型弯曲件产品的异同点。老师及工厂师傅现场讲解冲压车间的安全操作规程和弯曲加工原理，使学生熟悉各种不同类型弯曲模具的名称和作用。

2）老师采用内六角扳手、铜棒、锤子等工具将 V 形弯曲模实物大体拆开，让学生观察 V 形弯曲模结构。

3）安排到一体化教室或多媒体教室进行视频教学，课堂上结合挂图、模具实物讲解。

4）分组讨论弯曲变形特点，并对弯曲变形区进行受力分析。

5）小组代表上台展示分组讨论结果。

6）小组之间互评、教师评价。

7）布置相关课外作业。

检查评议

序号	检查项目	考核要求	配分	得分
1	V 形弯曲模的结构组成	准确无误地判断出 V 形弯曲模的结构零件	20	
2	列举 10 种日常生活中见到的弯曲制品，并说出是由什么弯曲工序获得的	准确无误地说出 10 种日常生活中见到的弯曲制品及其是由什么弯曲工序获得的	30	

（续）

序号	检查项目	考核要求	配分	得分
3	不同弯曲工序的异同点	准确无误地说出弯曲工序的异同点	20	
4	小组内成员分工情况、参与程度	组内成员分工明确，所有的学生都积极参与小组活动，为小组活动献计献策	5	
5	合作交流、解决问题	组内成员分工协助，认真倾听、互助互学，在共同交流中解决问题	10	
6	小组活动的秩序	活动组织有序，服从领导	5	
7	讨论活动结果的汇报水平	敢于发言、质疑，汇报发言声音洪亮，思路清晰、简练，突出重点	10	
合计			100	

考证要点

一、填空题

弯曲方法可分为________、________、________、________等。

二、判断题（正确的打“√”，错误的打“×”）

1. 弯曲角越小，说明弯曲变形程度越大。(　　)

2. 在板料毛坯或零件的表面上用局部成形的方法制成各种形状的突起或凹陷的工序叫弯曲工序。(　　)

三、选择题

1. 材料的塑性好，则反映了弯曲该冲件允许________。

A. 回弹量大　　B. 变形程度大　　C. 相对弯曲半径大

2. 为了避免弯裂，弯曲线方向与材料纤维方向________。

A. 垂直　　B. 平行　　C. 重合

四、简答题

1. 板料的弯曲变形过程大致可分为哪几个阶段？各阶段的应力与应变状态是怎样的？

2. 为什么宽板弯曲件与窄板弯曲件得到的截面形状不同？

3. 板料的弯曲变形有哪些特点？

子任务2　认识回弹现象，了解减小回弹值的方法

学习目标

◎ 认识弯曲变形过程中的回弹现象

◎ 掌握回弹值大小的确定方法

◎ 掌握减小弯曲回弹的措施

任务描述

通过学习我们知道，弯曲加工中由于受到材料力学性能、弯曲方式、模具间隙大小、工

件形状、弯曲角度等因素的影响，实际生产过程中弯曲件会产生回弹现象，从而导致难以保证生产出合格的弯曲件。因此本次任务主要是认识弯曲变形过程中出现的回弹现象，回弹值大小的确定方法，从而找出减小回弹值的方法。

相关知识

一、弯曲件的回弹

1. 回弹的表现形式

如图 3-6 所示，板料的塑性弯曲和任何一种塑性变形过程一样，都伴随着弹性变形。所以当外加力矩卸去时，变形区外层纤维因弹性恢复而缩短，内层纤维因弹性恢复而伸长，结果使制件的形状和尺寸发生与加载时变形方向相反的变化，这种现象称为回弹（回跳或弹复）。回弹使制件的曲率和角度发生显著变化，不再同模具的形状和尺寸一致，从而直接影响到弯曲件的精度。弯曲件如图 3-7 所示。

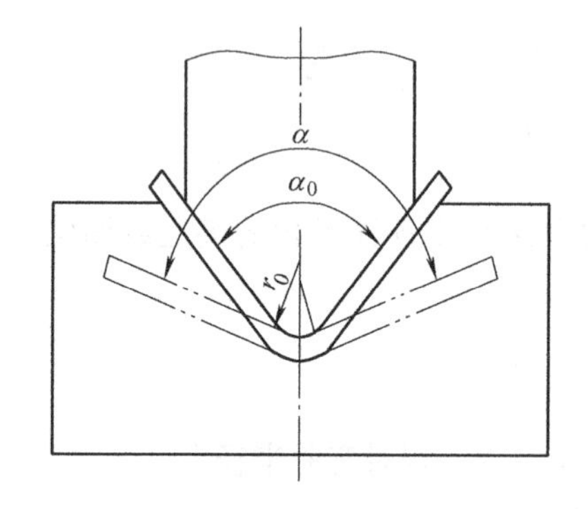

图 3-6　弯曲时的回弹现象

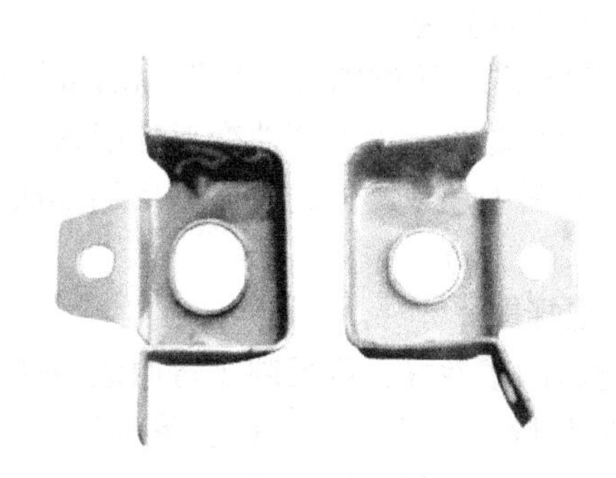

图 3-7　弯曲件

弯曲回弹的表现形式有以下两个方面：

（1）弯曲半径增大　卸载前板料的内半径 r（与凸模的半径吻合）在卸载后增加至 r_0。半径的增量 Δr 为

$$\Delta r = r_0 - r$$

（2）弯曲件角度增大　卸载前板料的弯曲件角度为 α（与凸模顶角吻合）在卸载后增大到 α_0。角度的增量 $\Delta\alpha$ 为

$$\Delta\alpha = \alpha_0 - \alpha$$

2. 回弹值的确定方法

由于影响回弹的诸多因素又相互影响，因而很难用一种精确的计算方法给出回弹值的大小。在实际工作中，一般采用经验公式或将经验得出的数据列成图表，供设计制造时选用。有时预选定的回弹值还要经试模、修正后才能确定下来。

相对弯曲半径较小（一般 r/t 为5～8）时，由于弯曲半径的变化不大，可只考虑角度的回弹，其回弹值可参考表 3-1、表 3-2、表 3-3。

表 3-1　90°单角自由弯曲的角度回弹值 Δα

材　　料	$\frac{r}{t}$	材料厚度/mm		
		<0.8	0.8~2	>2
软钢 $\sigma_b=350\text{N/mm}^2$	<1	4°	2°	
软黄铜 $\sigma_b\leqslant350\text{N/mm}^2$	1~5	5°	3°	1°
铝、锌	>5	6°	4°	2°
中等硬度的钢 $\sigma_b=400\sim500\text{N/mm}^2$	<1	5°	2°	—
硬黄铜 $\sigma_b=350\sim400\text{N/mm}^2$	1~5	6°	3°	1°
硬青铜	>5	8°	5°	3°
硬钢 $\sigma_b>550\text{N/mm}^2$	<1	7°	4°	2°
	1~5	9°	5°	3°
	>5	12°	7°	5°
电工钢 CrNi78Ti	<1	1°	1°	1°
	1~5	4°	4°	4°
	>5	5°	5°	5°
硬铝 LY12	<2	2°	3°	4.5°
	2~5	4°	6°	8.5°
	>5	6.5°	10°	14°
超硬铝 LC4	<2	2.5°	5°	8°
	2~5	4°	8°	11.5°
	>5	7°	12	19°
30CrMnSiA	<2	2°	2°	2°
	2~5	4.5°	4.5°	4.5°
	>5	8°	8°	8°

表 3-2　U 形件弯曲时的角度回弹值 Δα

材料的牌号	$\frac{r}{t}$	凹模和凸模的单边间隙 $Z/2$						
		0.8t	0.9t	1.0t	1.1t	1.2t	1.3t	1.4t
		回弹值 Δα						
LY12Y	2	−2°	0°	2°30′	5°	7°30′	10°	12°
	3	−1°	1°30′	4°	6°30′	9°30′	12°	14°
	4	0°	3°	5°30′	8°30′	11°30′	14°	16°30′
	5	1°	4°	7°	10°	12°30′	15°	18°
	6	2°	5°	8°	11°	13°30′	16°30′	19°30′
LY12M	2	−1°30′	0°	1°30′	3°	5°	7°	8°30′
	3	−1°30′	30′	2°30′	4°	6°	8°	9°30′
	4	−1°	1°	3°	4°30′	6°30′	9°	10°30′
	5	−1°	1°	3°	5°	7°	9°30′	11°
	6	−30′	1°30′	3°30′	6°	8°	10°	12°

（续）

材料的牌号	$\frac{r}{t}$	凹模和凸模的单边间隙 $Z/2$						
		0.8t	0.9t	1.0t	1.1t	1.2t	1.3t	1.4t
		回弹值 $\Delta\alpha$						
LC4Y	3	3°	7°	10°	12°30′	14°	16°	17°
	4	4°	8°	11°	13°30′	15°	17°	18°
	5	5°	9°	12°	14°	16°	18°	20°
	6	6°	10°	13°	15°	17°	20°	23°
	8	8°	13°30′	16°	19°	21°	23°	26°
LC4M	2	-3°	-2°	0°	3°	5°	6°30′	8°
	3	-2°	-1°30′	2°	3°30′	6°30′	8°	9°
	4	-1°30′	-1°	2°30′	4°30′	7°	8°30′	10°
	5	-1°	-1°	3°	5°30′	8°	9°	11°
	6	0°	-30′	3°30′	6°30′	8°30′	10°	12°
20（已退火）	1	-2°30′	-1°	0°30′	1°30′	3°	4°	5°
	2	-2°	-30′	1°	2°	3°30′	5°	6°
	3	-1°30′	0°	1°30′	3°	4°30′	6°	7°30′
	4	-1°	0°30′	2°30′	4°	5°30′	7°	9°
	5	-0°30′	1°30′	3°	5°	6°30′	8°	10°
	6	-0°30′	2°	4°	6°	7°30′	9°	11°
30CrMnSiA	1	-2°	-1°	0°	1°	2°	4°	5°
	2	-1°30′	-30′	1°	2°	4°	5°30′	7°
	3	-1°	0°	2°	3°30′	5°	6°30′	8°30′
	4	-0°30′	1°	3°	5°	6°30′	8°30′	10°
	5	0°	1°30′	4°	6°	8°	10°	11°
	6	0°30′	2°	5°	7°	9°	11°	13°
1Cr18Ni9Ti	1	-2°	-1°	-0°30′	0°	0°30′	1°30′	2°
	2	-1°	-30′	0°	1°	1°30′	2°	3°
	3	-0°30′	0°	1°	2°	2°30′	3°	4°
	4	0°	1°	2°	2°30′	3°	4°	5°
	5	0°30′	1°30′	2°30′	3°	4°	5°	6°
	6	1°30′	2°	3°	4°	5°	6°	7°

表 3-3　90°单角校正弯曲时的角度回弹值 $\Delta\alpha$

材　料	r/t		
	≤1	>1～2	>2～3
A_2、A_3、纯铜、铝、黄铜	-1°～1.5° 0°～1.5°	0°～2° 0°～3°	1.5°～2.5° 2°～4°

二、减小回弹值的措施

压弯中弯曲件因回弹而产生误差，很难得到合格的制件尺寸。生产中必须采取措施来控制或减小回弹值。减小弯曲件回弹值的措施有以下几种。

（1）改进零件的设计 在变形区设置加强肋或设置成形边翼，增大弯曲件的刚性和成形边翼的变形程度，可以减小回弹值，如图3-8所示。选用弹性模量大、屈服极限小的材料，使弯曲件容易弯曲。

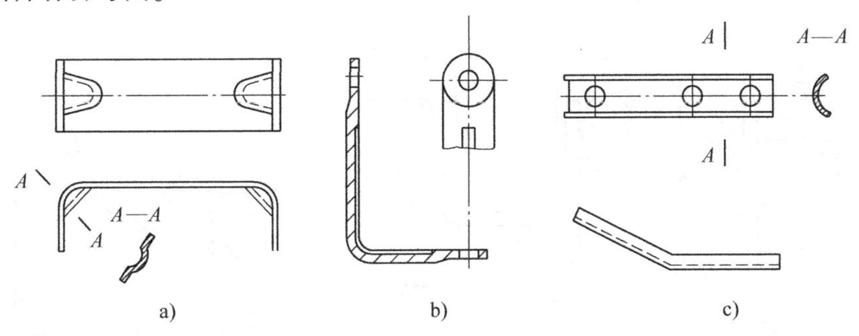

图3-8 在零件结构上考虑减小回弹值

（2）从工艺上采取措施 用校正性弯曲代替自由弯曲，对冷作硬化的硬材料需先退火，降低其屈服极限 σ_s，减少回弹，弯曲后再淬硬。

（3）从模具结构上采取措施 弯曲V形件时，将凸模角度减去一个回弹角；弯曲U形件时，将凸模两侧分别做出等于回弹值的斜度（图3-9a），或将凹模底部做成弧形（图3-9b），利用底部向下回弹的作用，补偿两直边的向外回弹。

压弯材料厚度大于0.8mm，材料塑性较好时，可将凸模做成如图3-10所示的形状，使凸模力集中作用在弯曲变形区，加大变形区的变形程度，改变弯曲变形区外拉内压的应力状态，使其成为三向受压的应力状态，从而减小回弹值。

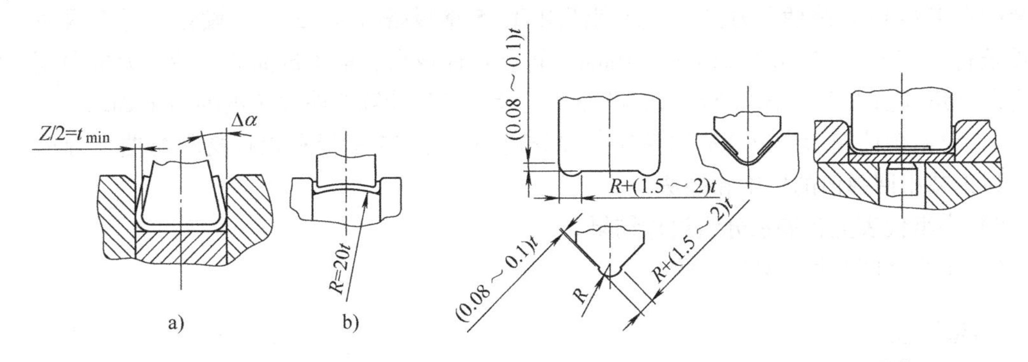

图3-9 补偿回弹的方法　　图3-10 改变凸模形状以减小回弹值

对于一般材料（如Q235、Q215、10、20、H62M等），可增加压料力（图3-11a）或减小凸、凹模之间的间隙（图3-11b），以增加拉应变，减小回弹值。

采用橡胶凸模（或凹模），使毛坯紧贴凹模（或凸模），以减小非变形区对回弹的影响（图3-12）。

任务准备

（1）设备 J21-40型曲柄压力机一台。

（2）工具 V形弯曲模一套、钢直尺、游标万能角度尺、内六角扳手、铜棒、锤子等工具一套。

（3）材料　Q235 钢板条料（$t=2\text{mm}$，硬化、退火两种）若干，铝板条料（$t=2\text{mm}$，规格为 $25\text{mm}\times50\text{mm}$）若干。

（4）其他　弯曲模挂图、不同类型的弯曲件产品。

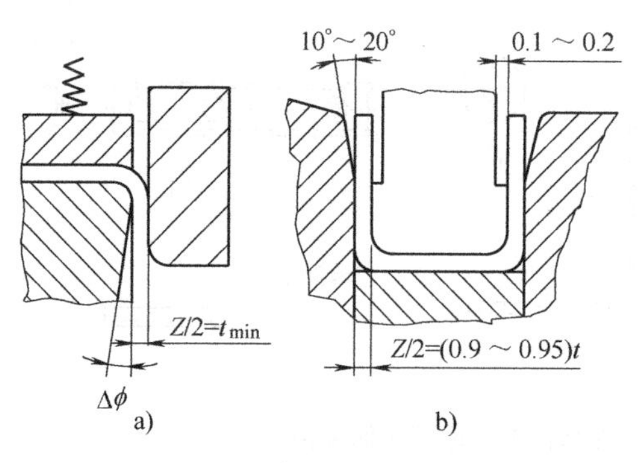

图 3-11　增加拉应变以减小回弹值

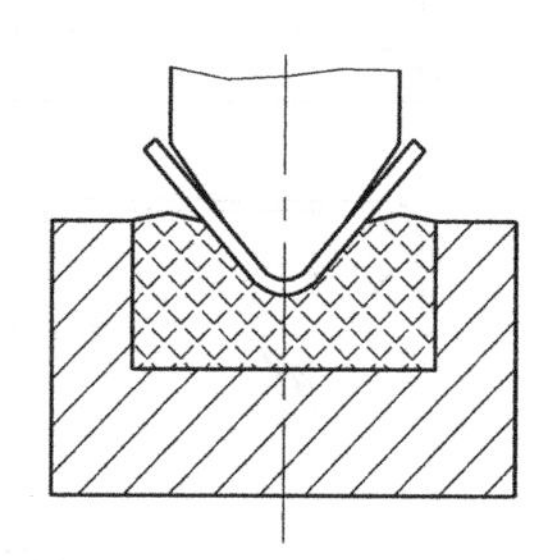

图 3-12　橡胶弯曲模

任务实施

1）同学们在老师及工厂师傅的带领下，参观冲压加工车间和模具制作实训场，要仔细观察在弯曲变形过程中出现的回弹现象，注意各种不同类型弯曲件产品回弹值的大小。

2）安排到一体化教室或多媒体教室进行视频教学，课堂上结合挂图、模具实物讲解回弹值大小的确定方法。

3）学生分组用游标万能角度尺测量 V 形弯曲模凸模角度值，并做好相应记录后将弯曲模装配在 J21-40 型曲柄压力机上，分别使用 Q235 钢板条料（$t=2\text{mm}$，硬化、退火两种）和铝板条料（$t=2\text{mm}$，规格为 $25\text{mm}\times50\text{mm}$）进行弯曲成形，取下成品后用游标万能角度尺测量弯曲件角度值大小，小组成员做好详细的记录，最后计算弯曲件角度的增量 $\Delta\alpha$ 值。

4）讨论弯曲变形中出现的回弹现象并分析使用 Q235 钢板和铝板材料弯曲回弹值的差异，讨论减小回弹值的措施和办法。

5）小组代表上台展示分组讨论结果。

6）小组之间互评、教师评价。

检查评议

序号	检查项目	考核要求	配分	得分
1	弯曲变形过程产生回弹的原因	准确无误地说出弯曲变形过程产生回弹的原因	5	
2	在弯曲件零件的设计中如何减少回弹的产生	提出具体的设计方法以减少回弹值	20	
3	V 形弯曲模凸模角度的测量方法	用游标万能角度尺准确测量 V 形弯曲模凸模的角度	15	
4	V 形弯曲产品角度的测量方法	用游标万能角度尺准确测量 V 形弯曲产品的角度	10	
5	回弹值 $\Delta\alpha$ 的计算	正确计算回弹值 $\Delta\alpha$	10	

（续）

序号	检查项目	考核要求	配分	得分
6	减少回弹产生的工艺方法	提出切实可行的工艺方法	20	
7	小组内成员分工情况、参与程度	组内成员分工明确，所有的学生都积极参与小组活动，为小组活动献计献策	5	
8	合作交流、解决问题	组内成员分工协助，认真倾听、互助互学，在共同交流中解决问题	5	
9	小组活动的秩序	活动组织有序，服从领导	5	
10	讨论活动结果的汇报水平	敢于发言、质疑，汇报发言声音洪亮，思路清晰、简练，突出重点	5	
合　计			100	

考证要点

一、判断题（正确的打“√”，错误的打“×”）

1. 一般来说，弯曲件越复杂，一次弯曲成形角的数量越多，则弯曲时各部分的相互牵制作用越大，则回弹就大。(　　)

2. 减小回弹值的有效措施是采用校正弯曲代替自由弯曲。(　　)

二、选择题

1. 弯曲件形状为________，则回弹量最小。

A. π形　　B. V形　　C. U形

2. 弯曲件为________，无需考虑设计凸、凹模的间隙。

A. π形　　B. V形　　C. U形

3. 弯曲件上压制出加强肋，用以________。

A. 增加刚度　　B. 增大回弹值　　C. 增加变形

三、简答题

1. 影响弯曲回弹的因素是什么？减小弯曲回弹值的措施有哪些？

2. 确定弯曲回弹值大小的方法有哪几种？

任务2　了解弯曲产品结构的工艺性

学习目标

◎ 了解弯裂与最小弯曲半径

◎ 了解影响最小相对弯曲半径的因素

任务描述

同学们学习了弯曲件变形特点后可知道，材料变形区的外层受拉变形程度超过材料的伸长率后会产生拉裂现象。如何对弯曲产品结构进行工艺性改进，从而避免弯裂现象的发生就是本次任务要解决的问题。

相关知识

设计弯曲零件时，不仅要满足使用上的要求，还必须考虑弯曲成形的可能性。相对弯曲半径 r/t 越小，切向变形程度越大，最外层表面纤维的拉深变形也越大。当相对弯曲半径 r/t 减小到一定程度时，变形区外表面的拉伸应变超过材料性能所允许的伸长极限，便发生裂纹或折断。为了保证弯曲件质量，在保证毛坯外表面不发生破坏的条件下，弯曲件能够弯曲成的内表面最小圆角半径，称为板料的最小弯曲半径，用 r_{min} 表示。相对应的 r_{min}/t 称为最小相对弯曲半径，其值越小，板料的弯曲性能越好。因此，生产中用 r_{min}/t 来表示板料弯曲时的成形极限。

影响最小相对弯曲半径的因素有：

1）材料的力学性能。材料的塑性越好，其伸长率越大，最小弯曲半径越小。

2）弯曲件角度 α。α 越大，圆角中段变形程度降低越多，许可的最小相对弯曲半径可以越小。

3）板料宽度的影响。窄板（$b/t \leqslant 3$）弯曲时，在板料宽度方向的应力为零。宽度方向的材料可以自由流动，以缓解弯曲圆角外侧的断裂应力状态，因此可使最小相对弯曲半径减小。

4）板料的热处理状态。经退火的板料塑性好，最小相对弯曲半径可小些。经冷作硬化处理的板料塑性降低，最小相对弯曲半径应增大。

5）板料的边缘及表面状态。下料时板料边缘的冷作硬化、毛刺以及板料表面的划伤等缺陷，使弯曲时易于受到拉伸应力而破裂，最小许可相对弯曲半径应增大。

6）折弯方向。材料经过碾轧后得到纤维状组织，使板料呈现各向异性。沿纤维方向的力学性能较好，不易拉裂。折弯时，应使折弯线与轧纹呈一定的角度。

板料最小弯曲半径见表 3-4。

表 3-4　板料最小弯曲半径　（单位：mm）

材　料	退火或正火		冷作硬化	
	弯曲线方向			
	垂直于轧纹	平行于轧纹	垂直于轧纹	平行于轧纹
08、10	0.1t	0.4t	0.4t	0.8t
15、20	0.1t	0.5t	0.5t	t
25、30	0.2t	0.6t	0.6t	1.2t
35、40	0.3t	0.8t	0.8t	1.5t
45、50	0.5t	t	t	1.7t
55、60	0.7t	1.3t	1.3t	2t
65Mn、T7	t	2t	2t	3t
Cr18Ni9	t	1.5t	3t	4t
软杜拉铝	t	3t	1.5t	2.5t
硬杜拉铝	2t	—	3t	4t
磷　铜	—	0.35t	t	3t
半硬黄铜	0.1t	0.35t	0.5t	1.2t
软黄铜	0.1t	0.35t	0.35t	0.8t
纯　铜	0.1t	0.35t	t	2t
铝	0.1t		0.5t	t

（续）

材　料	退火或正火		冷作硬化	
	弯曲线方向			
	垂直于轧纹	平行于轧纹	垂直于轧纹	平行于轧纹
镁合金 MB1	加热到 300～400℃		冷作硬化状态	
	$2t$	$3t$	$6t$	$8t$
钛合金 BT5	加热到 300～400℃		冷作硬化状态	
	$3t$	$4t$	$5t$	$6t$

注：表中数据用于弯曲带中心角 $\varphi \geqslant 90°$、断面质量良好的情况。

任务准备

（1）材料　厚度为0.5mm的纯铜板料和45钢板条料（$t=1$mm，外形为25mm×50mm）若干。

（2）已弯裂的弯曲产品若干。

任务实施

1）老师分别将厚度为0.5mm的纯铜板料和45钢板条料（$t=1$mm，外形为25mm×50mm）发给各小组，由小组成员进行手工折弯，其他成员仔细观察比较两次不同的结果。

2）安排到一体化教室或多媒体教室进行视频教学，讲解弯曲产品弯裂的原因。

3）学生分组讨论如何选择最小弯曲半径才能避免弯曲件发生弯裂。

4）小组代表上台展示分组讨论结果。

5）小组之间互评、教师评价。

检查评议

序号	检查项目	考核要求	配分	得分
1	弯曲产品弯裂的原因	能描述弯曲产品弯裂的原因	20	
2	弯裂与最小弯曲半径的关系	讲出弯裂与最小弯曲半径的关系	30	
3	影响最小相对弯曲半径的因素	正确说出影响最小相对弯曲半径的因素	20	
4	小组内成员分工情况、参与程度	组内成员分工明确，所有的学生都积极参与小组活动，为小组活动献计献策	5	
5	合作交流、解决问题	组内成员分工协助，认真倾听、互助互学，在共同交流中解决问题	10	
6	小组活动的秩序	活动组织有序，服从领导	5	
7	讨论活动结果的汇报水平	敢于发言、质疑，汇报发言声音洪亮，思路清晰、简练，突出重点	10	
合　计			100	

考证要点

一、判断题（正确的打“√”，错误的打“×”）

板料的弯曲半径与其厚度的比值称为最小弯曲半径。（　　）

二、计算题

试分析图3-13所示两个零件的弯曲工艺性，对弯曲工艺性不好之处，请提出工艺性解决措施。材料为20钢板，未注弯曲内圆角半径为2mm。

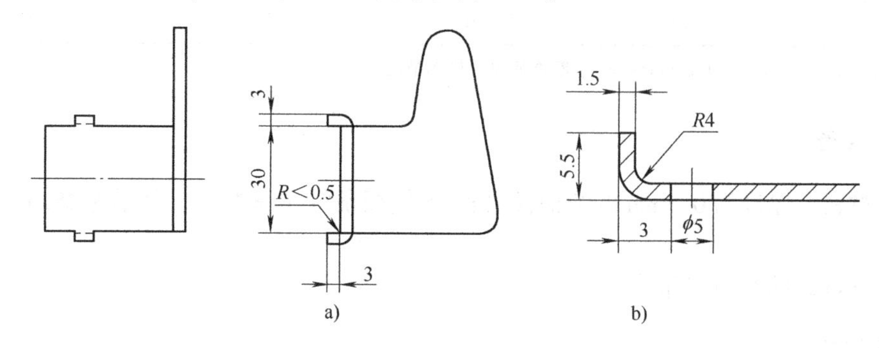

图3-13　分析零件的弯曲工艺性

任务3　计算弯曲产品毛坯尺寸

子任务1　了解弯曲产品的中性层

学习目标

◎ 掌握弯曲中性层位置的确定方法

◎ 了解中性层系数的经验值

◎ 掌握中性层曲率半径的计算方法

任务描述

通过学习弯曲变形的特点，同学们已经知道了弯曲件毛坯的中性层在弯曲前后的长度是不发生改变的。本次任务主要是确定各种材料及厚度不一致时中性层的具体位置。

相关知识

由于弯曲中性层在弯曲前后长度不变，因此可以用中性层长度作为计算弯曲部分展开长度的依据。设板料弯曲前的长度、宽度和厚度分别为 l、b 和 t，弯曲后成为外半径为 R、内半径为 r、厚度为 ξt（ξ 为变薄系数）、弯曲带中心角为 φ 的形状。根据变形前后金属体积不变的条件得到

$$t/b = \pi(R^2 - r^2)\frac{\varphi}{2\pi}b \tag{3-3}$$

塑性弯曲后，中性层长度不变，所以

$$l = \varphi\rho \tag{3-4}$$

联解式（3-3）和式（3-4），并将 $R = r + \xi t$ 代入，可得塑性弯曲的中性层位置为

$$\rho = \left(r + \frac{1}{2}\xi t\right)\xi \tag{3-5}$$

由式（3-5）可以看出，弯曲中性层位置与 r/t 和系数 ξ 的数值有关。而弯曲时随着凸模下行，相对弯曲半径 r/t 和系数 ξ 是不断变化的，因此随着弯曲的进行，中性层位置在不断改变，逐步向内移动。因为板料压弯的 $\xi < 1$，即 $\rho < r + \frac{1}{2}\xi t$，所以中性层位置是内移。$r/t$ 值越小，系数 ξ 值也越小，中性层位置的内移量也越大。

在实际生产中为便于计算，一般用经验公式确定中性层的曲率半径，即

$$\rho = r + xt \tag{3-6}$$

式中 x——与变形程度有关的中性层系数，其值见表3-5。

表3-5 中性层系数 x 的值

r/t	0.1	0.2	0.3	0.4	0.5	0.6	0.7	0.8	1	1.2
x	0.21	0.22	0.23	0.24	0.25	0.26	0.2	0.3	0.32	0.33
r/t	1.3	1.5	2	2.5	3	4	5	6	7	≥8
x	0.34	0.36	0.38	0.39	0.4	0.42	0.44	0.46	0.48	0.5

任务准备

（1）设备　J21-40型曲柄压力机一台。

（2）工具　V形、U形弯曲模各一套，卷尺、游标万能角度尺，内六角扳手、铜棒、锤子等工具一套。

（3）材料　Q235钢板条料（$t = 3\text{mm}$，外形为 $25\text{mm} \times 50\text{mm}$）若干。

（4）其他　弯曲模挂图、不同类型的弯曲件产品。

任务实施

1）同学们在老师及工厂师傅的带领下，到冲压加工车间或模具制作实训场，使用内六角扳手、铜棒、锤子等工具先后将V形、U形弯曲模装在J21-40型曲柄压力机上，让学生仔细测量冲压前条料毛坯的长度，在做好相应记录后进行弯曲成形。

2）老师到一体化教室或多媒体教室进行视频教学，课堂上结合挂图、模具实物讲述弯曲中性层位置的确定方法。

3）成形后让学生分组分别用游标万能角度尺测量V形弯曲件的角度值，并做好相应记录。用卷尺测量弯曲件半径和直线段长度，小组成员做好详细记录，最后计算弯曲件中性层长度值。

4）学生分组讨论弯曲件中性层的确定方法。

5）小组代表上台展示分组讨论结果。

6）小组之间互评、教师评价。

检查评议

序号	检查项目	考核要求	配分	得分
1	弯曲件中性层的确定方法	准确地说出弯曲中性层位置的确定方法	20	
2	中性层曲率半径的计算	讲出中性层曲率半径的计算方法	30	
3	V形弯曲件角度的测量方法	用游标万能角度尺准确测量V形弯曲件的角度值	20	
4	小组内成员分工情况、参与程度	组内成员分工明确，所有的学生都积极参与小组活动，为小组活动献计献策	5	
5	合作交流、解决问题	组内成员分工协助，认真倾听、互助互学，在共同交流中解决问题	10	
6	小组活动的秩序	活动组织有序，服从领导	5	
7	讨论活动结果的汇报水平	敢于发言、质疑，汇报发言声音洪亮，思路清晰、简练，突出重点	10	
合计			100	

子任务2　了解弯曲产品毛坯尺寸的计算方法

学习目标

◎ 掌握有圆角半径的弯曲件毛坯尺寸的计算方法

◎ 掌握无圆角半径的弯曲件毛坯尺寸的计算方法

任务描述

通过前面任务的学习可以知道，弯曲件在弯曲前后中性层长度不变，毛坯长度应该等于弯曲后工件中性层的长度，那么有圆角半径的弯曲件和无圆角半径的弯曲件其毛坯尺寸如何计算呢？

相关知识

确定了中性层的位置后，就可以进行弯曲件毛坯长度的计算了。一般将 $r>0.5t$ 的弯曲称为有圆角半径的弯曲，如图3-14所示；而将 $r\leqslant 0.5t$ 的弯曲称为无圆角半径的弯曲，如图3-15所示。

1. 有圆角半径的弯曲

有圆角半径的弯曲件，毛坯展开长度等于弯曲件直线部分长度和圆弧部分长度的总和。

$$L=\sum l_{直线}+\sum l_{圆弧} \tag{3-7}$$

式中　L——弯曲件毛坯长度。

$l_{直线}$——直线部分各段长度。

$l_{圆弧}$——圆弧部分各段长度。

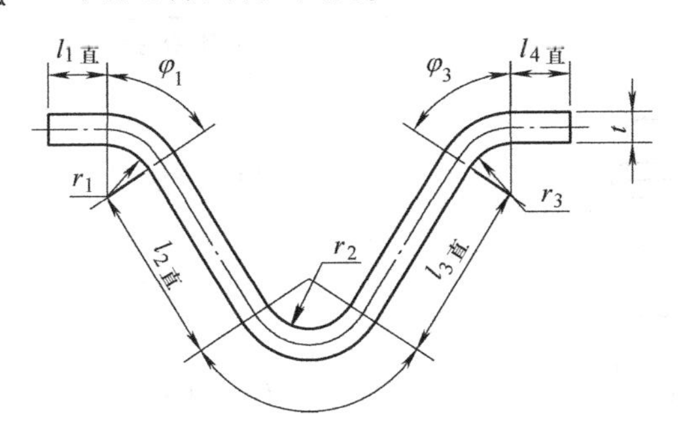

图 3-14 有圆角半径的弯曲

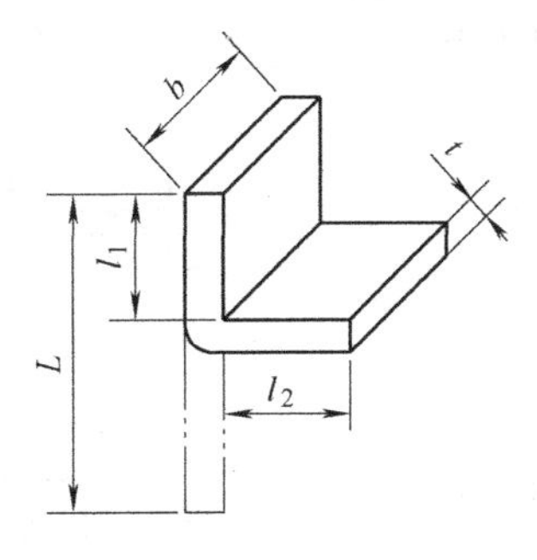

图3-15 无圆角半径的弯曲

$$l_{圆弧} = \frac{2\pi\rho}{360°}\varphi = \frac{\pi\varphi}{180°}(r + xt) \tag{3-8}$$

式中 φ——弯曲带中心角。

2. 无圆角半径的弯曲

无圆角半径弯曲件的展开长度根据毛坯与工件体积相等，并考虑弯曲处材料变薄的情况进行计算。两种卷圆形式的毛坯展开长度的计算公式见表 3-6。$r/t < 0.5$ 弯曲毛坯展开长度的计算公式见表 3-7。

表 3-6 两种卷圆形式的毛坯展开长度的计算公式

弯曲形式	简图	计算公式
铰链卷圆		$L = l + \frac{\pi\alpha}{180°}(r + xt)$
吊环卷圆		$L = 1.5\pi(r + xt) + l_1 + l_2 + l_3$

表 3-7 $\frac{r}{t} < 0.5$ 弯曲毛坯展开长度的计算公式

弯曲形式	简图	计算公式
单角弯曲		$L = l_1 + l_2 + 0.5t$
		$L = l_1 + l_2 + \frac{\alpha}{90°} \times 0.5t$

（续）

弯曲形式	简图	计算公式
单角弯曲	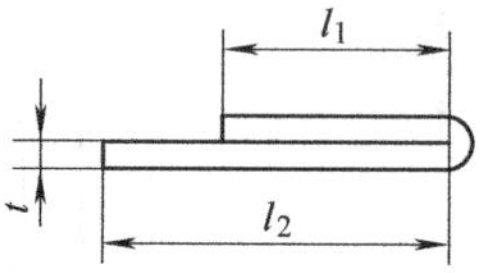	$L=l_1+l_2+t$
双角弯曲	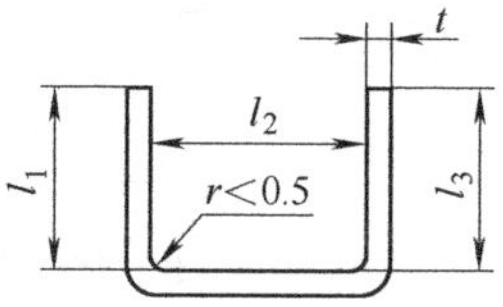	$L=l_1+l_2+l_3+0.5t$
三角弯曲	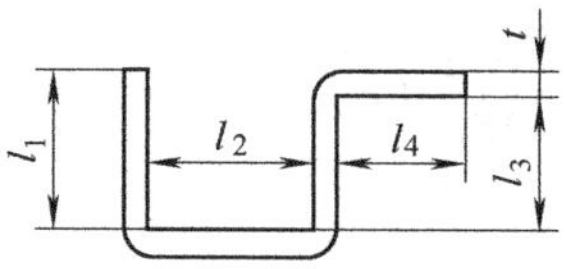	同时弯三个角时： $L=l_1+l_2+l_3+l_4+0.75t$ 先弯两个角后弯另一角时： $L=l_1+l_2+l_3+l_4+t$
四角弯曲	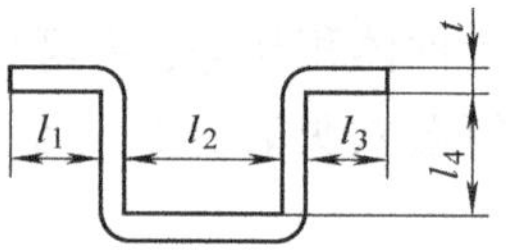	$L=l_1+l_2+l_3+2l_4+t$

任务准备

（1）产品　门窗用合页一副（见图3-16）、文具订书机（见图3-17）、铁夹（见图3-18），无圆角半径的弯曲件、有圆角半径的弯曲件若干。

（2）量具　游标卡尺、游标万能角度尺、R规一套。

（3）其他　弯曲模挂图、不同类型的弯曲件产品。

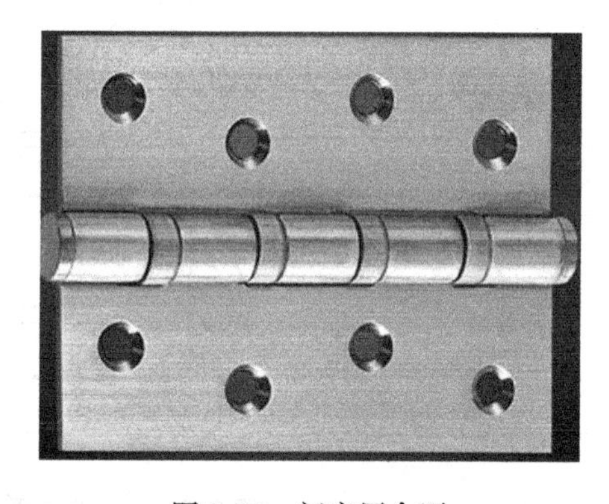

图3-16　门窗用合页

图3-17　文具订书机

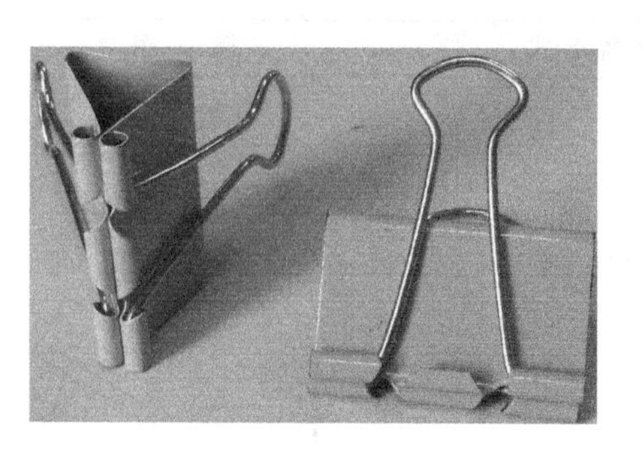

图3-18　铁夹

任务实施

1）老师讲解有、无圆角半径的弯曲件毛坯尺寸的计算方法。

2）学生分组分别使用上述量具测量有、无圆角半径弯曲件的毛坯尺寸，在做好相应记录后计算有、无圆角半径的弯曲件毛坯尺寸。

3）通过观察图3-16、图3-17、图3-18所示不同产品，分组讨论其中哪些产品是有（无）圆角半径的弯曲件，并确定毛坯尺寸的计算方法。

4）小组代表上台展示分组讨论结果。

5）小组之间互评、教师评价。

检查评议

序号	检查项目	考核要求	配分	得分
1	有圆角半径弯曲件毛坯尺寸的计算方法	正确地计算出有圆角半径弯曲件的毛坯尺寸	30	
2	无圆角半径弯曲件毛坯尺寸的计算方法	正确地计算出无圆角半径弯曲件的毛坯尺寸	40	
3	小组内成员分工情况、参与程度	组内成员分工明确，所有的学生都积极参与小组活动，为小组活动献计献策	5	
4	合作交流、解决问题	组内成员分工协助，认真倾听、互助互学，在共同交流中解决问题	10	
5	小组活动的秩序	活动组织有序，服从领导	5	
6	讨论活动结果的汇报水平	敢于发言、质疑，汇报发言声音洪亮，思路清晰、简练，突出重点	10	
合　计			100	

考证要点

1. 求如图3-19所示两个弯曲件的展开长度。

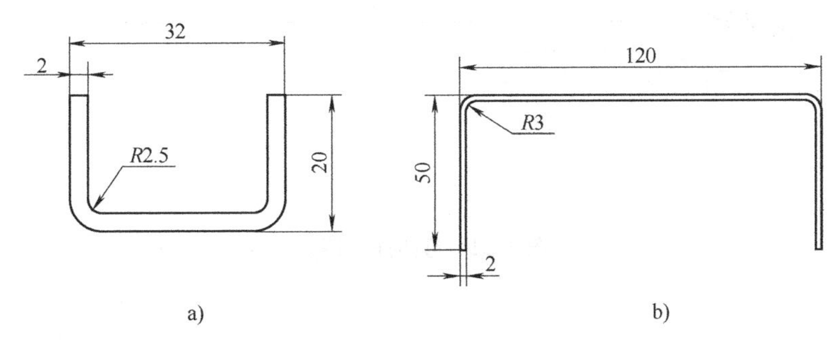

图3-19　弯曲件（一）

2. 求图 3-20 所示弯曲件的坯料展开长度。

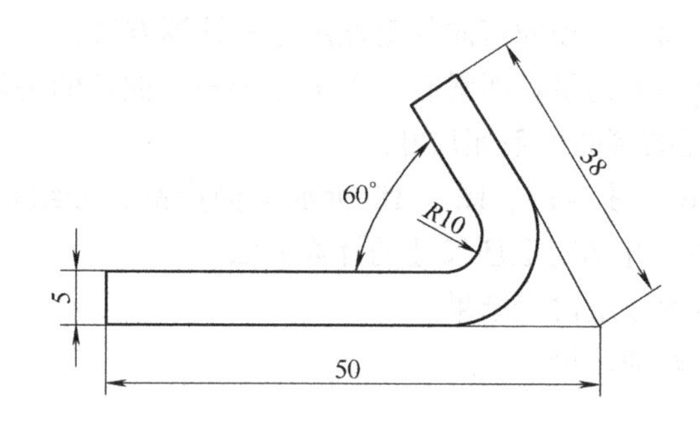

图 3-20　弯曲件（二）

3. 求图 3-21 所示弯曲件的坯料展开长度（无圆角弯曲）。

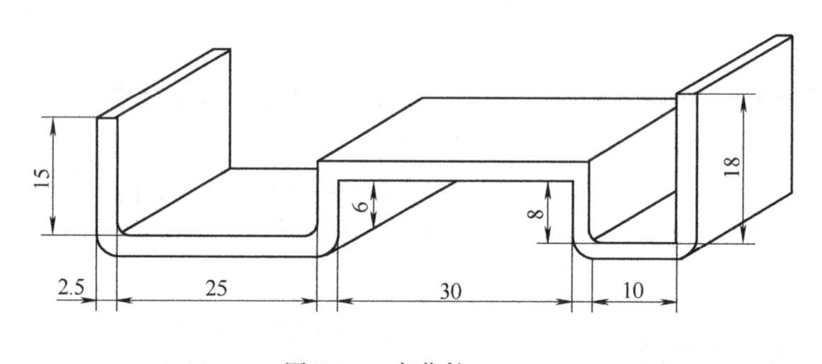

图 3-21　弯曲件（三）

4. 求图 3-22 所示弯曲件的坯料展开长度。

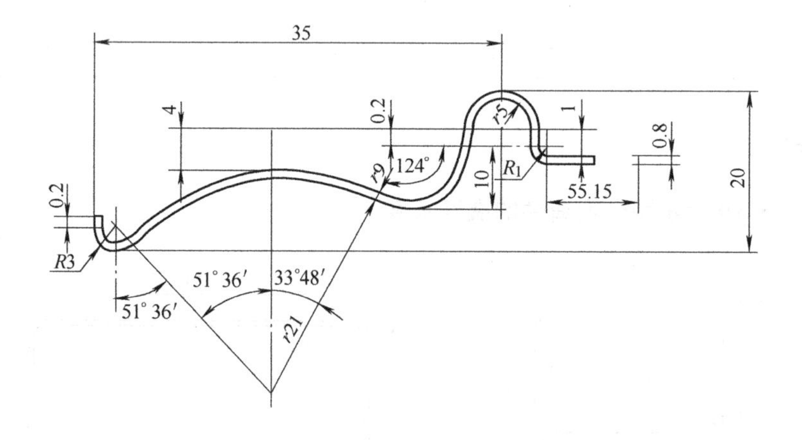

图 3-22　弯曲件（四）

任务4 了解弯曲力的计算方法

学习目标

◎ 掌握自由弯曲时弯曲力的计算方法
◎ 了解校正弯曲力的计算方法
◎ 压弯时的顶件力和卸料力的计算方法
◎ 了解压力机吨位的确定方法

任务描述

为了能正确选择压力机设备，必须先计算弯曲力。弯曲力的大小不仅与毛坯尺寸、材料力学性能、凹模支点间的距离、弯曲半径以及模具间隙等因素有关，还与弯曲方式有很大的关系。本次任务主要是确定弯曲力的计算方法。

相关知识

弯曲力是设计弯曲模和选择压力机吨位的重要依据。特别是在弯曲板料较厚、弯曲线较长、相对弯曲半径较小、材料强度较大，而弯曲设备的吨位与功率有限的情况下，必须先对弯曲力进行计算。

一、自由弯曲时的弯曲力

1）V形件弯曲力：

$$F_{自}=\frac{0.6Kbt^2\sigma_b}{r+t} \tag{3-9}$$

2）U形件弯曲力：

$$F_{自}=\frac{0.7Kbt^2\sigma_b}{r+t} \tag{3-10}$$

式中 $F_{自}$——冲压行程结束时的自由弯曲力（N）；
K——安全系数，一般取$K=1.3$；
b——弯曲件的宽度（mm）；
t——弯曲材料的厚度（mm）；
r——弯曲件的内弯曲半径（mm）；
σ_b——材料的强度极限（MPa）；

V形件与U形件的弯曲如图3-23所示。

二、校正弯曲力

如果弯曲件在冲压行程结束时受到模具的校正，则校正力按下式近似计算：

$$F_{校}=Aq \tag{3-11}$$

式中 $F_{校}$——校正弯曲力（N）；

A——工件校正部分投影面积（mm^2）；

q——单位校正力（MPa），其值见表3-8。

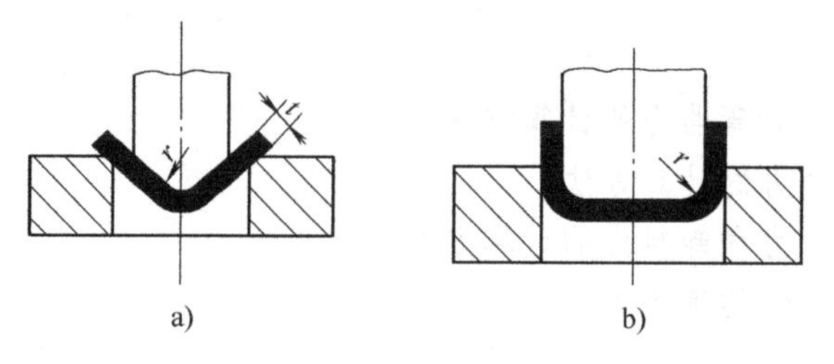

图3-23　弯曲图

表3-8　单位校正力　（单位：MPa）

材　料	材料厚度 t/（mm）			
	<1	1~3	3~6	6~10
铝	15~20	20~30	30~40	40~50
黄铜	20~30	30~40	40~60	60~80
10、15、20钢	30~40	40~60	60~80	80~100
25、30钢	40~50	50~70	70~100	100~120

三、压弯时的顶件力和卸料力

压弯时的顶件力和卸料力 F_Q 值可近似取自由弯曲力的30%~80%，即

$$F_Q = (0.3 \sim 0.8) F_{自} \tag{3-12}$$

四、压力机吨位的确定

1）自由弯曲时，压力机吨位 $F_{机}$ 为

$$F_{机} \geqslant F_{自} + F_Q \tag{3-13}$$

2）校正弯曲时，可忽略顶件力和卸料力，即

$$F_{机} \geqslant F \tag{3-14}$$

任务准备

V形、U形弯曲模挂图各一套。

任务实施

1）老师讲解V形件、U形件弯曲力、校正弯曲力、顶件力、卸料力等的计算方法。

2）课堂上布置作业，学生分别采用上述公式进行练习。

3）学生分组讨论压力机吨位的确定方法。

4）小组代表上台展示分组讨论结果。

5）小组之间互评、教师评价。

检查评议

序号	检查项目	考核要求	配分	得分
1	自由弯曲时弯曲力的计算	会计算自由弯曲时的弯曲力	20	
2	校正弯曲力的计算	会计算校正弯曲力	20	
3	压弯时顶件力和卸料力的计算	会计算压弯时的顶件力和卸料力	20	
4	选择压力机吨位的方法	会选择压力机吨位	10	
5	小组内成员分工情况、参与程度	组内成员分工明确，所有的学生都积极参与小组活动，为小组活动献计献策	5	
6	合作交流、解决问题	组内成员分工协助，认真倾听、互助互学，在共同交流中解决问题	10	
7	小组活动的秩序	活动组织有序，服从领导	5	
8	讨论活动结果的汇报水平	敢于发言、质疑，汇报发言声音洪亮，思路清晰、简练，突出重点	10	
合　计			100	

考证要点

一、判断题（正确的打“√”，错误的打“×”）

自由弯曲结束时，凸、凹模对弯曲件进行了校正。（　　）

二、选择题

校正弯曲力比自由弯曲力________。

A. 一样　　　B. 大　　　C. 小

三、计算题

试计算图3-24所示零件弯曲时的弯曲力，并选择压力机吨位。

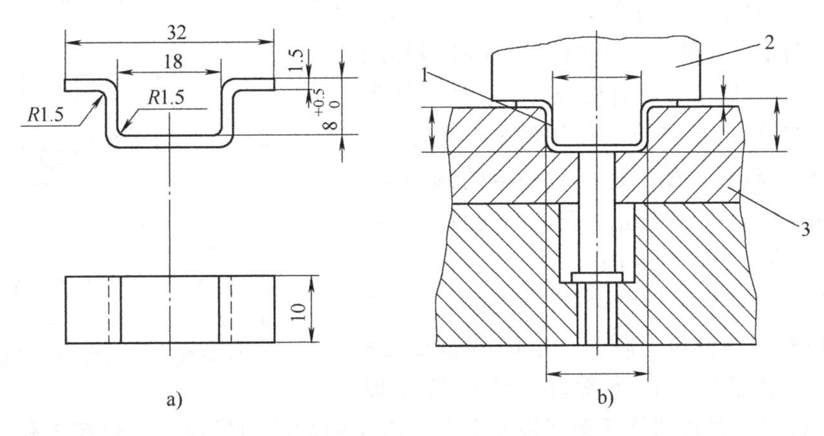

图3-24 零件

任务5　认识弯曲模的典型结构

子任务1　了解V形件弯曲模的结构特点

学习目标

◎ 了解V形件弯曲模的结构特点

◎ 了解V形件精弯模的结构特点

任务描述

V形弯曲产品在日常生活中随处可见，本任务是要求同学们观察V形件弯曲模弯曲加工过程，分析和讨论V形件弯曲模的结构特点，为将来设计V形件弯曲模结构奠定基础。

相关知识

V形件形状简单，且能一次弯曲成形。V形件的弯曲方法有两种，一种是沿弯曲件的角平分线方向弯曲，称为V形弯曲；一种是沿垂直于一直边方向弯曲，称为r形弯曲。

图3-25所示为V形件弯曲模的基本结构。该模具的优点是结构简单，在压力机上的安装及调整方向对材料厚度的公差要求不高，工件在冲程末端得到不同程度的校正，因而回弹较小，工件的平面度较好。顶杆1既起顶料作用，又起压料作用，可防止材料偏排。适用于一般V形件的弯曲。

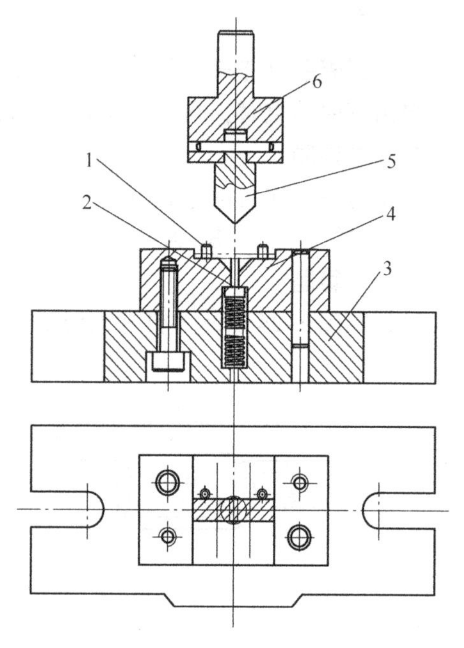

图3-25　V形件弯曲模

1—顶杆　2—定位钉　3—下模座

4—凹模　5—凸模　6—模柄

图3-26所示为r形件弯曲模，用于弯曲两直边长度相差较大的单角弯曲件。图3-26a所示为基本形式。弯曲件直边长的一边夹紧在凸模2与压料板4之间，另一边沿凹模1圆角滑动而向上弯起。毛坯上的工序孔套在定位钉3上，以防止因凸模2与压料板4之间的压料力不足而产生坯料偏移现象。这种弯曲因竖边部分没有得到校正，所以回弹较大。图3-26b所示是有校正作用的r形弯曲模。由于凹模1和压料板4的工作面有一定的倾斜角，因此竖直边能得到一定的校正，弯曲后工件的回弹较小。倾角α值一般取5°~10°。

图3-27所示为V形件精弯模。弯曲时，凸模7首先压住坯料。凸模再下降时，迫使活动凹模8向内转动，并沿靠板5向下滑动，使坯料压成V形。凸模回程时，弹顶器使活动凹模8上升。由于两活动凹模板通过铰链2和销子铰接在一起，所以在上升的同时向外转动张开，恢复到原始位置。支架3控制回程高度，使两活动

凹模成一平面。

V形精弯模在弯曲工件的过程中，毛坯与凹模始终保持大面积接触，毛坯在活动凹模上不产生相对滑动和偏移。因此，弯曲件表面不会损伤，工件质量较高。V形精弯模适用于弯曲毛坯没有足够的定位支承面、窄长且形状复杂的工件。如图3-27中左上角所示的工件。

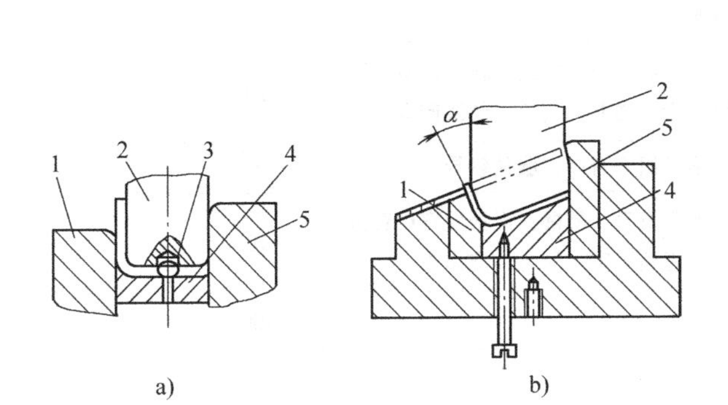

图3-26 r形件弯曲模

1—凹模 2—凸模 3—定位钉 4—压料板 5—靠板

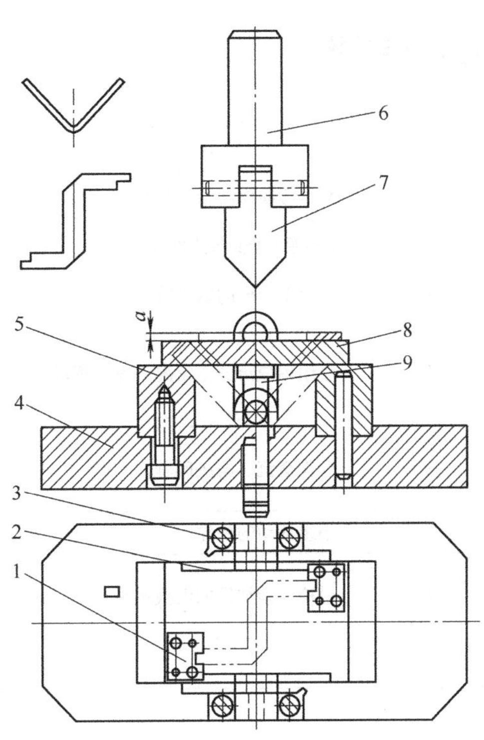

图3-27 V形件精弯模

1—定位板 2—铰链 3—支架 4—下模座板 5—靠板 6—模柄 7—凸模 8—活动凹模 9—顶杆

任务准备

（1）设备 J21-40型曲柄压力机一台。

（2）工具 V形弯曲模、r形弯曲模、V形精弯模各一套，内六角扳手、铜棒、锤子等工具一套。

（3）材料 Q235钢板条料（$t=1\text{mm}$，$25\text{mm}\times50\text{mm}$）若干。

（4）其他 弯曲模挂图、不同类型的弯曲件产品。

任务实施

1）到一体化教室或多媒体教室进行视频教学，老师在课堂上结合挂图、模具实物讲解V形弯曲模、r形弯曲模、V形精弯模的工作原理和成形特点。

2）同学们在老师及工厂师傅的带领下，到冲压加工车间或模具制作实训场，使用内六角扳手、铜棒、锤子等工具先后将V形弯曲模、r形弯曲模、V形精弯模装在J21-40型曲柄压力机上，将Q235钢板条料（$t=1\text{mm}$，$25\text{mm}\times50\text{mm}$）送入模具进行弯曲加工。

3）让学生仔细观察弯曲加工时模具的动作原理后，分组进行操作。
4）学生分组讨论 V 形弯曲模、r 形弯曲模、V 形精弯模的结构特点。
5）小组代表上台展示分组讨论结果。
6）小组之间互评、教师评价。

检查评议

序号	检查项目	考核要求	配分	得分
1	V 形弯曲模的结构特点	正确描述 V 形弯曲模的结构特点	30	
2	r 形弯曲模的结构特点	正确描述 r 形弯曲模的结构特点	20	
3	V 形精弯模的结构特点	能说出 V 形精弯模的结构特点	20	
4	小组内成员分工情况、参与程度	组内成员分工明确，所有的学生都积极参与小组活动，为小组活动献计献策	5	
5	合作交流、解决问题	组内成员分工协助，认真倾听、互助互学，在共同交流中解决问题	10	
6	小组活动的秩序	活动组织有序，服从领导	5	
7	讨论活动结果的汇报水平	敢于发言、质疑，汇报发言声音洪亮，思路清晰、简练，突出重点	10	
合　计			100	

子任务 2　了解 U 形件弯曲模的结构特点

学习目标

◎ 了解一般 U 形件弯曲模的结构特点。
◎ 了解 U 形闭角弯曲模的结构特点

任务描述

本任务是要求同学们观察 U 形弯曲模弯曲加工的过程，分析和讨论 U 形件弯曲模的结构特点及 U 形闭角弯曲模的结构特点，为将来设计 U 形件弯曲模结构奠定基础。

相关知识

一、U 形件弯曲模

1. 一般 U 形件弯曲模

图 3-28 和图 3-29 所示为一般 U 形件弯曲模。这种弯曲模在凸模的一次行程中能将两个角同时弯曲。冲压时，毛坯被压在凸模 1 和压料板 4 之间逐渐下降，两端未被压住的材料沿

凹模圆角滑动并弯曲，进入凸、凹模的间隙。凸模1回升时，压料板4将工件顶出。由于材料的回弹，工件一般不会包在凸模上。

图3-28　一般U形件弯曲产品

2. 闭角弯曲模

图3-30所示为弯角小于90°的U形件弯曲模，两侧和活动凹模镶块可在圆腔内回转。当凸模上升时，弹簧使活动凹模镶块复位，这种结构的模具可用于弯曲较厚的材料。

图3-31所示为带斜楔的U形闭角弯曲模。毛坯首先在凸模8的作用下被压成U形。随着上模座4上的两块斜楔2压向滚柱1，使装有滚柱1的活动凹模块5、6分别向中间移动，将U形件两侧边向里弯成小于90°的角度。当上模回程时，弹簧7使凹模块复位。本结构开始是靠弹簧3的弹力将毛坯压成U形件的，由于弹簧弹力的限制，本结构只适用于弯曲薄料。

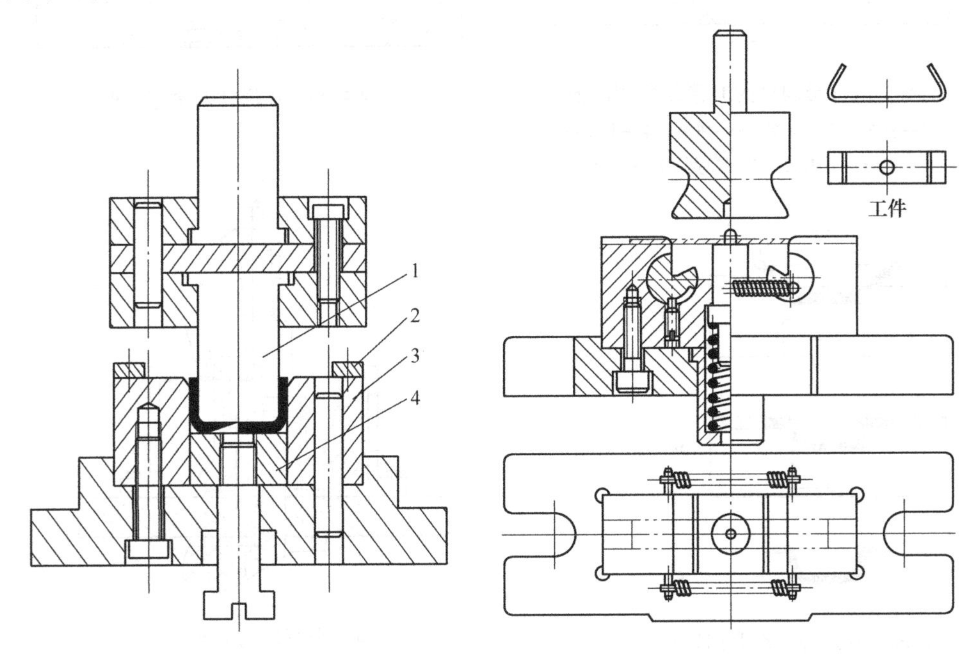

图3-29　一般U形件弯曲模
1—凸模　2—定位板　3—凹模　4—压料板

图3-30　弯角小于90°的U形件弯曲模

二、四角形件弯曲模

1. U形件两次弯曲模

U形件可以一次弯曲成形，也可以分两次弯曲成形。如果两次弯曲成形，则第一次先将毛坯弯成U形，然后再将U形毛坯放在图3-32所示的弯曲模中弯成U形件。

2. U形件一次弯曲模

U形件一次弯曲成形如图3-33所示。在弯曲过程中（图3-33a），由于外角c处弯曲线的位置在弯曲过程中是变化的，因此材料在弯曲时有拉长现象，零件脱离弯曲模后，其外角形状会不准，且竖直边会变薄（见图3-33c）。

U形件的弯曲也可用图3-34所示的弯曲模，先弯内侧两角，后弯外侧两角。板料放在凸模3面上，靠两侧的挡板2定位。上模下降，凹模1和凸模3利用弹顶器的弹力弯出工件的两内角，使毛坯弯成U形。上模继续下降，凹模底部迫使凸模压缩弹顶器而向下运动。这时铰接在凸模侧面的一对摆块4向外摆动，完成两外角的弯曲。

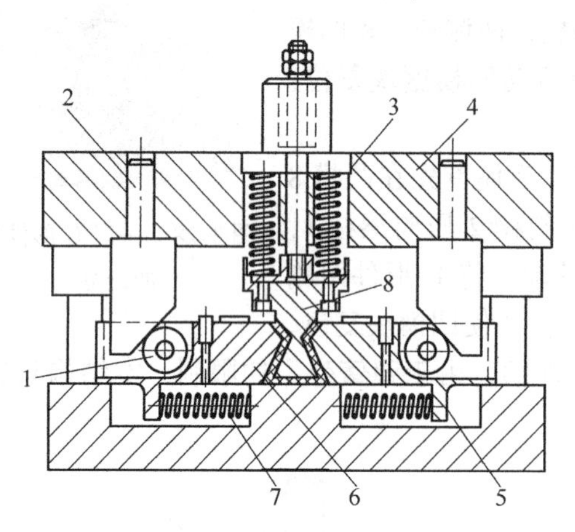

图3-31　带斜楔的U形闭角弯曲模

1—滚柱　2—斜楔　3—弹簧　4—上模座
5、6—凹模块　7—弹簧　8—凸模

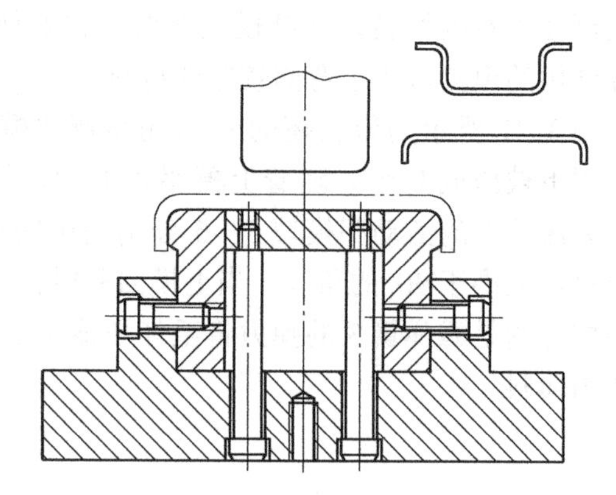

图3-32　U形件两次弯曲模

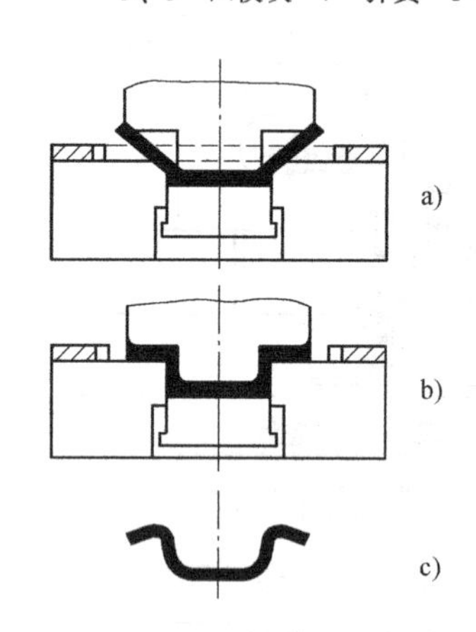

图3-33　U形件一次弯曲成形

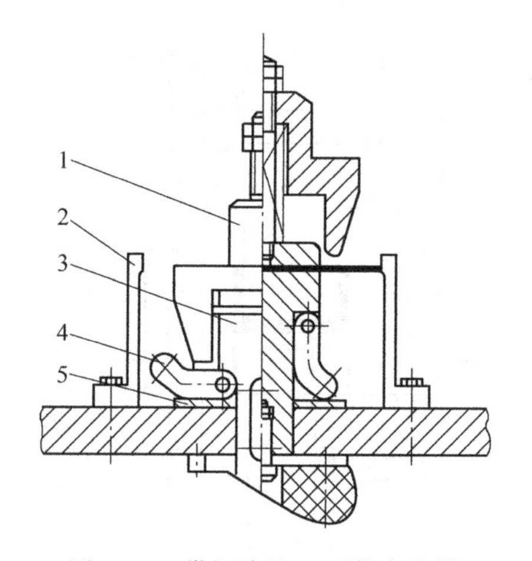

图3-34　带摆块的U形件弯曲模

1—凹模　2—挡板　3—凸模　4—摆块　5—垫板

任务准备

（1）设备　J21-40型曲柄压力机一台。

（2）工具　一般U形件弯曲模、弯角小于90°的U形件弯曲模、U形件两次弯曲模、带摆块的U形件弯曲模各一套，内六角扳手、铜棒、锤子等工具一套。

（3）材料　Q235钢板，条料（$t=1\text{mm}$，$25\text{mm}\times50\text{mm}$）若干。

（4）其他　U形件弯曲模挂图、弯曲件产品。

任务实施

1）到一体化教室或多媒体教室进行视频教学，老师在课堂上结合挂图、模具实物讲解

U形件弯曲模的工作原理和成形特点。

2）同学们在老师及工厂师傅的带领下，到冲压加工车间或模具制作实训场，使用内六角扳手、铜棒、锤子等工具先后将4套U形件弯曲模装在J21-40型曲柄压力机上，将Q235钢板条料（$t=1\text{mm}$，$25\text{mm}\times50\text{mm}$）送入模具进行成形加工。

3）让学生仔细观察弯曲加工时的模具动作原理后，分组进行实训操作。

4）学生分组讨论U形件弯曲模的结构特点。

5）小组代表上台展示分组讨论结果。

6）小组之间互评、教师评价。

检查评议

序号	检查项目	考核要求	配分	得分
1	一般U形件弯曲模的结构特点	正确描述一般U形件弯曲模的结构特点	20	
2	弯角小于90°的U形件弯曲模的结构特点	正确描述弯角小于90°的U形件弯曲模的结构特点	30	
3	U形件两次弯曲模的结构特点	正确描述U形件两次弯曲模的结构特点	20	
4	小组内成员分工情况、参与程度	组内成员分工明确，所有的学生都积极参与小组活动，为小组活动献计献策	5	
5	合作交流、解决问题	组内成员分工协助，认真倾听、互助互学，在共同交流中解决问题	10	
6	小组活动的秩序	活动组织有序，服从领导	5	
7	讨论活动结果的汇报水平	敢于发言、质疑，汇报发言声音洪亮，思路清晰、简练，突出重点	10	
合　计			100	

子任务3　了解圆形件弯曲模的结构特点

学习目标

◎ 了解大圆弯曲模的结构特点

◎ 了解小圆弯曲模的结构特点

◎ 了解自动推件圆形件弯曲模的结构特点

◎ 了解带摆动凸模弯曲模的结构特点

任务描述

本任务是要求同学们观察大圆弯曲模、小圆弯曲模、自动推件圆形件弯曲模、带摆动凸模弯曲模的弯曲加工过程，并分析和讨论其结构特点，为将来设计圆形件弯曲模结构奠定基础。

相关知识

圆形件的弯曲方法根据圆的直径不同而各不相同。对于圆筒直径 $d \geqslant 20$mm 的大圆，其弯曲方法是先将毛坯弯成波浪形，然后再弯成圆筒形，如图 3-35 所示。弯曲完毕后，工件套在凸模 1 上，可顺凸模轴向取出工件。为了提高生产率，也可以采用图 3-36 所示带摆动凹模的弯曲模一次弯曲成形。凸模 4 下行，先将坯料压成 U 形。凸模 4 继续下行，摆动凹模 2 将 U 形弯成圆形。弯好后，推开支撑 3，将工件从凸模 4 上取下。这种弯曲方法的缺点是弯曲件上部得不到较正，回弹较大。

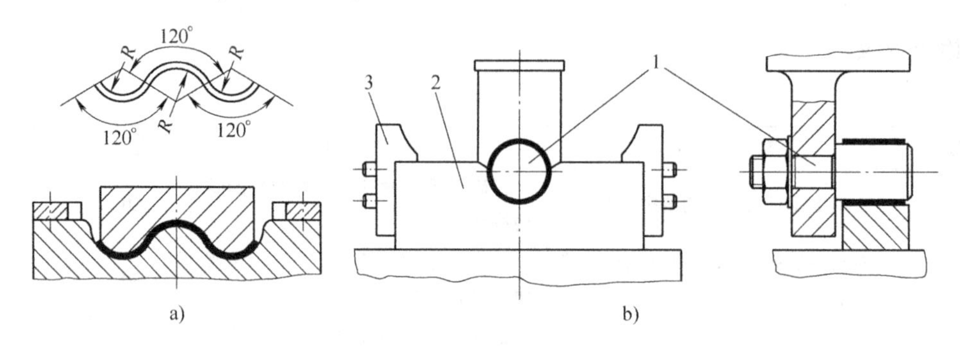

图 3-35　大圆两次弯曲模

a）首次弯曲　b）二次弯曲

1—凸模　2—凹模　3—定位板

对于圆筒直径 $d \leqslant 5$mm 的小圆，其弯曲方法一般是先弯成 U 形，后弯成圆形，如图 3-37 所示。由于工件小，分两次弯曲操作不便，故也可采用图 3-38 所示的一次弯曲模，它适用于软材料和中小直径圆形件的弯曲。

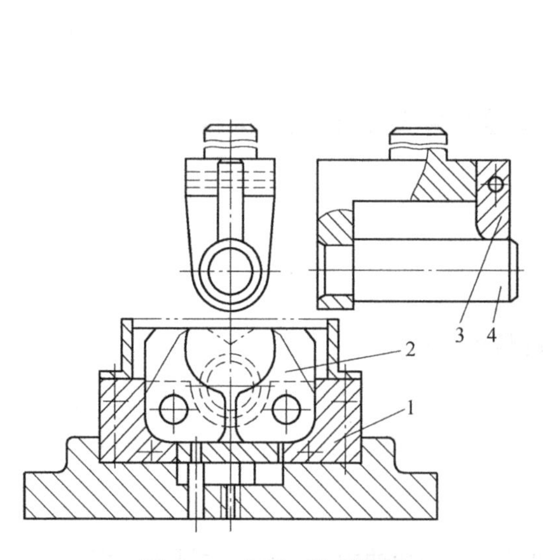

图 3-36　大圆一次弯曲模

1— 顶板　2—摆动凹模　3—支撑　4—凸模

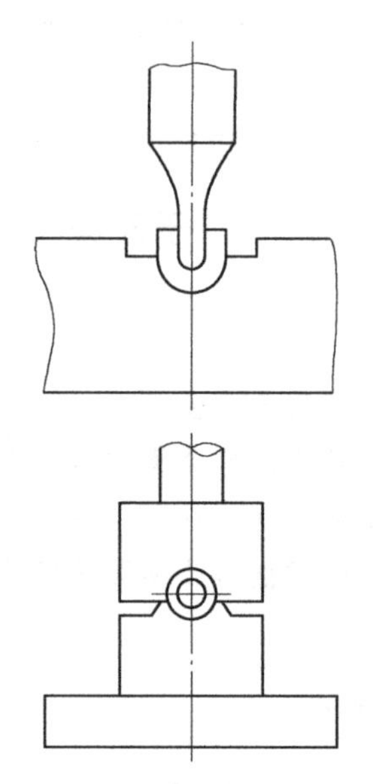

图 3-37　小圆两次弯曲模

毛坯以凹模固定板1的定位槽定位。当上模下行时，心轴凸模5与下凹模2首先将毛坯弯成U形。上模继续下行时，心轴凸模5带动压料板3压缩弹簧，由上凹模4将工件最后弯曲成形。上模回程后，工件留在心轴凸模5上。拔出心轴凸模5，工件自动落下。该结构中，上模弹簧的压力必须大于首先将毛坯压成U形时的压力，才能弯曲成圆形。

一般圆形件弯曲后，必须手工将工件从心轴凸模上取下，操作比较麻烦。图3-39所示为自动推件圆形件一次弯曲模。

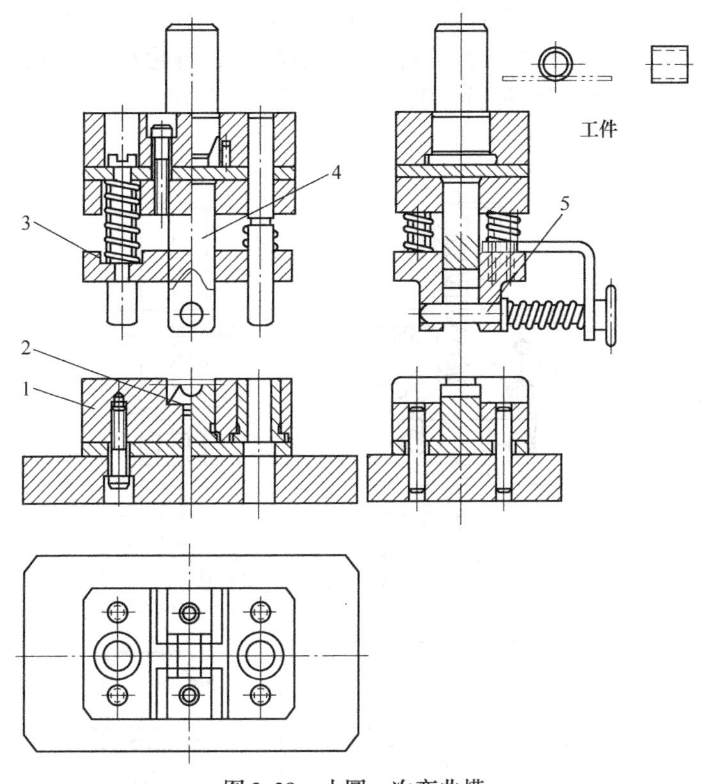

图3-38　小圆一次弯曲模

1—凹模固定板　2—下凹模　3—压料板　4—上凹模　5—心轴凸模

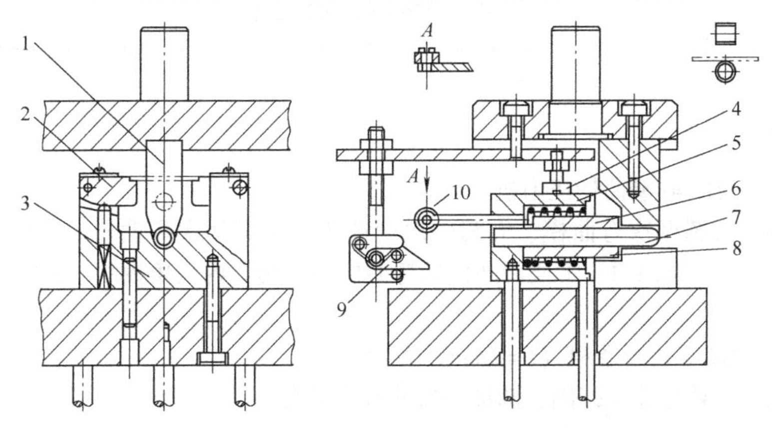

图3-39　自动推件圆形件一次弯曲模

1—上凹模　2—摆块　3—下凹模　4—调整螺钉　5—升降架　6—滑套

7—心轴凸模　8—弹簧　9—推块　10—滑轮

毛坯放在定位摆块2上定位。上模下行时，上凹模1和毛坯先接触，使摆块2摆动，毛坯脱离摆块2。同时心轴凸模7和上凹模1开始将毛坯弯成倒U形。这时，调整螺钉4和升降架5接触，上模继续下行，迫使心轴凸模7一起下移，在心轴凸模7和下凹模3的作用下，倒U形件被弯成圆形。上模回程时，装在上模的推块9的斜面作用于滑轮10，推动滑套6将留在心轴凸模7上的工件自动推落。当推块9脱离滑轮10后，由弹簧8使滑套复位。本结构中弹顶器的弹力也必须大于将毛坯压成倒U形的压力。

图3-40所示为带摆动凸模的弯曲模。放在凹模1上的毛坯由定位钉7定位。上模下行时压板2将毛坯压紧。上模继续下行，压板2压缩弹簧5，滑轮6带动摆杆3沿凹模的斜槽运动，将工件压弯成形。上模回程后，工件留在凹模上，拉出推板8，使定位钉7下降，从纵向取出工件。

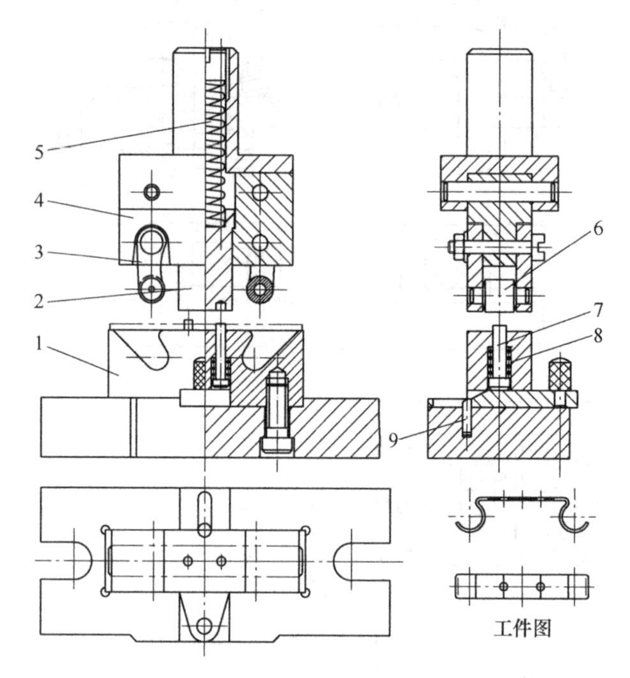

图3-40　带摆动凸模的弯曲模

1—凹模　2—压板　3—摆杆　4—凸模支架　5—弹簧　6—滑轮　7—定位钉　8—推板　9—限制钉

任务准备

（1）设备　J21-40型曲柄压力机一台。

（2）工具　大圆两次弯曲模、大圆一次弯曲模、小圆两次弯曲模、小圆一次弯曲模、自动推件圆形件一次弯曲模、带摆动凸模的弯曲模各一套，内六角扳手、铜棒、锤子等工具一套。

（3）材料　Q235钢板条料（$t=2$mm）若干。

（4）其他　上述弯曲模挂图、圆形件弯曲件产品等。

任务实施

1）在一体化教室或多媒体教室进行视频教学，课堂上结合挂图、模具实物讲解圆形弯曲模的工作原理和成形特点。

2）在老师及工厂师傅的带领下，到冲压加工车间或模具制作实训场，使用内六角扳手、铜棒、锤子等工具先后将大圆两次弯曲模、大圆一次弯曲模、小圆两次弯曲模、小圆一次弯曲模、自动推件圆形件一次弯曲模、带摆动凸模的弯曲模安装在J21-40型曲柄压力机上，将Q235钢板条料（$t=2$mm）送入模具进行弯曲成形加工。

3）让学生仔细观察弯曲加工时的模具动作原理后，分组进行实训操作。

4）学生分组讨论大圆两次弯曲模、大圆一次弯曲模、小圆两次弯曲模、小圆一次弯曲模、自动推件圆形件一次弯曲模、带摆动凸模弯曲模的结构特点。

5）小组代表上台展示分组讨论结果。

6）小组之间互评、教师评价。

检查评议

序号	检 查 项 目	考 核 要 求	配分	得分
1	大圆弯曲模的结构特点	正确叙述大圆弯曲模的结构特点	20	
2	小圆弯曲模的结构特点	能说出小圆弯曲模的结构特点	20	
3	自动推件圆形件弯曲模的结构特点	正确叙述自动推件圆形件弯曲模的结构特点	10	
4	带摆动凸模弯曲模的结构特点	正确叙述带摆动凸模弯曲模的结构特点	20	
5	小组内成员分工情况、参与程度	组内成员分工明确，所有的学生都积极参与小组活动，为小组活动献计献策	5	
6	合作交流、解决问题	组内成员分工协助，认真倾听、互助互学，在共同交流中解决问题	10	
7	小组活动的秩序	活动组织有序，服从领导	5	
8	讨论活动结果的汇报水平	敢于发言、质疑，汇报发言声音洪亮，思路清晰、简练，突出重点	10	
合　　计			100	

子任务4　了解连续弯曲模的结构特点

学习目标

◎ 了解连续弯曲模的结构特点

◎ 了解冲孔落料连续弯曲模的结构特点

◎ 掌握连续模冲压排样图的设计方法

任务描述

本任务是要求同学们观察冲孔落料连续弯曲模的弯曲成形过程，分析和讨论冲孔落料连续弯曲模的结构特点，以及连续模冲压排样图的各种设计方法，为设计连续弯曲模结构打下良好的基础。

相关知识

图3-41所示为冲孔落料连续弯曲模。所冲工件如图3-41右上部所示，板料从右边送进。从排样图中可以看出，其冲压过程为：第一步由侧刃切边定位，第二步冲出工件上的圆孔、槽及两个工件之间的分离长槽，第三步空位，第四步压弯、第五步空位，第六步切断使工件成形。此模具采用弹压导板模架，各凸模与凸模固定板9之间成间隙配合（普通导柱模多为过渡配合），凸模的装拆、更换更加方便。凸模由弹压导板5导向，导板导向准确。弹压导板5由卸料螺钉与上模连接。这种导向结构能消除压力机导向误差对模具的影响，模具寿命长，零件质量好。弯曲凹模镶块2与凹模18之间做成镶拼形式，以使冲孔凹模磨损刃磨后能通过磨削凹模镶块2的底面来调整两者高度，保证工件的高度尺寸。凹模18在镶块2左边的上面做成和工作底部同样的形状，目的是为了方便工件的推出。该模具所冲工件的形状虽然并不复杂，但其尺寸不大，槽与孔的尺寸都较小，且左右形状不对称，从弯曲角度分析，其工艺性较差。若采用单工序模进行冲压，则工件的形状和尺寸都不易得到保证，而且工人操作不方便，也不安全。如采用连续模冲压，这些问题均可得到圆满解决。

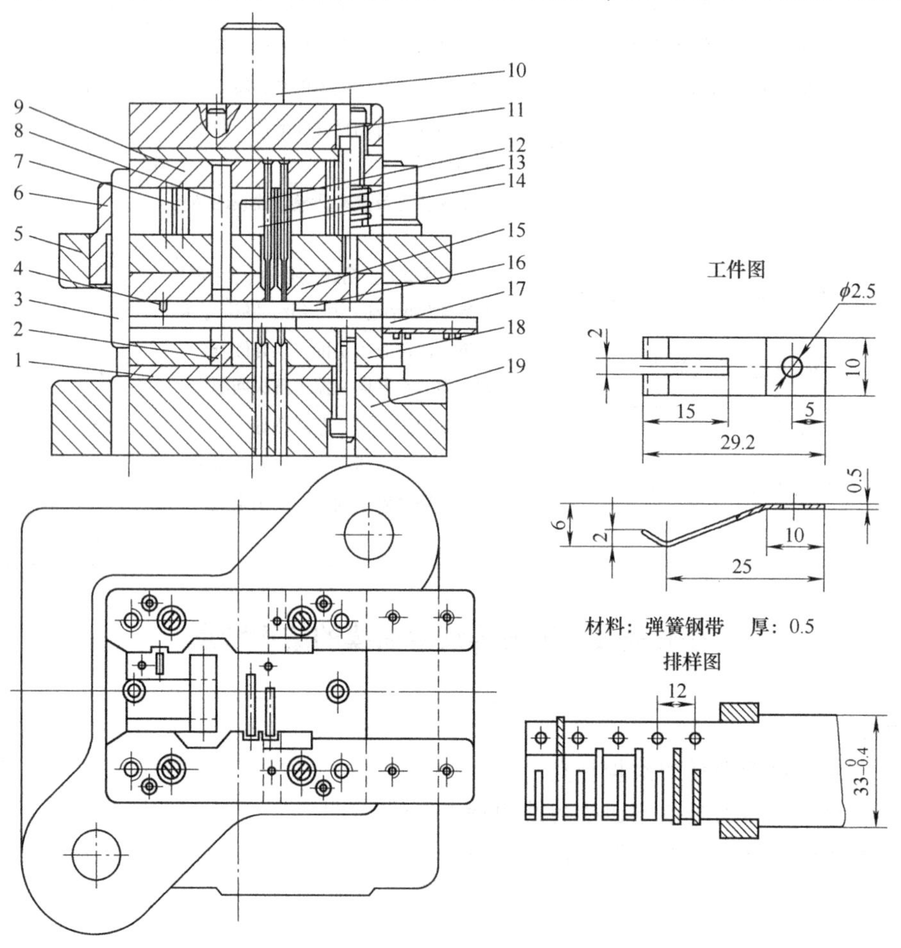

图3-41　冲孔落料连续弯曲模

1—垫板　2—凹模镶块　3—导柱　4—导正销　5—弹压导板　6—导套　7—切断凸模　8—弯曲凸模　9—凸模固定板　10—模柄　11—上模座　12—冲分离槽凸模　13—冲槽凸模　14—限位柱　15—导板镶块　16—侧刃　17—导料板　18—凹模　19—下模座

图 3-42 所示为两个弯曲件采用连续模冲压的排样实例。

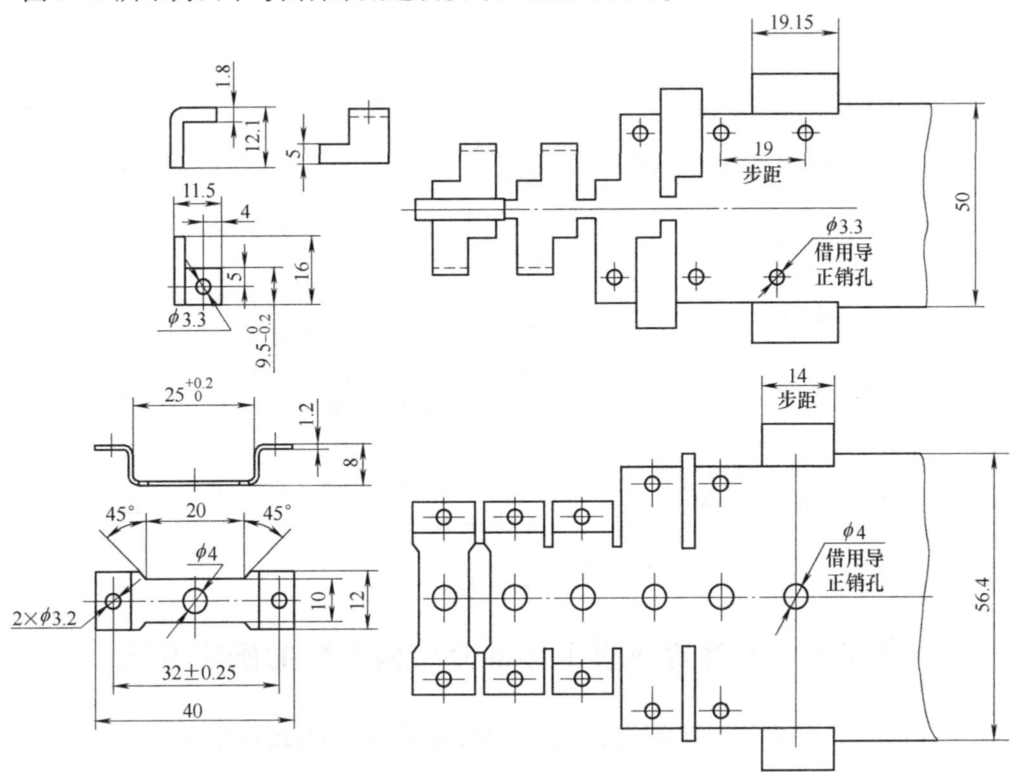

图 3-42　两个弯曲件采用连续模冲压的排样实例

任务准备

（1）设备　J21-40 型曲柄压力机一台。

（2）工具　冲孔落料连续弯曲模一套，内六角扳手、铜棒、锤子等工具一套。

（3）材料　Q235 钢板条料（$t=3$mm）若干。

（4）其他　冲孔落料连续弯曲模挂图、不同类型的连续弯曲模排样实例。

任务实施

1）在一体化教室或多媒体教室进行视频教学，课堂上结合挂图、模具实物讲解冲孔落料连续弯曲模的工作原理和成形特点。

2）在老师及工厂师傅的带领下，到冲压加工车间或模具制作实训场，使用内六角扳手、铜棒、锤子等工具将冲孔落料连续弯曲模安装在 J21-40 型曲柄压力机上，将 Q235 钢板条料（$t=3$mm）送入模具进行弯曲成形加工。

3）让学生仔细观察弯曲成形加工时的模具动作原理后，分组进行实训操作。

4）学生分组讨论冲孔落料连续弯曲模的结构特点和连续弯曲模的排样方法。

5）小组代表上台展示分组讨论结果。

6）小组之间互评、教师评价。

检查评议

序号	检查项目	考核要求	配分	得分
1	冲孔落料连续弯曲模的结构特点	正确叙述冲孔落料连续弯曲模的结构特点	30	
2	连续弯曲模的排样方法	运用连续弯曲模的排样方法正确绘制出产品排样图	40	
3	小组内成员分工情况、参与程度	组内成员分工明确，所有的学生都积极参与小组活动，为小组活动献计献策	5	
4	合作交流、解决问题	组内成员分工协助，认真倾听、互助互学，在共同交流中解决问题	10	
5	小组活动的秩序	活动组织有序，服从领导	5	
6	讨论活动结果的汇报水平	敢于发言、质疑，汇报发言声音洪亮，思路清晰、简练，突出重点	10	
合　计			100	

任务6　了解弯曲模工作部分结构参数的确定方法

子任务1　了解弯曲凸、凹模结构参数的确定方法

学习目标

◎ 了解弯曲凸模圆角半径的选取原则
◎ 了解弯曲凹模圆角半径的选取原则
◎ 掌握弯曲凹模工作部分深度的确定方法
◎ 了解弯曲凸、凹模宽度尺寸的计算方法

任务描述

凹模圆角半径的大小对弯曲变形力和制件质量都有较大的影响，同时它还关系到凹模厚度的确定。凹模圆角半径过小，坯料拉入凹模的滑动阻力大，使制件表面擦伤甚至出现压痕；凹模圆角半径过大，则会影响坯料定位的准确性。冲压成形中的开裂位置与凸模圆角半径大小有关，极限成形高度随凸模圆角半径的增大而增大。因此合理选择弯曲凸、凹模的圆角半径就至关重要。

相关知识

一、弯曲凸模圆角半径的选择原则

当弯曲件的相对弯曲半径 r/t 较小时，凸模圆角半径等于弯曲件的弯曲半径，但必须大于最小弯曲圆角半径。若 r/t 小于最小相对弯曲半径，则可先弯成较大的圆角半径，再采用

整形工序进行整形。

二、弯曲凹模圆角半径的选择原则

如图3-43所示为弯曲凸、凹模的结构尺寸。凹模圆角半径 r_d 不能过小，否则弯矩的力臂就会减小，毛坯沿凹模圆角滑进时阻力增大，从而弯曲力增加，并使毛坯表面擦伤。对称压弯件两边的凹模圆角半径 r_d 应一致，否则压弯时毛坯产生偏移。

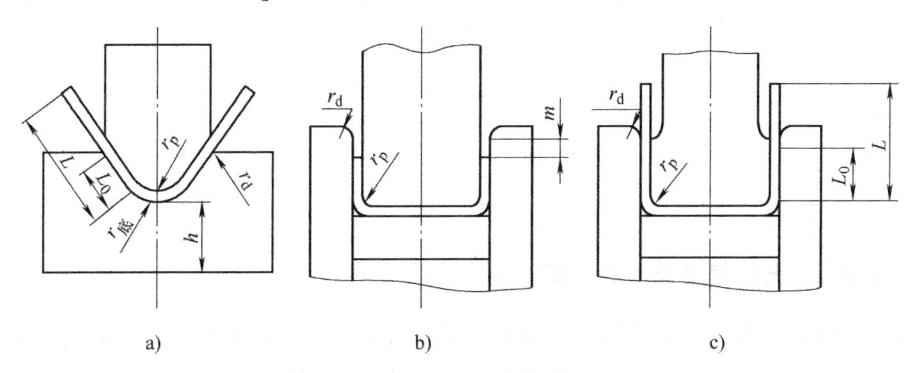

图3-43　弯曲凸、凹模的结构尺寸

生产中，应按材料的厚度确定凹模圆角半径：

$t \leqslant 2\text{mm}$　　　　$r_d = (3 \sim 6)t$

$2\text{mm} < t \leqslant 4\text{mm}$　　　　$r_d = (2 \sim 3)t$

$t > 4\text{mm}$　　　　$r_d = 2t$

对于V形件凹模，其底部可开槽，可取 $r_底 = (0.6 \sim 0.8)(r_p + t)$。

三、弯曲凹模工作部分深度的确定方法

弯曲凹模工作部分的深度 L_0 要适当。若过小，则工件两端的自由部分较长，弯曲零件回弹值大，不平直；若过大，则浪费模具材料，且需较大的压力机行程。

弯曲V形件时凹模深度及底部最小厚度可查表3-9。

表3-9　弯曲V形件时凹模深度 L_0 及底部最小厚度值 h　　（单位：mm）

弯曲件边长 L/mm	材料厚度 t/mm					
	<2		2~4		>4	
	h	L_0	h	L_0	h	L_0
>10~25	20	10~15	22	15	—	—
>25~50	22	15~20	27	25	32	30
>50~75	27	20~25	32	30	37	35
>75~100	32	25~30	37	35	42	40
>100~150	37	30~35	42	40	47	50

弯曲U形件时，若弯边高度不大，或要求两边平直，则凹模深度应大于零件高度，如图3-43b所示。图3-33中 m 值见表3-10。当弯曲件边长较大，而且对平直度要求不高时，可采用图3-43c所示凹模形式。凹模深度 L_0 值见表3-11。

表 3-10　弯曲 U 形件时凹模的 m 值　（单位：mm）

材料厚度 t/mm	≤1	1~2	2~3	3~4	4~5	5~6	6~7	7~8	8~10
m	3	4	5	6	8	10	15	20	25

表 3-11　弯曲 U 形件时的凹模深度 L_0　（单位：mm）

弯曲件边长 L_0/mm	材料厚度 t/mm				
	≤1	1~2	2~4	4~6	6~10
<50	15	20	25	30	35
50~75	20	25	30	35	40
75~100	25	30	35	40	40
100~150	30	35	40	50	50
150~200	40	45	55	65	65

四、弯曲凸、凹模宽度尺寸的计算方法

弯曲凸、凹模宽度尺寸的计算与工件尺寸的标注有关。一般原则是：工件标注外形尺寸（见图 3-44a）时，则模具以凹模为基准件，间隙取在凸模上。反之，工件标注内形尺寸（见图 3-44b）时，则模具以凸模为基准件，间隙取在凹模上。

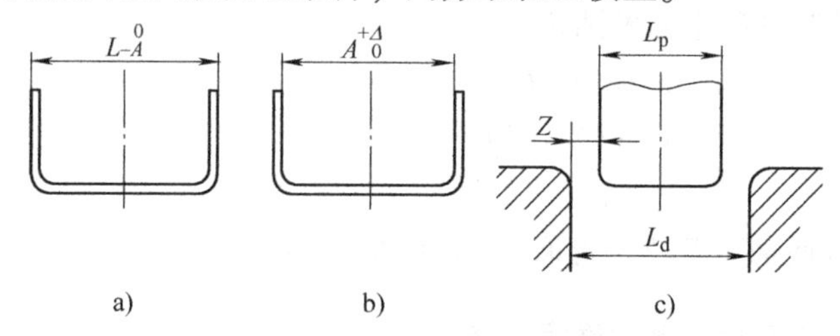

图 3-44　工件的标注及模具尺寸

当工件标注外形时，则

$$L_d = (L_{max} - 0.75\Delta)_{\ 0}^{+\delta_d} \tag{3-15}$$

$$L_p = (L_d - 2Z)_{-\delta_p}^{\ 0} \tag{3-16}$$

当工件标注内形时，则

$$L_p = (L_{min} + 0.75\Delta)_{-\delta_p}^{\ 0} \tag{3-17}$$

$$L_d = (L_p + 2Z)_{\ 0}^{+\delta_d} \tag{3-18}$$

式中　L_{max}——弯曲件宽度的最大尺寸；

L_{min}——弯曲件宽度的最小尺寸；

L_p——凸模宽度；

L_d——凹模宽度；

Δ——弯曲件宽度的尺寸公差；

δ_p、δ_d——凸、凹模的制造偏差，一般按 IT9 级选用。

任务准备

（1）量具　游标卡尺、R 规等。

（2）模具　V 形、U 形弯曲模各一套。

（3）工具　内六角扳手、铜棒、锤子等工具一套。

（4）其他　V 形、U 形弯曲模挂图，V 形、U 形弯曲产品等。

任务实施

1）课堂上结合 V 形、U 形弯曲模挂图及模具实物讲解弯曲凸、凹模圆角半径的选择原则，弯曲凹模工作部分深度的确定方法，以及弯曲凸、凹模宽度尺寸的计算方法。

2）同学们在老师及工厂师傅的带领下到冲压加工车间或模具制作实训场，分组使用内六角扳手、铜棒、锤子等工具先后将 V 形、U 形弯曲模的凸、凹模拆下后，使用量具测量凸、凹模的圆角半径并做好相应记录。

3）学生分组将自己所测数值与经验值相比较，验证弯曲凸、凹模的圆角半径是否合理。

4）学生分组讨论弯曲凸、凹模圆角半径，弯曲凹模工作部分深度及弯曲凸、凹模宽度尺寸的确定方法。

5）小组代表上台展示分组讨论结果。

6）小组之间互评、教师评价。

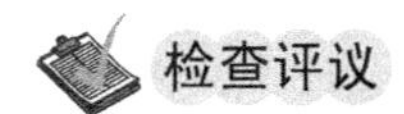

检查评议

序号	检查项目	考核要求	配分	得分
1	弯曲凸、凹模圆角半径的选择原则	说出弯曲凸、凹模圆角半径的选择原则	10	
2	V 形、U 形弯曲凸、凹模圆角半径值的测量方法	准确无误地测量出 V 形、U 形弯曲凸、凹模的圆角半径值	20	
3	弯曲凹模工作部分深度的确定方法	准确地说出弯曲凹模工作部分深度的确定方法	20	
4	弯曲凸、凹模宽度尺寸的计算方法	运用弯曲凸、凹模宽度尺寸的计算公式得出正确结果	20	
5	小组内成员分工情况、参与程度	组内成员分工明确，所有的学生都积极参与小组活动，为小组活动献计献策	5	
6	合作交流、解决问题	组内成员分工协助，认真倾听、互助互学，在共同交流中解决问题	10	
7	小组活动的秩序	活动组织有序，服从领导	5	
8	讨论活动结果的汇报水平	敢于发言、质疑，汇报发言声音洪亮，思路清晰、简练，突出重点	10	
合　计			100	

子任务 2　了解弯曲凸、凹模间隙的确定方法

学习目标

◎ 了解弯曲凸、凹模间隙的确定方法

◎ 会使用量具测量弯曲凸、凹模间隙值

任务描述

弯曲凸、凹模间隙值对弯曲件的回弹、表面质量和弯曲力都有很大的影响。如果间隙过大，弯曲件的回弹量增大，误差增加，从而会降低制件的精度。如果间隙过小，则会使零件直边料由厚变薄和出现划痕，而且还会降低凹模寿命。要想正确选择弯曲凸、凹模的间隙值，必须先了解下面的知识。

相关知识

对于V形弯曲件，凸、凹模之间的间隙是通过调节压力机的装模高度来控制的。对于U形弯曲件，凸、凹模单边间隙 Z（图3-44c）一般可按下式计算：

$$Z = t_{max} + ct = t + \Delta + ct \tag{3-19}$$

式中　Z——弯曲模凸、凹模的单边间隙；

t——材料厚度基本尺寸；

Δ——材料厚度的上极限偏差；

c——间隙系数，可查表3-12。

当工件精度要求较高时，其间隙值应适当减小，取 $Z=t$。

表3-12　U形件弯曲的间隙系数 c 值

弯曲件高度 H/mm	材料厚度 t/mm								
	$b/H \leqslant 2$				$b/H > 2$				
	<0.5	0.6~2	2.1~4	4.1~5	<0.5	0.6~2	2.1~4	4.1~7.5	7.6~12
10	0.05	0.05	0.04	—	0.10	0.10	0.08	—	—
20	0.05	0.05	0.04	0.03	0.10	0.10	0.08	0.06	0.06
35	0.07	0.05	0.04	0.03	0.15	0.10	0.08	0.06	0.06
50	0.10	0.07	0.05	0.04	0.20	0.15	0.10	0.06	0.06
70	0.10	0.07	0.05	0.05	0.20	0.15	0.10	0.10	0.08
100	—	0.07	0.05	0.05	—	0.15	0.10	0.10	0.08
150	—	0.10	0.07	0.05	—	0.20	0.15	0.10	0.10
200	—	0.10	0.07	0.07	—	0.20	0.15	0.15	0.10

例　试计算图3-45所示弯曲制件的毛料尺寸、弯曲力（校正弯曲）、工作部分的尺寸，并绘制弯曲模图样（$t=2$mm）。

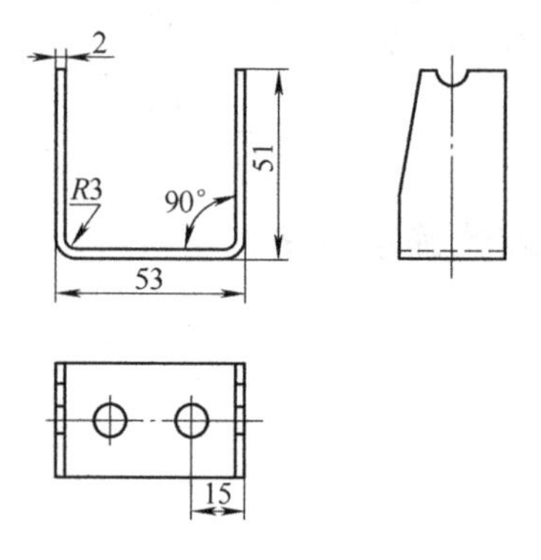

图3-45　弯曲制件

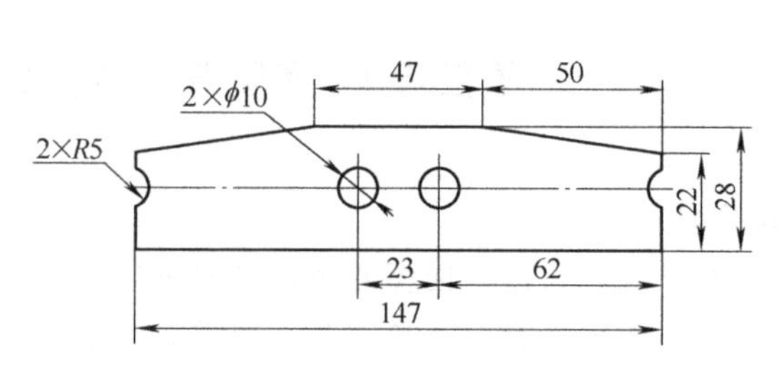

图3-46　毛坯图

解 1. 计算毛料尺寸

$$L_0 = \sum l_{直} + \sum l_{弯}$$

$$\sum l_{直} = [(51-3-2)\times 2 + (53-2\times 3-2\times 2)]\text{mm} = 135\text{mm}$$

$$\sum l_{弯} = 2\times\frac{180°-\alpha}{180°}\pi(R+xt), \frac{R}{t} = \frac{3}{2} = 1.5$$

查表3-5，$x=0.44$（按有顶料板选取），可得

$$\sum l_{弯} = 2\times\frac{90°}{180°}\pi(3+0.44\times 2)\ \text{mm} = 12.18\text{mm}$$

$$L_0 = 147\text{mm}\ （见图4-46）$$

2. 计算弯曲力

$$F_{校} = Ap$$

$$A = 28\times(53-2\times 2)\text{mm}^2 = 1372\text{mm}^2 = 1372\times 10^{-6}\text{m}^2$$

查表3-8，$P=60\text{MPa}$，所以

$$F_{校} = (1372\times 60)\text{N} = 82320\text{N} \approx 82\text{kN}$$

3. 计算工作部分尺寸

凹模圆角半径：由 $t=2\text{mm}$，$R_d=(2\sim 3)t$，可取 $R_d=2.5t=5\text{mm}$。

凹模的深度：查表3-11，$L=25\text{mm}$。

凸、凹模间隙 $Z=t+\Delta+ct$。

Δ_1 为材料厚度的正偏差，由有关手册查得

$$\Delta_1 = 0.15\text{mm}$$

查表3-12，$c=0.07$

$$Z = (2+0.15+0.07\times 2)\text{mm} = 2.29\text{mm}$$

凹模宽度

$$L_d = (L-K\Delta)^{+\delta_d}_{0}$$

制件未标注尺寸公差，仅按外形尺寸标注。

查有关资料，$\Delta=0.74\text{mm}$

制件可按双向偏差取 $K_1=\frac{1}{2}$

查公差表　$\delta_d=74\mu\text{m}=0.074\text{mm}$

$$A_d = (53-0.5\times 0.74)^{+0.074}_{0}\text{mm} = 52.63^{+0.074}_{0}\text{mm}$$

$$A_p = (52.63-2\times 2.29)\text{mm} = 48.05\text{mm} \approx 48.1\text{mm}$$

U形制件弯曲模如图3-47所示。

任务准备

（1）量具　游标卡尺、螺纹千分尺等。

（2）模具　V形、U形弯曲模各一套。

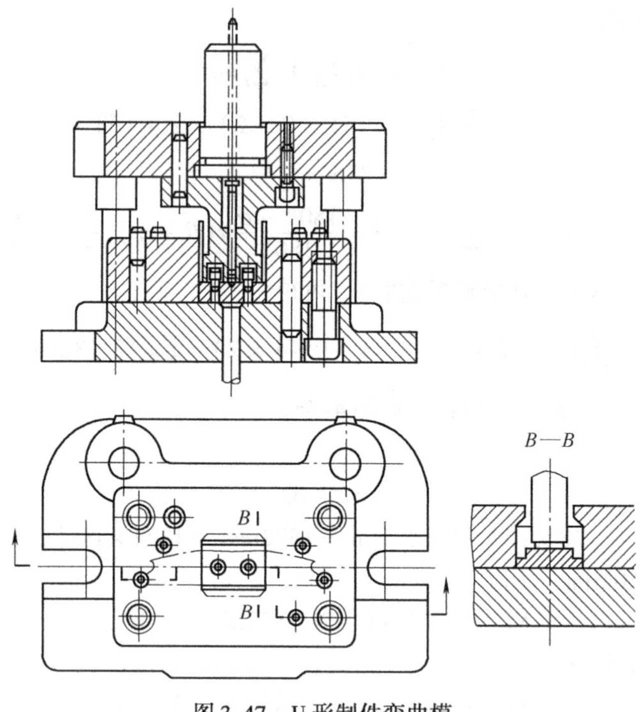

图 3-47　U 形制件弯曲模

（3）其他　V 形、U 形弯曲模挂图。

任务实施

1）老师在课堂上结合 V 形、U 形弯曲模挂图、模具实物，讲解弯曲凸、凹模间隙的经验计算公式。

2）同学们在老师及工厂师傅的带领下到冲压加工车间或模具制作实训场，分组测量 V 形、U 形弯曲凸、凹模尺寸并做好相应记录。

3）学生将自己所计算出来的凸、凹模间隙值与经验值相比较，验证弯曲凸、凹模的间隙值是否合理。

4）学生分组讨论弯曲件凸、凹模间隙值的确定方法。

5）小组代表上台展示分组讨论结果。

6）小组之间互评、教师评价。

检查评议

序号	检查项目	考核要求	配分	得分
1	V 形、U 形弯曲凸、凹模尺寸的测量	准确无误地测量出 V 形、U 形弯曲凸、凹模的尺寸	20	
2	V 形、U 形弯曲凸、凹模间隙值的计算方法	正确计算凸、凹模的间隙值	20	
3	凸、凹模间隙值的验证	正确判断凸、凹模间隙值的合理性	30	

（续）

序号	检查项目	考核要求	配分	得分
4	小组内成员分工情况、参与程度	组内成员分工明确，所有的学生都积极参与小组活动，为小组活动献计献策	5	
5	合作交流、解决问题	组内成员分工协助，认真倾听、互助互学，在共同交流中解决问题	10	
6	小组活动的秩序	活动组织有序，服从领导	5	
7	讨论活动结果的汇报水平	敢于发言、质疑，汇报发言声音洪亮，思路清晰、简练，突出重点	10	
合　计			100	

考证要点

一、填空题

弯曲时，零件尺寸标注在外侧，凸、凹模尺寸计算以________为基准。

二、计算题

1. 分析如图 3-48 所示弹簧吊耳的工艺性，试：(1) 计算其坯料尺寸和弯曲力（校正弯曲）。(2) 确定弯曲工艺方案，计算弯曲模工作部分的尺寸并绘制模具结构草图。材料为 35 钢，退火。

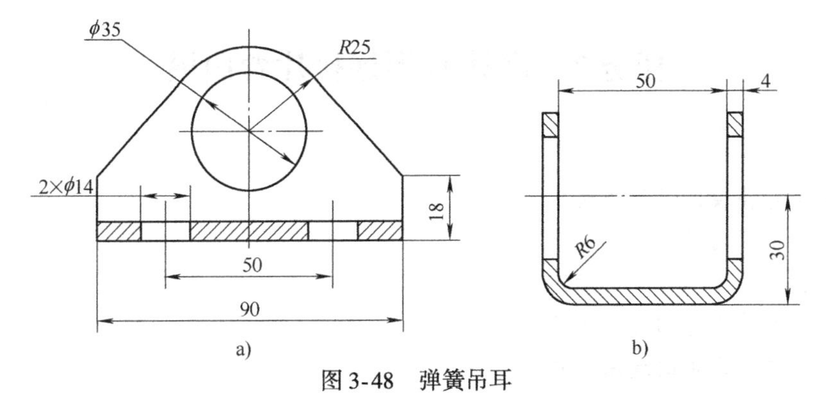

图 3-48　弹簧吊耳

2. 分析如图 3-49 所示弯曲件的工艺性，试：(1) 计算坯料展开长度和弯曲力（不带校正弯

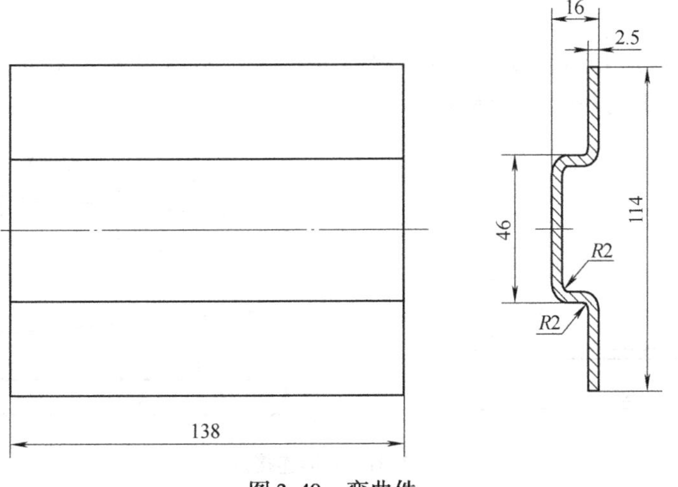

图 3-49　弯曲件

曲)。(2）确定弯曲工艺方案，计算弯曲模工作部分的尺寸并绘制模具结构草图。材料为Q235。

3. 试确定图3-50所示冲压件的下料尺寸及冲压工序过程，并选择相应的冲压设备。

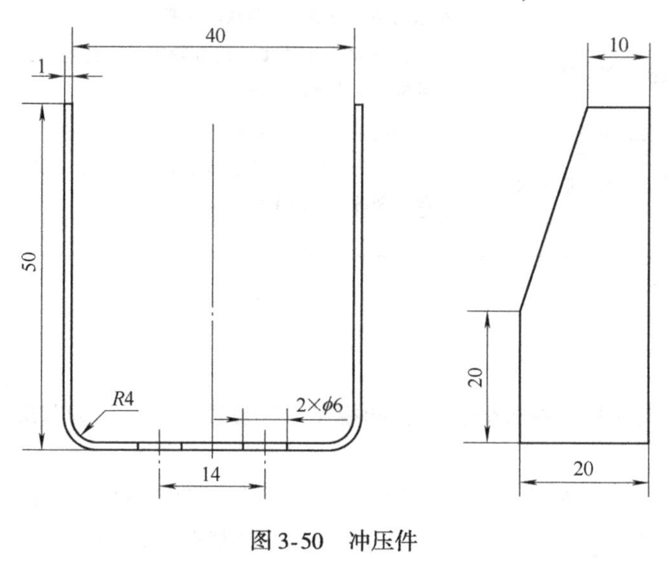

图3-50　冲压件

任务7　设计L形连接片弯曲模

学习目标

◎ 学会弯曲模的设计方法

◎ 能分析弯曲件的工艺性

◎ 掌握弯曲工艺方案的确定方法

◎ 掌握弯曲工艺的计算方法

◎ 掌握冲压设备的选用方法。

任务描述

如图3-51所示是L形连接片图样，材料为Q235，板材厚度为3mm，生产批量为大批量。要求确定冲裁工艺并设计其模具。

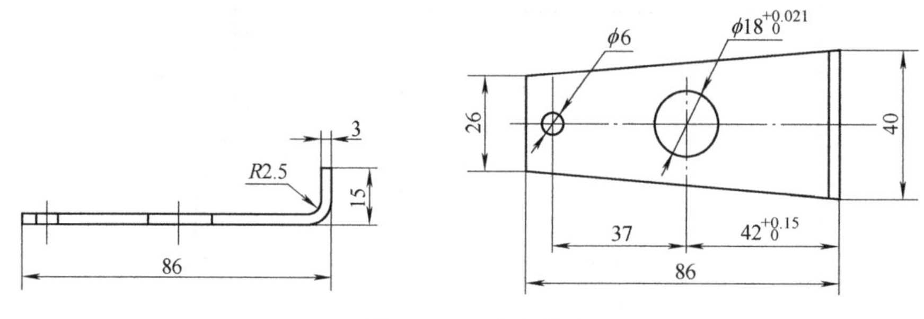

图3-51　L形连接片

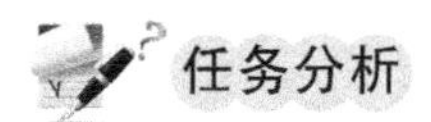

任务分析

本任务主要是通过识读L形连接片图样，对其进行弯曲工艺分析，确定弯曲工艺方案，选择合适的模具结构并对其进行工艺计算，选择相应的冲压设备，对模具主要零部件进行设计并绘制模具总装配图和零部件图样。

任务准备

L形连接片图样、计算器、装有AutoCAD2000和Pro/ENGINEER软件的计算机、《模具设计与制造简明手册》、《机械零件设计手册》等。

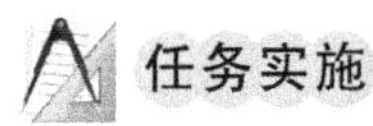

任务实施

一、识读L形连接片图样

认真阅读L形连接片图样，了解弯曲产品的形状、尺寸精度、几何公差要求、表面粗糙度要求等内容。

二、冲压的工艺性分析

1）图形分析：该零件形状较简单，零件的平面形状内部有两个小孔，外部由直线组成。

2）尺寸分析：尺寸公差要求不高，未注公差尺寸均取IT14级。

3）材料为Q235，是常见的冲裁材料，厚度为1.5mm。力学性能为

① 抗拉强度σ_b：440～470MPa。

② 抗剪强度τ：310～380MPa。

③ 伸长率δ：21%～25%。

④ 屈服极限σ_s：240MPa。

4）批量生产。

5）冲压工序：落料、冲孔、弯曲。

三、冲压工艺方案的确定

在对冲压件的工艺性进行分析后，结合产品进行必要的工艺计算，并在分析冲压工艺、冲压次数、工艺组合方式的基础上，提出各种可能的冲压工艺方案。

方案一：单工序模。适当整合各冲压工序，需要两副模具，即落料模和冲孔模，这些模具制造方便、经济，但需要零件二次定位，产品上孔的定位精度不高，生产周期长一些，占用冲压设备多。

方案二：复合模。当板材厚度$t=3$mm时，最小壁厚$a=6.7$mm，由于本产品的最小壁厚为4mm，故可以采用复合模。复合模结构相对复杂一些，制造难度也高一些，但因为只需一副模具，制造成本并不高，同时冲压生产周期短，产品质量高，占用设备少，能起到节能、节省劳动力的作用。

因此综合考虑产品质量、制造周期、生产周期、节省成本等因素，采用方案二。

四、模具结构方案的确定

由于料厚适中，可以保证平整度，故可采用倒装复合模，即落料凹模装在上模部分，落料凸模（确切地说是凸凹模，包括落料凸模和冲孔凹模）装在下模部分，冲孔凸模装在上模部分。卸料装置采用弹性卸料结构，由于结构复杂、冲孔较多，建议弹性材料采用橡胶或矩形弹簧。产品采用推件块由上而下推出。冲孔废料从下模直接落下。采用手动前后送料装置，采用定位销定位。模具结构如图 3-52 所示。

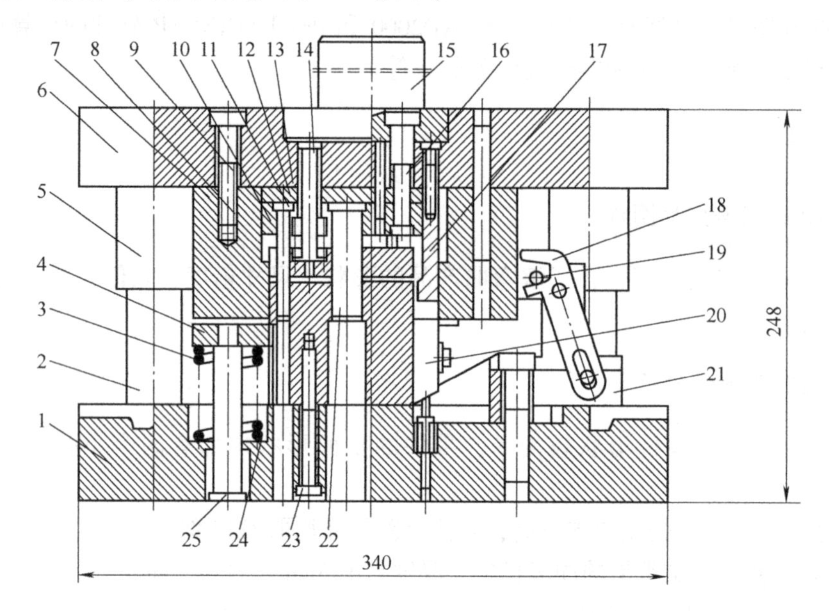

图 3-52　模具结构

1—下模座　2—导柱　3、13—弹簧　4—卸料板　5—导套　6—上模座　7—落料凹模　8—推板　9、16、23—螺钉　10—冲孔凸模固定板　11—圆凸模 1　12—垫板　14—顶杆　15—模柄　17—弯曲凹模　18—摆杆　19—定位销　20—斜嵌板　21—定位板　22—圆凸模 2　24—圆柱销　25—卸料螺钉

五、毛坯展开尺寸的计算

1. 确定其搭边值

根据成形范围，应考虑以下因素：

1）材料的力学性能：软材料、脆性材料的搭边值取大一些，硬材料的搭边值可取小一些。

2）冲件的形状尺寸：冲件的形状复杂或尺寸较大时，搭边值大一些。

3）材料的厚度：厚材料的搭边值要大一些。

4）材料及挡料方式：用手工送料，手动侧压。

5）卸料方式：弹性卸料与刚性卸料相比搭边值要小一些。

6）材料：Q235，落料部有大圆角的形状。

综上所述，两工件间的搭边值 $a_1=2.5\text{mm}$，工件侧面搭边值 $a=3.0\text{mm}$。

2. 确定排样图

在冲压零件的过程中，材料费用占 60% 以上，排样的目的就在于合理利用原材料，因此材料的利用率是决定产品成本的重要因素，必须认真计算，确保排样相对合理，以达到较好的材料利用率。

排样方法可分为三种：有废料排样，少废料样和无废料排样。

少废料排样的材料利用率可达70%～90%，但采用少、无废料排样时也存在一些缺点，就是由于条料本身的公差以及条料导向与定位所产生的误差，使工作的质量较差、精度较低。另外，由于采用单边剪切，会影响断面质量和模具寿命。

根据本工件的形状和批量，对模具寿命有一定要求，固采用有废料排样方法。

排样时，工件之间以及工件与条料侧边之间留下的余料叫做搭边。搭边的作用是补偿定位误差，保证冲出合格的工件。还可以使条料有一定的刚度，便于送进。

本产品外形是带大圆弧形，因此排样主要由外形决定，为了提高材料利用率可考虑对排，对排方式可以是直排，具体由下面的计算确定。

送料步距 $A=(95.3+2.5)\text{mm}=97.8\text{mm}$。

条料宽度 $B=(D+2a)$，其中 $D=40\text{mm}$，$a=3\text{mm}$，所以 $B=(40+2\times3)\text{mm}=46\text{mm}$。

由于在剪板时也有公差，查表得条料宽度公差 $\Delta=0.7\text{mm}$，所以，剪板宽度 $B=(40+2\times3+0.7)\text{mm}=46.7_{-0.7}^{\ 0}\text{mm}$。

排样图如图3-53所示。

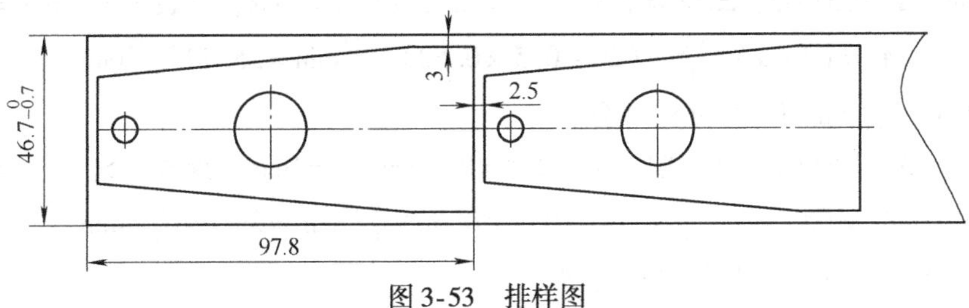

图3-53 排样图

3. 材料利用率的计算

由于本产品采用复合工序的单副模具生产，采用手动送料，因此可以假设原材料为板料，再经剪切后成为条料。板料尺寸为定制，厚为3mm。

材料利用率计算公式为

$$\eta=\frac{S}{S_0}\times100\%$$

式中 S_0——板材总面积；

S——实际产品面积。

$S_0=(46.7\times97.8)\text{mm}=4567.26\ \text{mm}^2$，$S=S_{落}-S_{孔}$。由于产品特征多，外形复杂，故采用CAD软件进行辅助分析计算。在CAD软件中测得 $S_{落}=3250.1\text{mm}^2$，$S_{孔}=282.743\text{mm}^2$，所以 $S=(3250.1-282.743)\text{mm}^2=2967.357\text{mm}^2$

$$\text{故材料总利用率}\ \eta=\frac{S}{S_0}\times100\%=\frac{3967.357}{4567.26}\times100\%=86.87\%。$$

可见材料利用率大于80%，因此材料利用率还是可以接受的。

六、弯曲模工作部分尺寸的设计

本模具设计由两道工序组成，即落料和冲孔。外形是落料，内部各孔是冲孔，下面分两部分进行计算。

1. 落料部分凸、凹模刃口尺寸的确定

（1）计算原则　本产品外形加工属于落料工序，因此计算原则是以凹模为基准，配制凸模。由于产品外形复杂，故采用凸、凹模配合加工法来制造，并进行设计计算。

（2）凸、凹模制造公差及凸、凹模刃口尺寸的计算。工件尺寸有：$26_{-0.52}^{0}$mm，$40_{-0.62}^{0}$mm，$95.3_{-0.74}^{0}$mm，37mm ±0.26mm，$51.3_{-0.62}^{0}$mm。凸、凹模制造公差取对应尺寸公差的1/4。

查表得冲裁双面间隙 $Z_{min}=0.42$mm，$Z_{max}=0.60$mm，所以

$$Z_{max}-Z_{min}=0.18\text{mm}$$

（3）落料凸、凹模刃口尺寸的计算。由于以凹模为基准，所以查得公式为

凹模磨损后尺寸变大的：$A_d=(A-x\Delta)_{0}^{+0.25\Delta_d}$

凹模磨损后尺寸变小的：$B_d=(B+x\Delta)_{-\delta_d}^{0}$

凹模磨损后尺寸不变的：$C_d=C\pm\delta_d/2$

$26_{-0.52}^{0}$mm，$40_{-0.62}^{0}$mm，$95.3_{-0.74}^{0}$mm，$51.3_{-0.62}^{0}$mm 属于磨损后尺寸变大的尺寸，37mm ±0.26mm 属于磨损后尺寸不变的尺寸。

① $26_{-0.52}^{0}$mm 刃口尺寸的计算。

$A=26$mm，$\Delta=0.52$mm，凹模偏差 $\delta_d=\Delta/4=0.13$mm。$t=3$mm，查表3-5，得 $x=0.5$，所以

$$A_d=(A-x\Delta)_{0}^{+\delta_d}=(26-0.5\times0.52)_{0}^{+0.13}\text{mm}=25.74_{0}^{+0.13}\text{mm}$$

② 尺寸 $40_{-0.62}^{0}$mm 刃口尺寸的计算

$A=40$mm，$\Delta=0.62$mm，凹模偏差 $\delta_d=\Delta/4=0.15$mm。$t=1$mm，查表3-5，得 $x=0.5$，所以

$$A_d=(A-x\Delta)_{0}^{+\delta_d}=(40-0.5\times0.62)_{0}^{+0.15}\text{mm}=39.69_{0}^{+0.15}\text{mm}$$

③ 尺寸 $95.3_{-0.74}^{0}$mm 刃口尺寸的计算。

$A=95.3$mm，$\Delta=0.74$mm，凹模偏差 $\delta_d=\Delta/4=0.18$mm。$t=1$mm，查表3-5，得 $x=0.5$，所以

$$A_d=(A-x\Delta)_{0}^{+\delta_d}=(95.3-0.5\times0.74)_{0}^{+0.18}\text{mm}=94.93_{0}^{+0.18}\text{mm}$$

④ 尺寸 $51.3_{-0.62}^{0}$mm 刃口尺寸的计算。

$A=51.3$mm，$\Delta=0.62$mm，凹模偏差 $\delta_d=\Delta/4=0.15$mm。$t=1$mm，查表3-5，得 $x=0.5$，所以

$$A_d=(A-x\Delta)_{0}^{+\delta_d}=(51.3-0.5\times0.62)_{0}^{+0.15}\text{mm}=50.99_{0}^{+0.15}\text{mm}$$

⑤ 尺寸 37mm ±0.26mm 刃口尺寸的计算

$c=37$，$\Delta=0.52$，凹模偏差 $\delta_d=\Delta/4=0.15$mm。$t=1$mm，查表3-5，得 $x=0.5$，所以

$$C_d=c\pm\delta_d/2=37\text{mm}\pm0.07\text{mm}$$

凸模与凹模为基准配制，保证双面间隙为0.42～0.60mm。

2. 冲孔部分凸、凹模刃口尺寸的确定

（1）计算原则　冲孔计算原则是以凸模为基准，配制凹模。圆孔由于加工方便，故采用分开加工法制造并计算。非圆形孔由于外形复杂，制造不便，故采用凸、凹模分开配合加工法来制造，并进行设计计算。公差查表确定。

（2）凸、凹模制造公差及凸、凹模刃口尺寸的计算　外形有两个孔，分别是$\phi6^{+0.30}_{0}$mm孔和$\phi18^{+0.21}_{0}$mm孔，两孔圆心距尺寸为37mm±0.26mm，定位尺寸为$51.3^{0}_{-0.62}$mm。查表得计算公式

凸模尺寸：　$d_p=(d+x\Delta)^{0}_{-\delta_p}$

凹模尺寸：　$d_d=(d_p+Z_{min})^{+\delta_d}_{0}$

由于以凸模为基准，查得公式为

凸模磨损后尺寸变小的：　$A_p=(A+x\Delta)^{0}_{-\delta_p}$

凸模磨损后尺寸变大的：　$B_p=(B-x\Delta)^{+\delta_p}_{0}$

凸模磨损后尺寸不变小：　$C_p=C\pm\delta_p/2$

公差取工件尺寸的1/4。

$\phi6^{+0.30}_{0}$mm、$\phi18^{+0.21}_{0}$mm属于磨损后尺寸变小的尺寸，$51.3^{0}_{-0.62}$mm属于磨损后尺寸变大的尺寸。37mm±0.26mm属于磨损后尺寸不变的尺寸。

查表得冲裁双面间隙$Z_{min}=0.42$mm，$Z_{max}=0.60$mm，所以

$$Z_{max}-Z_{min}=0.18\text{mm}$$

（3）冲孔凸、凹模刃口尺寸的计算。

1）圆孔$\phi6^{+0.30}_{0}$mm的刃口尺寸计算（分开加工法）。查表得：

$$凸模偏差\ \delta_p=0.020\text{mm}$$
$$凹模偏差\ \delta_d=0.020\text{mm}$$

冲裁双面间隙$Z_{max}-Z_{min}=0.060$mm

因此

$$\delta_p+\delta_d=(0.020+0.020)\text{mm}=0.040\text{mm}<0.18\text{mm}=Z_{max}-Z_{min}$$

所以凸、凹模制造公差合理。

所以

$$d_p=(6+0.5\times0.30)^{0}_{-0.020}\text{mm}=6.15^{0}_{-0.020}\text{mm}$$
$$d_d=(6.15+0.420)^{+0.020}_{0}\text{mm}=6.57^{+0.020}_{0}\text{mm}$$

2）圆孔$\phi18^{+0.21}_{0}$mm刃口尺寸的计算（分开加工法）。查表得

$$凸模偏差\ \delta_p=0.020\text{mm}$$
$$凹模偏差\ \delta_d=0.020\text{mm}$$
$$冲裁双面间隙\ Z_{max}-Z_{min}=0.060\text{mm}$$

因此

$$\delta_p+\delta_d=(0.020+0.020)\text{mm}=0.040\text{mm}<0.18\text{mm}=Z_{max}-Z_{min}$$

所以凸、凹模制造公差合理。

所以

$$d_p=(18+0.5\times0.21)^{0}_{-0.020}\text{mm}=18.11^{0}_{-0.020}\text{mm}$$
$$d_d=(18.11+0.420)^{+0.020}_{0}\text{mm}=18.53^{+0.020}_{0}\text{mm}$$

3）尺寸$51.3^{0}_{-0.62}$mm，37mm±0.26mm前面已经计算过，在此不再计算。

七、弯曲力的计算

本模具冲压力（$F_{总}$）由三大部分组成，即落料力（$F_{落}$）、冲孔力（$F_{冲}$）弯曲力

（$F_{弯}$）。由于落料、冲孔同时进行，然后进行弯曲，因此只需考虑压力机在整个冲压运动过程中是否有足够的动力提供，然后取三者之和。下面分别对其进行计算。

1. 落料部分的冲压力

根据本模具的结构，冲压力包括落料冲裁力、卸料力和顶件力。

已知材料为 Q235 钢板，板材厚为 3.0mm，材料的抗剪强度取中间值 $\tau = 350\text{MPa}$。

1）冲裁力。

$$F_{冲} = KtL\tau = (1.3 \times 3.0 \times 257.288 \times 350)\text{N} = 351198\text{N}$$

式中 L——落料件的周长（mm）；

t——板料厚度（mm）；

τ——材料的抗剪强度（MPa）。

2）卸料力。卸料力、推件力、顶件力系数可查表 3-13。$K_{卸} = 0.03$，可得

表 3-13 卸料力、推件力、顶件力系数

材料	料厚 t/mm	$K_{卸}$	$K_{推}$	$K_{顶}$
钢	≤0.1	0.065～0.075	0.1	0.14
	>0.1～0.5	0.045～0.055	0.065	0.08
	>0.5～2.5	0.04～0.05	0.055	0.06
	>2.5～6.5	0.03～0.04	0.045	0.05
	>6.5	0.02～0.03	0.025	0.03
铝、铝合金	—	0.025～0.08	0.03～0.07	0.03～0.07
纯铜、黄铜	—	0.02～0.06	0.03～0.09	0.03～0.09

$$F_{卸} = K_{卸}F_{落} = (0.03 \times 351198)\text{N} = 10536\text{N}$$

3）落料总冲压力。

$$F_{落} = F_{冲} + F_{卸} = (351198 + 10536)\text{N} = 361734\text{N}$$

2. 冲孔部分的冲压力

根据本模具的结构，冲孔力包括冲裁力和卸料力。

1）冲孔力。

$$F_{冲} = KtL\tau = (1.3 \times 3.0 \times 75.4 \times 350)\text{N} = 102921\text{N}$$

式中 L——落料件的周长（mm）；

t——板料厚度（mm）；

τ——材料的抗剪强度（MPa）。

2）推件力。$K_{卸} = 0.045$，可得

$$F_{卸} = K_{卸}F_{落} = (0.045 \times 102921)\text{N} = 4631\text{N}$$

3）冲孔总冲压力。

$$F_{孔} = F_{卸} + F_{冲} = (102921 + 4631)\text{N} = 107552\text{N}$$

3. 弯曲部分的冲压力

根据本模具的结构，弯曲力包括自由弯曲力和压料力。

1）自由弯曲力。

$$F_{弯}=\frac{0.6kbt^2\sigma_2}{r+t}=\left(\frac{0.6\times1.3\times40\times3^2\times450}{2.5+3}\right)\text{N}=22974\text{N}$$

式中　k——安全系数，取1.3；

b——弯曲件宽度（mm）；

σ_b——材料强度极限（MPa）；

t——材料厚度，为3mm。

2）压料力。$K_{弯}=0.05$，可得

$$F_{压}=K_{弯}F_{弯}=(0.05\times22974)\text{N}\approx1149\text{N}$$

3）弯曲总冲压力。

$$F_{弯总}=F_{弯}+F_{压}=(22974+1149)\text{N}=24123\text{N}$$

4. 总冲压力

$$F_{总}=F_{落}+F_{孔}+F_{弯总}=(361733+107552+24123)\text{N}=493408\text{N}$$

八、压力机的选用

如果落料和冲孔、弯曲一起进行，压力会很大，必须选用很大的压力机，这样对冲孔凸模不利，也极不经济，因此可采用阶梯冲裁。首先落料，等落料、冲孔完成后再弯曲，这样可以降低冲压力，同时注意压力机的行程有所增大，必须大于20mm。

由上面计算可知，落料、冲孔部分的冲击力大于弯曲部分的弯曲力，并且落料、冲孔在前弯曲在后，故根据总冲压力来计算压力机所需的压力。

压力机的冲压力一般大于等于总冲压力的1.3倍，即

$$F\geqslant1.3F_{孔}=1.3\times493408\text{N}\approx641.4\text{kN}。$$

综合上述，选得开式双柱可倾压力机（见图3-54），其型号为JD21-100。

压力机参数如下：

公称压力：1000kN

滑块行程：120mm

最大封闭高度：400mm

工作台尺寸：左右1000mm×前后600mm

工作台孔的尺寸：ϕ200mm

模柄孔尺寸：ϕ60mm×80mm

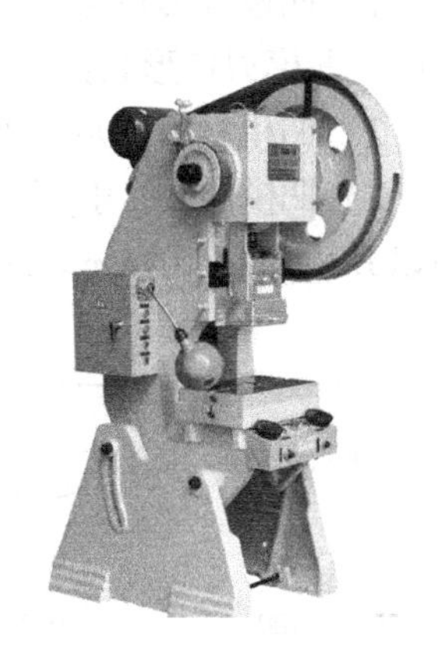

图3-54　开式双柱可倾压力机

九、压力中心的计算

一副模具的压力中心就是这副冲模各个压力的合力作用点，一般都指平面投影。冲模的压力中心应尽可能与压力机滑块的中心在同一垂直线上、否则冲压时会产生偏心载荷，导致模具及压力机滑块与导轨的磨损加剧，这不仅降低了模具和压力机的使用寿命，还会影响冲压件的质量，因此必须计算其压力中心。对于形状对称的模具，其压力中心就是其几何中心，对于形状复杂或多凸模冲压的模具，其压力中心的计算，是采用平行力系合力作用线的求解方法。本次设计的工件不是对称的，所以压力中心需要计算。

查表得不规则形状冲裁的压力中心为

$$X_0=\frac{l_1x_1+l_2x_2+\cdots+l_nx_n}{l_1+l_2+\cdots+l_n} \tag{3-20}$$

$$Y_0=\frac{l_1y_1+l_2y_2+\cdots+l_ny_n}{l_1+l_2+\cdots+l_n} \tag{3-21}$$

借助 CAD 软件辅助计算得压力中心（见图 3-55）为

$$X_0=13.7 \qquad Y_0=0$$

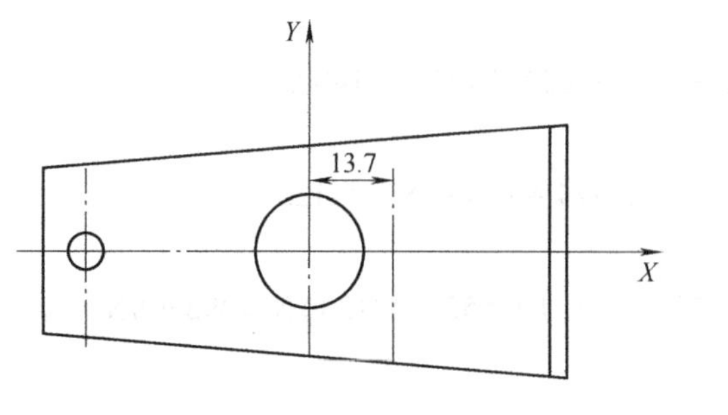

图 3-55　压力中心

图 3-56　凹模刃口形状

十、落料冲孔模主要零部件的结构设计

本模具采用倒装复合模结构，其主要零件有：落料凹模、凸凹模、两种冲孔凸模、凸凹模固定板、凸模固定板、凸模垫板、卸料板、打杆和推件杆等。

1. 落料凹模结构及设计

1）凹模及刃口形状。采用直刃口，刃口高度取 $h=36\text{mm}$，下方为台阶形，周边大 3 ~ 5mm。凹模刃口形状如图 3-56 所示。

2）凹模材料和热处理。材料为 Cr12，热处理至 60 ~ 62HRC。

3）凹模外形尺寸。凹模厚度 $H=Kb(\geqslant 15\text{mm})$。$b=40\text{mm}$，由 $t=3\text{mm}$ 查表 3-14 得 $K=0.5$。所以 $H=(0.5\times 40)\text{mm}=20\text{mm}$。

表 3-14　系数 K 值

b/mm	材料厚度 t/mm				
	≤0.5	>0.5 ~ 1	>1 ~ 2	>2 ~ 3	≥3
≤50	0.3	0.35	0.42	0.5	0.6
>50 ~ 100	0.2	0.22	0.28	0.35	0.42
>100 ~ 200	0.15	0.18	0.2	0.24	0.3
>200	0.1	0.12	0.15	0.18	0.22

凹模壁厚 $C=(1.5\sim 2.0)H(\geqslant 30\text{mm})$，由于形状复杂，取系数为 2.0，所以 $C=2.0\times H=(2.0\times 20)\text{mm}=40\text{mm}$。

凹模边长尺寸为 $(2\times 40+95.3)\text{mm}=175.3\text{mm}\approx 175\text{mm}$，取整并考虑推件块活动空间后取 $L=186\text{mm}$。

$$B=2C+b=Z\times 40\text{mm}+40\text{mm}=120\text{mm}$$

凹模高度调整：考虑放置推件块及弯曲的需要，凹模高度再作调整，故取 $H=80\text{mm}$。

查标准模板得凹模外形尺寸为 $160\text{mm}\times250\text{mm}\times80\text{mm}$。

4）凹模固定和定位方式。凹模放在上模座上，用螺钉与上模座固定，再用销与上模座定位，形状如图3-57所示。

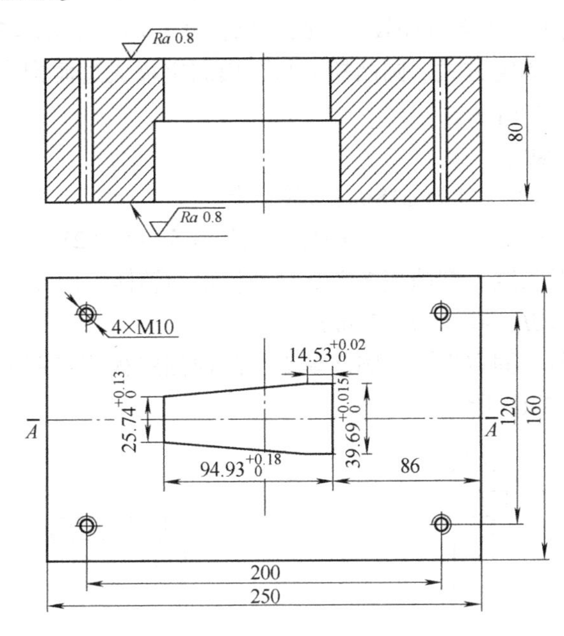

图3-57　凹模固定方式

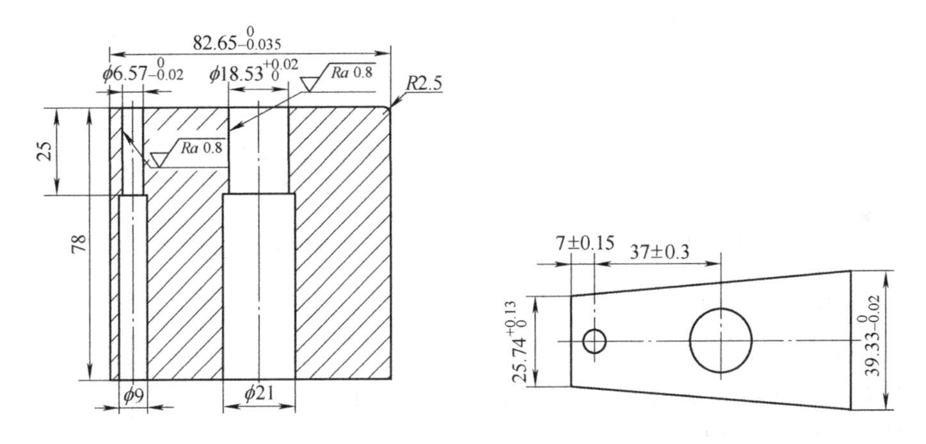

图3-58　凸凹模

2. 凸凹模结构及设计

由于此凸模不仅起落料作用，还要充当冲孔凹模，因此称其为凸凹模，其形状如图3-58所示。

1）凸凹模材料和热处理。材料为Cr12，热处理至60～62HRC。

2）凸凹模形状及长度。凸模形状为柱体，刃口外形尺寸与落料凹模配制，保证一定的间隙。凸模总长度 $L=78\text{mm}$。

3. 圆凸模1结构及设计

圆凸模1对应产品基本尺寸为ϕ6mm，共1个。

1）圆凸模材料和热处理。材料为Cr12，热处理至58~62HRC。

2）圆凸模形状及长度。圆凸模形状为圆柱形回转体，由于凸模比较细长，因此做成台阶形，刃口部分直径最小，头部直径较大。凸模总长度$L=H_{固}+h_{凹}=72$mm。

3）圆凸模的定位、固定方式。圆凸模1与凸模固定板成过渡配合定位，头部靠台阶来固定。圆凸模1如图3-59所示。

4. 圆凸模2结构及设计

圆凸模2对应产品基本尺寸为ϕ18mm，共1个。

1）圆凸模2材料和热处理。材料为Cr12，热处理至60~62HRC。

2）圆凸模2形状及长度。圆凸模2形状为圆柱形回转体，因此可做成台阶形。

圆凸模2总长度$L=H_{固}+h_{凹}-t=72$mm。

3）圆凸模2的定位、固定方式。圆凸模2与凸模固定板成过渡配合定位，头部靠台阶来固定。圆凸模2如图3-60所示。

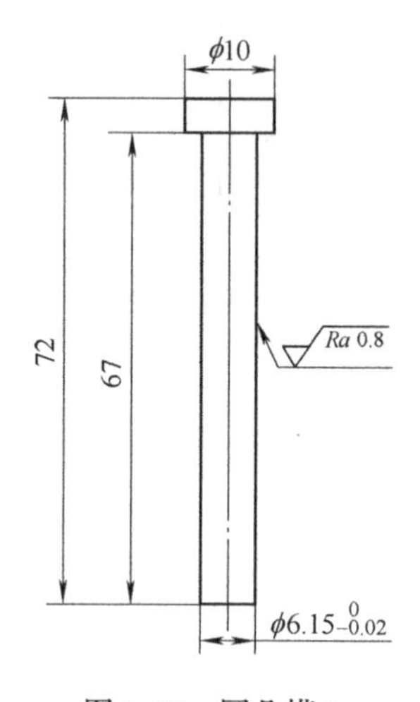

图3-59 圆凸模1

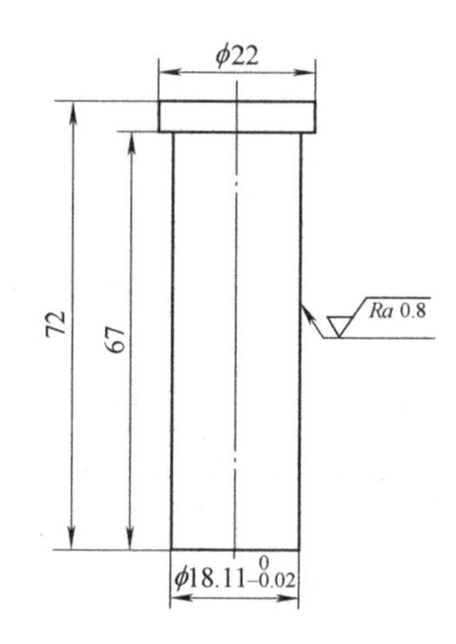

图3-60 圆凸模2

5. 弯曲凹模结构及设计

此弯曲凹模弯曲成L形。

1）弯曲凹模材料和热处理。材料为Cr12，热处理至60~62HRC。

2）弯曲凹模形状及长度。凸模2的形状为非圆形回转体，因此不可做成台阶形。

3）弯曲凹模的定位、固定方式。弯曲凹模与凸模固定板成过渡配合，用螺钉固定。弯曲凹模如图3-61所示。

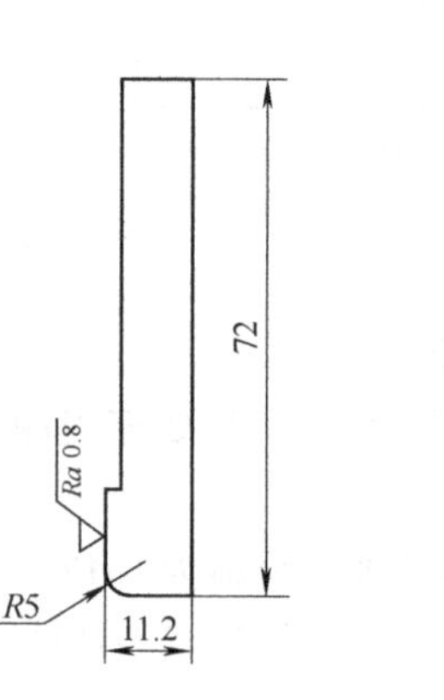

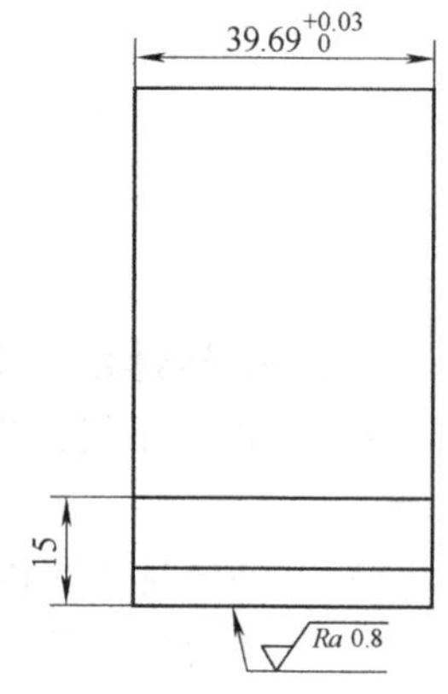

图3-61 弯曲凹模

6. 凸模固定板设计

1）凸模固定板外形及材料。凸模固定板外形为长方体，中间有与3个凸模成过渡配合的孔。材料为45钢，热处理至43～48HRC。

2）凸模固定板尺寸。凸模固定板周界与凹模尺寸相同，尺寸为160mm×250mm，厚度为20mm。

中间3个孔与凸模构成H7/m6过渡配合，如图3-62所示。

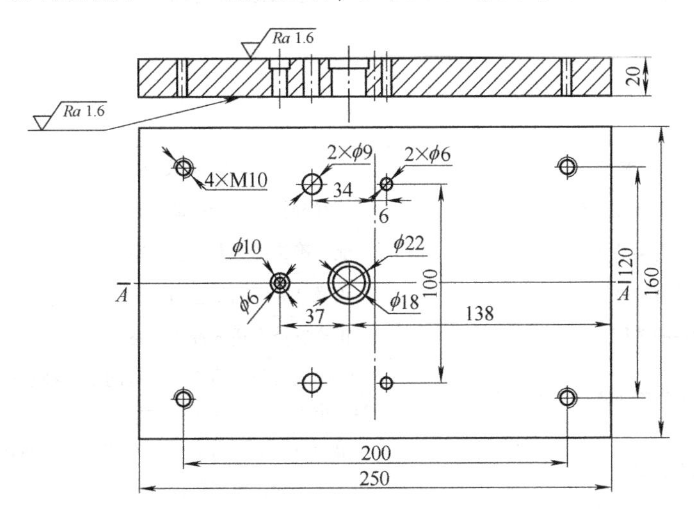

图3-62 凸模固定板

7. 压料板设计

1）压料板材料。材料为45钢，热处理至43～48HRC。

2）压料板尺寸。压料板周界与凹模刃口尺寸相同，并构成间隙，同理与各冲孔凸模也构成间隙，各单边间隙值约为0.2～0.3mm。厚度由弯曲高度等因素决定，形状尺寸如图3-63所示。

8. 卸料板设计

1）卸料板材料。材料为45钢，热处理至43～48HRC。

2）卸料板尺寸。周界与凹模尺寸相同，为160mm×250mm，厚度取$H_{卸}=14mm$。卸料板与凸凹模的单面间隙为$Z_1/2=0.10mm$。卸料板如图3-64所示。

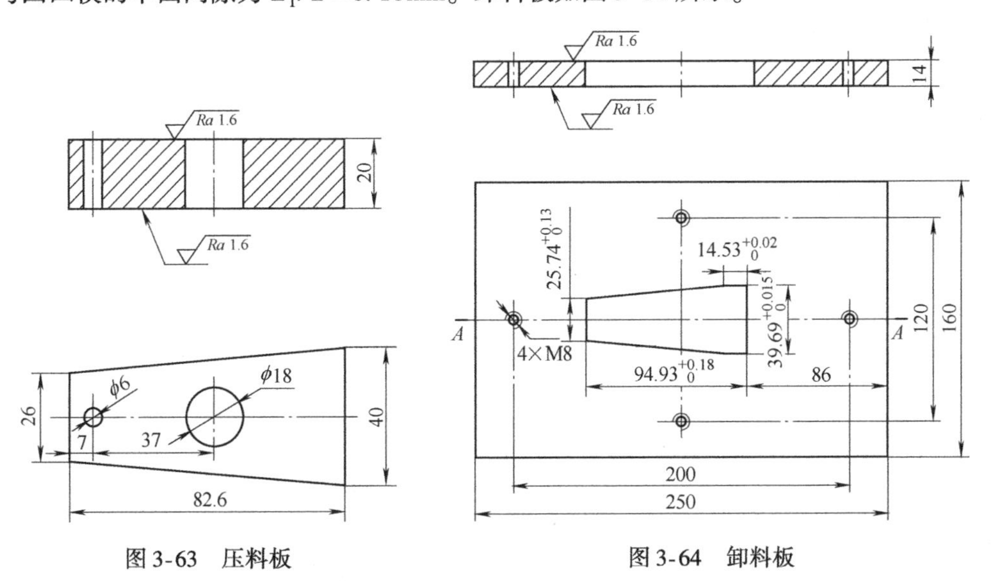

图3-63 压料板

图3-64 卸料板

9. 计算模具闭合高度及校验压力机

1）模具闭合高度的计算。$H_{闭}=248\text{mm}<395\text{mm}$（压力机装模最大高度为5mm，所以取$400\text{mm}-5\text{mm}=395\text{mm}$），闭合高度符合压力机要求。

2）校验压力机。实际模具行程为27mm，小于压力机公称行程120mm，符合要求。

其他各项略。

检查评议

序号	检查项目	考核要求	配分	得分
1	弯曲产品工艺性分析	正确分析弯曲产品的工艺性	15	
2	弯曲工艺方案的确定	能正确选择弯曲工艺方案	15	
3	弯曲工艺力的计算	正确计算弯曲工艺力	30	
4	冲压设备的选用	正确选择合适的冲压设备	10	
5	小组内成员分工情况、参与程度	组内成员分工明确，所有的学生都积极参与小组活动，为小组活动献计献策	5	
6	合作交流、解决问题	组内成员分工协助，认真倾听、互助互学，在共同交流中解决问题	10	
7	小组活动的秩序	活动组织有序，服从领导	5	
8	讨论活动结果的汇报水平	敢于发言、质疑，汇报发言声音洪亮，思路清晰、简练，突出重点	10	
合计			100	

单元4　拉深模设计

4

任务1　认识拉深变形

子任务1　观察拉深变形过程，了解拉深变形特点

学习目标

◎ 了解拉深成形的定义和种类
◎ 观察拉深变形的过程
◎ 了解拉深变形的特点

任务描述

如图4-1所示为日常用到的餐具，请大家仔细观察这些产品，开动脑筋，运用前面所学知识分析一下它们的成形工艺与冲裁、弯曲工艺有何不同。这些中空薄壁制品究竟是通过什么工艺设备和手段成形的？

图4-1　拉深件日常用品

相关知识

一、拉深工艺的特点

利用压力机和模具，将平面板料的外缘部分拉入模腔内，使之变形成为开口空心件的冲压工序称为拉深。拉深又称为拉延、引伸。

用拉深方法可以制成筒形、阶梯形、锥形、球形、盒形及其他不规则形状的薄壁零件。在交通工具、电器仪表等工业部门及日常家庭生活用品的生产过程中，拉深工艺占有相当重要的地位。

拉深加工，可以在普通的单动压力机上进行，也可以在专用的双动压力机和液压机上进行。拉深成形的产品种类很多，按变形力学特点一般可分为四种基本类型：

1）圆筒形零件——直壁旋转体，如图 4-2a 所示。

2）曲面形零件——曲面旋转体，如图 4-2b 所示。

3）盒形零件——非旋转零件，如图 4-2c 所示。

4）复杂件——不规则复杂形状的零件，如图 4-2d 所示。

另外，拉深成形时刻意使壁部材料变薄的拉深称为变薄拉深。

各类拉深件的类型和特点见表 4-1。

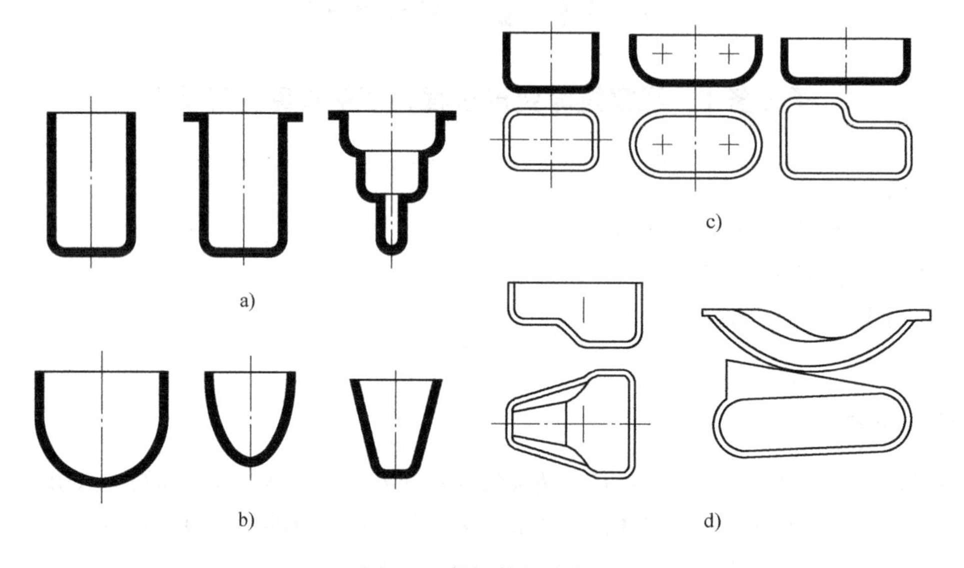

图 4-2　拉深件的分类

表 4-1　拉深件的类型及特点

拉深件类型		变 形 特 点
直壁回转件	圆筒形件、带凸缘圆筒形件、阶梯圆筒形件	1. 凸缘部分圆环形区域为变形区，筒壁部分是传力区 2. 变形区毛坯径向受拉、切向受压，其变形是拉深变形
非直壁回转件	球形件、锥形件、抛物线形件	1. 这类零件变形区有三部分。凸缘为拉深变形区；凹模口内悬空部分为拉深变形 2. 凸模顶端至变形过渡环间是胀形变形区 3. 其变形是拉深变形与胀形变形的复合
盒形件		1. 盒形件圆角部分接近拉深变形，直边部分基本上是弯曲变形，其变形是拉深变形与弯曲变形的结合 2. 毛坯周边变形不均匀，变形大的部分与变形小的部分存在着相互制约与影响
不规则形状拉深件		不规则零件变形复杂，一般外缘是拉深变形，内部大多数为胀形变形（有些也是拉深变形），并且具有周边变形不均的特点

二、拉深过程

圆筒形件拉深过程如图4-3所示，其凸模1和凹模4与冲裁时不同，工作部分都没有锋利的刃口，而是做成一定的圆角，并且其间的间隙也稍大于板料厚度。在凸模1的作用下原始直径为D的毛坯3，在凹模4端面和压力圈2之间的缝隙中变形，并被拉进凸模1与凹模4之间的间隙里形成筒形零件的直壁。

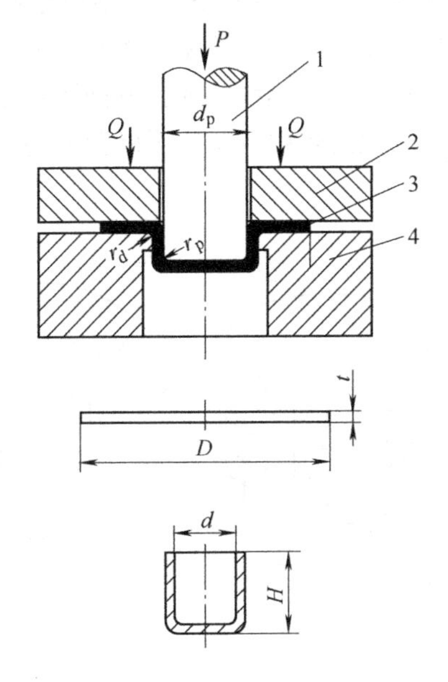

图4-3 圆筒形件的拉深过程

1—凸模 2—压边圈 3—毛坯 4—凹模

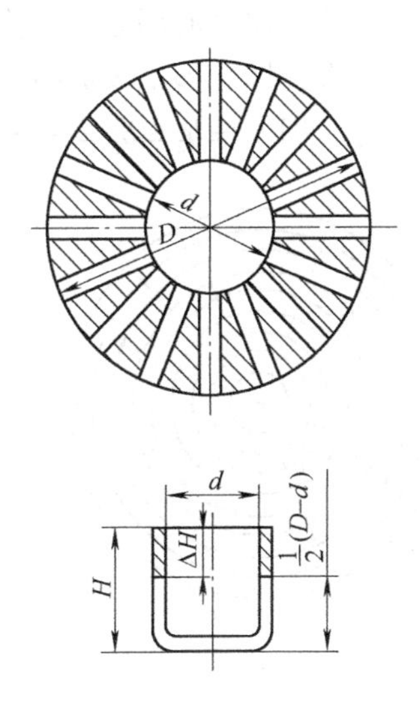

图4-4 拉深时材料的转移

拉深时，平板毛坯中间的部分材料（直径约为d_p）通常是不参加变形的，这部分叫不变形区；直径d_p以外至D部分的外缘材料发生塑性变形，这部分叫变形区。筒形件高度为H的直壁是由毛坯的外缘部分材料转化而成的。毛坯外缘材料在压缩应力和拉伸应力的作用下，顺着轴向作用力方向发生伸长变化，故直壁高度$H>\frac{1}{2}(D-d_p)$。拉深时材料的转移如图4-4所示，拉深件如图4-5、图4-6所示。

图4-5 拉深件（一）

图4-6 拉深件（二）

三、拉深变形的特点

平板毛坯拉深成圆筒后，为什么圆筒直壁高度 $H>\frac{1}{2}(D-d_p)$？下面用一个实验来说明拉深时金属的流动情况。

在圆形毛坯上为了进一步说明金属的流动状态，可在圆形毛坯上画出许多等间距（距离为 a）的同心圆和等分度的辐射线，如图 4-7a 所示。在拉深后观察由这些同心圆与辐射线所组成的网格，可以发现：筒形件底部的网格基本上保持原来的形状，而筒壁部分的网格则发生了很大变化。原来的同心圆变为筒壁上的水平圆周线，而且其间距也增大了，越靠近筒的上部增大越多，即 $a_1>a_2>a_3\cdots$，原来等分度的辐射线变成了筒壁上的垂直平行线，其间距则完全相等，即 $b_1=b_2=b_3=\cdots=b$。

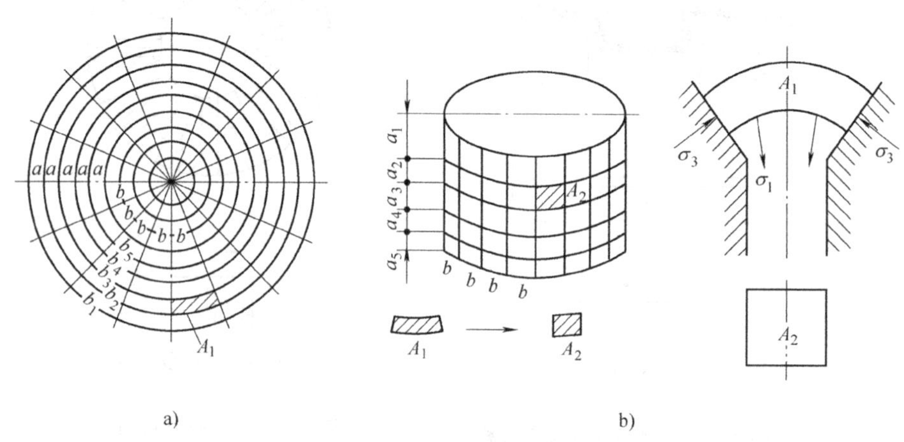

图 4-7　拉深件的网格试验

a）网格的变化　b）扇形小单元体的变形

如果从网络中取一个单元体来看，拉深前的扇形 A_1 在拉深后变成了矩形 A_2，若不计其板厚的微变，则小单元体的面积不变，即 $A_1=A_2$。这和一块扇形毛坯被拉着通过一个楔形槽（见图 4-7b）的变化过程类似，在直径方向被拉长的同时，切向则被压缩了。

在实际的拉深过程中，当然并不存在楔形槽，毛坯上的扇形小单元体也不是单独存在的，而是处在相互联系、紧密结合在一起的毛坯整体内。由于拉深力的直接作用，使小单元体在径向被拉长，由于小单元体材料之间的相互挤压，使小单元体在切向被压缩。

由上述分析可知，在拉深过程中，毛坯的中心部分成为筒形件的底部，基本不变形，是不变形区。毛坯的凸缘部分（即 $D-d$ 的环形部分）是主要变形区。拉深过程实质上就是将毛坯的凸缘部分材料逐渐转移到筒壁的过程。在转移过程中，凸缘部分材料由于拉深力的作用，在径向产生拉应力 σ_1，又由于凸缘部分材料之间相互的挤压作用，在切向产生压应力 σ_3。在 σ_1 与 σ_3 的共同作用下，凸缘部分的材料发生塑性变形，其“多余的三角形”材料将沿着径向被挤出，并不断被拉入凹模口内，成为圆筒形的开口空心件。

任务准备

筒形拉深模挂图及模具实物一套，条料若干，拆装模具用的内六角扳手、铜棒、锤子等工具一套，各种不同类型的拉深产品实物若干。

任务实施

1）同学们在老师及工厂师傅的带领下，参观冲压加工车间和模具制作实训场，要仔细观察拉深模加工的工作过程及特点。老师及工厂师傅现场讲解拉深变形过程三个不同阶段的特点及加工原理。

2）老师在课堂上结合拉深模挂图讲解拉深变形过程不同阶段的特点。

3）安排到一体化教室或多媒体教室上课，播放课件和视频辅助教学。

4）分组讨论拉深变形特点。

5）小组代表上台展示分组讨论结果。

检查评议

序号	检查项目	考核要求	配分	得分
1	拉深变形过程的特点	准确无误地说出拉深变形过程的特点	20	
2	拉深件的类型	准确无误地说出拉深件的类型	20	
3	列举出10种日常生活中拉深成形的制品	准确无误地列举出10种日常生活中拉深成形的制品	30	
4	小组内成员分工情况、参与程度	组内成员分工明确，所有的学生都积极参与小组活动，为小组活动献计献策	5	
5	合作交流、解决问题	组内成员分工协助，认真倾听、互助互学，在共同交流中解决问题	10	
6	小组活动的秩序	活动组织有序，服从领导	5	
7	讨论活动结果的汇报水平	敢于发言、质疑，汇报发言声音洪亮，思路清晰、简练，突出重点	10	
合　计			100	

考证要点

一、填空题

拉深可分为__________和__________两种。

二、判断题（正确的打“√”，错误的打“×”）

拉深模根据拉深工序的顺序可分为单动压力机上用的拉深模和双动压力机上用的拉深模。(　　)

三、选择题

1. 在圆筒形件拉深时，毛坯的主要变形区是______。

A. 筒壁部分　　B. 筒底部分　　C. 凸缘部分　　D. 紧贴拉深凸凹模的圆角部分

2. 拉深过程中，坯料的凸缘部分为__________。

A. 传力区　　B. 变形区　　C. 非变形区

子任务 2　分析拉深变形受力情况

学习目标

◎ 掌握拉深变形的受力分析方法。

 **任务描述**

同学们通过观察拉深变形过程，学习了拉深件的类型，掌握了拉深工艺的特点。在拉深变形过程中，拉深设备对拉深毛坯的作用力情况又是怎样呢？下面将介绍相关知识。

 **相关知识**

拉深过程是一个较复杂的塑性变形过程。要更深刻地认识拉深过程，了解拉深过程中所发生的各种现象，就要分析拉深过程中材料各部分的应力、应变状态，如图 4-8 所示。

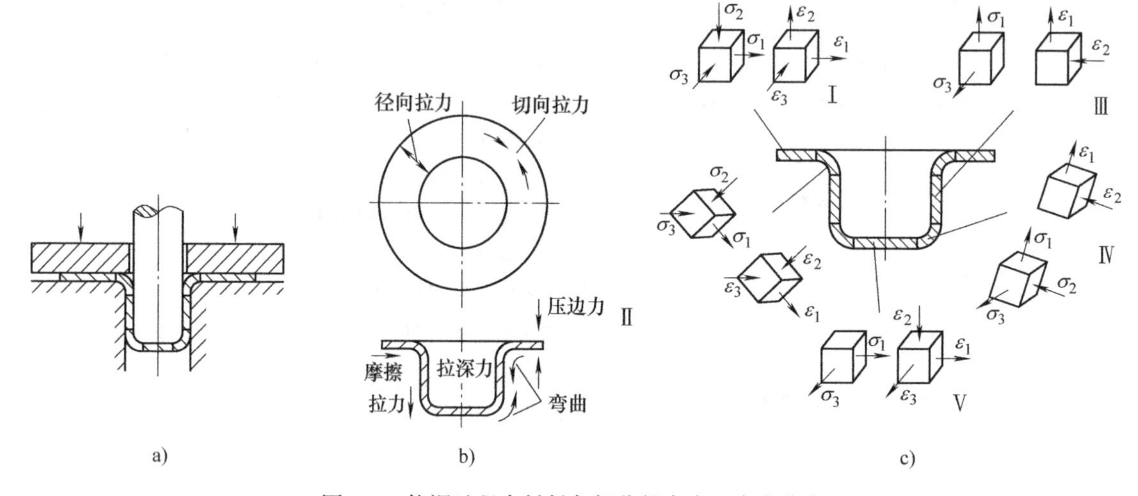

图 4-8　拉深过程中材料各部分的应力、应变状态

σ_1、ε_1——毛坯径向的应力与应变

σ_2、ε_2——毛坯厚度方向的应力与应变

σ_3、ε_3——毛坯切向的应力与应变

根据应力、应变状态的不同，可将拉深毛坯划分为五个区域：

(1) Ⅰ为凸缘部分　这是拉深时的主要变形区。拉深变形主要在这区域内完成。这部分材料径向受拉应力 σ_1 的作用，切向受压应力 σ_3 的作用。在压边圈作用下，板厚方向产生压应力 σ_2，其应变状态为径向拉应变、切向压应变 ε_3。由于凸缘部分的最大主应变是切向压缩应变，ε_3 的绝对值最大，因此板厚方向产生拉应变 ε_2，板料出现略微增厚现象。

(2) Ⅱ为凹模圆角部分　这是由凸缘进入筒壁部分的过渡变形区。材料的变形比较复杂。除有与凸缘部分相同的特点（即径向受拉而产生拉应力 σ_1 与拉应变 ε_1，切向受压而产生压应力 σ_3 与压应变 ε_3）外，还由于承受凹模圆角的压力和弯曲作用而产生压应力 σ_2。在这个区域，拉深力 σ_1 的值最大，其相应的拉应变 ε_1 的绝对值也最大，因此板厚方向产生压

应变 ε_2，板料出现厚度减薄现象。

（3）Ⅲ为筒壁部分　这是已变形区。这部分材料已经形成筒形，基本不再发生变形。但是它又是传力区，在继续拉深时，凸模作用的拉深力要经过筒壁传递到凸缘部分。由于此处是平面应变状态（$+\varepsilon_1$ 与 $-\varepsilon_2$），且板厚方向的 σ_2 为零，因此其切向应力 σ_3（中间应力）为轴向拉应力 σ_1 的一半，即 $\sigma_3=\sigma_1/2$。

（4）Ⅳ为凸模圆角部分　这是筒壁与圆筒底部的过渡变形区。它承受径向和切向拉应力 σ_1 和 σ_3 的作用，同时在厚度方向由于凸模的压力和弯曲作用而受到压应力 σ_2 的作用。其应变状态与筒壁部分相同，但是其压应变 ε_2 引起的变薄现象比筒壁部要严重得多。

（5）Ⅴ为筒底部分　这部分材料受双向平面拉伸作用，产生拉应力 σ_1 与 σ_3。其应变为平面方向的拉应变 ε_1 与 ε_3 和板厚方向的压应变 ε_2。由于凸模圆角处摩擦的制约，筒底材料的应力与应变均不大，板料的变薄甚微，可忽略不计。

任务准备

拉深模挂图及模具实物一套。

任务实施

1）老师在课堂上结合拉深模挂图及模具实物讲解拉深变形过程不同阶段的受力情况。

2）安排到一体化教室或多媒体教室播放视频进行辅助教学。

3）学生分组讨论拉深时毛坯各部位的受力情况。

4）小组代表上台展示分组讨论结果。

检查评议

序号	检查项目	考核要求	配分	得分
1	拉深变形过程中毛坯凸缘部分的应力与应变情况	准确无误地说出拉深变形过程中毛坯凸缘部分的应力与应变情况	10	
2	拉深变形过程中毛坯凹模圆角部分的应力与应变情况	准确无误地说出拉深变形过程中毛坯凹模圆角部分的应力与应变情况	10	
3	拉深变形过程中毛坯筒壁部分的应力与应变情况	准确无误地说出拉深变形过程中毛坯筒壁部分的应力与应变情况	10	
4	拉深变形过程中毛坯凸模圆角部分的应力与应变情况	准确无误地说出拉深变形过程中毛坯凸模圆角部分的应力与应变情况	20	
5	拉深变形过程中毛坯筒底部分的应力与应变情况	准确无误地说出拉深变形过程中毛坯筒底部分的应力与应变情况	20	
6	小组内成员分工情况、参与程度	组内成员分工明确，所有的学生都积极参与小组活动，为小组活动献计献策	5	
7	合作交流、解决问题	组内成员分工协助，认真倾听、互助互学，在共同交流中解决问题	10	
8	小组活动的秩序	活动组织有序，服从领导	5	
9	讨论活动结果的汇报水平	敢于发言、质疑，汇报发言声音洪亮，思路清晰、简练，突出重点	10	
合　计			100	

子任务3　了解拉深件质量分析方法

学习目标

◎ 了解拉深件质量分析方法

◎ 了解拉深件常见成形质量缺陷的改善方法

 **任务描述**

在本任务中学习拉深件质量分析的方法，以及拉深件常见成形质量缺陷的改善方法。同学们必须了解拉深件质量问题的起因，才能有针对性地提出改善拉深制件常见成形质量缺陷的措施。

 **相关知识**

在拉深过程中，拉深件的质量问题表现为起皱、拉裂、材料变薄、表面划痕、形状歪扭及回弹等。在这些现象中，以起皱及拉裂对拉深件质量影响最大，发生的机率也最大。据统计，由于起皱及拉裂而产生的废品占拉深件总废品的80% ~90%。因而分析拉深过程起皱、拉裂产生的原因及防止措施，对保证拉深工艺的顺利进行，以及保证拉深件的质量均有重大意义。

一、起皱

工件在拉深过程，其凸缘部分由于切向应力过大，造成材料失稳，使得工件沿凸缘切向形成高低不平的皱纹，称为起皱，如图4-9所示。

图4-9　起皱工件

拉深件的起皱直接影响其表面质量及尺寸精度。起皱严重时，还将引起坯料在拉深过程中难于通过凸模和凹模之间的间隙，增大拉深变形力，甚至使得坯件拉裂。

凸缘的失稳与压杆的受压失稳相似，失稳现象的产生既取决于凸缘切向应力的大小，也取决于拉深件的相对厚度。通常从以下两个方面分析：

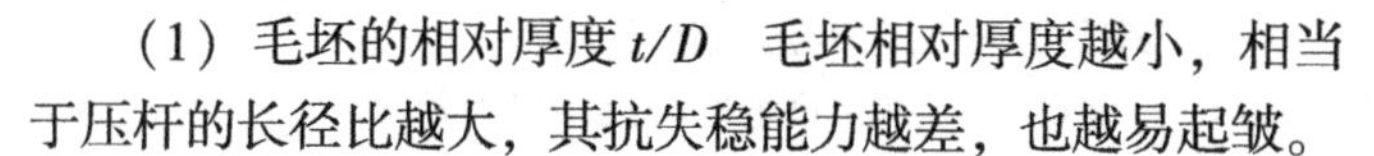

（1）毛坯的相对厚度 t/D　毛坯相对厚度越小，相当于压杆的长径比越大，其抗失稳能力越差，也越易起皱。

（2）拉深系数 $m = d/D$　拉深系数越小，变形程度越大；材料硬化程度越严重，使坯件产生变形的切向压应力也随之增大；拉深系数小时，凸缘变形区宽度就大，其抗失稳能力也相应减弱。从切向应力的大小及抗失稳能力的强弱两方面来看，拉深系数越小，起皱现象也越严重。

要准确定量地判断拉深件何时起皱，是个相当复杂的问题。理论上，从凸缘部分在切向应力作用下的失稳条件出发，进行分析计算，往往过于繁琐且不便应用。在生产中可采用经验公式近似地估算。毛坯不产生起皱的条件为：

对于常用的平端面凹模

$$t/D \geqslant (0.09 \sim 0.17)(1 - m) \tag{4-1}$$

或者

$$t/d \geqslant (0.09 \sim 0.17)(K-1) \tag{4-2}$$

对于锥形凹模

$$t/D \geqslant 0.03(1-m) \tag{4-3}$$

或者

$$t/d \geqslant 0.03(K-1) \tag{4-4}$$

式中 t——坯料的厚度（mm）；

D——毛坯直径（mm）；

d——拉深件直径（mm）；

m——拉深系数，$m=d/D$；

K——拉深比，$K=1/m=D/d$。

如果拉深件有关参数不能满足上述条件，拉深过程就会起皱，此时应采取相应措施以防止起皱产生。

要防止起皱，一般不允许改变坯件的相对厚度，因相对厚度是在工件设计时确定的。因此，在生产中主要从改变工件变形时的变形方式以及受力特点出发，来防止起皱。

防止拉深件起皱的具体措施有：

（1）采用压边圈　当采用压边圈时，压边圈将毛坯变形部分紧紧压住，并对其作用一压边力 P_Q，以阻止凸缘部分拱起而起皱。

压边力 P_Q 数值应恰当，压边力过大，毛坯与凹模及压边圈间的摩擦力将增大，使得工件壁部严重变薄，甚至拉裂。压边力过小，则不能有效地防止毛坯起皱。采用与不采用压边圈的条件见表 4-2。

表 4-2　采用与不采用压边圈的条件

拉 深 方 法	第一次拉深		以后各次拉深	
	$(t/D)\times100$	m_1	$(t/d_{n-1})\times100$	m_n
用压边圈	<1.5	<0.6	<1	<0.8
可用可不用	1.5~2.0	0.6	1~1.5	0.8
不用压边圈	>2.0	>0.6	>1.5	>0.8

常采用的压边装置有两大类：

1）弹性压边装置。弹性压边装置是采用弹簧、橡皮、聚氨酯橡胶、气垫等弹性元件来实现压边。这种装置结构简单，使用方便。但其给出的压边力 P_Q 是随着拉深深度的加大而增加，这与实际要求的规律很不相符，故压边效果并不理想，因而只用于浅拉深的压边。如图 4-10 所示为普通单动压力机用拉深模的弹性压边装置。

2）刚性压边装置。刚性压边装置在双动拉深压力机的外滑块上，这种压边装置的特点是：压边力随压边要求而变化，压边效果较好，故适用于深拉深的压边。

刚性压边装置通过调整压边圈与凹模平面间的间隙 Z 来调整压边力。因在拉深过程中凸缘部分的材料略有增厚，因而所调整的间隙值 Z 应略大于材料的厚度 t，一般约等于 $1.03t \sim 1.07t$。图 4-11 所示为双动压力机采用的刚性压边装置。

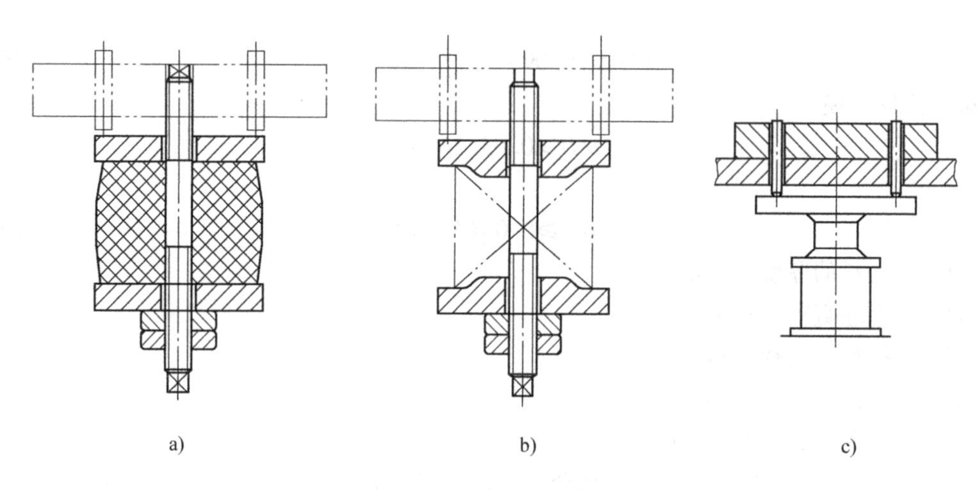

图 4-10　弹性压边装置
a）橡皮　b）弹簧　c）气垫

（2）采用反拉深　反拉深是一种拉深方法，其毛坯是已经过拉深的空心毛坯。拉深件将空心毛坯翻转装在拉深模上，凸模从空心毛坯底部反向压下，使其内壁外翻。由于凸模对毛坯的拉深方向与上一道工序相反，故称为反拉深，其工作原理如图 4-12 所示。

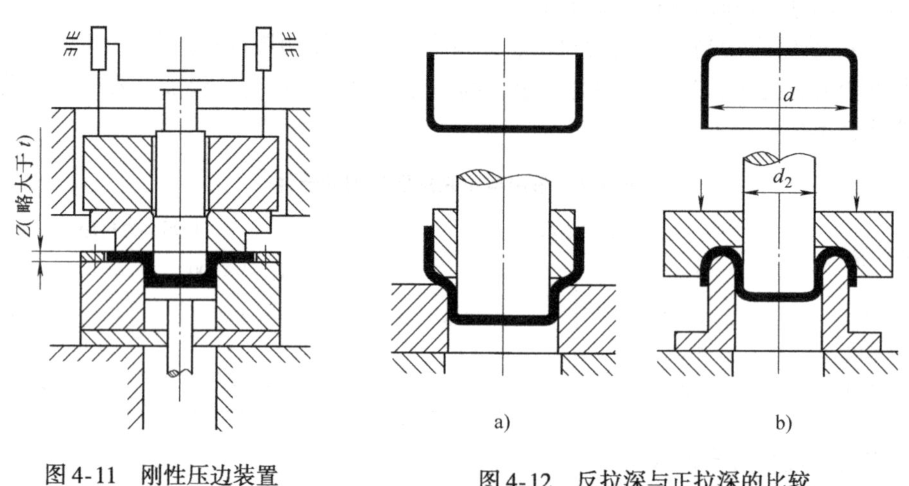

图 4-11　刚性压边装置

图 4-12　反拉深与正拉深的比较
a）正拉深　b）反拉深

采用反拉深时，空心毛坯是扣装在凹模上，毛坯与凹模间的摩擦阻力较正拉深大，同时还增加了弯曲力，因而使变形区的径向拉应力增加较大，对防止工件的起皱有明显效果。但在毛坯外缘流经凹模入口时，摩擦及弯曲等作用引起的阻力明显减小，故对于大直径、薄材料件的反拉深，还必须辅以压边，才能有效地防止工件起皱。

（3）采用拉深筋　对一些形状复杂的曲面拉深件，尤其是凸缘较小的拉深件，应设有拉深筋，以提高拉深时的径向拉应力 σ_p 来预防起皱。

拉深筋应设置在径向拉应力较小的部位上，即在金属流动较易的部位。对于凸缘较小的零件，为了设置拉深筋，有时可适当增加一些材料（称工艺补充部分），修边时再将这部分材料去掉。

（4）采用锥形凹模　采用锥形凹模拉深，毛坯的过渡形状成曲面形。因而外缘变形区具有更强大的抗失稳能力，且能较好地防止起皱。

采用锥形凹模拉深，还可以降低凹模圆角半径处的摩擦阻力和弯曲变形阻力。凹模锥面对毛坯变形的作用力也利于变形区的切向压缩变形。这就使得拉深力相应减小，拉深系数也可比平面凹模小，有利于拉深成形。

为了防止起皱，锥形凹模的锥形角应取30°～60°，为了减少拉深力，锥形角应取20°～30°，通常采用30°的锥形角以兼顾这两方面的要求，如图4-13所示为锥形拉深凹模简图。

（5）采用软模拉深　所谓软模就是指以橡皮、聚氨酯橡胶或液体充当凸模或凹模的冲压模具。它可用于弯曲、拉深、翻边、成形、胀形和冲裁等工序。采用软模可简化模具结构，降低模具成本，但由于生产率较低，往往只用于小批量生产。

如图4-14所示的软模是以橡皮代替凹模的软拉深模。拉深时软凹模产生很大的压力，将毛坯紧紧地压紧在凸模4上，增加了毛坯与凸模4间的摩擦力，防止毛坯变薄拉裂，因而筒壁的传力能力增强。拉深时还能减少毛坯与凹模间的滑动及摩擦，降低了径向拉应力。因而能显著地降低极限拉深系数，使拉深系数 m 可达0.4～0.5，并且也能很好地防止毛坯的起皱。

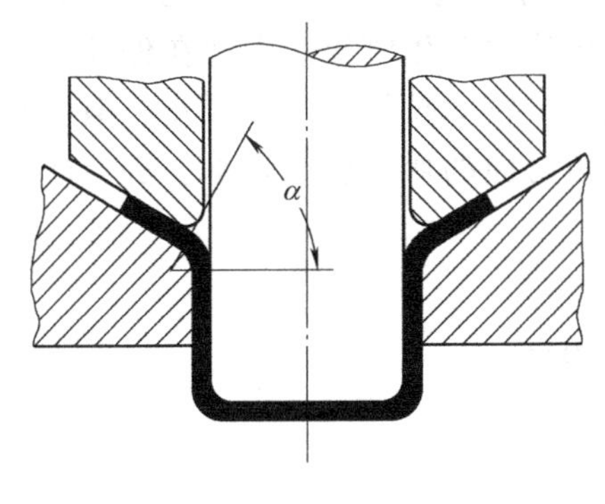

图4-13　锥形拉深凹模简图

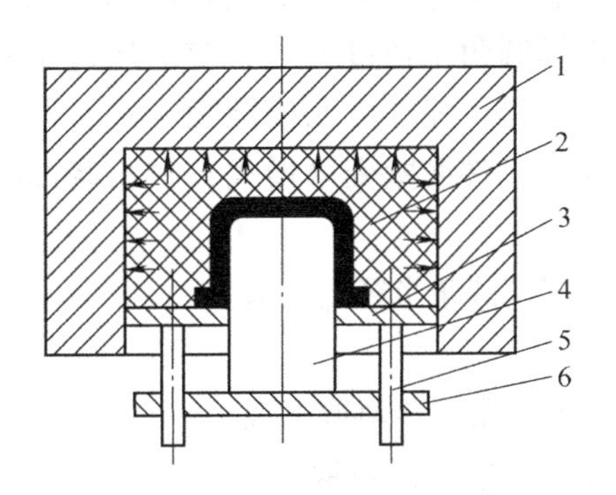

图4-14　软模拉深示意图
1—模框　2—橡皮　3—压边圈
4—凸模　5—顶杆　6—凸模座

上面所介绍的防止起皱的措施各有其特点。使用时应根据具体情况选择，有时往往是两种措施同时使用。

二、拉裂

拉裂是拉深工艺中的主要问题。当筒壁处所受的拉应力超过了材料的强度极限时，工件会拉裂，裂口一般出现在凸模圆角稍上一点的筒壁处。拉裂件如图4-15所示。

影响筒壁强度的因素有：毛坯材料的力学性能、毛坯直径及厚度、拉深系数、凸模及凹模圆角半径、压边力及摩擦因数等。因此，为了防止工件严重变薄、拉裂，在制订工艺、设计模具及进行生产时，应注意以下几点：

1）合理选用材料。工件材料的选用除应满足工件需要外，还要考虑工艺的要求。一般说来选用材料时要考虑下列几个性能指标：

① 屈强比 σ_s/σ_b要小。屈强比小，屈服极限 σ_s 小，材料易变形；强度极限 σ_b高，材料不易破裂。

② 厚向异性指数 r 要大。r 值为拉伸试验时宽度应变 ε_B 与厚度应 ε_t之比，其数值越大，厚度应变越小，壁部变薄小，不易破裂。

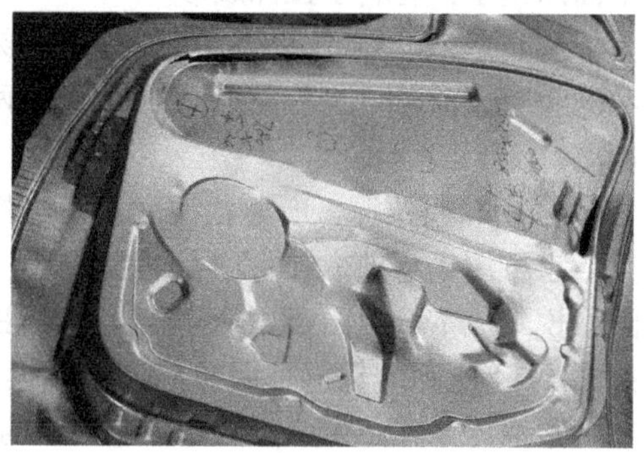

图 4-15　拉裂件

2）正确确定凸模、凹模圆角半径。凹模圆角半径过小，会使拉深力加大，材料变薄增加；凹模圆角半径过大，会使毛坯过早脱离压边而产生皱纹。因此在保证工件不起皱的前提下，尽可能加大凹模圆角半径；凸模圆角半径对拉深力影响较小，但若其尺寸过小，则会使工件筒壁变薄增大，材料绕凸模圆角弯曲的弯曲应力增加，都会严重降低筒壁强度。

通常凹模圆角半径 r_d可取

$$r_d=(6\sim10)t \tag{4-5}$$

薄料取上限，厚料取下限。

凸模圆角半径 r_p 可取

$$r_p=(0.7\sim1.0)r_d \tag{4-6}$$

3）合理选取拉深系数。拉深系数取得过小，虽可加大变形强度，减小拉深次数，但却大大增加了拉深应力，使工件筒壁严重变薄，甚至导致拉裂。例如：用同样的凹模圆角半径，同样的润滑条件，对料厚为 1mm 的 10 钢拉深件进行拉深，采用拉深系数 = 为 0.656 时，筒壁危险断面处变薄量为 5.7%，而 $m=0.475$ 时，变薄量增至 13.5%。

因此，在选取拉深系数时应全面考虑，不要片面追求过小的拉深系数。

4）正确进行润滑。拉深时采用必要的润滑措施，有利于拉深工艺的顺利进行，筒壁减薄得到改善。但必须注意润滑剂只能涂在凹模的工作表面，而在凸模与毛坯接触面间千万不要润滑，因为凸模与毛坯表面间的摩擦是有利摩擦，它可防止工件滑动、拉深及变薄。

任务准备

筒形拉深模挂图及模具实物一套，条料若干，拆装模具用的内六角扳手、铜棒、锤子等工具一套，各种不同类型的拉深产品实物若干。

任务实施

1）同学们在老师及工厂师傅的带领下，参观冲压加工车间和模具制作实训场，要仔细观察拉深模加工的工作过程及特点。老师及工厂师傅现场讲解拉深变形过程中产生起皱和拉裂的原因及改善措施。

2）老师在课堂上结合拉深模挂图讲解拉深变形过程中起皱和拉裂的原因及改善措施。

3）安排到一体化教室或多媒体教室上课，播放视频进行辅助教学。

4）学生分组讨论拉深变形过程中起皱和拉裂的防止方法。

5）小组代表上台展示分组讨论结果。

6）教师小结本次课程所学的内容，强调重点内容。

检查评议

序号	检 查 项 目	考 核 要 求	配分	得分
1	分析拉深变形过程中出现起皱的原因	准确无误地说出拉深变形过程中出现起皱的原因	20	
2	控制拉深变形过程中出现起皱的方法	准确无误地说出控制拉深变形过程中出现起皱的方法	30	
3	分析拉深变形过程中出现拉裂的原因	准确无误地说出拉深变形过程中出现拉裂的原因	20	
4	控制拉深变形过程中出现拉裂的方法	准确无误地说出控制拉深变形过程中出现拉裂的方法	30	
5	小组内成员分工情况、参与程度	组内成员分工明确，所有的学生都积极参与小组活动，为小组活动献计献策	5	
6	合作交流、解决问题	组内成员分工协助，认真倾听、互助互学，在共同交流中解决问题	10	
7	小组活动的秩序	活动组织有序，服从领导	5	
8	讨论活动结果的汇报水平	敢于发言、质疑，汇报发言声音洪亮，思路清晰、简练，突出重点	10	
合　计			100	

考证要点

一、填空题

1. 拉深变形的主要失效形式为________和__________。

2. 拉深件除表面被拉毛外，其主要质量问题还有____、____。

二、选择题

1. 拉深时出现的危险截面是指________的断面。

A. 位于凹模圆角部位　　B. 位于凸模圆角部位　　C. 凸缘部位

2. 拉深模试冲时，制件起皱，产生的原因是________。

A. 压边力太小或不均　　B. 凸、凹模间隙太小

C. 板料塑性差　　D. 相对厚度大

三、简答题

1. 什么情况下会产生拉裂？拉深工艺顺利进行的必要条件是什么？
2. 影响拉深时坯料起皱的主要因素是什么？防止起皱的方法有哪些？机理是什么？

任务2　计算拉深产品毛坯尺寸

子任务1　了解拉深件修边余量的确定方法

学习目标

◎ 了解拉深件修边余量的确定方法

任务描述

拉深时，由于工件尺寸的不对称、材料性能的方向性、模具间隙的不均匀以及压边力及润滑条件的不一致，导致拉深的顶端或外缘不平齐、不规则，如图4-16所示，这时就需要进行修边，修边后的工件如图4-17所示。那么如何确定修边余量呢？

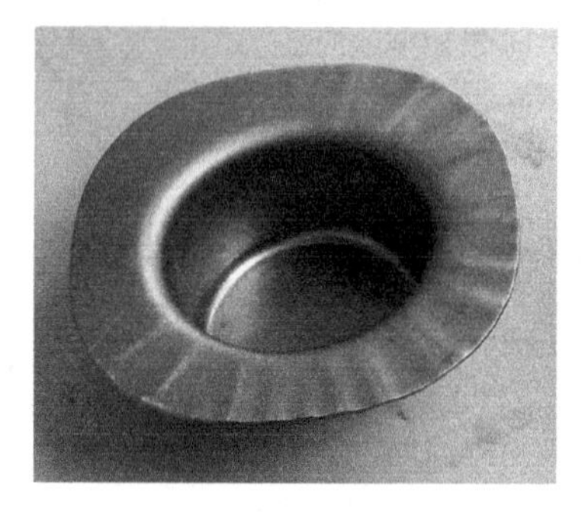

图4-16　修边前

图4-17　修边后

相关知识

拉深时，拉深件的顶端或外缘不平齐、不规则，这时就要对拉深件进行修边处理。在计算毛坯尺寸时，应将修边余量 Δh 增加到制件相关部位上。

修边余量的数值与拉深件的几何形状、制件的相对高度、凸缘的相对直径等因素有关。

各类制件的修边余量 Δh 查表 4-3、表 4-4、表 4-5 确定。

表 4-3　无凸缘筒形件的修边余量 δ　　（单位 mm）

工件高度	拉深相对高度 h/d_1				简　图
	>0.5~0.8	>0.8~1.6	>1.6~2.5	>2.5~4.0	
≤10	1.0	1.2	1.5	2.0	
>10~20	1.2	1.6	2.0	2.5	
>20~50	2.0	2.5	3.3	4.0	
>50~100	3.0	3.8	5.0	6.0	
>100~150	4.0	5.0	6.5	8.0	
>150~200	5.0	6.3	8.0	10.0	
>200~250	6.0	7.5	9.0	11.0	
>250	7.0	8.5	10.0	12.0	

表 4-4　带凸缘筒形件的修边余量 ΔR　　（单位 mm）

凸缘直径	凸缘相对直径 d_1/d				简　图
	<1.5	1.5~2.0	2.0~2.5	2.5~3.0	
≤25	1.6	1.4	1.2	1.0	
>25~50	2.5	2.0	1.8	1.6	
>50~100	3.5	3.0	2.5	2.2	
>100~150	4.3	3.6	3.0	2.5	
>150~200	5.0	4.2	3.5	2.7	
>200~250	5.5	4.6	3.8	2.8	
>250	6.0	5.0	4.0	3.0	

表 4-5　无凸缘盒形件的修边余量 Δh　　（单位 mm）

工件相对高度 h/r	修边余量 Δh
2.5~6	(0.03~0.05) h
7~17	(0.04~0.06) h
18~44	(0.05~0.08) h
45~100	(0.06~0.10) h

任务准备

模具挂图，无凸缘圆筒形件、带凸缘筒形件、无凸缘盒形件拉深制件多个，游标卡尺等。

任务实施

1）同学们在老师及工厂师傅的带领下，参观冲压加工车间和模具制作实训场，要仔细观察拉深加工的工作过程及特点，注意比较拉深修边前、后制件的不同之处。

2）用游标卡尺测量无凸缘筒形件、带凸缘筒形件、无凸缘盒形件拉深制件修边值的大小并做好记录。

3）老师在一体化教室或多媒体教室上课，课堂上结合挂图、视频进行教学。

4）分组讨论拉深件修边余量的确定方法并做好记录。

5）小组派代表上台展示成果。

检查评议

序号	检查项目	考核要求	配分	得分
1	无凸缘筒形拉深件的修边余量 δ	准确查找无凸缘筒形拉深件的修边余量 δ	10	
2	带凸缘筒形拉深件的修边余量 ΔR	准确查找带凸缘筒形拉深件的修边余量 ΔR	20	
3	无凸缘盒形件的修边余量 Δh	准确查找无凸缘盒形件的修边余量 Δh	20	
4	测量无凸缘筒形件、带凸缘筒形件、无凸缘盒形件修边值的大小	准确测量无凸缘筒形件、带凸缘筒形件、无凸缘盒形件修边值的大小并记录	20	
5	小组内成员分工情况、参与程度	组内成员分工明确，所有的学生都积极参与小组活动，为小组活动献计献策	5	
6	合作交流、解决问题	组内成员分工协助，认真倾听、互助互学，在共同交流中解决问题	10	
7	小组活动的秩序	活动组织有序，服从领导	5	
8	讨论活动结果的汇报水平	敢于发言、质疑，汇报发言声音洪亮，思路清晰、简练，突出重点	10	
合计			100	

子任务2　了解拉深件毛坯尺寸的计算方法

学习目标

◎ 了解拉深毛坯尺寸的计算原则

◎ 了解形状简单旋转体拉深件毛坯直径的计算方法

◎ 了解形状复杂旋转体拉深件毛坯直径的计算方法

任务描述

在板料的拉深过程中，材料是没有发生增减变化的，它只是发生了塑性变形。在变形过程中，材料是以一定的规律转移的，拉深件毛坯形状与尺寸确定得准确与否，不仅影响材料的合理使用，而且还影响拉深变形过程。下来我们开始学习旋转体拉深件毛坯直径的计算方法。

相关知识

1. 形状简单旋转体拉深件的毛坯直径

拉深件可划分成若干个简单的几何形状，如图4-18所示，分别求出各部分的面积然后相加，即可得到工件面积 A。

$$A = a_1 + a_2 + a_3 \tag{4-7}$$

旋转体拉深件毛坯为圆形，其面积为

$$A_0 = \frac{\pi}{4}D^2 \tag{4-8}$$

根据拉深前后毛坯与工件表面积相等的原则可得

$$A = A_0$$

毛坯直径为

$$D = \sqrt{\frac{4}{\pi}A} = \sqrt{\frac{4}{\pi}\sum a} \tag{4-9}$$

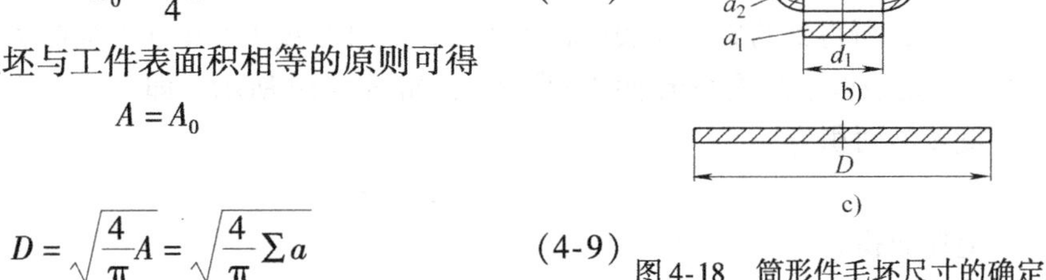

图4-18 筒形件毛坯尺寸的确定

式中 A——拉深件的表面积；

a——分解成简单几何形状的表面积。

简单几何形状表面积的计算公式见表4-6。

表4-6 简单几何形状表面积的计算公式

序号	名称	几何形状	面积	序号	名称	几何形状	面积
1	圆		$A = \frac{\pi d^2}{4} = 0.785d^2$	5	半球面		$A = 2\pi r_2$
2	环		$A = \frac{\pi}{4}(d^2 - d_1^2)$				
3	筒形		$A = \pi dh$	6	1/4的凹球带		$A = \frac{\pi}{2}r(\pi d - 4r)$
4	截头锥形		$A = \pi l(\frac{d + d_1}{2})$ $l = \sqrt{h^2 + (\frac{d - d_1}{2})^2}$	7	1/4的凸球带		$A = \frac{\pi}{2}r(\pi d + 4r)$

计算工件表面积，当 $t \geqslant 1$mm时，按料厚中线层计算；当 $t < 1$mm时，可按工件内形或外形尺寸计算。以筒形拉深件为例，如图4-18所示，可将拉深件分解为筒形、1/4凸球带、圆片三部分，即 $A = a_1 + a_2 + a_3$。

$$a_1 = \frac{\pi d^2}{4}$$

$$a_2 = \frac{\pi}{2}r(\pi d_1 + 4r)$$

$$a_3 = \pi d_2 h$$

分别将 a_1、a_2、a_3代入毛坯直径计算公式，得

$$D = \sqrt{\frac{4}{\pi}\left[\frac{\pi d_1^2}{4} + \frac{\pi}{2}r(\pi d_1 + 4r) + \pi d_2 h\right]} \qquad (4\text{-}10)$$

$$= \sqrt{d_1^2 + 4d_2h + 2\pi r d_1 + 8r_2}$$

对于常用的拉深件，其毛坯直径的计算公式可查表直接求得。

2. 形状复杂旋转体拉深件的毛坯直径

形状复杂旋转体拉深件的毛坯直径可用久里金法则求得。即任何形状的素线 ab 绕轴线 O-O 旋转，所得到的旋转体表面积等于素线展开长度 l 和其重心绕轴线旋轴所得周长 $2\pi x$ 的乘积（x 是该段素线重心至轴线的距离），如图 4-19 所示。即

旋转体面积为

$$A = 2\pi \times l$$

毛坯面积为

$$A_0 = \frac{\pi}{4}D^2$$

根据面积相等 $A = A_0$，故毛坯直径为

$$D = \sqrt{8lx}$$

实际上计算旋转体拉深面积时，是将工件分为简单的直线及圆弧，各段素线长度为 l_1、l_2、l_3、…、l_n，各段素线重心至旋转轴的距离为 x_1、x_2、x_3、…、x_n，此时的毛坯直径为

$$D = \sqrt{8\sum l_n x_n}$$

计算毛坯直径的关键就在于求出各线段的重心至旋转轴的距离 x_n。对于直线段，线段重心在线段中心，对于圆弧线段，其重心至旋转轴的距离 x_n 可按表 4-7 所列公式计算。

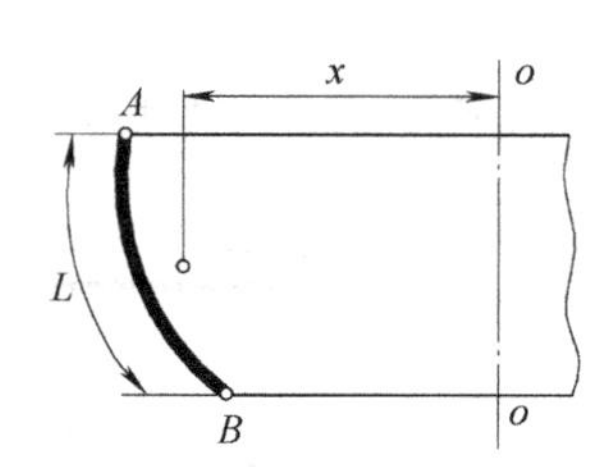

图 4-19　久里金法则

表 4-7　圆弧线段 x_n 的计算公式

序　号	条　　件	图　　例	计 算 公 式
1	$\alpha = 90°$时		$x_n = A_0 + r_0 = \frac{2}{\pi}R + r_0$
2	$\alpha < 90°$，圆弧与水平线相交		$x_n = A + r_0 = \frac{R180°(1-\cos\alpha)}{\pi a} + r_0$

（续）

序 号	条 件	图 例	计算公式
3	$\alpha<90°$，圆弧与垂直线相交		$x_n=B+r_0=\dfrac{R180°(1-\cos\alpha)}{\pi a}+r_0$

注：α 为圆弧线段中心角；R 为圆弧半径；r_0 为回转轴至各段圆弧中心的距离；A、B 分别为圆弧与水平线及垂直线相交时圆弧重心至圆弧中心轴线的距离。

另一种方法为：弧形重心至轴线 y—y（此线通过圆弧中心）的距离 A 或 B 可按下式计算：

$$A=aR \qquad B=bR$$

式中 a、b——系数，其值与圆心角 α 有关，见表 4-8。

R——圆弧的半径。

圆弧重心的旋转半径 r 为

对于外凸的圆弧：$r=A+r_0$ 或 $r=B+r_0$ （4-11）

对于内凹的圆弧：$r=r_0-A$ 或 $r=r_0-B$ （4-12）

式中 r_0——零件旋转轴至各段圆弧中心的距离（可参考表 4-7 中的图例）。

表 4-8 确定圆弧重心位置的系数和值

α/(°)	a	b	α/(°)	a	b
5	0.999	0.043	50	0.879	0.409
10	0.995	0.087	55	0.853	0.444
15	0.989	0.130	60	0.827	0.478
20	0.980	0.173	65	0.799	0.509
25	0.969	0.215	70	0.769	0.538
30	0.955	0.256	75	0.738	0.566
35	0.939	0.296	80	0.705	0.592
40	0.921	0.325	85	0.671	0.615
45	0.901	0.377	90	0.637	0.637

任务准备

筒形件、截头锥形件、半球面零件等。

任务实施

1）老师展示圆筒形件、截头锥形件，半球面零件，让学生观察这些零件的特点。

2）老师结合挂图讲解圆筒形件、截头锥形件、半球面零件毛坯直径的计算方法。

3）分组讨论形状简单的旋转体拉深件毛坯直径的计算方法。

4）分组讨论形状复杂的旋转体拉深件毛坯直径的计算方法。

5）小组派代表上台展示成果。

检查评议

序号	检查项目	考核要求	配分	得分
1	截头锥形表面积的计算	准确说出截头锥形表面积的计算方法	10	
2	1/4 凹球带表面积的计算	准确说出 1/4 凹球带表面积的计算方法	20	
3	1/4 凸球带表面积的计算	准确说出 1/4 凸球带表面积的计算方法	20	
4	形状复杂旋转体毛坯直径的计算方法	准确说出形状复杂旋转体毛坯直径的计算方法	20	
5	小组内成员分工情况、参与程度	组内成员分工明确，所有的学生都积极参与小组活动，为小组活动献计献策	5	
6	合作交流、解决问题	组内成员分工协助，认真倾听、互助互学，在共同交流中解决问题	10	
7	小组活动的秩序	活动组织有序，服从领导	5	
8	讨论活动结果的汇报水平	敢于发言、质疑，汇报发言声音洪亮，思路清晰、简练，突出重点	10	
合计			100	

考证要点

1. 与凸模圆角接触的板料部分，拉深时厚度________。

A. 变厚　　B. 变薄　　C. 不变

2. 用等面积法确定坯料尺寸，即坯料面积等于拉深件的________。

A. 投影面积　　B. 表面积　　C. 截面积

任务3　计算筒形件拉深工艺尺寸

子任务1　了解筒形件多次拉深的特点及方法

学习目标

◎ 了解筒形件多次拉深的特点

◎ 了解筒形件正拉探的特点

◎ 了解筒形件反拉深的特点

任务描述

在拉深工艺中由于受到材料内部组织和力学性能、材料的相对厚度（t/D）、拉深方式、凹模和凸圆角半径大小、拉深的润滑条件、模具情况以及拉深速度等因素的影响，往往不能一次就完成拉深过程，需要进行多次拉深才能实现产品的生产。下来介绍圆筒形件多次拉深的特点及方法。

相关知识

一、以后各次拉深的特点

以后各次拉深时所用毛坯与首次拉深时不同，它不是平板，而是筒形件。因此它与首次拉深相比，有许多不同之处。

1）首次拉深时，平板毛坯的厚度和力学性能都是均匀的，而以后各次拉深时，筒形件毛坯的壁厚与力学性能都不均匀。以后各次拉深时，不但板料已有加工硬化，而且毛坯的筒壁要经过两次弯曲才被凸模拉入凹模内，变形更为复杂，所以它的极限拉深系数要比首次拉深大得多，而且后一次都略大于前一次。

2）首次拉深时，凸缘变形区是逐渐缩小的，而以后各次拉深时，其变形区（$d_{n-1}-d_n$）保持不变，只是在结束之前才逐渐缩小，所以在拉深过程中，拉深力的变化不一样。首次拉深时，拉深力的变化是变形抗力的增加与变形区域的减少这两个相反因素互相作用的过程，因而在开始阶段较快达到最大拉深力，然后逐渐减少为零。而以后各次拉深时，其变形区保持不变，但材料的硬度与壁厚都是沿着高度方向而逐渐增加，所以其拉深力在整个拉深过程中一直都在增加（见图 4-20），直到拉深的最后阶段才由最大值下降至零。

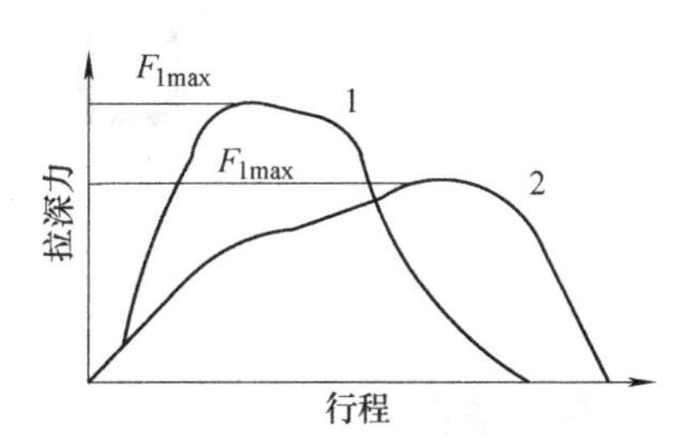

图 4-20　首次拉深时与二次拉深时的拉深力变化曲线

3）以后各次拉深时的危险断面与首次拉深时一样，都是在凸模圆角处，但首次拉深时最大拉深力发生在初始阶段，所以破裂也发生在拉深的初始阶段；而以后各次拉深的最大拉深力发生在拉深的最后阶段，所以破裂就往往出现在拉深的末尾。

4）以后各次拉深的变形区，因其外缘有筒壁刚性支持，所以稳定性比首次拉深更强，不易起皱。只是在拉深的最后阶段，筒壁边缘进入变形区后，变形区的外缘失去了刚性支持才有起皱的可能。

二、以后各次拉深的方法

以后各次拉深可以有两种方法，即正拉深与反拉深（见图 4-21）。

正拉深的拉深方向与上一次拉深方向一致，为常用的拉深方法。反拉深的拉深方向与上一次拉深方向相反，工件的内外表面相互转换。反拉深与正拉深相比较有如下特点：

1）反拉深时，材料的流动方向与正拉深相反，有利于抵消拉深时形成的残余应力。

2）反拉深时，材料的弯曲与反弯曲次数较少，加工硬化也少，有利于成形。在正拉深时，位于压边圈圆角部的材料，流向凹模圆角处，内圆弧成了外圆弧。而在反拉深时，位于内圆弧处的材料在流动过程中始终处于内圆弧处。

3）反拉深时，毛坯与凹模的接触面比正拉深大，材料的流动阻力也大，材料不易起皱，因此一般反拉深可不用压边圈，这就避免了由于压边力不适或压边力不均匀而造成的拉裂。

4）反拉深时，其拉深力比正拉深力大20%左右。

5）反拉深坯料内径 d_1 套在凹模外面，拉深后的工件外径 d_2 通过凹模内孔（见图4-21b），故凹模壁厚不能超过 $(d_1-d_2)/2$。即反拉深的拉深系数不能太大，否则凹模壁厚过薄，强度不足。另外，凹模圆角半径不能大于 $(d_1-d_2)/4$。

反拉深方法主要用于板料较薄的大件和中等尺寸零件的拉深。反拉深后圆筒的最小直径 $d_2=(30\sim90)t$，圆角半径 $r>(2\sim6)t$。图4-22所示为一些典型的反拉深零件。

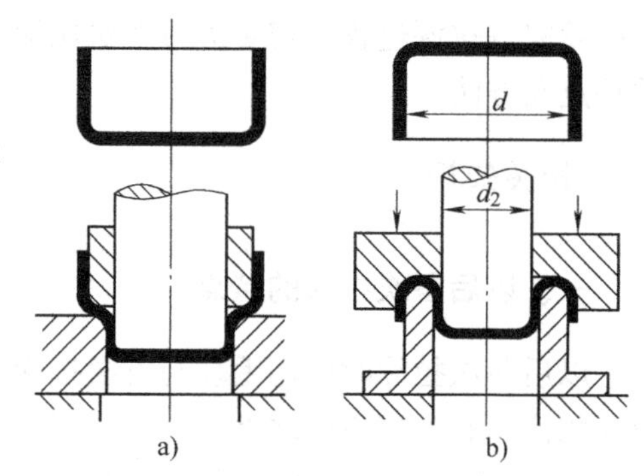

图4-21　正拉深与反拉深
a）正拉深　b）反拉深

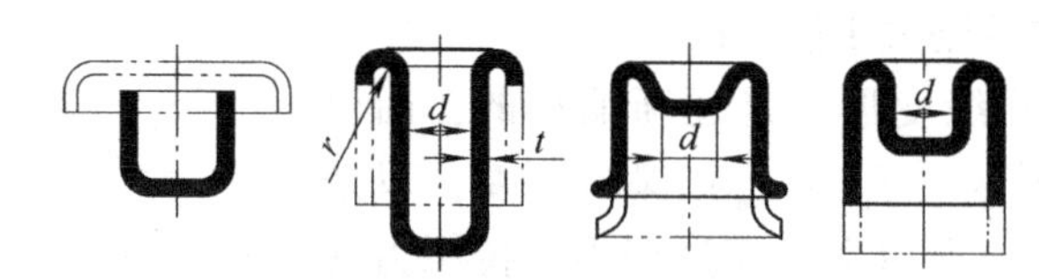

图4-22　反拉深零件

任务准备

正拉深和反拉深模具各一套，拉深润滑油及油扫（油漆扫把），冲床及拉深毛坯，拆装模具用的内六角扳手、铜棒、锤子等工具一套

任务实施

1）老师带领学生到模具制作实训场，由老师演示采用内六角扳手、铜棒、锤子等工具将正拉深和反拉深模具先后装在冲床上，用油扫沾拉深润滑油涂抹在凹模的工作面和压边圈表面后，将毛坯送入模具定位并对其进行拉深。要求同学们仔细观察拉深加工的工作过程及特点，注意比较正拉深和反拉深的不同之处。

2）在一体化教室或多媒体教室上课，课堂上结合挂图和视频讲解正拉深和反拉深的特点。

3）分组讨论筒形件多次拉深的方法和特点，筒形件正、反拉深的特点。

4）小组派代表上台展示成果。

检查评议

序号	检查项目	考核要求	配分	得分
1	筒形件多次拉深的方法和特点	准确说出筒形件多次拉深的方法和特点	30	
2	筒形件正拉深的特点	准确说出筒形件正拉深的特点	20	
3	筒形件反拉深的特点	准确说出筒形件反拉深的特点	20	
4	小组内成员分工情况、参与程度	组内成员分工明确，所有的学生都积极参与小组活动，为小组活动献计献策	5	

（续）

序号	检查项目	考核要求	配分	得分
5	合作交流、解决问题	组内成员分工协助，认真倾听、互助互学，在共同交流中解决问题	10	
6	小组活动的秩序	活动组织有序，服从领导	5	
7	讨论活动结果的汇报水平	敢于发言、质疑，汇报发言声音洪亮，思路清晰、简练，突出重点	10	
合　计			100	

子任务 2　认识拉深系数，分析筒形件拉深次数

学习目标

◎ 了解拉深系数的基本概念

◎ 了解拉深系数的影响因素

◎ 掌握筒形件拉深次数的三种计算方法

任务描述

拉深件是一次拉出，还是需要几道工序才能拉出？在实际生产中有很多因素会影响拉深系数的选择。同学们应首先了解拉深系数的基本概念和其影响因素，以及拉深次数的基本概念，最后运用所学知识学会拉深次数的计算方法。

相关知识

一、拉深系数

拉深系数用 m 表示。拉深系数是衡量拉深变形程度的一个重要工艺参数。它是拉深后筒形件直径与拉深前毛坯直径（或半成品直径）的比值，即

第 1 次拉深系数为

$$m_1 = \frac{d_1}{D}$$

第 2 次拉深系数为

$$m_2 = \frac{d_2}{d_1}$$

……

第 n 次拉深系数为

$$m_n = \frac{d_n}{d_{n-1}}$$

总拉深系数为

$$m_{总} = \frac{d_n}{D} \tag{4-13}$$

式中　d_n——工件直径（mm）；

D——毛坯直径（mm）。

从拉深系数的表达式可以看出，拉深系数是小于1的数，而且m值越小，表示拉深变形程度越大，所需要的拉深次数也越少。m值越大，拉深变形程度越小，所需要的拉深次数越多。

在制订拉深工艺时，如果拉深系数m取值过小，就会使拉深件由于变形程度过大而造成起皱或拉裂。因此选择拉深系数m时不能小于材料的极限拉深系数。

表4-9所列为圆筒形件带压边圈时的拉深系数；表4-10所列为圆筒形件不带压边圈时的拉深系数；表4-11所列为各种材料的拉深系数。

表4-9　圆筒形件带压边圈时的拉深系数

拉深系数	毛坯相对厚度$\frac{t}{D}\times100$					
	2.0~1.5	1.5~1.0	1.0~0.6	0.6~0.3	0.3~0.15	0.15~0.08
m_1	0.48~0.50	0.50~0.53	0.53~0.55	0.55~0.58	0.58~0.60	0.60~0.63
m_2	0.73~0.75	0.75~0.76	0.76~0.78	0.78~0.79	0.79~0.80	0.80~0.82
m_3	0.76~0.78	0.78~0.79	0.79~0.80	0.80~0.81	0.81~0.82	0.82~0.84
m_4	0.78~0.80	0.80~0.81	0.81~0.82	0.82~0.83	0.83~0.85	0.85~0.86
m_5	0.80~0.82	0.82~0.84	0.84~0.85	0.85~0.86	0.86~0.87	0.87~0.88

注：1. 表中拉深数据适用于08、10和15Mn等普通碳钢及软黄铜H62。对于拉深性能较差的材料，如20、25、Q215、Q235、硬铝等应比表中数值大1.5%~2.0%；而对于塑性更好的材料，如05、08、10钢及软铝应比表中数值小1.5%~2.0%。

2. 表中数据适用于未经中间退火工件的拉深。当采用中间退火工序时，需比表中数值小2%~3%。

3. 表中较小值适用于大的凹模圆角半径，即$R_d=(8\sim15)t$；较大值适用于小的凹模圆角半径，即$R_d=(4\sim8)t$。

表4-10　圆筒形件不带压边圈时的拉深系数

拉深系数	毛坯相对厚度$\frac{t}{D}\times100$				
	1.5	2.0	2.5	3.0	>3
m_1	0.65	0.60	0.55	0.53	0.50
m_2	0.80	0.75	0.75	0.75	0.70
m_3	0.84	0.80	0.80	0.80	0.75
m_4	0.87	0.84	0.84	0.84	0.78
m_5	0.90	0.87	0.87	0.87	0.82
m_6	—	0.90	0.90	0.90	0.85

注：此表适用于08、10及15Mn等材料。其余各项同表4-9下面的注。

表4-11　各种材料的拉深系数

材料名称	牌号	第一次拉深m_1	以后各次拉深m_n
铝和铝合金	8A06M	0.52~0.55	0.70~0.75
硬铝	2A12M、2A11M	0.56~0.58	0.75~0.80
黄铜	H62	0.52~0.54	0.70~0.72
	H68	0.50~0.52	0.68~0.72
纯铜	T2、T3、T4	0.50~0.55	0.72~0.80
无氧铜		0.52~0.58	0.75~0.82

（续）

材料名称	牌号	第一次拉深 m_1	以后各次拉深 m_n
镍、镁镍、硅镍		0.48～0.53	0.70～0.75
康铜（铜镍合金）		0.50～0.56	0.74～0.84
白铁皮		0.58～0.65	0.80～0.85
酸洗钢板		0.54～0.58	0.75～0.78
不锈钢	Cr13	0.52～0.56	0.75～0.78
	Cr18Ni	0.50～0.52	0.70～0.75
	1 Cr18Ni9Ti	0.52～0.55	0.78～0.81
	Cr18Ni11Nb、Cr23Ni18	0.52～0.55	0.78～0.80
镍铬合金	Cr20Ni80Ti	0.54～0.59	0.78～0.84
合金结构钢	30CrMnSiA	0.62～0.70	0.80～0.84
可伐合金		0.65～0.67	0.85～0.90
钼铱合金		0.72～0.82	0.91～0.97
钽		0.65～0.67	0.84～0.87
铌		0.65～0.67	0.84～0.87
钛及钛合金	TA2、TA3	0.58～0.60	0.80～0.85
	TA5	0.60～0.65	0.80～0.85
锌		0.65～0.70	0.85～0.90

注：1. 凹模圆角半径 $r_d<6t$ 时拉深系数取大值，凹模圆角半径 $r_d \geqslant (7\sim8)t$ 时拉深系数取小值。

2. 材料相对厚度 $t/D \times 100 \geqslant 0.62$ 时拉深系数取小值，材料相对厚度 $t/D \times 100 < 0.62$ 时拉深系数取大值。

3. 材料为退火状态。

在制订拉深工艺时，应比较工件要求的拉深系数与材料允许的极限拉深系数。若工件总拉深系数 $m_{总}=\dfrac{d_n}{D}$大于材料允许的极限拉深系数，即 $m_{总} \geqslant m_1$时，工件可一次拉深成形，否则就需要进行多次拉深。

从降低生产成本出发，拉深次数越少越好，即采用较小的拉深系数。但是变形加大会使危险断面产生破裂。因此每次拉深的拉深系数应大于极限拉深系数，才能保证拉深工艺的顺利进行。影响拉深系数的因素有很多，具体见表4-12。

表4-12 影响拉深系数的主要因素

序号	因素	影响情况
1	材料的力学性能	材料组织均匀、晶粒大小适当、屈服比小、塑性好，对拉深有利，可采用较小的 m 值
2	板料的相对厚度 t/D	相对厚度 t/D 越大，拉深时抵抗失稳起皱的能力越大，因此可以减少压边力，减少摩擦阻力，这样有利于减少拉深系数
3	摩擦与润滑条件	凹模与压边圈的工作表面光滑、润滑条件较好时可以减少拉深系数
4	模具的几何参数	采用过小的 R_p、R_d 与间隙 Z 会使拉深过程中的摩擦阻力与弯曲阻力增加，危险断面的变薄加剧，而过大的 R_p、R_d 与间隙 Z 则会减少有效的压边面积，使板料失稳起皱，对拉深不利。只有采用适合的 R_p、R_d 与间隙 Z 才可以减少拉深系数
5	压边条件	采用压边圈并施加一定的压边力对拉深有利，可以减少拉深系数

二、拉深次数

当拉深件不能一次拉深成形时，就需要进行多次拉深。确定拉深次数的方法有以下几种。

1. 推算法

首先从拉深系数表中查出各次拉深的极限系数 m_1、m_2、…、m_n，然后用拉深系数计算公式，从第一道工序开始，依次推算各道工序的拉深直径，即

$$d_1 = m_1 D$$
$$d_2 = m_2 d_1$$
$$\cdots\cdots$$
$$d_n = m_n d_{n-1} \tag{4-14}$$

一直推算到所得出的直径 d_n 小于或等于工件直径为止。推算了多少步，就是多少次拉深。

2. 计算法

采用下述公式计算拉深次数：

$$n = 1 + \frac{\lg d_n - \lg(m_1 D)}{\lg m_n} \tag{4-15}$$

式中 n——所需要的拉深次数；
m_1——首次极限拉深系数；
d_n——拉深件直径（mm）；
D——毛坯直径（mm）；
m_n——以后各次拉深的平均系数。

所计算出的 n 值通常都带小数，但一定要进位成较大的整数。

3. 查表法

筒形件的拉深次数也可根据零件的相对高度 h/d 及材料的相对厚度$(t/D)\times100$，由表 4-13 查出。

表 4-13　筒形件拉深相对高度 h/d 和材料的相对厚度 t/D 与拉深次数的关系

拉深次数 \ 相对高度 h/d \ 毛坯相对厚度 $(t/D)\times100$	2~1.5	1.5~1.0	1.0~0.6	0.6~0.3	0.3~0.15	0.15~0.06
1	0.94~0.77	0.84~0.65	0.70~0.57	0.62~0.5	0.52~0.45	0.46~0.38
2	1.88~1.54	1.60~1.32	1.36~1.1	1.13~0.94	0.96~0.83	0.9~0.7
3	3.5~2.7	2.8~2.2	2.3~1.8	1.9~1.5	1.6~1.3	1.3~1.1
4	5.6~4.3	4.3~3.5	3.6~2.9	2.9~2.4	2.4~2.0	2.0~1.5
5	8.9~6.6	6.6~5.1	5.2~4.1	4.1~3.3	3.3~2.7	2.7~2.0

在拉深次数确定之后，各次拉深时所采用的拉深系数应遵循的原则是：

1）每次拉深的变形程度都应小于极限值，因此实际采用的拉深系数 m_1、m_2、…、m_n 都应大于拉深系数表中所列出的极限拉深系数。

2）拉深系数应符合逐次递增的原则，即 $m_1 < m_2 < m_3 < \cdots < m_n$。在选取拉深系数时要

慎重，拉深系数过大，拉深次数增多，使生产成本增高；拉深系数过小，拉深件有可能起皱，甚至拉裂，不能保证产品的质量。

任务准备

无凸缘多次拉深的工件、有凸缘多次拉深的工件等。

任务实施

1）同学们在老师及工厂师傅的带领下，参观冲压加工车间或模具制作实训场，要仔细观察拉深加工的工作过程，注意各次拉深的特点。

2）教师结合拉深模挂图、实物，并借助教学课件等讲解影响拉深系数的主要因素。

3）学生分组分析拉深次数，并讨论影响拉深系数的主要因素。

4）小组代表上台展示分组讨论结果。

检查评议

序号	检 查 项 目	考 核 要 求	配分	得分
1	拉深系数的计算方法	能够准确计算拉深系数	10	
2	筒形件带压边圈和不带压力圈时拉深系数的确定	能准确查表确定筒形件带压边圈和不带压力圈时的拉深系数	10	
3	各种材料拉深系数的确定	能准确查表确定各种材料的拉深系数值	10	
4	影响拉深系数的主要因素	能准确说出影响拉深系数的主要因素	20	
5	筒形件拉深次数的三种计算方法	能够灵活运用筒形件拉深次数的三种计算方法	20	
6	小组内成员分工情况、参与程度	组内成员分工明确，所有的学生都积极参与小组活动，为小组活动献计献策	5	
7	合作交流、解决问题	组内成员分工协助，认真倾听、互助互学，在共同交流中解决问题	10	
8	小组活动的秩序	活动组织有序，服从领导	5	
9	讨论活动结果的汇报水平	敢于发言、质疑，汇报发言声音洪亮，思路清晰、简练，突出重点	10	
合　计			100	

考证要点

一、判断题（正确的打“√”，错误的打“×”）

1. 拉深系数 m 恒小于1，m 越小，则拉深变形程度越大。(　　)

2. 拉深系数是拉深后工件直径 d 与拉深前毛坯直径 D 之比，拉深系数越大，表明材料的变形程度越大。

二、简答题

什么是拉深系数？拉深系数对拉深工作有何影响？

子任务3　了解筒形件各次拉深件半成品尺寸的计算方法

学习目标

◎ 了解筒形件各次拉深件半成品直径的计算方法

◎ 掌握筒形件各次拉深件拉深高度的计算方法

◎ 掌握筒形件各次拉深件筒底圆角半径的确定方法

 **任务描述**

本任务主要介绍筒形件各次拉深件半成品直径的计算方法；筒形件各次拉深件拉深高度的计算方法；筒形件各次拉深件筒底圆角半径的确定方法。

当拉深件不能一次完成拉深成形时，就需要进行多次拉深。各次拉深半成品的直径、拉深高度、筒底圆角半径的确定是模具设计过程中一个重要的环节。

 **相关知识**

当筒形件需要多次拉深时，就必须计算各次拉深半成品的尺寸，作为设计模具及选择压力机的依据。

1. 各次拉深件半成品直径

根据拉深系数的选取原则，从拉深系数表中查出各次拉深系数，然后根据调整后的拉深系数，计算各次拉伸半成品的直径，使 d_n 等于工件直径。即

$$d_1 = m_1 D$$

$$d_2 = m_2 d_1$$

$$\cdots\cdots$$

$$d_n = m_n d_{n-1} \tag{4-16}$$

2. 半成品拉深高度

各次半成品的拉深高度可根据公式计算得出。

$$H_n = 0.25\left(\frac{D^2}{d_n} - d_n\right) + 0.43\frac{R_n}{d_n}(d_n + 0.32R_n) \tag{4-17}$$

式中　H_n——各次半成品拉深高度（mm）；

D——毛坯直径（mm）；

d_n——各次半成品直径（mm）；

R_n——各次半成品圆角半径（mm）。

3. 半成品筒底圆角半径

拉深时，筒底内圆角半径是由凸模圆角半径决定的。而在拉深过程中，模具凹模圆角半径和凸模圆角半径的大小，都会影响拉深成形是否顺利进行。

（1）凹模圆角半径（r_d）的确定　平板毛坯拉深，若凹模圆角半径过大，会削弱压边圈的压边作用，可能会引起起皱；圆角半径过小，会增大拉深变形的阻力，过大的拉应力会

造成板料变薄或拉裂。

筒形件第一次拉深时的凹模圆角半径 r_d 可由下式确定：

$$r_d = 0.8\sqrt{(D-d_1)t} \tag{4-18}$$

式中 D——平板毛坯直径（mm）；

d_1——首次拉深直径（mm）。

以后各次拉深凹模圆角半径 r_{d_n} 可逐渐缩小，一般可取

$$r_{d_n} = (0.6 \sim 0.8) r_{d_{n-1}} \tag{4-19}$$

但凹模圆角半径 r_d 不应小于制件底部圆角半径。

拉深凹模圆角半径亦可按表4-14查取。

表4-14 拉深凹模圆角半径 r_d 的数值

D \ t	0~1	1~1.5	1.5~2	2~3	3~4	4~6
0~10	2.5	3.5	4	4.5	5.5	6.5
10~20	4	4.5	5.5	6.5	7.5	9
20~30	4.5	5.5	6.5	8	9	11
30~40	5.5	6.5	7.5	9	10.5	12
40~50	6	7	8	10	11.5	14
50~60	6.5	8	9	11	12.5	15.5
60~70	7	8.5	10	12	13.5	16.5
70~80	7.5	9	10.5	12.5	14.5	18
80~90	8	9.5	11	13.5	15.5	19
90~100	8	10	11.5	14	16	20
100~110	8.5	10.5	12	14.5	17	20.5
110~120	9	11	12.5	15.5	18	21.5
120~130	9.5	11.5	13	16	18.5	22.5
130~140	9.5	11.5	13.5	16.5	19	23.5
140~150	10	12	14	17	20	24

注：D 为第一次拉深时的毛坯直径，或第 $n-1$ 次拉深后的工件直径；d 为第一次拉深后的工件直径，或第 n 次拉深后的工件直径。

（2）凸模圆角半径（r_p）的确定　凸模圆角半径过大或过小，对拉深件筒底危险断面处材料变薄或拉深件毛坯起皱都有影响，只是其影响程度没有凹模圆角半径那样显著。

凸模圆角半径 r_p，除最后一次拉深应取与制件底部圆角半径相等的数值外，中间各次拉深可以取与 r_d 相等或略微小一些的数值，并且各次拉深凸模圆角半径 r_p 应逐次减小。即

$$r_p = (0.7 \sim 1.0) r_d \tag{4-20}$$

例　如图4-23所示的筒形件，料厚为1.5mm，材料为08钢，求毛坯直径及拉深尺寸（按中线层尺寸计算）。

解 1）确定修边余量 Δh。工件相对高度为

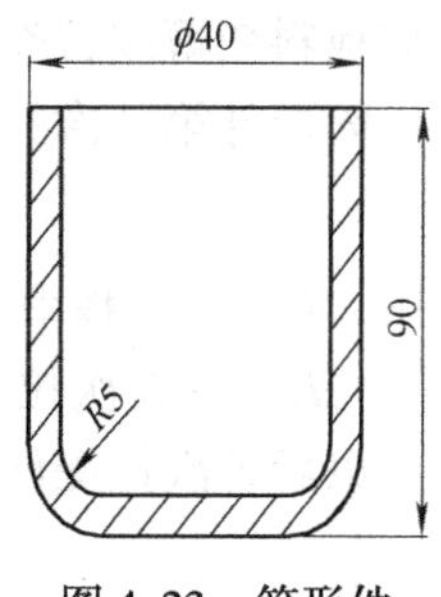

图 4-23 筒形件

$$H/d = \left(\frac{89.25}{38.5}\right)\text{mm} = 2.32\text{mm}$$

查表 4-3 得 $\Delta h = 5\text{mm}$

工件拉深总高度为

$$H_{总} = (90+5)\text{mm} = 95\text{mm}$$

2）计算毛坯直径 D。计算公式为

$$D = \sqrt{d_1^2 + 4d_2h + 2\pi r d_1 + 8r_2} \tag{4-21}$$

式中

$$d_1 = 27\text{mm}$$
$$d_2 = 38.5\text{mm}$$
$$h = 88.5\text{mm}$$
$$r = 5.75\text{mm}$$

$$\begin{aligned} D &= \sqrt{27^2 + 4\times38.5\times88.5 + 2\times3.14\times5.75\times27 + 8\times5.75^2}\ \text{mm} \\ &= \sqrt{15597.47}\text{mm} \\ &= 124.89\text{mm} \approx 125\text{mm} \end{aligned}$$

3）判断拉深次数及压边条件。

① 总拉深系数为

$$m_{总} = \frac{d}{D} = \frac{38.5}{125} = 0.308$$

② 判断拉深次数。毛坯相对厚度 t/D 为

$$\frac{t}{D}\times100 = \frac{1.5}{125}\times100 = 1.2$$

查表 4-9 查得

$$m_1 = 0.5$$

$$m_{总} = 0.308 < m_1 = 0.5$$

所以不能一次拉深。

下面根据工件相对高度 h/d 毛坯相对厚度 t/D 判断拉深次数。工件相对高度为

$$\frac{h}{d} = \frac{95}{40}\text{mm} = 2.375\text{mm}$$

查表 4-13 可知需三次拉深。

4）确定各次拉深半成品尺寸。

① 在表 4-9 查出拉深系数，并依据拉深系数的使用原则调整系数值，计算各次拉深半成品直径。

由表 4-10 查得：

$$m_1 = 0.50\sim0.53,\ m_2 = 0.75\sim0.76,\ m_3 = 0.78\sim0.79$$

推算各次拉深直径：

$$d_1 = 0.52\times125\text{mm} = 65\text{mm}$$

$$d_2 = 0.75 \times 65\text{mm} = 48.75\text{mm}\ (取 49\text{mm})$$

$$d_3 = 0.78 \times 49\text{mm} = 38.22\text{mm}(取 38.5\text{mm})$$

② 确定各次拉深凸模圆角半径 r_p。首先确定凹模圆角半径 r_d，查表4-14得

$$r_{d_1} = 8\text{mm}$$

$$r_{d_2} = (0.6 \sim 0.8) r_{d_1} = (0.8 \times 8)\text{mm} = 6.4\text{mm}(取 6.5\text{mm})$$

$$r_{d_3} = (0.6 \sim 0.8) r_{d_2} = (0.8 \times 6.5)\text{mm} = 5.2\text{mm}(取 5\text{mm})$$

依据 $r_p = (0.7 \sim 1) r_d$ 的原则，取 $r_p = r_d$，即

$$r_{P_1} = 8\text{mm},\ r_{P_2} = 6.5\text{mm},\ r_{P_3} = 5\text{mm}$$

③ 计算半成品拉深高度 H_n。

$$H_1 = 0.25\left(\frac{125^2}{6.5} - 65\right)\text{mm} + 0.43 \times \frac{8.75}{65}(65 + 0.32 \times 8.75)\text{mm}$$

$$= 47.76\text{mm}$$

$$H_2 = 0.25\left(\frac{125^2}{49} - 49\right)\text{mm} + 0.43 \times \frac{7.25}{49}(49 + 0.32 \times 7.25)\text{mm}$$

$$= 70.72\text{mm}$$

$$H_3 = 94.25\text{mm}$$

任务准备

无凸缘多次拉深的工件、有凸缘多次拉深的工件等。

任务实施

1）同学们应仔细观察无凸缘多次拉深工件、有凸缘多次拉深工件的特点。

2）老师讲解筒形件各次拉深件半成品直径、拉深高度及筒底圆角半径的确定方法并举例说明。

3）分组讨论筒形件半成品直径、拉深高度及筒底圆角半径的确定方法。

4）小组派代表上台展示成果。

检查评议

序号	检查项目	考核要求	配分	得分
1	筒形件各次拉深件半成品直径的计算方法	准确说出筒形件各次拉深件半成品直径的计算方法	20	
2	筒形件各次拉深件拉深高度的计算方法	准确说出筒形件各次拉深件拉深高度的计算方法	20	
3	筒形件各次拉深件筒底圆角半径的确定方法	准确说出筒形件各次拉深件筒底圆角半径的确定方法	30	
4	小组内成员分工情况、参与程度	组内成员分工明确，所有的学生都积极参与小组活动，为小组活动献计献策	5	
5	合作交流、解决问题	组内成员分工协助，认真倾听、互助互学，在共同交流中解决问题	10	

（续）

序号	检查项目	考核要求	配分	得分
6	小组活动的秩序	活动组织有序，服从领导	5	
7	讨论活动结果的汇报水平	敢于发言、质疑，汇报发言声音洪亮，思路清晰、简练，突出重点	10	
合　计			100	

子任务4　了解拉深力、压边力的计算方法及压力机的选用方法

学习目标

◎ 掌握拉深力的计算方法

◎ 掌握压边力的计算方法

◎ 学习压力机的选用方法

本任务主要介绍拉深力、压边力的计算方法；压力机的选用方法。

 **任务描述**

本任务要求同学们通过学习和讨论拉深力、压边力的计算方法，从而能够正确选择合适的压力机。在拉深过程中拉深力是会发生变化的，要对其进行精确的理论计算是复杂而繁琐的，那么能不能寻找出简单而实用的方法来计算呢？下面将介绍相关知识。

 **相关知识**

一、拉深力的计算

为了合理选择冲压设备和设计模具，应该求出拉深力和拉深功。

对拉深变形进行力学分析，典型的拉深力—凸模行程曲线（见图4-20），可见它与冲裁力—凸模行程曲线有明显区别，主要体现在拉深行程比冲裁行程长得多。拉深系数（变形程度）、压边力、润滑条件、材料特性等都会影响拉深力—凸模行程曲线的走向。

一般概念上的拉深力是指其峰值，理论计算复杂而繁琐，实用性不强。生产实际中常用经验公式进行近似计算。

筒形件有压边圈拉深时的拉深力为

$$P = k\pi dt\sigma_b \tag{4-22}$$

式中　P——拉深力（N）；

d——筒形件直径（mm）；

t——板料厚度（mm）；

σ_b——材料强度极限（MPa）；

k——修正系数，见表4-15。首次拉深用k_1，后续各次拉深用k_2。

表 4-15　修正系数 K

m_1	0.55	0.57	0.60	0.62	0.65	0.67	0.70	0.72	0.75	0.77	0.80
k_1	1.00	0.93	0.86	0.79	0.72	0.66	0.60	0.55	0.50	0.45	0.40
m_2	0.70	0.72	0.75	0.77	0.80	0.85	0.90	0.95	—	—	—
k_2	1.00	0.95	0.90	0.85	0.80	0.70	0.60	0.50	—	—	—

对于横截面为矩形、椭圆形等形状的拉深件，拉深力也可用下式求

$$P=(0.5\sim0.8)Lt\sigma_b \tag{4-23}$$

式中　L——横截面周边长度（mm）。

二、压边力的计算

压边力的大小要根据既不起皱也不被拉裂这个原则，在试模中加以调整。设计压边装置时应考虑便于调节压边力。

在生产中，压边力为压边面积乘以单位压边力，即

$$P_Q=Aq \tag{4-24}$$

式中　P_Q——压边力（N）；

A——在压边圈下坯料的投影面积（mm^2）；

q——单位压边力（MPa），可按表 4-16 选取。

表 4-16　部分材料的单位压边力 q

材料名称		单位压边力 q/MPa
铝		0.8～1.2
纯铜、硬铝（退火）		1.2～1.8
黄铜		1.5～2.0
软钢	板料厚度 $t<0.5$mm	2.5～3.0
	板料厚度 $t>0.5$mm	2.0～2.5
镀锌钢板		2.5～3.0
耐热钢（软化状态）		2.8～3.5
高合金钢、高锰钢、不锈钢		3.0～4.5

三、压力机的选用

一般单动压力机拉深时，压边力（弹性压边装置）与拉深力是同时产生的，所以，压力机吨位的大小应根据拉深力和压边力的总和来选择，即

$$P_{\text{总}}=P+P_Q \tag{4-25}$$

当拉深行程较大，特别是采用落料拉深复合模时，不能简单地将落料力与拉深力叠加后选择压力机，而应确保冲压力—行程曲线位于压力机许用负荷曲线以下，否则很可能出现压力机超载损坏。如图 4-24 所示，虽然落料力与拉深力之和小于公称压力，但在模具工作的早期（落料时）已超载了。

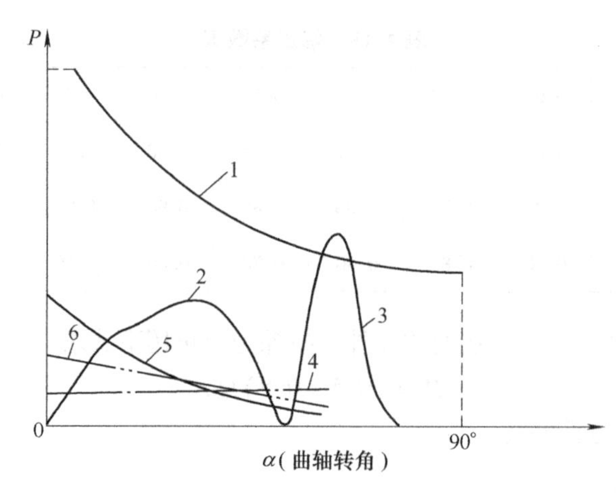

图4-24　冲压力曲线、弹性压边装置压边力曲线与压力机许用负荷曲线

1—压力机许用负荷曲线　2—拉深力　3—落料力　4—气垫压边力

5—橡胶垫压边力　6—弹簧垫压边力

为了选用方便，一般可按下式粗略估算：

浅拉深时　　$P_\varepsilon \leqslant (0.7 \sim 0.8) P_0$

深拉深时　　$P_\varepsilon \leqslant (0.5 \sim 0.6) P_0$

式中　P_ε——拉深力、压边力及其他变形力总和；

P_0——压力机的公称压力。

同样，因为拉深行程比冲裁行程要长得多，仅仅按拉深力进行设备的选择并不一定很保险。因为有时设备的吨位足够，但因拉深行程很长，设备具备的功不一定能满足拉深功的要求。遇到这种情况时，可能出现拉深时压力机的行程速度减缓，甚至会损坏设备的电动机，为此还需对拉深功进行核算。

理论上拉深功是拉深力—凸模行程曲线下的面积积分，精确计算同样繁琐。生产实践中，常将最大拉深力折算成平均力来计算，即 $P_m = (0.6 \sim 0.8)P$,所以拉深功为

$$W = (0.6 \sim 0.8) Ph \times 10^{-3}$$

式中　W——拉深功（J）；

P——最大拉深力（N）；

h——拉深深度（mm），即凸模工作行程。

压力机电动机功率(kW)可按下式校核计算

$$P_d = nk\,W/(61\,200\eta_1\eta_2) \qquad (4\text{-}26)$$

式中　k——不均衡系数，取1.2~1.4；

n——压力机每分钟行程次数；

η_1——压力机效率，取0.6~0.8；

η_2——电动机效率，取0.9~0.95。

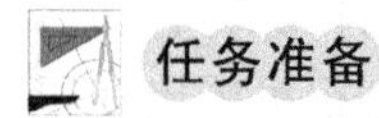

任务准备

冲压力曲线、弹性压边装置压边力曲线与压力机许用负荷曲线挂图，计算器等。

任务实施

1）老师讲解拉深力、压边力的计算方法和压力机的选用方法并举例说明。
2）分组讨论压力机的选用方法。
3）小组派代表上台展示讨论结果。

检查评议

序号	检查项目	考核要求	配分	得分
1	拉深力的计算方法	能够正确计算拉深力	20	
2	压边力的计算方法	能够正确计算压边力	20	
3	压力机的选用方法	能正确选用合适的压力机	30	
4	小组内成员分工情况、参与程度	组内成员分工明确，所有的学生都积极参与小组活动，为小组活动献计献策	5	
5	合作交流、解决问题	组内成员分工协助，认真倾听、互助互学，在共同交流中解决问题	10	
6	小组活动的秩序	活动组织有序，服从领导	5	
7	讨论活动结果的汇报水平	敢于发言、质疑，汇报发言声音洪亮，思路清晰、简练，突出重点	10	
合计			100	

考证要点

一、判断题（正确的打“√”，错误的打“×”）

1. 压边力的选择应在保证变形区不起皱的前提下，尽量选用小的压边力。(　　)

2. 拉深凸、凹模之间的间隙对拉深力、零件质量、模具寿命都有影响。间隙小，拉深力大，零件表面质量差，模具磨损大，所以拉深凸、凹模的间隙越大越好。(　　)

二、选择题

拉深模试冲时，制件起皱，产生的原因是______。

A. 压边力太小式不均　　　　B. 凸、凹模间隙太小
C. 板料塑性差　　　　　　　D. 相对厚度大

子任务5　了解带凸缘筒形件的拉深方法

学习目标

◎ 了解带凸缘筒形件的拉深特点及方法
◎ 掌握宽凸缘筒形件拉深工艺的计算方法

任务描述

在冲压生产过程中，会经常遇到带凸缘的筒形拉深件，它有时是成品零件，有时是形状复杂的冲压件的一个过渡形状。带凸缘筒形件的拉深与无凸缘筒形件的拉深相比较有什么不同呢？通过下面的学习将得到答案。

相关知识

1. 带凸缘筒形件的拉深特点及方法

（1）拉深特点　带凸缘筒形件结构与无凸缘筒形件有所不同，它在筒口处保留有一圈凸缘，一般凸缘与筒壁的连接都有圆弧过渡，如图 4-25 所示。这类工件有两个直径，即凸缘直径 d_t 和筒身直径 d。

与无凸缘筒形件相比，拉深时带凸缘筒形件的凸缘材料没有全部被拉入凹模，拉成凸缘的直径后 d_t 不再变化。

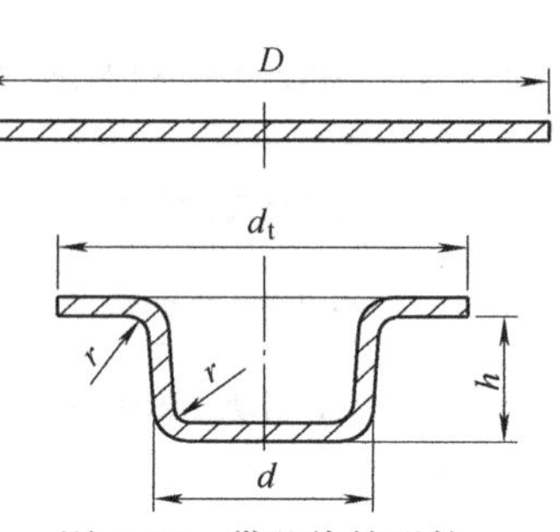

图 4-25　带凸缘筒形件

当带凸缘筒形件可以一次拉深成形时，与无凸缘筒形件没有很大区别。但是其拉深系数除了受毛坯相对厚度 t/D 的影响外，还与拉深后凸缘的相对直径有关。带凸缘筒形件第一次拉深时的拉深系数 m_1 见表 4-17。

带凸缘筒形件第一次拉深的成形尺寸是否合理，对整个拉深过程能否顺利进行有重要影响。影响第一次拉深实际变形程度的主要决定因素有：毛坯相对厚度 t/D、第一次拉深后凸缘的相对直径 d_t/d_1 和第一次拉深后工件的相对高度 h_1/d_1。

表 4-17　带凸缘筒形件第一次拉深时的拉深系数 m_1

凸缘相对直径 d_t/d_1	毛坯相对厚度 $\frac{t}{D}\times 100$				
	≤0.06~0.2	>0.2~0.5	>0.5~1.0	>1.0~1.5	>1.5
≤1	0.59	0.57	0.55	0.53	0.50
>1.1~1.3	0.55	0.54	0.53	0.51	0.49
>1.3~1.5	0.52	0.51	0.50	0.49	0.47
>1.5~1.8	0.48	0.48	0.47	0.46	0.45
>1.8~2.0	0.45	0.45	0.44	0.43	0.42
>2.0~2.2	0.42	0.42	0.42	0.41	0.40
>2.2~2.5	0.38	0.38	0.38	0.38	0.37
>2.5~2.8	0.35	0.35	0.34	0.34	0.33
>2.8~3.0	0.33	0.33	0.32	0.33	0.31

因此，带凸缘筒形件第一次拉深的许可变形程度可用相应于 d_t/d_1 不同比值的最大相对高度 h_1/d_1 来表示（见表 4-18）。当工件的实际相对拉深高度 h/d 小于等于表中 h_1/d_1 数值时，则该工件可以一次拉深成形，否则需要两次或多次拉深。

（2）拉深方法　带凸缘筒形件其凸缘直径大小不同，拉深时凸缘的成形过程会有很大区别。从凸缘直径的比值来分，把带凸缘筒形件分为窄凸缘筒形件和宽凸缘筒形件两类。

1）窄凸缘筒形件的拉深。凸缘相对直径 $d_t/d=1.1\sim1.4$ 的凸缘筒形件称为窄凸缘筒形件

（见图4-26）。这类凸缘筒形件的凸缘很小，故可用一般筒形件的拉深方法及工艺参数拉深。多次拉深成形时，只是在倒数第二或第三次拉深时，把筒形件口部拉深成为锥口，最后通过整形工序把锥口校平为凸缘。

2）宽凸缘筒形件的拉深。凸缘相对直径 $d_t/d>1.4$ 时的凸缘筒形件称为宽凸缘筒形件。宽凸缘筒形件拉深时，应遵循以下原则：第一次拉深就把凸缘直径拉成尺寸要求，在以后各次拉深时，凸缘直径保持不变，只是改变筒形的形状或尺寸来达到工件的要求。

第二次或以后的拉深，若凸缘直径发生变化，都会引起筒壁部分产生过大的拉应力，导致筒壁材料变薄或拉裂。为预防拉裂和便于试模时的调整工作，模具设计时通常把需多次拉深成形的宽凸缘筒形件毛坯直径适当加大。增加部分约为工件直筒部分表面积的3%～5%。这些增加的材料在以后的拉深过程中，逐次被挤向凸缘，使凸缘材料厚度增加。

宽凸缘筒形件需多次拉深时，通常采用下面两种方法：

① 对于拉深高度较大，凸缘直径<200mm的宽凸缘件，第一次拉深时把筒形拉成半成品，并同时拉成工件凸缘尺寸，以后各次拉深保持凸缘直径不变，凸模和凹模圆角半径基本不变，只是逐次缩小筒形直径，增加筒形高度，从而达到工件要求，如图4-27a所示。

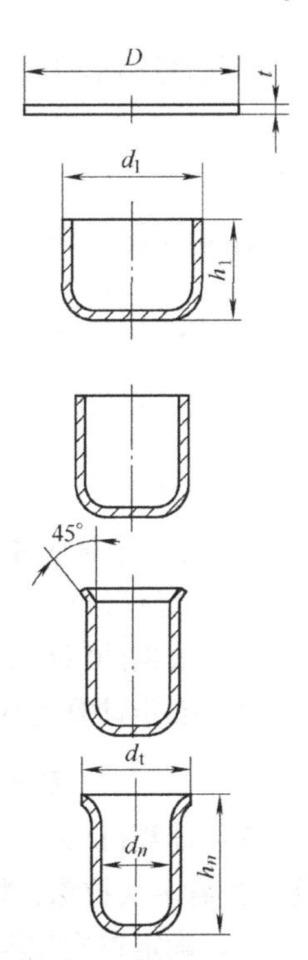

图4-26　窄凸缘筒形件

表4-18　带凸缘筒形件第一次拉深的最大相对高度 h_1/d_1

凸缘相对直径 d_t/d_1	毛坯相对厚度 $\frac{t}{D}\times100$				
≤1.1	0.45～0.52	0.50～0.62	0.57～0.70	0.60～0.80	0.75～0.90
>1.1～1.3	0.40～0.47	0.45～0.53	0.50～0.60	0.56～0.72	0.65～0.80
>1.3～1.5	0.35～0.42	0.40～0.48	0.45～0.53	0.50～0.63	0.58～0.70
>1.5～1.8	0.29～0.35	0.34～0.39	0.37～0.44	0.42～0.53	0.46～0.58
>1.8～2.0	0.25～0.30	0.29～0.34	0.32～0.38	0.36～0.46	0.42～0.51
>2.0～2.2	0.22～0.26	0.25～0.29	0.27～0.33	0.31～0.41	0.35～0.45
>2.2～2.5	0.17～0.21	0.20～0.23	0.22～0.27	0.25～0.32	0.28～0.35
>2.5～2.8	0.13～0.16	0.15～0.18	0.17～0.21	0.19～0.24	0.22～0.27
>2.8～3.0	0.10～0.13	0.12～0.15	0.14～0.17	0.16～0.20	0.18～0.22

② 对于材料较厚、拉深高度小、凸缘直径>200mm的宽凸缘筒形件，第一次拉深时把凸缘直径拉成，并基本拉到工件高度，以后各次拉深逐步减小凸模和凹模圆角半径，使筒壁部分材料转移来达到工件要求。其过程如图4-27b所示。

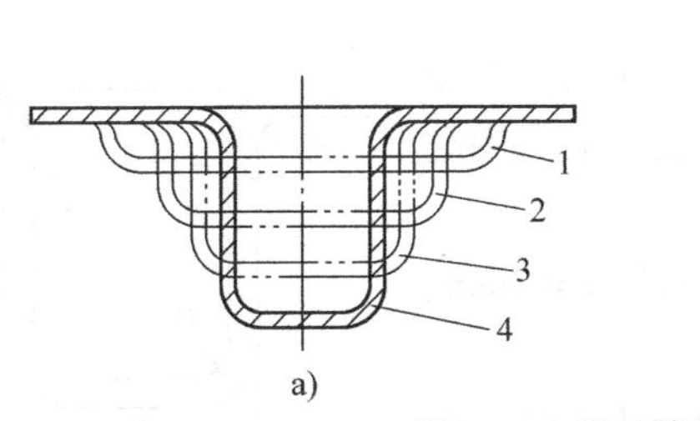

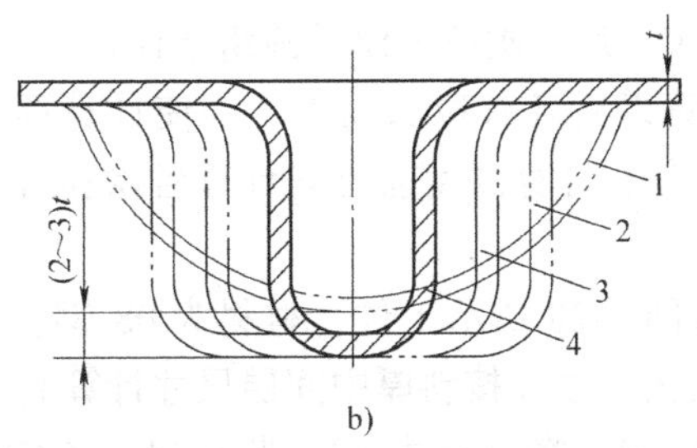

图4-27　宽凸缘筒形件的拉深方法

宽凸缘筒形件以后各次极限拉深系数见表4-19。

表4-19　宽凸缘筒形件以后各次极限拉深系数

拉深系数	毛坯相对厚度$\frac{t}{D}\times100$				
	2.0~1.5	1.5~1.0	1.0~0.6	0.6~0.3	0.3~0.15
m_2	0.73	0.75	0.76	0.78	0.80
m_3	0.75	0.78	0.79	0.80	0.82
m_4	0.78	0.80	0.82	0.83	0.84
m_5	0.80	0.82	0.84	0.85	0.86

2. 宽凸缘筒形件拉深工艺的计算方法

宽凸缘筒形件拉深工序的计算过程如下：

1）根据凸缘相对直径 d_t/d，查表确定修边余量 Δd。

2）初步计算毛坯直径 D（按表查取计算公式）。

$$D=\sqrt{d_1^2+6.28rd_1+8r_2+4d_2h+6.28r_1d_2+4.56r_1^2+d_4^2-d_3^2} \tag{4-27}$$

3）计算$(t/D)\times100$、d_t/d和h/d，查表核对最大相对高度h_1/d_1，判断工件是否可一次拉成。若需多次拉深，继续进行下列计算。

4）确定首次拉深尺寸。

① 重新计算毛坯直径。为保证以后拉深时凸缘不参加变形，应使工件筒形部分材料表面积增加3%~5%。

② 假设首次拉深后相对凸缘直径的比值 $N=d_t/d_1\approx1.2\sim1.4$，按表查取首次拉深系数，用逼近法确定首次拉深直径。

③ 确定首次拉深凹模和凸模的圆角半径。

$$r_p=r_d=0.8\sqrt{(D-d_1)t} \tag{4-28}$$

④ 计算首次拉深高度 h_1。宽凸缘件的拉深高度按下式计算：

$$h_n=\frac{0.25}{d_n}(D^2-d_t^2)+0.43(r_n+R_n)+\frac{0.14}{d_n}(r_n^2-R_n^2) \tag{4-29}$$

⑤ 验算首次拉深系数 m_1 选得是否合理。用首次拉深尺寸的比值与表4-18中首次拉深的最大相对高度 h_1/d_1 核对，若计算所得首次拉深相对高度 h/d 小于等于表4-18中 h_1/d_1 的数值时，假设的首次拉深尺寸是可行的，即 m_1 选取合理。当 $h/d>h_1/d_1$ 时，说明 m_1 不合理，应采用逼近法再选择 N 值，重新计算首次拉深尺寸。

5）按表4-19查表以后各次拉深系数，并可调整拉深系数，计算以后各次拉深直径。

6）确定以后各次拉深模具圆角半径。

7）计算以后各次拉深高度。为使计算高度准确，方便模具调试工作，计算高度前首先计算各次拉深理论上采用的毛坯直径。

例　如图4-28所示工件，材料为08钢，料厚 $t=2$mm。计算拉深工艺尺寸（按料厚中间层尺寸计算）。

解　1）确定修边余量 Δd。当 $d_t/d=76/28=2.7$ 时，查表4-3，取修边余量 $\Delta d=2.2$mm。故凸缘拉深直径为

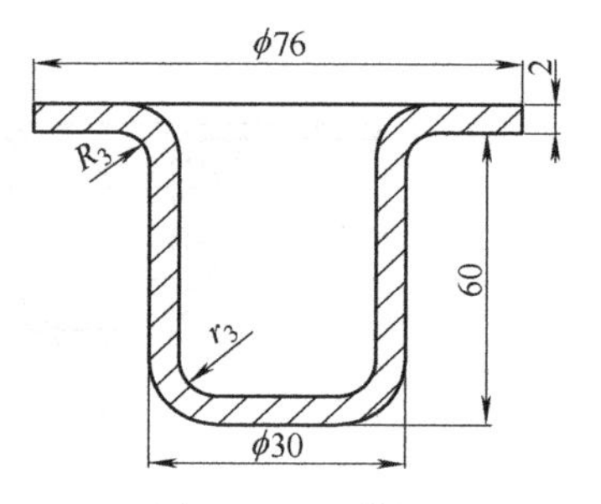

图4-28　工件图

$$d_t = (76 + 2 \times 2.2)\text{mm} = 80.4\text{mm}(取 80\text{mm})$$

2）初步计算毛坯直径。

$$D = \sqrt{d_1^2 + 6.28rd_1 + 8r_2 + 4d_2h + 6.28r_1d_2 + 4.56r_1^2 + d_4^2 - d_3^2}$$

$$d_1 = 20\text{mm},\ r = 4\text{mm},\ d_2 = 28\text{mm},\ r_1 = 4\text{mm},\ d_3 = 36\text{mm},\ h = 52\text{mm},\ d_4 = 80\text{mm}$$

$$D = \sqrt{(20^2 + 6.28 \times 4 \times 20 + 8 \times 4^2 + 4 \times 28 \times 52 + 6.28 \times 4 \times 28 + 4.56 \times 4^2) + (80^2 - 36^2)}\ \text{mm}$$

$$= \sqrt{7630 + 5104}\text{mm} \approx 113\text{mm}$$

其中，$(7630 \times \frac{\pi}{4})\text{mm}^2$为该零件除去凸缘部分的表面积，即零件筒形部分的表面积。

3）确定一次能否拉深成形。

$$\frac{h}{d} = \frac{60}{28} = 2.14 \qquad \frac{d_t}{d} = \frac{80}{28} = 2.86$$

$$(t/D) \times 100 = (2/113) \times 100 = 1.77$$

查表 4-18 得 $h_1/d_1 = 0.22$，$h/d = 2.14 > 0.22$，故不能一次拉深成形。

4）确定首次拉深尺寸。

① 计算筒形部分面积增加 5% 后的毛坯直径。

$$D = \sqrt{7630 \times 1.05 + 5104}\text{mm} = \sqrt{8012 + 5104}\text{mm} = 115\text{mm}$$

② 假设首次拉深后凸缘相对直径 $N = d_t/d_1 = 1.4$ 时，首次拉深直径 $d_1 = d_t/N = 80\text{mm}/1.4 = 57\text{mm}$，这时实际拉深系数 $m_1 = d_1/D = 57/115 = 0.49 > 0.47$。

③ 确定首次拉深圆角半径。按表 4-14 查出各工序模具圆角半径

$$r_p = r_d = 9\text{mm}$$

④ 计算首次拉深高度。

$$h_1 = \frac{0.25}{d_1}(D^2 - d_P^2) + 0.43(r_1 + R_1) + \frac{0.14}{d}(r_1^2 - R_1^2)$$

$$= \frac{0.25}{57}(115^2 - 80^2)\text{mm} + 0.43(10 + 10)\text{mm}$$

$$= 30\text{mm} + 8.6\text{mm} = 38.6\text{mm}$$

⑤ 检验首次拉深尺寸是否合理。

相对直径为

$$\frac{d_t}{d_1} = \frac{80}{57} = 1.4$$

相对厚度为

$$\frac{t}{D} \times 100 = \frac{2}{115} \times 100 = 1.74$$

相对高度为

$$\frac{h_1}{d_1} = \frac{38.6}{57} = 0.68$$

查表 4-18，得

$$\frac{h_1}{d_1} = 0.70 > 0.68$$

故首次拉深尺寸选取合理。

5）确定以后各次拉深半成品直径。

① 查表4-19，推算拉深次数。

$$m_2 = 0.73,\ m_3 = 0.75,\ m_4 = 0.78$$
$$d_2 = 0.73 \times 57\text{mm} = 41.6\text{mm}$$
$$d_3 = 0.75 \times 41.6\text{mm} = 31.2\text{mm}$$
$$d_4 = 0.78 \times 31.2\text{mm} = 24.34\text{mm}$$

② 调整拉深系数，计算每次拉深直径。从上面数据看出，各次拉深变形程度分配不合理，现调整拉深系数并确定拉深直径。

$$m_1 = 0.54,\ m_2 = 0.74,\ m_3 = 0.76,\ m_4 = 0.80$$
$$d_1 = 0.54 \times 115\text{mm} = 62\text{mm}$$
$$d_2 = 0.74 \times 62\text{mm} = 45.9\text{mm}\ （取46\text{mm}）$$
$$d_3 = 0.76 \times 46\text{mm} = 35.4\text{mm}\ （取35\text{mm}）$$
$$d_4 = 0.80 \times 35\text{mm} = 28\text{mm}$$

6）计算拉深高度。

① 拉深模具圆角半径为

$$r_{P_2} = r_{d_2} = (0.6 \sim 1) r_{d_1} = 0.8 \times 9\text{mm} \approx 7\text{mm}$$
$$r_{P_3} = r_{d_3} = 5\text{mm}$$
$$r_{P_1} = r_{d_1} = 9\text{mm}$$

② 为准确计算拉深高度，设计第二次拉深时拉入凹模的材料多3%，（其余2%的材料挤回到凸缘上）；第三次拉深时多拉入1.5%的材料；第四次拉深时把剩余的1.5%材料挤回到凸缘上。这时，假想的拉深毛坯直径为

$$D_2 = \sqrt{7630 \times 1.03 + 5104}\text{mm} = \sqrt{7858.9 + 5104}\text{mm} = 113.85\text{mm}$$
$$D_3 = \sqrt{7630 \times 1.015 + 5104}\text{mm} = \sqrt{7744.45 + 5104}\text{mm} = 113.35\text{mm}$$
$$D_3 = 113\text{mm}$$

③ 各次拉深高度为

$$h_1 = \frac{0.25}{d_1}(D^2 - d_p^2) + 0.43(r_1 + R_1)$$
$$= \frac{0.25}{62}(115^2 - 80^2)\text{mm} + 0.43(10 + 10)\text{mm}$$
$$= 36.12\text{mm}$$
$$h_2 = \frac{0.25}{46}(113.85^2 - 80^2)\text{mm} + 0.43(8 + 8)\text{mm}$$
$$= 42.54\text{mm}$$
$$h_3 = \frac{0.25}{35}(113.35^2 - 80^2)\text{mm} + 0.43(6 + 6)\text{mm}$$
$$= 51.22\text{mm}$$
$$h_4 = 60\text{mm}$$

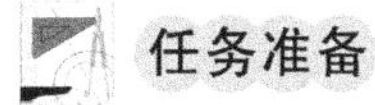

任务准备

无凸缘筒形拉深件、有凸缘筒形拉深件，拉深模挂图。

任务实施

1）同学们在老师及工厂师傅的带领下，参观冲压加工车间或模具制作实训场，要仔细观察无凸缘筒形拉深件和有凸缘筒形拉深件拉深加工的工作过程，注意两者拉深的不同特点。

2）教师结合拉深模挂图、实物，并借助教学课件等讲解有凸缘筒形拉深件的特点及拉深工艺的计算方法并举例说明。

3）学生分组讨论有凸缘筒形拉深件的特点及拉深工艺的计算方法。

4）小组代表上台展示分组讨论结果。

检查评议

序号	检查项目	评分标准	配分	得分
1	有凸缘筒形拉深件的特点	能准确说出有凸缘筒形拉深件的特点	30	
2	宽凸缘筒形拉深件拉深工艺的计算方法	能灵活运用宽凸缘筒形拉深件拉深工艺的计算方法	40	
3	小组内成员分工情况、参与程度	组内成员分工明确，所有的学生都积极参与小组活动，为小组活动献计献策	5	
4	合作交流、解决问题	组内成员分工协助，认真倾听、互助互学，在共同交流中解决问题	10	
5	小组活动的秩序	活动组织有序，服从领导	5	
6	讨论活动结果的汇报水平	敢于发言、质疑，汇报发言声音洪亮，思路清晰、简练，突出重点	10	
合计			100	

任务4　了解其他形状零件的拉深特点

学习目标

◎ 了解阶梯形零件的拉深特点

◎ 了解曲面形状零件的拉深特点

任务描述

同学们在前面学习了筒形件的拉深方法，了解了筒形件的拉深特点，除了要掌握规则形状的筒形件的拉深方法外，还要了解其他形状零件的拉深特点和拉深方法，学会比较其异同点。

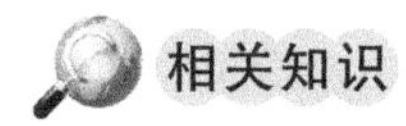

一、阶梯形零件的拉深特点

阶梯形零件拉深时，其变形特点与筒形件相同，也就是说，每一个阶梯相当于相应筒形件的拉深。

其冲压工艺过程、工序次数的确定、工序顺序的安排应根据零件的尺寸与形状区别对待。

首先要判断能否一次拉出。当阶梯形零件（见图4-29）的毛坯相对厚度较大（$t/D>1\%$），而阶梯之间直径之差和零件的高度较小时，可一次拉出。其粗略的判断条件可用下式表示：

$$\frac{h_1+h_2+\cdots+h_n}{d_n}\leqslant\frac{h}{d} \tag{4-30}$$

上式中的h/d是表4-18中拉深次数为1时所列的值。如上式成立则可一次拉出。

当上述条件得不到保证时，则需要多次拉深。其拉深方法如下：

1）每当相邻阶梯的直径比d_2/d_1、d_3/d_2、…、d_n/d_{n-1}均大于相应圆筒形零件的极限拉深系数（见表4-17）时，则可以由大阶梯到小阶梯，每次拉一个阶梯。其拉深次数为阶梯数目（见图4-30a）。

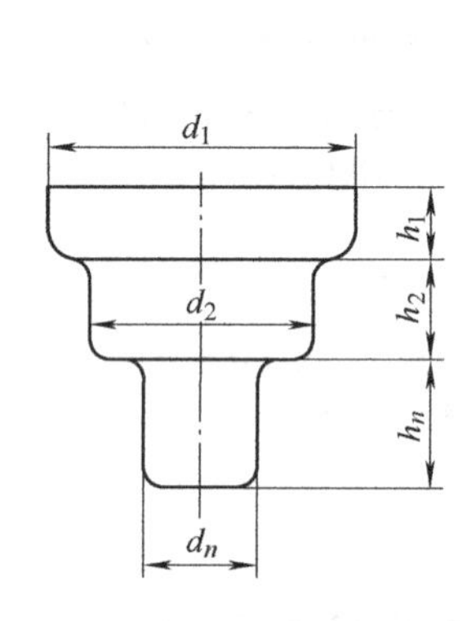

图4-29　阶梯形零件

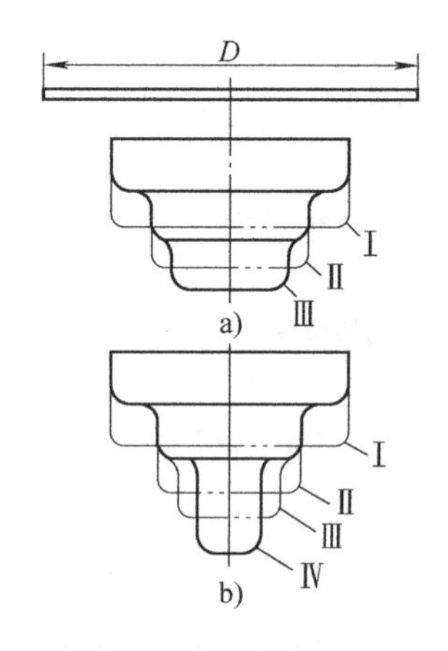

图4-30　阶梯形零件拉深法

2）当相邻的两个阶梯直径的比值小于相应圆筒形零件的极限拉深系数时，阶梯成形应采用带凸缘零件的拉深方法（见图4-30b）。

3）对于浅阶梯零件，因阶梯直径差别较大而不能一次拉出时，可首先拉成球面形状（见图4-31a）或大圆角的筒形件（见图4-31b），然后用校形工序得到零件的形状和尺寸。

二、曲面形状零件的拉深特点及拉深方法

曲面形状零件包括球形零件、抛物面形零件、锥形零件及其他复杂形状的曲面旋转零件。其变形区的位置、受力情况、变形特点都与筒形件不同，所以在拉深中出现的各种问题与解决问题的方法也与筒形件不同。例如，对于这类零件的拉深难易程度就不能像筒形件那样简单地用拉深系数去判断，也不能以此作为制订拉深工艺与设计模具的依据。

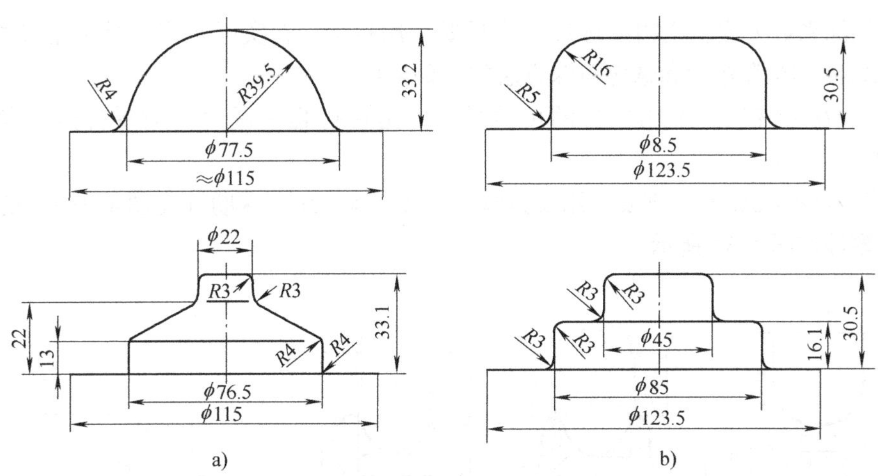

图4-31 浅阶梯零件的拉深成形方法

筒形件拉深时，毛坯的变形区仅局限于压边圈下的凸缘部分，而曲面形状零件在拉深时不仅其凸缘部分要产生与筒形件一样的变形，而且毛坯的中间部分也成了变形区，由平面变成曲面，如图4-32所示。在很多情况下，其中间部分反而成了主要变形区。

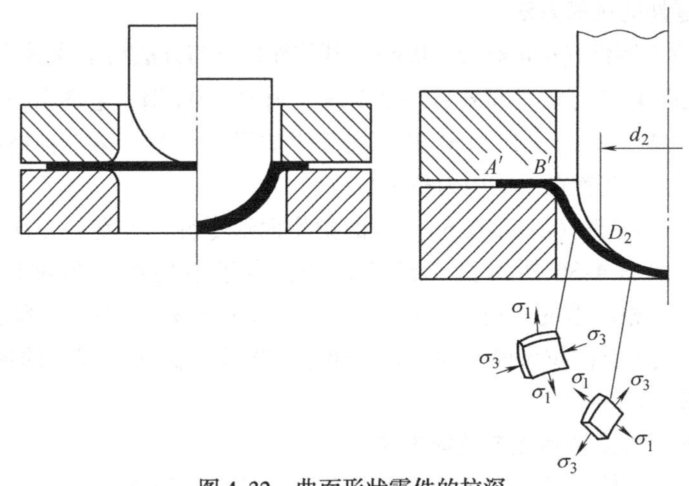

图4-32 曲面形状零件的拉深

曲面形状零件在拉深开始时，凸模与毛坯的中间部分只在顶点附近接触，由于接触处要承受全部拉深力，故凸模顶点附近的材料会严重变薄。凸模顶点附近的材料处于双向受拉的应力状态，具有胀形的变形特点。另外，在拉深过程中，材料在凸模外缘部分有很大一部分未被压边圈压住，而这部分材料在由平面变成曲面的过程中，其切向仍要产生一定的切向压缩变形，因而极易起皱（称此为内皱）。这部分材料处于径向受拉、切向受压的应力状态，具有拉深变形的特点。因此，曲面零件的拉深往往是拉深与胀形这两种变形方式的复合。其变形区域的划分随曲面形状与尺寸及拉深条件的不同而变化。

1. 球形零件的拉深方法

对于半球形件的拉深，其拉深系数与零件直径大小无关，是个常数。其值如下：$m=\frac{d}{D}=\frac{d}{\sqrt{2}d}=0.71$

根据拉深系数公式，说明半球形件均只要一次拉深。在实际生产中是由毛坯相对厚度（t/D）来判断其拉深难度和选定拉深方法的主要依据。

1）当 $t/D>3\%$ 时，不用压边圈可拉成。但是在行程末尾时要对零件进行整形（见图4-33a）。

2）当 $t/D<0.5\%$ 时，则要采用反拉深法（见图4-33b）深肋（见图4-33c）的拉深模。抛物面形零件如图4-34所示。

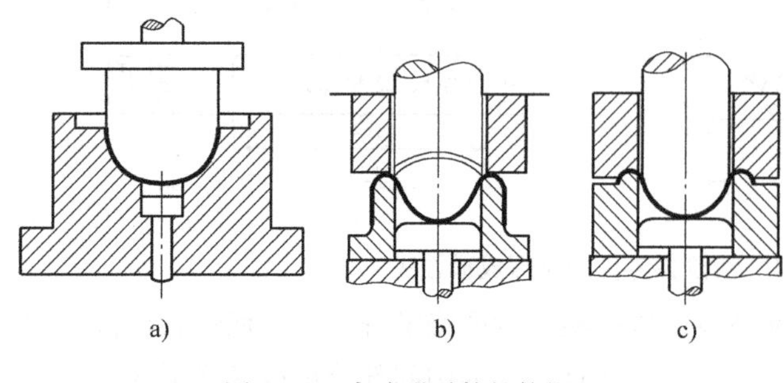

图4-33　半球形零件的拉深

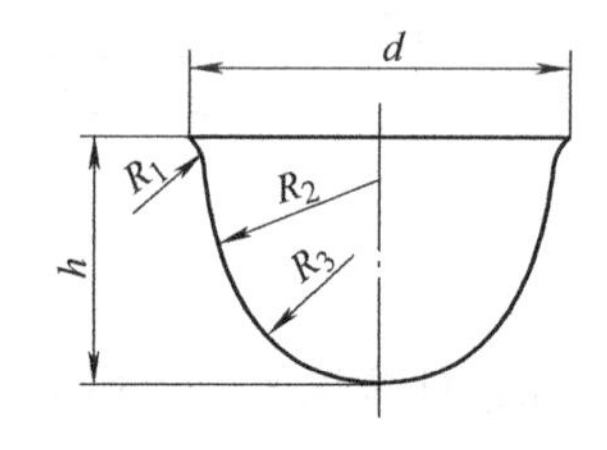

图4-34　抛物面形零件

2. 抛物面形零件的拉深方法

1）浅的抛物面形零件（$h/d<0.5\sim0.6$）。其拉深特点与方法与半球形件相似。例如拉深汽车灯的外罩（见图4-35），$h=76\text{mm}$，$t=0.7\text{mm}$，材料为08钢，毛坯直径 $D_0=190\text{mm}$。由 $h/D=76/126=0.603$，$(t/D)\times100=0.37$，属于半球形拉深时的第三种情况。该零件采用具有两道拉深肋的压边装置在双动压力机上拉成。

2）深的抛物面形零件（$h/d>0.6$）。深的抛物面形零件，特别是 t/D 较小时需要多次拉深，逐步成形。如图4-36所示汽车灯的拉深，由于该抛物面形零件的相对高度大（$h/d>0.9$），而毛坯相对厚度又很小（$t/D_0=1/380=0.26\%$），所以必须经多次拉深。由图可见，该零件采用了首次拉出筒形件，以后通过三次反拉深达到零件的形状与尺寸要求，取得了良好的效果。

3. 锥形零件拉深的变形特点与拉伸方法

锥形零件在拉深时具有与上述类似的变形特点，如图4-37所示，凸模接触面积小，压力集中，容易引起局部变薄。同时，在拉深过程中，自由面积大，压边圈压边的有效作用面积小，容易产生内皱。

上述这类零件在拉深时为了防止起皱，往往需要增大压边力。但是压边力的增大又直接影响拉深的极限变形程度。如图4-38所示为锥形件拉深时压边力与成形深度的关系。图中曲线表明：增大压边力减小了起皱的可能性，却使材料破裂危险增大，图中的 a 表示成形深度为 h_1 时压边力允许的变动范围。最大成形深度受破裂与起皱两个因素的制约，只有在 A 点所提供的压边可以得到最大的成形深度。所以，这类零件在拉深时，为了防止内皱，还要根据零件形状与尺寸的不同特点，采取不同的方法。

锥形零件（见图4-39）各部分尺寸比例关系不同，其冲压成形的难易程度和方法有很大差别。其拉深方法的确定，主要取决于机上锥形零件的相对高度 h/d_2、相对锥顶直径 d_1/d_2 和毛坯相对厚度 t/D 这三个参数。显然，其 h/d_2 越大、d_1/d_2 越小、t/D 越小则拉深难度越大。

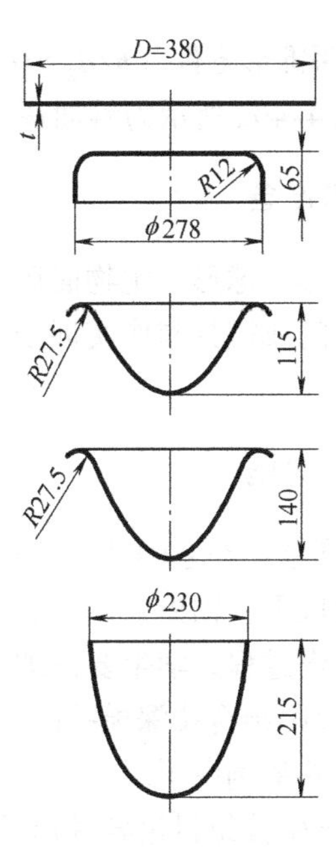

图4-36　汽车灯的拉深程序

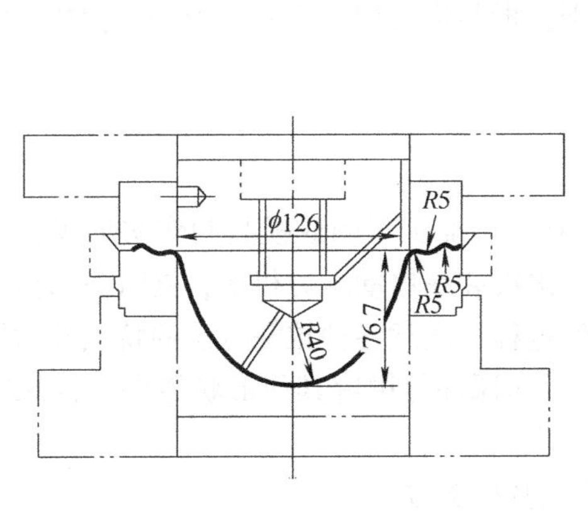

图4-35　汽车车灯外罩的拉深

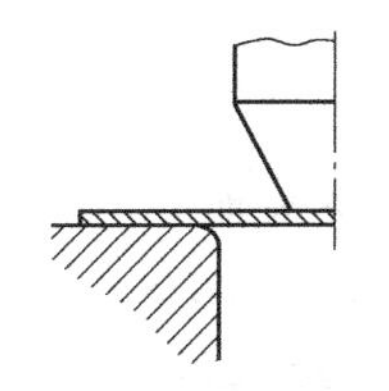
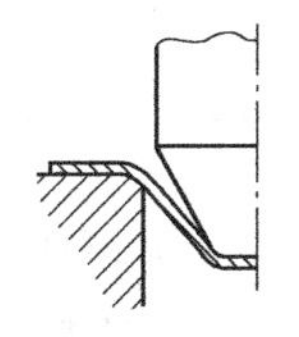
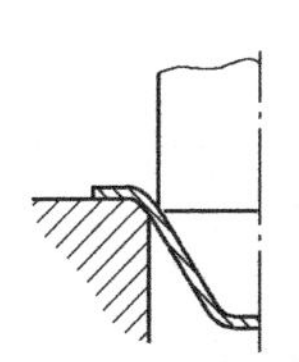

图4-37　锥形零件拉深

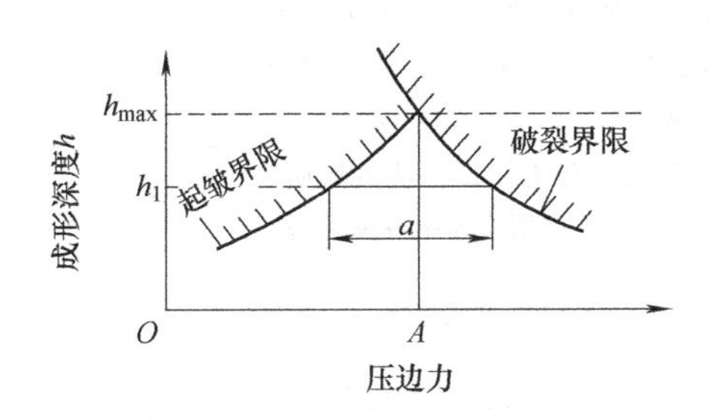

图4-38　锥形件拉深时压边力与成形深度的关系

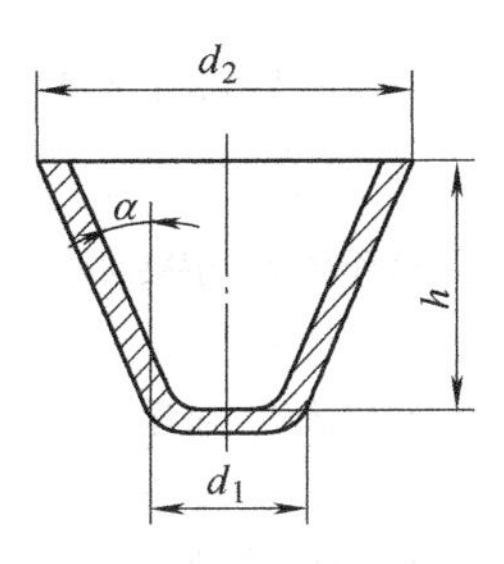

图4-39　锥形零件

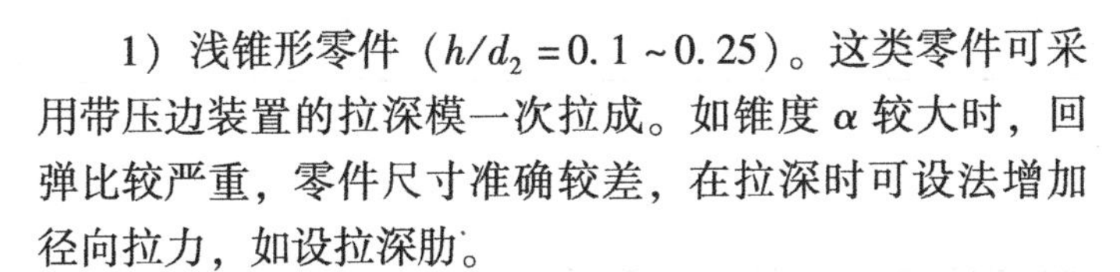

1）浅锥形零件（$h/d_2=0.1\sim0.25$）。这类零件可采用带压边装置的拉深模一次拉成。如锥度 α 较大时，回弹比较严重，零件尺寸准确较差，在拉深时可设法增加径向拉力，如设拉深肋。

2）中等深度锥形零件（$h/d_2=0.3\sim0.7$）。这类零件拉深时变形程度也不大，一般只需一次拉成，但要防止起皱。只有当毛坯相对厚度较小或带有较宽凸缘时需二、三次拉深成形。

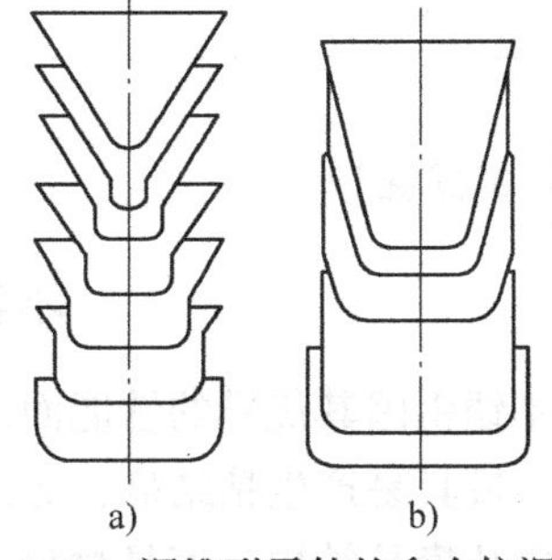

图4-40　深锥形零件的多次拉深法

3）深锥形零件（$h/d_2>0.8$）。这类零件需要进行多次拉深成形。其拉深方法如图 4-40 所示。图 4-40a 所示为锥面逐步成形法，图 4-40b 所示为整个锥面一次成形法。

任务准备

阶梯形、球形、抛物面形、锥形拉深件和相应的拉深模及挂图若干，有单动压力机的冲压加工车间或模具制作实训场，拉深条料若干，拆装模具用的内六角扳手、铜棒、锤子等工具一套等。

任务实施

1）同学们在老师及工厂师傅的带领下，到冲压加工车间或模具制作实训场，由老师演示内六角扳手、铜棒、锤子等工具将准备的拉深模装在单动压力机上，同时演示拉深件拉深加工的工作过程。学生要仔细观察教师的操作过程。注意各种拉深方法的特点并做好记录。

2）教师结合拉深模挂图、实物，并借助教学课件等讲解其他形状零件的拉深特点及拉深方法，并举例说明。

3）学生分组讨论各种形状零件的拉深特点及拉深方法。

4）小组代表上台展示分组讨论结果。

检查评议

序号	检 查 项 目	评 分 标 准	配分	得分
1	阶梯形零件的拉深特点	说出阶梯形零件的拉深特点	20	
2	球形零件的拉深特点	说出球形零件的拉深特点	20	
3	锥形零件的拉深特点	说出锥形零件的拉深特点	30	
4	小组内成员分工情况、参与程度	组内成员分工明确，所有的学生都积极参与小组活动，为小组活动献计献策	5	
5	合作交流、解决问题	组内成员分工协助，认真倾听、互助互学，在共同交流中解决问题	10	
6	小组活动的秩序	活动组织有序，服从领导	5	
7	讨论活动结果的汇报水平	敢于发言、质疑，汇报发言声音洪亮，思路清晰、简练，突出重点	10	
合　计			100	

扩展知识

不锈钢薄板冲压拉深的加工要点

不锈钢因其优异的性能而广泛应用于工业生产中，但其冲压加工性能较差，零件表面易划伤，模具易产生粘结瘤，导致冲压质量和生产效率受到极大的影响。这就要求在冲压加工过程中从模具结构、模具材料、热处理及润滑等方面着手，提高零件质量和模具寿命，更好地解决不锈钢冲压过程中存在的问题。

1. 不锈钢薄板的冲压特点

1）屈服强度高、硬度高、冷作硬化效应显著、易出现裂口等缺陷。

2）导热性比普通碳钢差，导致所需变形力、冲裁力、拉深力大。

3）拉深时塑性变形剧烈硬化，薄板拉深易起皱或掉底。

4）拉深模具易出现粘接瘤，导致零件外径严重划伤。

5）拉深时，难以达到预期的外形。

2. 解决不锈钢薄板冲压拉深的途径

不锈钢冲压加工主要受以下五个方面因素的影响：原材料性能；模具的结构及冲压速度；模具的材料；冲压润滑液；工艺路线的安排。

1）原材料性能。原材料性能是影响冲压性能的重要因素，必须采购符合国家标准的正规原材料。对于硬材料，冲压加工前必须进行退火，以提高加工性能。

2）模具的结构及冲压速度。为了减小拉深难度，可以把压边圈2的压边面制成斜的，如图4-41所示。这样拉深时坯料3在压边圈2的作用下与压边面和凹模完全处于接触状态，可以使凹模圆角部位材料承受较大的压边力，从而改善拉深难度。

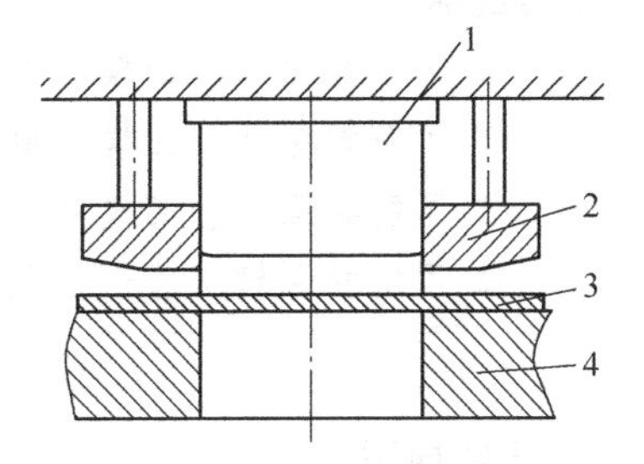

图4-41　减小拉深难度的方法
1—凸模　2—压边圈　3—坯料　4—凹模

冲压不锈钢时的冲裁速度要比碳钢小1/3，实践证实，采用液压机的效果要优于机械式冲床。

3）选抗粘的模具材料。不锈钢拉深过程中，主要问题是粘模严重，会导致模具损耗严重，影响零件外观质量，所以，解决此类难题必须采用抗粘的模具材料。

在实际生产中，各单位可根据自己的热处理设备、产量、切削加工能力、冲压件要求等选择适合的材料。

一般情况下，硬质合金类和合金铸铁类模具的硬度要达到60~64HRC，表面粗糙度值为$Ra0.4\mu m$；铜基合金类模具需进行淬火处理，硬度为150HBW左右，表面粗糙度值为$Ra1.6\mu m$，可满足普通要求的不锈钢拉深。对于表面质量要求高的不锈钢拉深件，模具的表面最好能经过抛光处理，使表面粗糙值度达到$Ra0.4 \sim 0.2\mu m$，较低的表面粗糙度值可起到减摩和提高抗粘性的作用，这对提高不锈钢冲压件表面质量、不粘模都有益处。

近年来，有新的抛光技术不断问世，据资料介绍，通过电化学抛光、超声波抛光、磨料喷射等新工艺可在短时间内降低型腔的表面粗糙度值，提高耐磨性。

4）冲压润滑油材料。在拉深时，要对其进行适当的润滑，可降低材料与模具间的摩擦因数，从而使拉深力下降。有润滑与无润滑相比，拉深力可降低30%左右，并且可提高材料的变形程度，降低极限拉深系数，从而减少拉深次数，更主要的是保证了工件表面质量，不致使表面擦伤。

对于筒形件的拉深，假如内表面质量要求不高，凸模不必涂润滑油，这样有助于降低拉深系数。一般情况下，可在条料上先涂润滑油，然后放在凹模上冲压拉深。

5）安排合理的工艺路线。不锈钢材料不但强度高，变形抗力大，在拉深过程中承受塑性变形而产生加工硬化，使材料的力学性能发生变化，其强度和硬度会明显提高，而本身塑性会降低，金属冷加工变形后，晶粒破碎，晶格歪扭，处于一种不稳定状态，即残存内应力。这种内应力使变形后的拉深件有改变外形的趋势，致使成品或半成品长期存放会产生变形或裂纹。

为了不使拉深件及半成品由于变形抵抗力及强度的提高而发生裂纹及破裂现象，在生产过程中，必须合理安排工艺路线，选取适当的拉深系数，并进行适当的中间退火。一般情况下，不锈钢薄板首次拉深系数可选靠近下限值，后道拉深系数取中间数值。消除应力的退火温度为1050～1100℃，保温5～15min，空冷。另外，对于外形要求严格的工件，可在退火后增加整形工序，效果良好。

任务5　掌握拉深模结构设计要点

子任务1　了解拉深模工作部分尺寸的确定方法

学习目标

◎ 了解拉深凸、凹模的结构形式
◎ 了解拉深凸、凹模的圆角半径
◎ 了解拉深凸、凹模间隙的计算方法
◎ 了解拉深模工作部分尺寸的确定方法

任务描述

拉深凸、凹模工作部分尺寸将影响拉深件的回弹、壁厚均匀度和模具的磨损规律。拉深凸、凹模之间的间隙对拉深力、制件质量、模具寿命都有很大的影响。我们通过测量拉深凸、凹模的尺寸，计算出它们之间的间隙值，再与经验值进行比较，从而可以判断其间隙是否合理。

相关知识

一、拉深凸、凹模的结构形式

在设计拉深模时，必须合理选择凸、凹模的结构形式。根据拉深的特点，在实际生产中常用的拉深凸、凹模结构见表4-20。

表4-20　拉深凸、凹模的结构

类型		简图	特点及应用
无压边圈的拉深凹模	首次拉深	a) 圆弧形　b) 锥形　c) 渐开线形	对于一次拉成的浅拉深件，凹模可选图a、图b、图c所示三种结构，其中图a所示适宜于大件，图b、图c所示适宜于小件

（续）

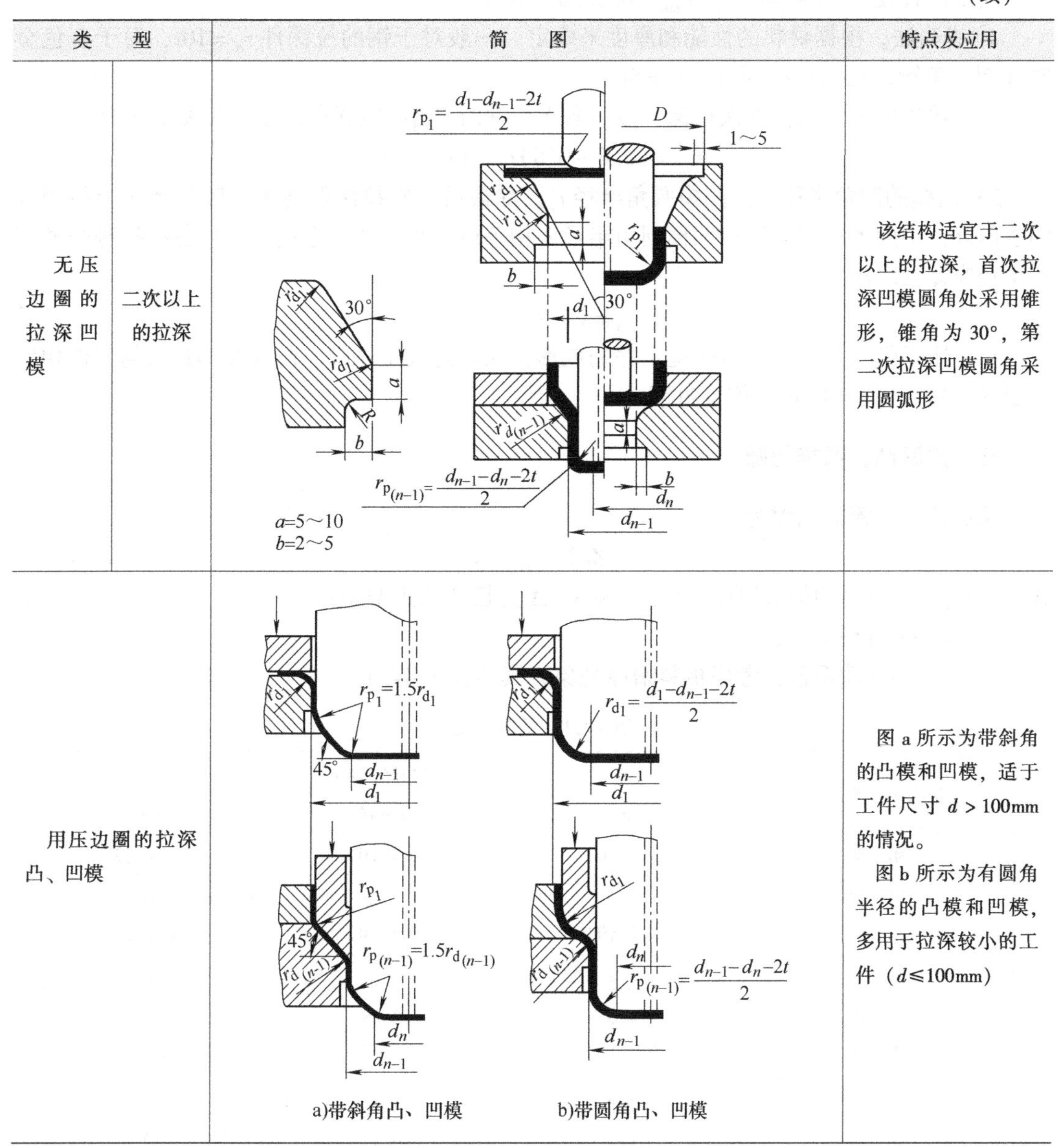

类　型		简　图	特点及应用
无压边圈的拉深凹模	二次以上的拉深		该结构适宜于二次以上的拉深，首次拉深凹模圆角处采用锥形，锥角为30°，第二次拉深凹模圆角采用圆弧形
用压边圈的拉深凸、凹模		a)带斜角凸、凹模　b)带圆角凸、凹模	图a所示为带斜角的凸模和凹模，适于工件尺寸 $d>100\text{mm}$ 的情况。 图b所示为有圆角半径的凸模和凹模，多用于拉深较小的工件（$d\leqslant100\text{mm}$）

二、拉深凸、凹模的圆角半径

1）凹模圆角半径 r_d。

① 公式计算法。

首次拉深：$r_{d_1}=0.8\sqrt{(D-d)t}$

以后各次拉深：$r_{d_n}=(0.6\sim0.8)r_{d_{n-1}}$

式中　D——毛坯直径或上一次拉深件直径（mm）；

d——本次拉深件直径（mm）；

t——材料厚度（mm）。

当工件直径 $d>200\text{mm}$ 时，$r_{min}=0.039d+2\text{mm}$。

② 查表法。根据材料的性能和厚度来确定。一般对于钢的拉深件 $r_d=10t$，对于有色金属（铝、黄铜、纯铜）拉深件，$r_d=5t$。

上面给出的 r_d值用作首次拉深，以后各次拉深时，r_d值应逐渐减小，其关系式为

$$r_{d_n}=(0.6\sim0.8)r_{d_{n-1}}\ (r_{d_n}>2t)$$

2）凸模的圆角半径 r_p。凸模圆角半径 r_p，除最后一次拉深取与工件底部圆角半径相等的数值外，中间各次可以取和凹模圆角半径 r_d相等或略小一些的数值，并且各次拉深凸模圆角半径应逐次减小。即

$$r_p=(0.7\sim1.0)r_d$$

对于矩形件，为便于最后一道工序的成形，在各过渡工序中，凸模底部具有与工件相似的矩形，然后用45°斜角向侧壁过渡。

三、拉深凸、凹模间隙

拉深凸、凹模的间隙为

$$Z/2=t_{max}+ct \tag{4-31}$$

式中　t_{max}——板料的最大厚度，$t_{max}=t+\Delta$，Δ 为板料的正偏差；

t——材料厚度；

c——间隙系数，考虑板料增厚现象，其值查表4-21。

表4-21　间隙系数 c

拉深工序数		材料厚度 t/mm		
		0.5~2	2~14	4~16
1	第一次	0.2（0）	0.1（0）	0.1（0）
2	第一次 第二次	0.3 0.1（0）	0.25 0.1（0）	0.2 0.1（0）
3	第一次 第二次 第三次	0.5 0.3 0.1（0）	0.4 0.25 0.1（0）	0.35 0.2 0.1（0）
4	第一、第二次 第三次 第四次	0.5 0.3 0.1（0）	0.4 0.25 0.1（0）	0.35 0.2 0.1（0）
5	第一、第二、第三次 第四次 第五次	0.5 0.3 0.1（0）	0.4 0.25 0.1（0）	0.35 0.2 0.1（0）

在实际生产中，不带压边圈的拉深易起皱，单边间隙取板料厚度的1~1.1倍。间隙较小值用于末次拉深或用于精密拉深件；间隙较大值用于中间工序的拉深或不精密的拉深件。

有压边圈拉深时的单边间隙值可查表4-22。

对于精度要求高的工件，为了使拉深后回弹很小，表面质量好，常采用负间隙拉深，其间隙值取

$$Z=(0.9\sim0.95)t$$

盒形件间隙系数 c 根据零件尺寸精度要求选取：当尺寸精度要求高时，$Z=(0.9\sim1.05)t$；当尺寸精度要求不高时，$Z=(1.1\sim1.3)t$。

表 4-22 有压边圈拉深时的单边间隙值

总拉深次数	拉 深 工 序	单边间隙 $Z/2$
1	第一次拉深	$1\sim1.1t$
2	第一次拉深 第二次拉深	$1.1t$ $1\sim1.05t$
3	第一次拉深 第二次拉深 第三次拉深	$1.2t$ $1.1t$ $1\sim1.05t$
4	第一、第二次拉深 第三次拉深 第四次拉深	$1.2t$ $1.1t$ $1\sim1.05t$
5	第一、第二、第三次拉深 第四次拉深 第五次拉深	$1.2t$ $1.1t$ $1\sim1.05t$

注：1. t 为材料厚度，取材料允许偏差的中间值。

2. 当拉深精密工件时，最后一次拉深间隙取 $Z/2=t$。

盒形件最后一次拉深的间隙最重要。这时间隙大小沿周边是不均匀的，直边部分按弯曲工序取小间隙；圆角部分按拉深工序取大间隙。因角部金属变形量最大，在确定间隙后，角部间隙要再比直边部分增大 $0.1t$。如果工件要求内径尺寸，则此增大值由修整凹模得到。如果工件要求外形尺寸，则由修整凸模得到。

四、拉深模工作部分尺寸的确定

（1）凸模和凹模工作部分尺寸　确定凸模和凹模工作部分尺寸时，应考虑模具的磨损和拉深件的回弹，其尺寸公差只在最后一道工序考虑。对最后一道工序的拉深模，其凸模、凹模的尺寸及其公差应按工件尺寸标注方式的不同，由表 4-23 所列公式进行计算。表 4-23 中，D_d为凹模尺寸；D_p 为凸模尺寸；D 为拉深件外形的基本尺寸；d 为拉深件内形的基本尺寸；$Z/2$ 为凸、凹模的单边间隙；δ_d为凹模的制造公差；δ_p 为凸模的制造公差。

表 4-23 拉深模工作部分尺寸的计算公式

尺寸标注方式	凹模尺寸 D_d	凸模尺寸 D_p
标注内形尺寸 $d^{+\Delta}_{0}$　$Z/2$　D_p　D_d	$D_d=(D-0.75\Delta)^{+\delta_d}_{0}$	$D_p=(D-0.75\Delta-Z)^{0}_{-\delta_p}$

（续）

尺寸标注方式	凹模尺寸 D_d	凸模尺寸 D_p
标注外形尺寸	$D_d=(d-0.4\Delta+Z)^{+\delta_d}_{0}$	$D_p=(d+0.4\Delta-Z)^{0}_{-\delta_p}$

对圆形拉深模凸、凹模的制造公差，应根据工件的材料厚度与工件直径选定，数值列于表4-24中。

表4-24　圆形拉深模凸、凹模的制造公差　（单位：mm）

材料厚度	工件直径的基本尺寸							
	<10		10~50		50~200		200~500	
	δ_d	δ_p	δ_d	δ_p	δ_d	δ_p	δ_d	δ_p
0.25	0.015	0.010	0.02	0.010	0.03	0.015	0.03	0.015
0.35	0.020	0.010	0.03	0.020	0.04	0.020	0.04	0.025
0.50	0.030	0.015	0.04	0.030	0.05	0.030	0.05	0.035
0.80	0.040	0.025	0.06	0.035	0.06	0.040	0.06	0.040
1.00	0.045	0.030	0.07	0.040	0.08	0.050	0.08	0.060
1.20	0.055	0.040	0.08	0.050	0.09	0.060	0.10	0.070
1.50	0.065	0.050	0.09	0.060	0.10	0.070	0.12	0.080
2.00	0.080	0.055	0.11	0.070	0.12	0.080	0.14	0.090
2.50	0.095	0.060	0.13	0.085	0.15	0.100	0.17	0.120
3.50	—	—	0.15	0.100	0.18	0.120	0.20	0.140

注：1. 表中数值用于未精压的薄钢板。

2. 如用精压钢板，则凸模及凹模的制造公差等于表中数值的20%~25%。

3. 如用有色金属，则凸模及凹模的制造公差等于表中数值的50%。

非圆形凸、凹模的制造公差可根据工件公差来选定，若拉深件公差等级为IT12级以上，则凸、凹模制造公差采用IT8、IT9级精度；若为IT14级以下，则凸、凹模制造公差采用IT10级精度。当采用配作时，只在凸模或凹模上标注公差，另一个按间隙配作。

而对于多次拉深时的中间过渡工序，毛坯尺寸公差没有严格限制，模具尺寸及公差取等于毛坯过渡尺寸。

（2）拉深凸模的通气孔　工件在拉深时，由于空气压力的作用或者润滑油的粘性等因素，使工件很容易粘附在凸模上。为使工件不至于紧贴在凸模上，设计凸模时，应有通气孔，孔的大小根据凸模尺寸大小而定，见表4-25。

表4-25　拉深凸模通气孔尺寸　（单位：mm）

凸模直径 D_p	<50	50~100	100~200	200
出气孔直径 d	5	6.5	8	9.5

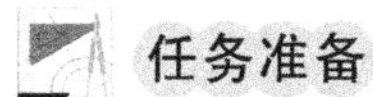

任务准备

有压边圈拉深模、无压边圈拉深模实物及挂图各一套，拆装模具用的内六角扳手、铜棒、锤子等工具一套，游标卡尺、螺旋千分尺等。

任务实施

1）教师用内六角扳手、铜棒、锤子等工具分别将有压边圈拉深模具、无压边圈拉深模的凸、凹模拆下，学生要仔细观察教师的操作过程。

2）学生分组测量拉深凸、凹模的尺寸并计算出它们之间的间隙值，注意要做好相应的记录。

3）教师结合拉深模具挂图、实物展示和教学课件等讲述拉深凸、凹模的结构形式，拉深凸、凹模的圆角半径，拉深凸、凹模间隙，拉深模工作部分尺寸的确定方法并举例说明。

4）学生分组讨论有压边圈拉深模、无压边圈拉深模凸、凹模间隙的确定方法。

5）小组代表上台展示分组讨论结果。

检查评议

序号	检查项目	考核要求	配分	得分
1	拉深凸、凹模的结构特点	说出拉深凸、凹模的结构特点	20	
2	测量拉深凸、凹模的圆角半径后与经验值进行比较	准确测量拉深凸、凹模的圆角半径	20	
3	测量拉深凸、凹模之间的间隙	准确测量拉深凸、凹模之间的间隙值	30	
4	小组内成员分工情况、参与程度	组内成员分工明确，所有的学生都积极参与小组活动，为小组活动献计献策	5	
5	合作交流、解决问题	组内成员分工协助，认真倾听、互助互学，在共同交流中解决问题	10	
6	小组活动的秩序	活动组织有序，服从领导	5	
7	讨论活动结果的汇报水平	敢于发言、质疑，汇报发言声音洪亮，思路清晰、简练，突出重点	10	
合　计			100	

子任务2　了解拉深模结构的选择技巧

学习目标

◎ 了解首次拉深模的结构特点

◎ 了解以后各次拉深模的结构特点

◎ 了解落料拉深复合模的结构特点

任务描述

拉深模的结构一般较简单，但结构类型较多。按拉深顺序分为首次拉深模和以后各次拉深模，根据压料装置分为无压边圈拉深模和有压边圈拉深模。在设计拉深模时选择拉深模的结构前必须熟悉各种拉深模的典型结构。

相关知识

一、首次拉深模

1. 无压边装置的简单拉深模

如图4-42所示为无压边圈的首次拉深模，这种模具结构简单，上模往往是整体的。当拉深凸模3直径过小时，则还应加上模座，以增加上模部分与压力机滑块的接触面积，下模部分有定位板2、下模座1与拉深凹模4。为使工件在拉深后不至于紧贴在凸模上难以取下，在拉深凸模3上应有直径为ϕ3mm以上的通气孔。拉深后，冲压件靠凹模下部的脱料颈脱下。这种模具适用于拉深材料厚度较大（$t>2$mm）及深度较小的零件。

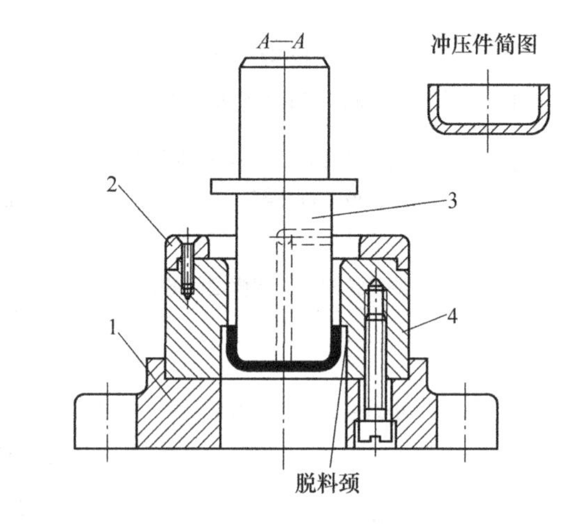

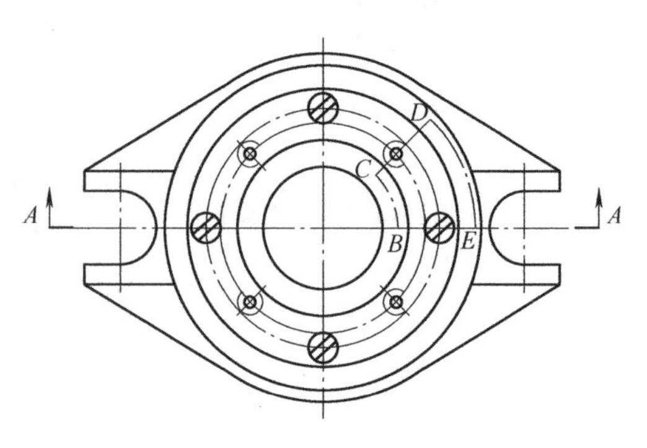

图4-42　无压边圈的首次拉深模

1—下模座　2—定位板　3—拉深凸模　4—拉深凹模

2. 有压边装置的拉深模

如图4-43所示为压边圈装在上模部分的正装拉深模。由于弹性元件装在上模，因此凸模要比较长，适宜于拉深深度不大的工件。

图4-44所示为压边圈装在下模部分的倒装拉深模。由于弹性元件装在下模座下压力机工作台面的孔中，因此空间较大，允许弹性元件有较大的压缩行程，可以拉深深度较大的拉深件。这副模具采用这种结构，有利于拉深变形，所以可以降低极限拉深系数。

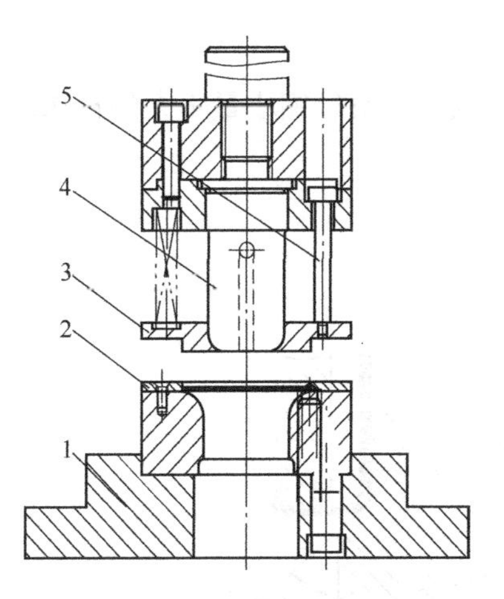

图 4-43　带压边装置的拉深模
1—拉深凹模　2—定位板　3—压边圈
4—拉深凸模　5—螺钉

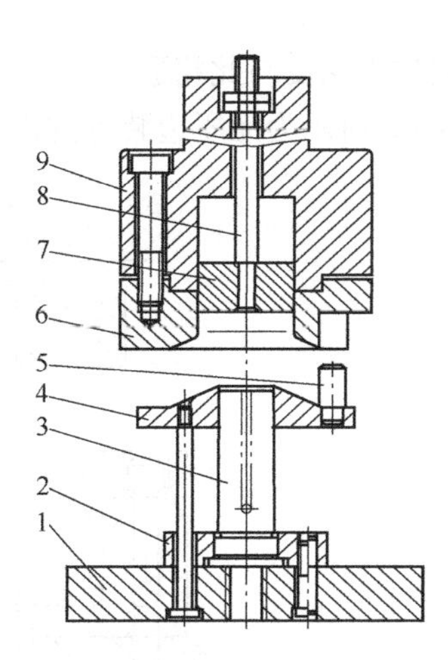

图 4-44　带锥形压边圈的倒装拉深模
1—下模座　2—固定板　3—拉深凸模
4—锥形压边圈　5—限位柱　6—锥形凹模
7—推件板　8—推杆　9—上模座

3. 压边装置的分析

理想的压边装置要能按拉深过程中起皱趋势的变化规律施以与此相适应的可变化的压边力，但这在实际使用中是十分困难的。目前在生产实际中常用的压边装置有两大类：

1）在普通单动的中、小型压力机上，由于橡皮、弹簧使用十分方便，还是被广泛使用。这就要正确选择弹簧规格及橡皮的牌号与尺寸，尽量减少其不利方面。如弹簧，应选用总压缩量大、压边力随压缩量缓慢增加的弹簧；而橡皮则应选用较软橡皮。为使其相对压缩量不致过大，应选取橡皮的总厚度不小于拉深行程的 5 倍。

2）对于拉深板料较薄或带有宽凸缘的零件，为了防止压边圈将毛坯压得过紧，则可以采用带限位装置的压边圈。如图 4-45 所示，使压边圈和凹模之间始终保持一定的距离 s。当拉深钢件时，$s=1.2t$；拉深铝合金时，$s=1.1t$；拉深带凸缘工件时，$s=t+(0.05\sim0.1)\text{mm}$。

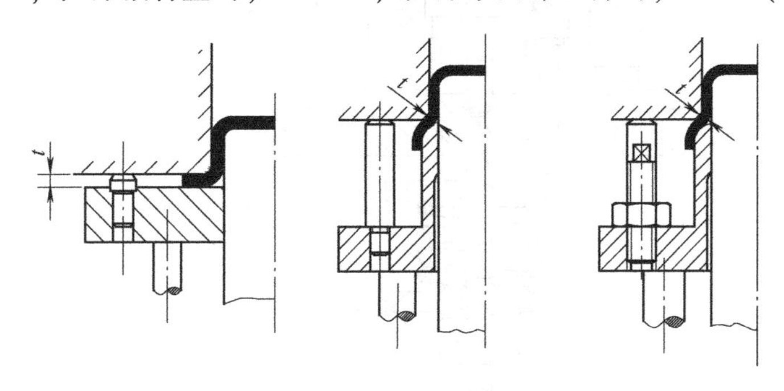

图 4-45　带限位装置在压边圈

二、以后各次拉深模

在以后各次拉深中，因毛坯已不是平板形状，而是已经拉深过的半成品，所以毛坯在模具上的定位方法要与此相适应。

图 4-46 所示为无压边装置的以后各次拉深模，仅用于直径缩小量不大的拉深。

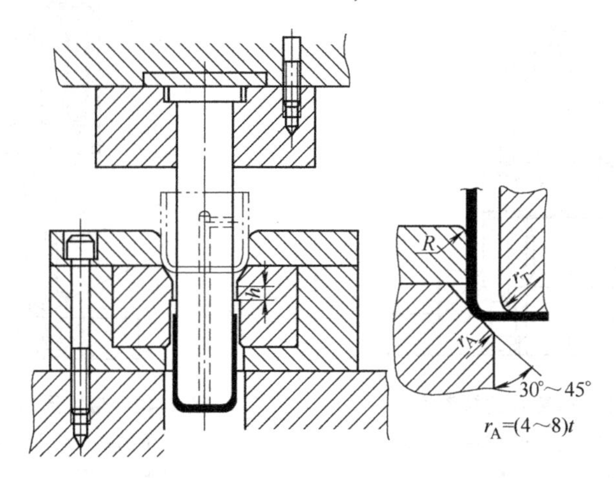

图 4-46　无压边装置的以后各次拉深模

图 4-47 所示为有压边装置的以后各次拉深模，这是最常见的结构形式。拉深前，毛坯套在压边圈 4 上，所以压边圈 4 的形状必须与上一次拉出的半成品相适应。拉深后，压边圈 4 将冲压件从拉深凸模 3 上托出，推件板 1 将冲压件从凹模中推出。

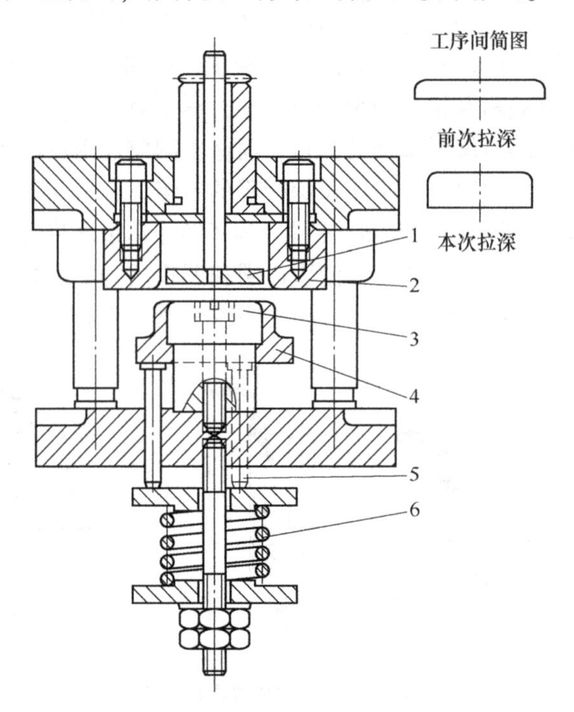

图 4-47　有压边装置的以后各次拉深模

1—推件板　2—拉深凹模　3—拉深凸模　4—压边圈　5—顶杆　6—弹簧

三、落料拉深复合模

图4-48所示为一副典型的落料拉深复合模，为正装复合模结构。上模部分装有凸凹模3（落料凸模、拉深凹模），下模部分装有落料凹模7与拉深凸模8。从图中可以看出，拉深凸模8低于落料凹模7，所以在冲压时能保证先落料再拉深，件2为弹性压边圈，压边装置安装在下模座下。

图4-49所示为落料、正反拉深模。由于在一副模具中进行正、反拉深，因此一次能拉出高度较大的工件，提高了生产率。件7为凸凹模（落料凸模、第一次拉深凹模），件6为两次拉深（反拉深）凸模，件5为拉深凸凹模（第一次拉深凸模、反拉深凹模），件1为落料凹模。第一次拉深时，有压边圈2的弹性压边作用，反拉深时无压边作用。上模采用刚性推件，下模直接用弹簧顶件，则刚性卸料板4完成卸料，模具结构十分紧凑。

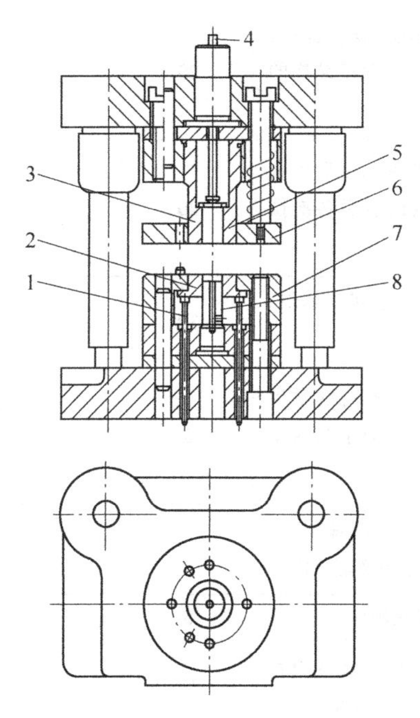

图4-48 落料拉深复合模

1—顶杆 2—弹性压边圈 3—凸凹模 4—打杆 5—推件块 6—卸料板 7—落料凹模 8—拉深凸模

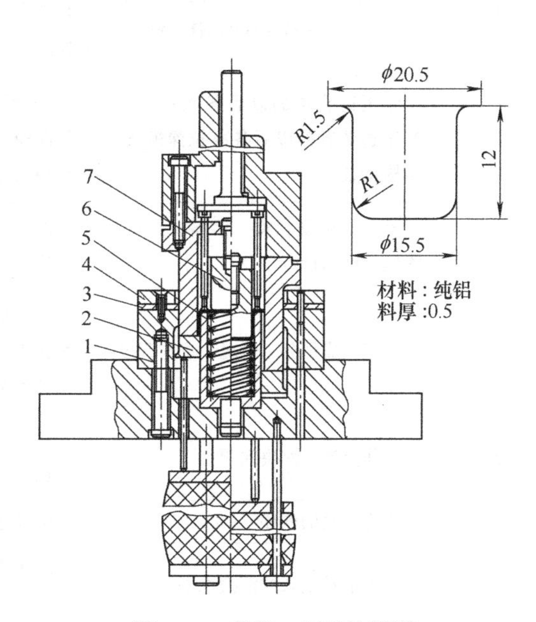

图4-49 落料、正反拉深模

1—落料凹模 2—压边圈 3—导料板 4—卸料板 5—拉深凸凹模 6—反拉深凸模 7—凸凹模

任务准备

无压边圈的首次拉深模，带锥形压边圈的倒装拉深模，无压边装置的以后各次拉深模，有压边装置的以后各次拉深模，落料拉深复合模，落料、正、反拉深模具实物和相应挂图若干套；拉深条料若干；拆装模具用的内六角扳手、铜棒、锤子等工具一套等。

任务实施

1）同学们在老师及工厂师傅的带领下，到冲压加工车间或模具制作实训场。老师用内六角扳手、铜棒、锤子等工具将上述各种不同结构的拉深模装在单动压力机上，老师演示拉深件拉深加工的工作过程，学生要仔细观察老师的操作过程，注意各种不同结构拉深方法的特点并做好记录。

2）教师结合拉深模挂图、实物展示和教学课件等讲述无压边圈的首次拉深模，带锥形压边圈的倒装拉深模，无压边装置的以后各次拉深模，有压边装置的以后各次拉深模，落料拉深复合模，落料、正反拉深模结构。

3）学生分组讨论无压边圈首次拉深模和有压边圈首次拉深模的结构特点和工作原理。

4）小组代表上台展示分组讨论结果。

检查评议

序号	检查项目	考核要求	配分	得分
1	无压边圈的首次拉深模、带锥形压边圈的倒装拉深模的结构特点	准确说出无压边圈的首次拉深模、带锥形压边圈的倒装拉深模结构的特点	20	
2	无压边装置的以后各次拉深模、有压边装置的以后各次拉深模具的结构特点	准确说出无压边装置的以后各次拉深模、有压边装置的以后各次拉深模的结构特点	20	
3	落料拉深复合模，落料、正反拉深模的结构特点	准确说出落料拉深复合模，落料、正反拉深模的结构特点	30	
4	小组内成员分工情况、参与程度	组内成员分工明确，所有的学生都积极参与小组活动，为小组活动献计献策	5	
5	合作交流、解决问题	组内成员分工协助，认真倾听、互助互学，在共同交流中解决问题	10	
6	小组活动的秩序	活动组织有序，服从领导	5	
7	讨论活动结果的汇报水平	敢于发言、质疑，汇报发言声音洪亮，思路清晰、简练，突出重点	10	
合　计			100	

任务6　设计护套拉深模

学习目标

◎ 掌握护套拉深模的设计方法
◎ 掌握拉深件工艺性的分析方法
◎ 掌握拉深工艺方案的确定方法
◎ 掌握拉深工艺力的计算方法
◎ 掌握冲压设备的选用方法

任务描述

如图 4-50 所示为护套零件图，材料为 08 钢板，材料厚度 1mm，大批量生产。要求确定拉深工艺并设计其拉深模具。

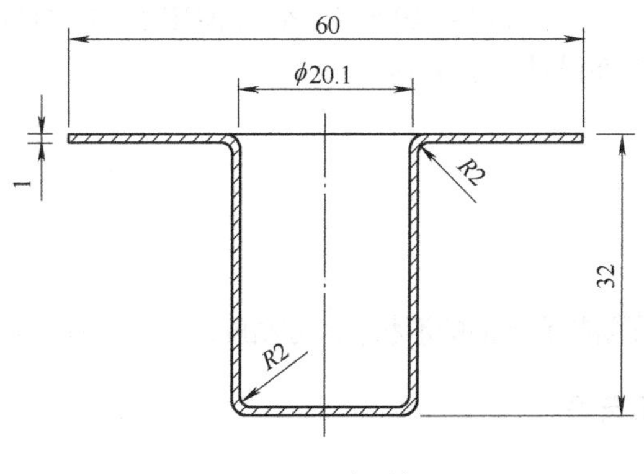

图 4-50　护套零件图

任务分析

本任务是要求根据所学的拉深模知识来设计护套拉深模，同学们可以按照拉深模设计流程，首先分析拉深件工艺性，然后确定拉深工艺方案并对拉深工艺力进行计算，确定模具的工作部分尺寸，再进行拉深模总体设计，最后选择合适的压力机。

相关知识

拉深模的设计方法、步骤与其他冲裁模一样，但由于拉深工序的特殊要求，在进行拉深模设计时，需考虑如下特点：

1）拉深工序计算要求有较高的准确性，拉深凸模长度必须满足拉深高度的要求，且拉深凸模上必须设计通气孔。

2）第一次拉深后的工序所用凸模高度（包括本工序中拉深工件的高度与压边圈的高度）比较大，选用凸模材料时需考虑热处理的弯曲变形。同时需注意凸模在模板上的定位要可靠。

3）在有凸缘的拉深工序中，工件的高度取决于上模的行程，使用中为便于模具调整，最好在模具上设计限位柱，当压力机滑块在下死点位置时，模具应在限程的位置闭合。

4）设计落料、拉深复合模时，由于落料凹模的磨损比拉深凸模的磨损快，所以落料凹模上应预先加大磨损余量，普通落料凹模应高出拉深凸模约 2 ~ 6mm。

5）设计非旋转体工件（如矩形）的拉深模时，其凸模和凹模在模板上的装配位置必须准确可靠，以防止松动后发生旋转、偏移，否则会影响工件质量，严重时甚至会损坏模具。

6）对于形状复杂、需经多次拉深的零件（如矩形件等），很难计算出准确的毛坯形状和尺寸。因此，设计模具时，往往先做拉深模，经试压确定合适的毛坯形状和尺寸后再做落料模。并在拉深模上按定形的毛坯安装定位装置。

7）压边圈与毛坯接触的一面要平整，不应有孔或槽，否则拉深时毛坯起皱会陷到孔或槽里，引起拉裂。

8）拉深时由于工作行程较大，故对控制压边力的弹性元件（如弹簧和橡皮）的压缩量应认真计算。

任务准备

护套图样、计算器、装有 AutoCAD2000 和 Pro/ENGINEER 软件的计算机、《模具设计与制造简明手册》、《机械零件设计手册》等。

任务实施

一、识读护套图样

认真阅读护套图样，了解护套产品的形状、尺寸精度、几何公差要求、表面粗糙度要求等内容。

二、分析拉深件的工艺性

1. 材料分析

08 钢为优质碳素结构钢，属于深拉深级别钢，具有良好的拉深成形性能。

2. 结构分析

该零件为带凸缘圆筒形件，要求内形尺寸，料厚 $t=1\text{mm}$，没有厚度不变的要求；零件的形状简单、对称，底部圆角半径为 r_2，满足筒形拉深件底部圆角半径大于 1 倍料厚的要求（$t=1\text{mm}$），因此，零件具有良好的结构工艺性。

3. 精度分析

零件内形尺寸 $\phi20.1\text{mm}$ 为 IT12 级精度，其余尺寸均为未注公差尺寸，尺寸精度及冲裁断面质量要求不高，满足拉深工艺对公差等级的要求。

三、工艺方案的确定

零件的材料厚度为 1mm，所以所有计算以中径为准。

1）确定零件的修边余量。零件的相对高度 $\dfrac{d_1}{d}=\dfrac{55.4\text{mm}}{21.1\text{mm}}=2.63$，查表得修边余量 $\Delta R=2.2\text{mm}$，故实际凸缘直径 $d_1=(55.2+2\times2.2)\text{mm}=59.8\text{mm}$。

2）确定坯料尺寸 D。由有凸缘筒形拉深件坯料尺寸的计算公式得

$$D=\sqrt{d_1^2+6.28rd_1+8r^2+4d_2h+6.28Rd_2+4.56R^2+d_4^2-d_3^2}$$

$d_1=16.1\text{mm}$，$R=r=2.5\text{mm}$，$d_2=21.1\text{mm}$，$h=27\text{mm}$，$d_3=26.1\text{mm}$，$d_4=59.8\text{mm}$，代入上式得

$$D=\sqrt{3200+2895}\text{mm}\approx78\text{mm}$$

3）判断是否一次拉深成形。根据零件的相对厚度 $\dfrac{t}{D}=\dfrac{1}{78}\times100=1.28$，可得

$$\frac{d_1}{d}=\frac{59.8}{21.1}=2.83$$

$$H/d=32/21.1=1.52$$

$$m_1 = d/D = 21.1/78 = 0.27$$

查表得 $[m_1] = 0.32$，$[H_1/d_1] = 0.17$，说明该零件不能一次拉深成形，需要多次拉深。

4）确定拉深次数。初定$\frac{d_t}{d_1} = 1.3$，查表得 $[m_1] = 0.51$，取 $m_1 = 0.52$，则

$$d_1 = m_1 \times D = 0.52 \times 78\text{mm} \approx 40.5\text{mm}$$

取 $r_1 = R_1 = 5.5\text{mm}$。

为了使以后各次拉深时凸缘不再变形，取首次拉入凹模的材料面积比最后一次拉入凹模的材料面积大5%，故坯料直径修正为

$$D = \sqrt{3200 \times 1.05 + 2895}\text{mm} \approx 79\text{mm}$$

首次拉深高度为

$$H_1 = \frac{0.25}{d_1}(D^2 - d_1^2) + 0.43(r_1 + R_1) + \frac{0.14}{d_1}(r_1^2 - R_1^2) = 21.2\text{mm}$$

验算所取 m_1是否合理：根据$\frac{t}{D} = \frac{1}{78} \times 100 = 1.28$，$\frac{d_t}{d_1} = \frac{59.8}{40.5} = 1.48$，查表可得 $[H_1/d_1] = 0.58$。$H_1/d_1 = 21.2/40.5 = 0.52 < [H_1/d_1] = 0.58$，故 m_1是合理的。

查表可得 $[m_2] = 0.75$，$[m_3] = 0.78$，$[m_4] = 0.8$，则

$$d_2 = [m_2]d_1 = 0.75 \times 40.5\text{mm} = 30.4\text{mm}$$

$$d_3 = [m_3]d_2 = 0.78 \times 30.4\text{mm} = 23.7\text{mm}$$

$$d_4 = [m_4]d_3 = 0.8 \times 23.7\text{mm} = 19.0\text{mm} < 21.1\text{mm}$$

故共需要4次拉深才能成形（见图4-51）。

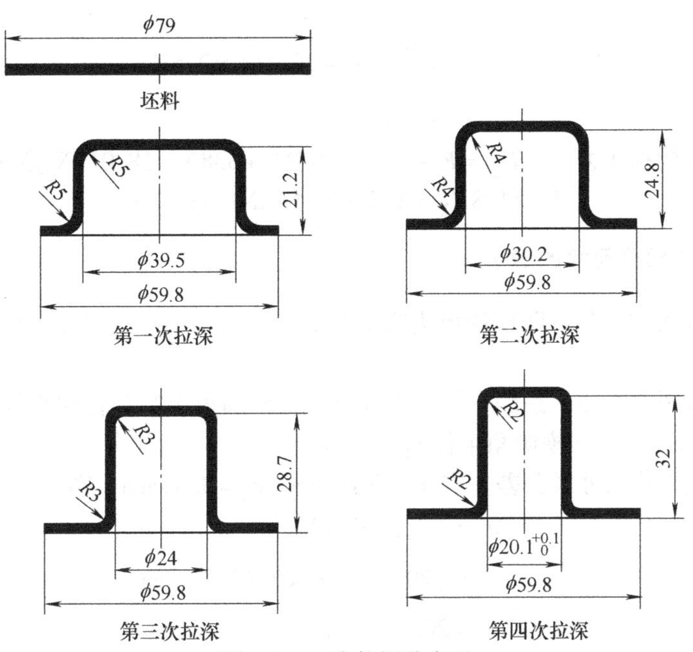

图4-51　4次拉深分布图

为了确定零件的成形工艺方案，经相关公式计算出有关尺寸的结果见表4-26。

根据上述计算结果，本零件需要落料（制成直径为 φ79mm 的坯料）、4次拉深和切边等

表 4-26　尺寸结果

拉深次数	凸缘直径 d_1	筒体直径 d	高度 H	圆角半径	
				R	r
1	ϕ59.8	ϕ39.5	21.2	5	5
2	ϕ59.8	ϕ30.2	24.8	4	4
3	ϕ59.8	ϕ24	28.7	3	3
4	ϕ59.8	ϕ20.1	32	2	2

六道冲压工序。考虑到该零件的首次拉深高度较小，且坯料直径与首次拉深的筒体直径的差值较大，为了提高生产率，可以考虑工序的复合，采用坯料的落料与第一次拉深复合。经多次拉深成形后，由机械加工方法切边来保证零件高度的生产工艺。因此，该零件的冲压工艺方案为：落料与第一次拉深复合→第二次拉深→第三次拉深→第四次拉深→切边。

四、拉深工艺力的计算

下面以最后成形时拉深工艺力的计算为例进行介绍。

1）拉深力的计算。08 钢的强度极限 $\sigma_b = 400\text{MPa}$，由调整后的值得 $m_4 = 0.844$，$K = 0.70$，则

$$
\begin{aligned}
F &= \pi d_4 t \sigma_b K_2 \\
&= \pi \times 20.1 \times 1 \times 400 \times 0.7\text{N} \\
&= 17672\text{N}
\end{aligned}
$$

2）压料力的计算。

$$
\begin{aligned}
F_{压} &= \frac{\pi}{4}(d_3^2 - d_4^2)P \\
&= \frac{\pi}{4}(24^2 - 20.1^2) \times 2.5\text{N} \\
&= 338\text{N}
\end{aligned}
$$

3）压力机的标称压力。　$F_{\Sigma} = F + F_{压} = 17672\text{N} + 338\text{N} = 18.01\text{kN}$，取 $F_g \geqslant 1.8F_{\Sigma}$，则

$$F_g \geqslant 1.8F_{\Sigma} = 1.8 \times 18.01\text{kN} \approx 32.4\text{kN}$$

五、模具工作部分尺寸的确定

1）凸、凹模间隙。凸、凹模的单边间隙为 $Z = (1 \sim 1.05)t$，取 $Z = 1.05t = 1.05 \times 1\text{mm} = 1.05\text{mm}$。

2）凸、凹模圆角半径。最后一次拉深取凸、凹模圆角半径与拉深件圆角半径相同，即凸模圆角半径 $r_p = 2\text{mm}$，凹模圆角半径 $r_d = 2\text{mm}$。

3）凸、凹模工作尺寸及公差。取 $\delta_p = 0.02\text{mm}$，$\delta_d = 0.04\text{mm}$，则

$$
\begin{aligned}
d_p &= (d_{min} + 0.4\Delta)_{-\delta_p}^{\ 0} \\
&= (20.1 + 0.4 \times 0.2)_{-0.02}^{\ 0}\text{mm} \\
&= 20.18_{-0.02}^{\ 0}\text{mm}
\end{aligned}
$$

$$
\begin{aligned}
d_d &= (d_{min} + 0.4\Delta + 2Z)_{\ 0}^{+\delta_d} \\
&= (20.1 + 0.4 \times 0.2 + 2 \times 1.05)_{\ 0}^{+0.04}\text{mm} \\
&= 22.28_{\ 0}^{+0.04}\text{mm}
\end{aligned}
$$

4）凸模通气孔。根据凸模直径大小，取凸模通气孔直径为 ϕ5mm。

5）拉深模总体设计（见图4-52、图4-53、图4-54）。

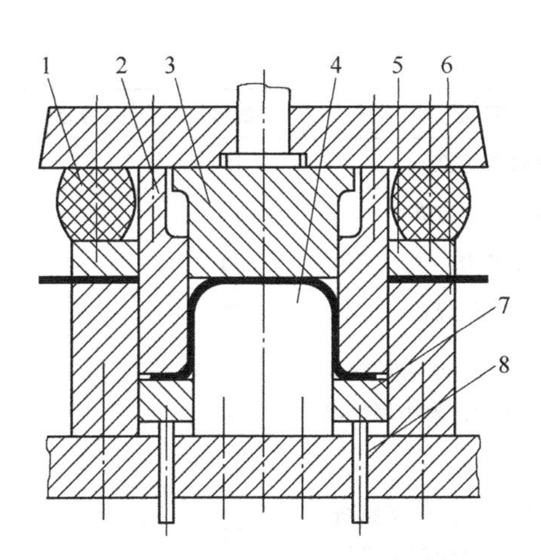

图4-52　落料、拉深复合模

1—聚氨酯橡胶　2. 3—卸料机构　4—凸模　5—压板　6—落料下模　7—卸料板　8—顶杆

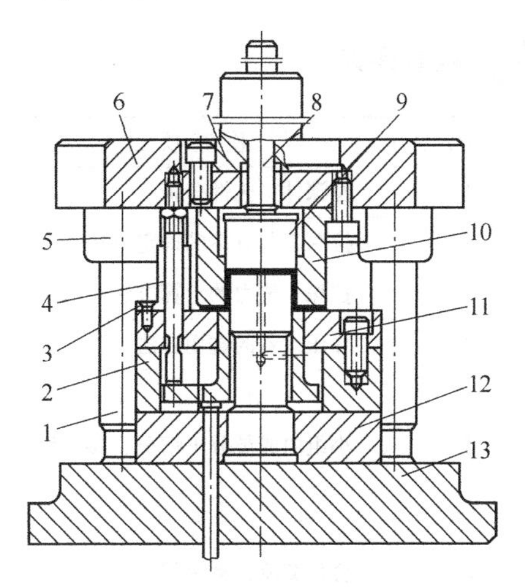

图4-53　第二次拉深模

1—导柱　2—垫板　3—定距套　4—顶杆　5—导套　6—上模座　7—模柄　8—打料杆　9—卸料杆　10—凹模　11—校平压板　12—凸模固定板　13—下模板

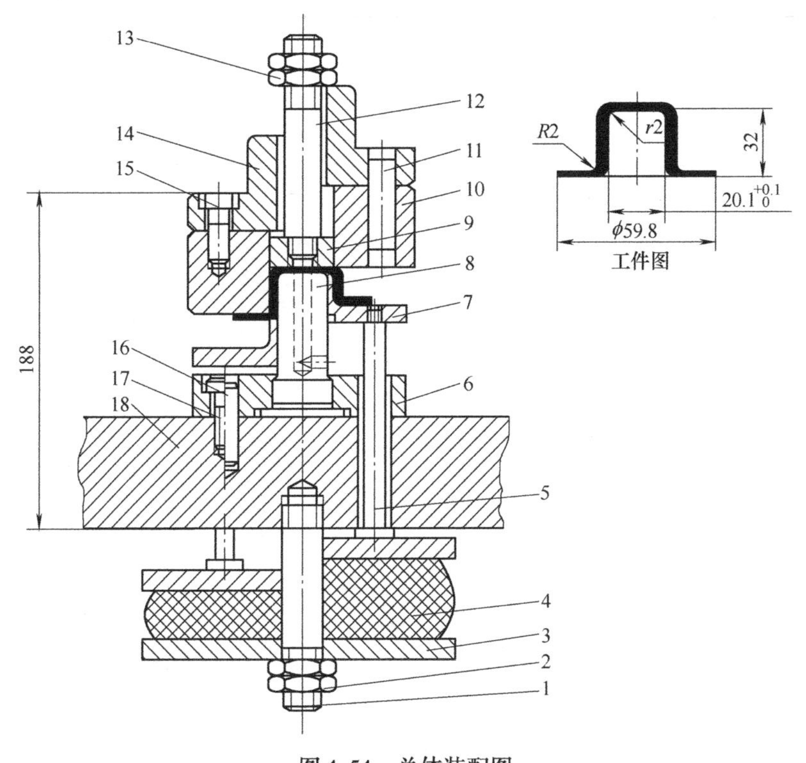

图4-54　总体装配图

1、15、17—螺杆　2、13—螺母　3—托板　4—橡胶　5—顶杆　6—固定板　7—压料圈　8—凸模　9—推件块　10—凹模　11、16—销钉　12—打杆　14—模柄　18—下模座

6）压力机的选择。根据标称压力 $F_g \geqslant 32.4\text{kN}$，滑块行程 $S \geqslant 2h_{工件} = 2 \times 32\text{mm} = 64\text{mm}$，模具闭合高度 $H = 188\text{mm}$，选择开式双柱可倾式压力机，型号为 J23-40。

检查评议

序号	检查项目	考核要求	配分	得分
1	拉深件工艺性分析	正确分析拉深件工艺性	15	
2	拉深工艺方案的确定方法	能正确选择拉深工艺方案	15	
3	拉深工艺力的计算方法	正确计算拉深工艺力	30	
4	冲压设备的选用方法	正确选择合适的冲压设备	10	
5	小组内成员分工情况、参与程度	组内成员分工明确，所有的学生都积极参与小组活动，为小组活动献计献策	5	
6	合作交流、解决问题	组内成员分工协助，认真倾听、互助互学，在共同交流中解决问题	10	
7	小组活动的秩序	活动组织有序，服从领导	5	
8	讨论活动结果的汇报水平	敢于发言、质疑，汇报发言声音洪亮，思路清晰、简练，突出重点	10	
合　　计			100	

单元5　其他常见冲压模具

5

任务1　认识胀形模和起伏成形模

子任务1　认识胀形件及胀形模

学习目标

◎ 了解胀形变形的特点

◎ 了解胀形工艺

◎ 了解典型胀形模的结构特点

任务分析

在本任务中通过观察各种胀形件的特点和装拆典型胀形模来了解胀形变形的特点及胀形的工艺方法，同学们可讨论胀形模的结构特点，加深对胀形模结构的认识。

相关知识

胀形是通过模具利用压力使空心件或管状坯料由内向外扩张，以胀出所需凸起曲面的成形方法。它是与缩口相对应的成形工序。

胀形的变形特点主要是材料受切向和素线方向拉伸，所以在胀形工艺中的主要问题是防止拉过头而胀裂。胀形的变形程度受材料极限伸长率的限制，常以胀形系数 K 表示胀形变形程度：

$$K=\frac{d_{max}}{d_0} \tag{5-1}$$

式中　d_{max}——胀形后的最大直径（mm）；

d_0——坯料原来的直径（mm）。

胀形系数 K 和坯料伸长率 δ 的关系为

$$K=1+\delta \tag{5-2}$$

由上式可知，只要知道材料的伸长率便可以求出相应的极限系数。表5-1所列是一些材料的极限胀形系数的实验值，可供参考。

表 5-1　极限胀形系数

材　　料	厚度/mm	材料许用伸长率 δ(%)	极限胀形系数 K
高塑性铝合金	0.5	25	1.25
纯铝	1.0	28	1.28
	1.2	32	1.32
	2.0	32	1.32
低碳钢	0.5	20	1.20
	1.0	24	1.24
耐热不锈钢	0.5	26～32	1.26～1.32
	1.0	28～34	1.28～1.34

胀形的毛坯计算如下（见图 5-1）：

毛坯直径为

$$d_0 = \frac{d_{max}}{K}$$

毛坯长度为

$$L_0 = L[1 + (0.3 \sim 0.4) \times \delta] + b$$

式中　L——零件的素线长度（mm）；

b——切边留量，一般 $b = 10 \sim 20$mm。

系数 0.3～0.4 为因切向伸长而引起高度缩小所需的留量。

胀形可以采用不同的方法来实现，一般有机械胀形、橡皮胀形和液压胀形三种。

机械胀形如图 5-2 所示。它是利用分块的凸模，由锥形心轴将其顶开，以使坯料胀出所需形状。

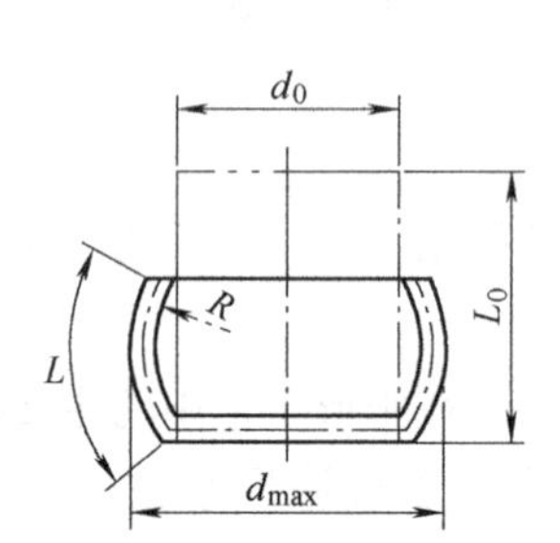

图 5-1　胀形前后尺寸的变化

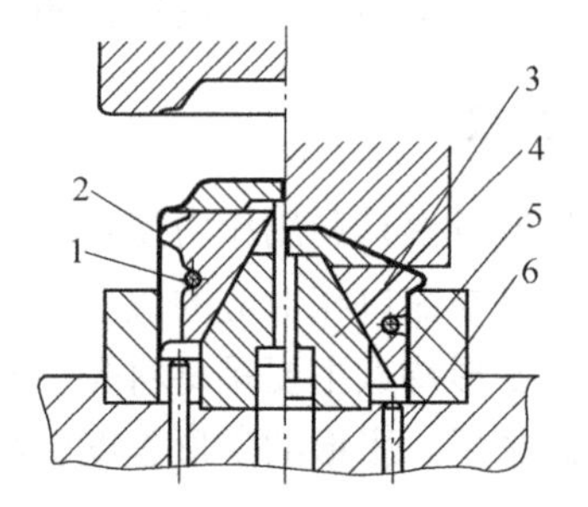

图 5-2　机械胀形

1—拉簧　2—毛坯　3—分瓣式凸模　4—锥体心轴　5—工件　6—顶杆

橡皮胀形如图 5-3 所示，它是以橡皮作为凸模，在压力作用下橡皮变形而使工件沿凹模胀出所需形状。近年来采用聚氨酯橡胶进行橡皮胀形，这是因为它与一般橡皮相比具有强度高、弹性好和耐油性好等特点。

液压胀形如图 5-4 所示。工作前先在坯料内灌注液体，当压力机外滑块下行时先把制件的口边压住，然后内滑块下行，通过橡胶垫使液体产生高压将坯料胀大成形。

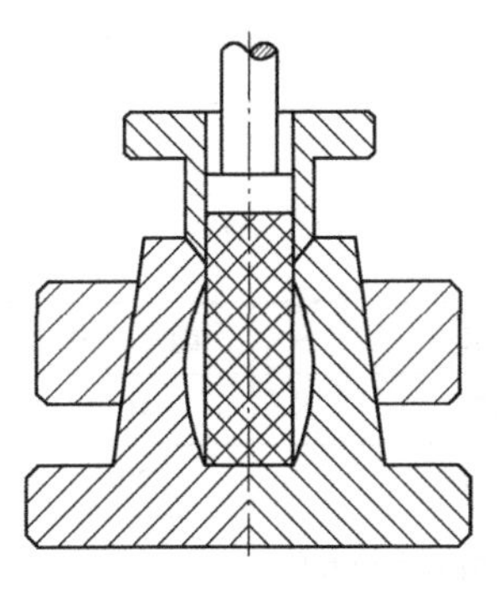

图5-3　橡皮胀形

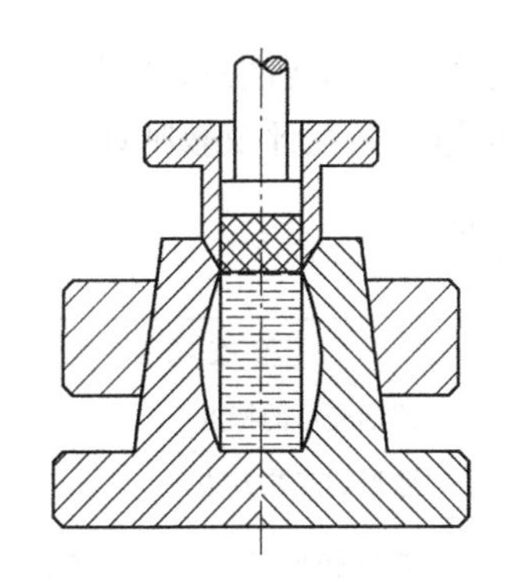

图5-4　液压胀形

图5-5所示为一副用于杯形工件腰部胀形的胀形模。它采用机械式的无凸模胀形法。凹模分上下两半。杯形毛坯放置在下凹模6内并由它定位。冲压时，心轴2先插入毛坯内，毛坯在上、下凹模和中间的心轴2夹持下进行镦压，保证杯壁不会失稳，毛坯只有在中部空腔处胀出成形。由于凹模及心轴2的约束作用，工序件/半成品只有在中间空腔处变形，达到胀形的目的。这种方法只适用于较小的局部变形。

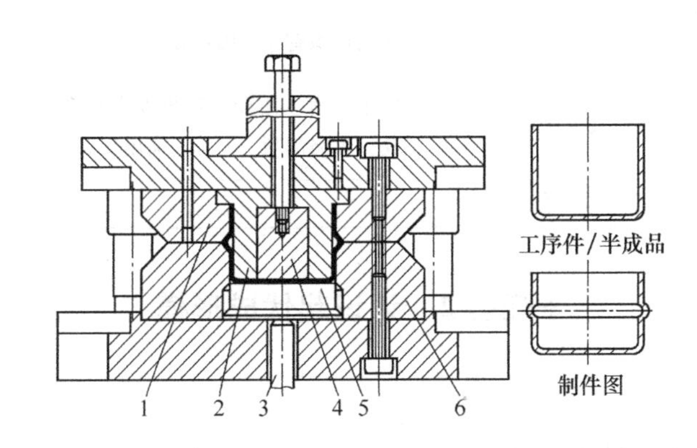

图5-5　无凸模机械胀形
1—上凹模　2—心轴　3—顶杆　4—推件块　5—顶件块　6—下凹模

任务准备

胀形模具挂图，内六角扳手、铜棒、锤子等工具一套，各种不同类型的胀形件产品，08钢条料若干。

任务实施

1）同学们在老师及工厂师傅的带领下，到冲压车间或模具制作实训场观看胀形加工操作，要仔细观察胀形加工的工作过程，注意其成形的特点。

2）教师结合胀形模具挂图、实物展示及辅助教学课件等讲解胀形工艺特点及典型胀形模的结构特点。

3）学生分组装拆典型胀形模并讨论胀形模的结构特点。

4）小组代表上台展示分组讨论结果。

5）小组之间互评及教师评价。

检查评议

序号	检查项目	考核要求	配分	得分
1	胀形变形的特点	能叙述胀形变形的特点	10	
2	胀形的工艺方法	能叙述胀形的工艺方法	20	
3	典型胀形模的结构特点及工作过程	正确描述无凸模机械胀形模具的结构特点及工作过程	20	
4	典型胀形模的装拆	正确装拆典型胀形模	20	
5	小组内成员分工情况、参与程度	组内成员分工明确，所有的学生都积极参与小组活动，为小组活动献计献策	5	
6	合作交流、解决问题	组内成员分工协助、认真倾听、互助互学，在共同交流中解决问题	10	
7	小组活动的秩序	活动组织有序，服从领导	5	
8	讨论活动结果的汇报水平	敢于发言、质疑，汇报发言声音洪亮，思路清晰、简练，突出重点	10	
合计			100	

子任务2 认识起伏成形模

学习目标

◎ 了解起伏成形的特点及应用

◎ 了解加强肋的形式和尺寸的确定方法

◎ 了解起伏成形模的结构特点

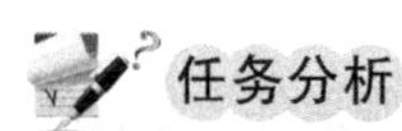

任务分析

在本任务中通过观察压肋、压字或压花、压包成形产品的特点和装拆弯曲、起伏成形模来了解起伏成形的工艺方法。同学们通过讨论起伏成形模具的结构特点，加深对起伏成形模具结构的认识。

相关知识

起伏成形是依靠材料的局部拉伸，使毛坯或工件的形状改变而形成局部的下凹或凸起的冲压工序。实质上它是一种局部胀形的冲压工序。根据工件的要求，起伏成形可以压出各种形状。生产中常用的有压肋、压字或压花、压包等，如图5-6、图5-7所示。经过起伏成形后的工件，特别是生产中广泛应用的压肋成形，由于压肋后工件惯性矩的改变和材料加工硬化的作用，能够有效地提高工件的刚度和强度。

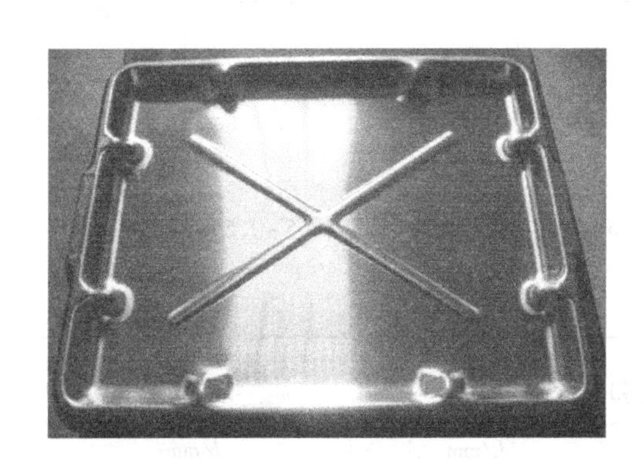
图5-6　起伏成形件

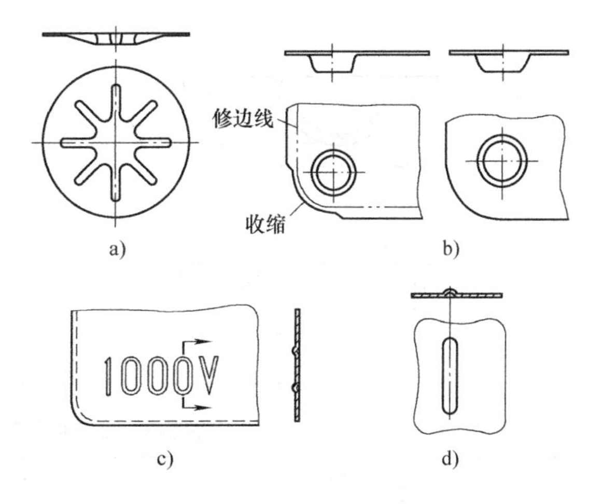

图5-7　起伏成形
a) 压花　b) 压包　c) 压字　d) 压肋

在起伏成形中，由于材料主要承受拉应力，对于一般塑性差的材料或变形过大时，则可能产生裂纹。对于比较简单的起伏成形工件，如图5-8所示，可近似地根据下式确定其极限变形程度：

$$\delta_n = \frac{l_1 - l_0}{l_0} < (0.7 \sim 0.75)\delta \tag{5-3}$$

式中　δ_n——起伏成形时的极限变形程度；

δ——材料的伸长率；

l_0、l_1——工件变形前、后的长度（mm）。

系数0.7～0.75视起伏成形的形状而定，球形肋可取较大值，梯形肋要取较小值。

表5-2、表5-3列出了加强肋的形式和尺寸。起伏成形时肋与边框的距离如果小于(3～3.5)t，由于成形过程中边缘材料要往内收缩，成形后需要增加切边工序，因此应预先留出切边余量，如图5-9所示。

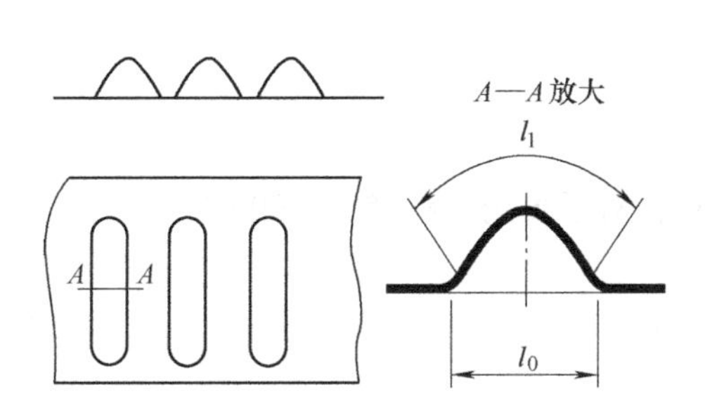

图5-8　起伏成形前后材料的长度

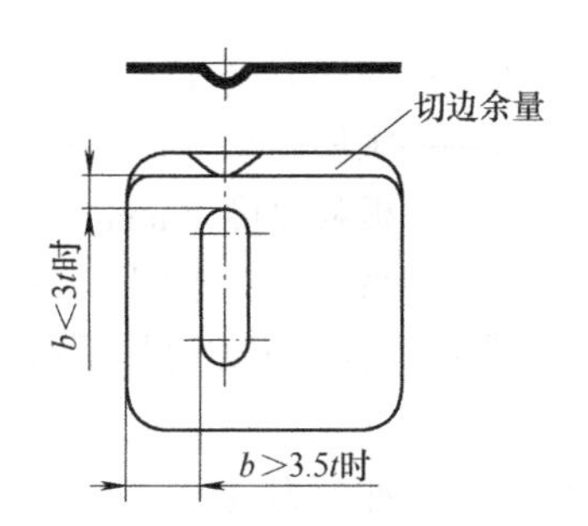

图5-9　起伏成形距边缘的最小尺寸

表 5-2　加强肋的形式和尺寸（一）

名　称	图　例	R	h	D 或 B	r	α/(°)
压肋		$(3\sim4)t$	$(2\sim3)t$	$(7\sim10)t$	$(1\sim2)t$	—
压凸		—	$(1.5\sim2)t$	$\geqslant 3h$	$(0.5\sim1.5)t$	15～30

表 5-3　加强肋的形式和尺寸（二）

图　例	D/mm	L/mm	l/mm
	6.5	1	6
	8.5	13	7.5
	10.5	15	9
	13	18	11
	15	22	13
	18	26	16
	24	34	20
	31	44	26
	36	51	30
	43	60	35
	48	68	40
	55	78	45

在曲柄压力机上对薄板（$t<1.5$mm）、小制件（面积 $A<2000\text{mm}^2$）进行局部胀形时（加强肋除外），其冲压力可按下式近似计算：

$$P=AKt^2 \tag{5-4}$$

式中　P——冲压力（N）；

A——胀形面积（mm^2）；

t——板料厚度（mm）；

K——系数。对于钢，$K=200\sim300\text{N/mm}^4$；对于黄铜，$K=50\sim200\text{N/mm}^4$。

加强肋所需冲压力可按下式近似计算：

$$P=Lt\sigma_b K \tag{5-5}$$

式中　P——冲压力（N）；

L——胀形区的周边长度（mm）；

t——板料厚度（mm）；

σ_b——材料抗拉强度（MPa）；

K——系数。一般 $K=0.7\sim1.0$，肋窄而深取大值，反之取小值。

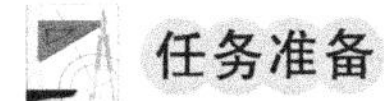

任务准备

压肋、压字或压花、压包制件，弯曲、起伏成形复合模一套，起伏成形模具挂图，内六角扳手、铜棒、锤子等工具一套，08钢条料若干。

任务实施

1）同学们在老师及工厂师傅的带领下，到冲压车间或模具制作实训场观看起伏成形加工操作，要仔细观察起伏成形加工的工作过程，注意其成形的特点。

2）教师结合起伏成形模具挂图、实物展示及辅助教学课件等讲解起伏成形工艺特点及弯曲、起伏成形复合模的结构特点。

3）学生分组装拆弯曲、起伏成形复合模，并讨论起伏成形模的结构特点。

4）小组代表上台展示分组讨论结果。

5）小组之间互评及教师评价。

检查评议

序　号	检查项目	评分标准	配　分	得　分
1	加强肋的形式和尺寸的确定方法	能叙述加强肋的形式和尺寸的确定方法	10	
2	起伏成形距边缘最小尺寸的确定方法	能叙述起伏成形距边缘最小尺寸的确定方法	20	
3	起伏成形的结构特点	正确描述起伏成形的结构特点	20	
4	弯曲、起伏成形复合模的装拆	正确装拆弯曲、起伏成形复合模	20	
5	小组内成员分工情况、参与程度	组内成员分工明确，所有的学生都积极参与小组活动，为小组活动献计献策	5	
6	合作交流、解决问题	组内成员分工协助，认真倾听、互助互学，在共同交流中解决问题	10	
7	小组活动的秩序	活动组织有序，服从领导	5	
8	讨论活动结果的汇报水平	敢于发言、质疑，汇报发言声音洪亮，思路清晰、简练，突出重点	10	
合　计			100	

任务2　认识翻孔模和翻边模

子任务1　认识翻孔件及翻孔模

学习目标

◎ 了解翻孔的变形特点
◎ 掌握翻孔工艺力的计算方法
◎ 了解翻孔模的结构特点

任务描述

在本任务中通过观察翻孔成形产品的特点和拆装翻孔模具来了解翻孔的工艺方法。同学们通过讨论翻孔模具的结构特点，加深对翻孔模具结构的认识。

相关知识

翻孔和翻边工艺在冲压生产中应用较广，它们可以加工形状较为复杂，具有良好刚度而且外形美观的制件。在预先制好的半成品上或未经制孔的板料上冲制出竖立直边的成形工艺称为翻孔（图5-10）。

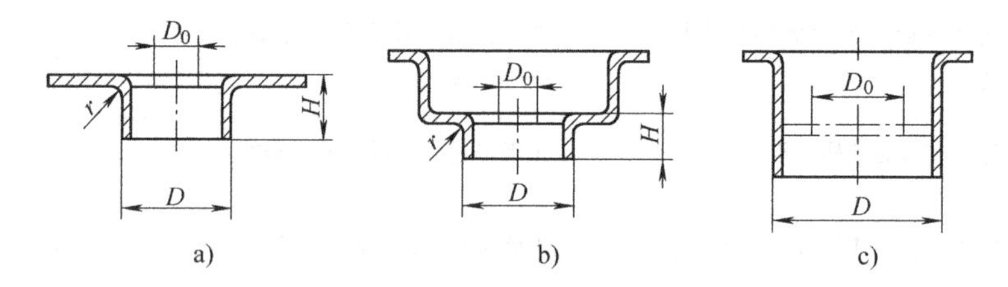

图5-10　翻孔加工的制件

1. 翻孔的变形特点

在翻孔变形过程中，主要变形区是与凸模端部接触的内径为 D_0、外径为 D 的孔口附近的环形部分。变形区在凸模作用下内径不断扩大，最终形成竖直的边缘。翻孔属于伸长类翻边。翻孔时，毛坯变形区受切向拉应力 σ_θ 和径向拉应力 σ_r 的作用，其中 σ_θ 是最大应力。在变形区内，孔边缘上的坯料处于单向拉应力状态，这样的应力状态使孔口附近材料沿切线方向产生拉深变形，越接近口部变形越大，在边缘处切向伸长变形最大，厚度变薄最为严重，因此，主要危险在于边缘拉裂。其破坏条件取决于变形程度的大小。

2. 翻孔时的成形极限

翻孔变形程度通常以翻孔前孔径 D_0 与翻孔后孔径 D（中径）的比值 K 来表示：

$$K=\frac{D_0}{D} \tag{5-6}$$

K 称为翻孔系数。显然 K 值越小，变形程度越大，竖边孔缘厚度减薄也越大，容易在竖边的边缘出现微裂纹。翻孔成形极限受 K 值限制。低碳钢的极限翻孔系数 K_{min} 见表5-4，各种材料的翻孔系数见表5-5。设计翻孔工艺时，必须控制K值的大小，使之不能小于翻孔系数的极限值K_{min}。

表5-4 低碳钢的极限翻孔系数K_{min}

翻孔凸模形式	孔的加工方法	预冲孔相对直径 D_0/t										
		100	50	35	20	15	10	8	6.5	5	3	1
球形凸模	钻后去毛刺，用冲孔模冲孔	0.70 0.75	0.60 0.65	0.52 0.57	0.45 0.52	0.40 0.48	0.36 0.45	0.33 0.44	0.31 0.43	0.30 0.42	0.25 0.42	0.20 —
圆柱形凸模	钻后去毛刺，用冲孔模冲孔	0.80 0.85	0.70 0.75	0.60 0.65	0.50 0.60	0.45 0.55	0.42 0.52	0.40 0.50	0.37 0.50	0.35 0.48	0.30 0.47	0.25 —

表5-5 各种材料的翻孔系数

退火材料		翻孔系数	
		K	K_{min}
白铁皮		0.70	0.65
软钢	t=0.25~2	0.72	0.68
	t=3~6	0.78	0.75
黄铜H62（t=0.5~6）		0.68	0.62
铝（t=0.5~5）		0.70	0.64
硬铝		0.89	0.80
钛合金TA1（冷态）		0.64~0.68	0.55
TA1（加热至300~400℃）		0.40~0.50	0.45
TA5（冷态）		0.85~0.90	0.75
TA5（加热至500~600℃）		0.70~0.65	0.55

翻孔时的成形极限与下列因素有关：

1）材料的力学性能。材料塑性越好，材料允许的变形程度越大，K_{min}可小些；材料加工硬化指数n越高，板厚方向性系数γ越大，K_{min}越小。

2）孔的边缘状态。孔缘无毛刺和硬化时，K_{min}较小，成形极限较大。为了改善孔缘情况，可采用钻孔方法或冲孔后进行整修。有时还可在冲孔后退火，以消除孔缘表面的硬化。为了避免毛刺，降低成形极限，翻孔时需将预制孔有毛刺的一侧朝凸模方向放置。

3）用球形、锥形和抛物形凸模翻孔时，孔缘将被圆滑地胀开，变形条件比平底凸模优越，故K_{min}较小，成形极限较大。

4）毛坯相对厚度$\frac{t}{d_0}$越大，即材料越厚，在断裂前可能产生的绝对伸长越大，故K_{min}越小，成形极限越大。

3. 翻孔工艺的计算

1）平板毛料上的冲孔、翻孔。在进行翻孔工序之前，首先必须在坯料上预制出待翻的孔，并核算其竖直孔边缘高度H。由于翻孔时材料主要是切向拉深，厚度变薄，而径向变形不大，因此可根据弯曲件中性层长度不变的原则近似地进行预制孔径的计算。

由图5-11所示可看出

$$D_0 = D_1 - \left[\pi\left(r + \frac{t}{2}\right) + 2h\right]$$

而

$$D_1 = D + 2r + t$$

$$h = H - r - t$$

将 D_1、h 代入上式，化简得翻孔高度的表达式为

$$H = \frac{D - D_0}{2} + 0.43r + 0.72t$$

$$或 H = \frac{D}{2}\left(1 - \frac{D_0}{D}\right) + 0.43r + 0.72t = \frac{D}{2}(1 - K) + 0.43r + 0.72t$$

由上式可见，当翻孔系数 K 确定后，翻孔高度 H 也相应地确定了。当 K 值取极限值 K_{min}时，即可求得最大翻孔高度。

$$H_{max} = \frac{D}{2}(1 - K_{min}) + 0.43r + 0.72t \tag{5-7}$$

2）预拉深制件上的冲孔翻孔。当采用平板毛坯不能直接翻出所要求的高度 H 时，则应预先拉深，然后在拉深件底部冲孔，再进行翻孔，如图5-12所示。

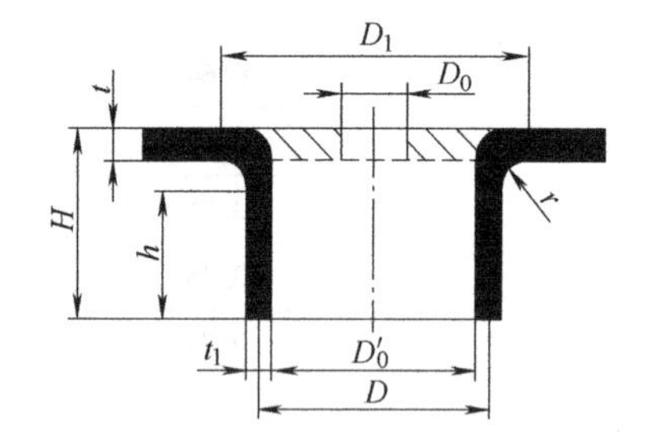

图5-11　预制孔翻孔计算

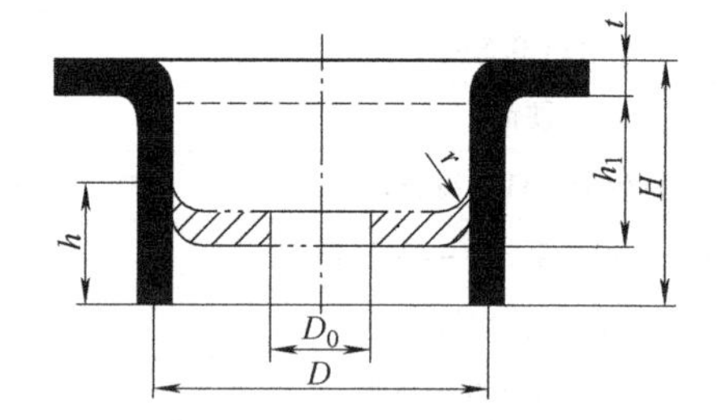

图5-12　预拉深翻孔计算

$$h = \frac{D - D_0}{2} - \left(r + \frac{t}{2}\right) + \frac{\pi}{2}\left(r + \frac{t}{2}\right)$$

$$= \frac{D - D_0}{2} + 0.57\left(r + \frac{t}{2}\right)$$

$$\approx \frac{D - D_0}{2} + 0.57r$$

将上式变换并将 K_{min}代入，则预先拉深最大翻孔高度为

$$H_{max} = \frac{D}{2}(1 - K_{min}) + 0.57r$$

预先拉深的高度 h_1 由图5-12可以得出

$$h_1 = H - h_{max} + r + t$$

此时预冲孔直径 D_0 可由下式求得

$$D_0 = D + 1.1r - 2h$$

3）翻孔凸、凹模的间隙。考虑到变薄的情况，凸、凹模间隙可小于材料厚度。对于平板毛坯翻孔，可取间隙 $Z=0.85t$；对于拉深坯料翻孔，可取 $Z=0.75t$。间隙过大，材料没有紧贴凹模，产生较大收缩；间隙过小，会使材料严重变薄。

4）翻孔力。翻孔力一般不大，可不计算，需要时可按下式计算

$$F=1.1\pi t\sigma_s(D-D_0) \tag{5-8}$$

上式为圆形平底凸模翻孔时翻孔力的计算公式，如用圆球或锥形凸模翻孔时，翻孔力还可降低30%。

4. 小螺纹底孔翻孔

在冲压生产中常会遇到在薄板坯料上或半成品件上冲制M10左右的小螺孔，特别是在电器产品中更为广泛。它是将板料上预先冲好的孔进行变薄翻孔而形成一定高度的竖直边缘，以增加薄板螺纹部分的高度，增加螺纹牙数以提高产品制件的紧固性能。在螺纹牙数同样的情况下，可节省材料，提高制件质量，小螺纹底孔尺寸见表5-6。小螺纹底孔翻孔时，孔壁发生一定程度的变薄，能否成功地完全翻孔，还取决于凸模工作部分的形状和尺寸，因为凸模形状和尺寸对翻孔过程有着重要的影响。此外，坯料的力学性能、预制孔的质量也会影响能否顺利完成翻孔。实践证明，采用图5-13所示的探头台阶形翻孔凸模能有效地消除翻孔口裂纹。图中 d_4 为翻孔凸模引导部直径，d_5 为翻孔凸模直径，可取 $d_5=D_2$（D_2 为所翻螺纹底孔直径）。

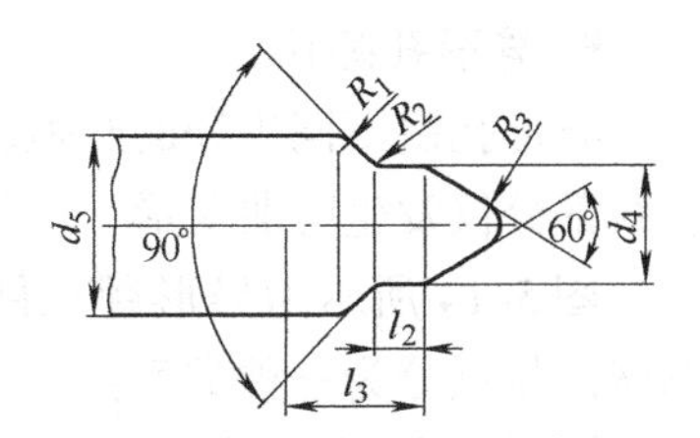

图5-13 探头台阶形翻孔凸模

表5-6 在金属板上翻孔时的小螺纹底孔尺寸 （单位：mm）

螺纹直径	t_0	d_0	d_p	h	D	r_d
M2	0.8	0.8	1.6	1.6	2.7	0.2
	1.0			1.8	3.0	0.4
M2.5	0.8	1	2.1	1.7	3.2	0.2
	1.0			1.9	3.5	0.4
M3	0.8	1.2	2.5	2.0	3.6	0.2
	1.0			2.1	3.8	0.4
	1.2			2.2	4.0	0.4
	1.5			2.4	4.5	
M4	1.0	1.6	3.3	2.6	4.7	0.4
	1.2			2.8	5.0	
	1.5			3.0	5.4	
	2.0			3.2	6.0	0.6

表中 t_0——板料厚度；
d_0——预冲孔直径；
d_p——翻孔凸模直径；
h——翻孔高度；
D——翻孔凹模内径；
r_d——凹模圆角半径。

预冲孔直径是一个计算值。它是根据基体金属材料与完成突缘孔材料体积相等的原则计算的。预冲孔直径 D_0 及其他有关尺寸与标准螺纹的关系可参考表 5-6。

使用探头台阶形凸模可在 0.5 ~4mm 厚的钢板上冲制高度达 1.6t、1.8t、2t 的 M2 ~ M10 的螺纹底孔，探头台阶形翻孔凸模尺寸见表 5-7。

表 5-7　探头台阶形翻孔凸模尺寸　　（单位：mm）

螺纹尺寸 / 凸模尺寸	M2	M2.2	M2.5	M3	M4	M5	M6	M7	M10
l_2	1.4	1.4	1.5	1.5	1.8	2.0	2.3	2.5	3.0
l_3	3.7	4.2	4.2	4.7	5.7	7.2	8.5	10.4	12.5
R_1	0.5	0.5	0.6	0.7	1.0	1.3	1.5	2.0	2.0
R_2	0.2	0.2	0.2	0.3	0.4	0.4	0.5	0.7	0.7

5. 异形孔翻孔

异形孔由不同半径的凸弧、凹弧和直线组成，各部分的受力状态与变形性质有所不同，直线部分仅发生弯曲变形，凸弧部分为拉深变形，凹弧部分则为翻孔变形。

图 5-14 所示为异形翻孔件轮廓，其预制孔可以按几何形状的特点分为三种类型：

圆弧 a 为凸弧，按拉深计算其展开尺寸；圆弧 b 为凹弧，按翻孔计算其展开尺寸；直线 c，按弯曲计算其展开尺寸。

在设计计算时可以按上述三种情况分别考虑，将理论计算出来的孔的形状再加以适当的修正，使各段平滑连接，即为所求预制孔的形状。

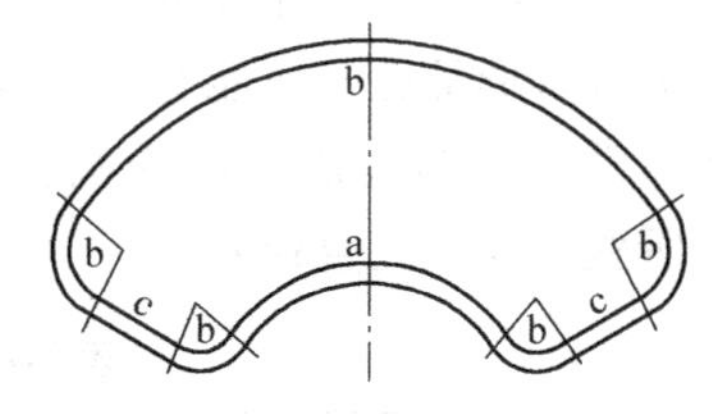

图 5-14　异形翻孔件

异孔翻孔时，曲率半径较小的部位，切向拉应力和切向伸长变形较大；曲率半径较大的部位，切向拉应力和切向伸长变形较小。因此核算变形程度时，应以曲率半径较小的部分为依据。由于曲率半径较小的部分在变形时受到相邻部分材料的补充，使得切向伸长变形得到一定程度的缓解，因此异形孔的翻孔系数允许小于圆孔的翻孔系数，一般取

$$K' = (0.9 \sim 0.85)K$$

式中　K'——异形孔的翻孔系数；

K——圆孔的翻孔系数。

6. 翻孔凸模、凹模的设计

（1）翻孔时凸模与凹模的间隙　因为翻孔时竖边变薄，所以凸模与凹模的间隙小于厚度，单边间隙值可按表 5-8 选取。

表 5-8　翻孔凸模与凹模的单边间隙值　　（单位：mm）

材料厚度	0.3	0.5	0.7	0.8	1.0	1.2	1.5	2.0
平毛坯翻边	0.25	0.45	0.6	0.7	0.85	1.0	1.3	1.7
拉深后翻边	—	—	—	0.6	0.75	0.9	1.1	1.5

（2）翻孔凸模与凹模的形状和尺寸　翻孔时凸模圆角半径一般较大，甚至做成球形或抛物线弧面形，以利于变形，如图 5-15 所示。

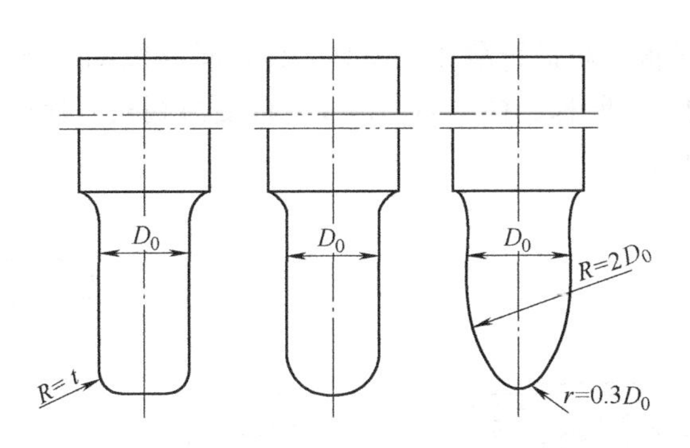

图 5-15　翻孔凸模

一般翻孔凸模端直径 d_0 处先进入预制孔，导正工件位置，然后再进行翻孔，翻孔后靠肩部对工件圆弧部分进行整形。图 5-16 所示是几种常见的圆孔翻孔凸模与凹模的形状和尺寸。

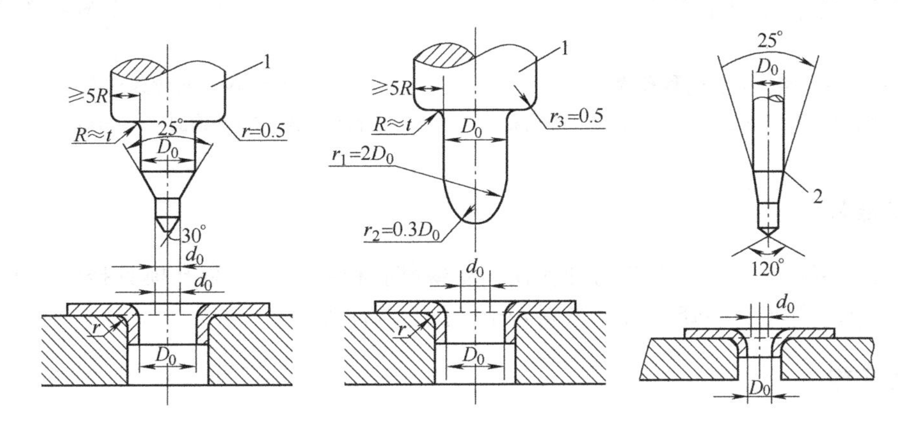

图 5-16　圆孔翻孔凸模与凹模的形状和尺寸

7. 翻孔模结构设计

翻孔模的结构与一般拉深模相似，图 5-17 所示为翻小孔的翻孔模。图 5-18 所示为翻较大孔的翻孔模。

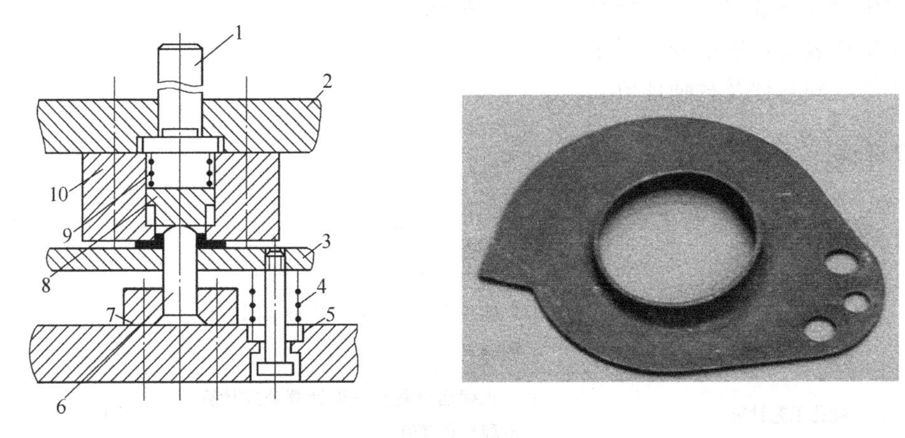

图 5-17　翻小孔的翻孔模

1—模柄　2—模板　3—脱件板　4—弹簧　5—下模板　6—凸模　7—凸模固定板　8—顶件器　9—弹簧　10—凹模

图5-19所示为用黄铜材料进行翻孔的模具。该模具在双动冲床上使用，外滑块上的压边圈2对工件施加压边力，阶梯凸模1与凹模3完成变薄翻孔。翻孔后，橡胶弹顶器推动顶杆4将工件从模具中顶出。

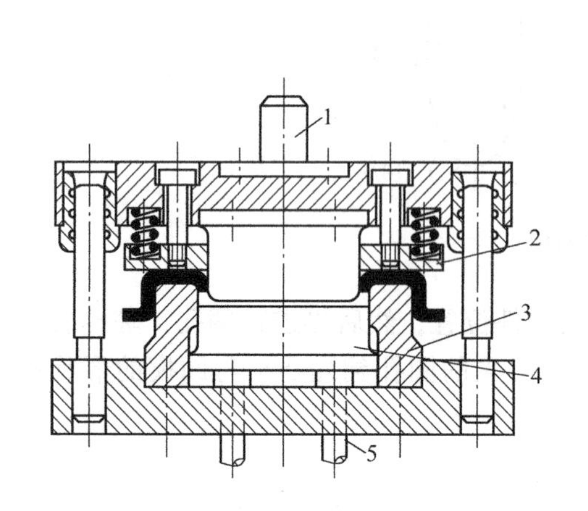

图5-18　翻较大孔的翻孔模
1—凸模　2—脱件板　3—凹模　4—顶件器　5—弹顶器

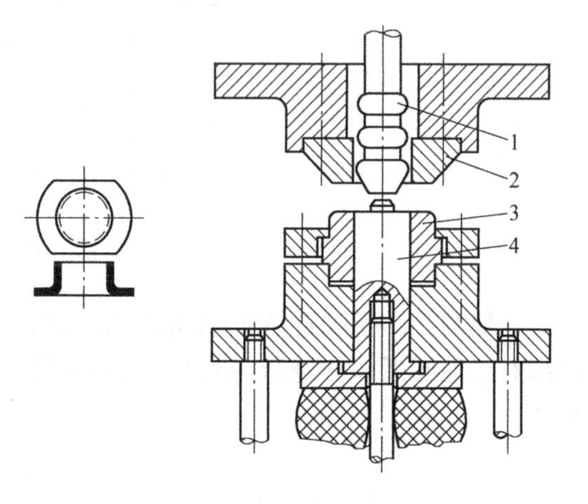

图5-19　变薄翻孔模
1—阶梯凸模　2—压边圈　3—凹模　4—顶杆

任务准备

翻小孔的翻孔模、翻较大孔的翻孔模、变薄翻孔模各一套，翻孔模具挂图，内六角扳手、铜棒、锤子等工具一套，08钢条料若干，翻孔制件等。

任务实施

1）同学们在老师及工厂师傅的带领下，到冲压车间或模具制作实训场观看翻孔成形加工操作，要仔细观察翻孔成形加工的工作过程，注意其成形的特点。

2）教师结合翻孔模具挂图、翻孔制件实物展示及辅助教学课件等讲解翻孔模具的工艺特点及翻孔模具的结构特点。

3）学生分组拆装内孔翻孔模具，并讨论翻孔模具的结构特点。

4）小组代表上台展示分组讨论结果。

5）小组之间互评及教师评价。

检查评议

序　号	检查项目	考核要求	配　分	得　分
1	翻孔的变形特点	能正确叙述翻孔的变形特点	10	
2	翻孔时成形极限的影响因素	能正确叙述翻孔时成形极限的影响因素	20	
3	翻孔工艺计算	正确运用翻孔高度计算公式计算出翻孔高度值	20	
4	内孔翻孔模具的拆装方法	正确拆装内孔翻孔模具	20	

（续）

序　号	检查项目	考核要求	配　分	得　分
5	小组内成员分工情况、参与程度	组内成员分工明确，所有的学生都积极参与小组活动，为小组活动献计献策	5	
6	合作交流、解决问题	组内成员分工协助，认真倾听、互助互学，在共同交流中解决问题	10	
7	小组活动的秩序	活动组织有序，服从领导	5	
8	讨论活动结果的汇报水平	敢于发言、质疑，汇报发言声音洪亮，思路清晰、简练，突出重点	10	
合　计			100	

子任务 2　认识翻边模

学习目标

◎ 了解翻边变形的特点

◎ 掌握翻边力的计算方法

◎ 掌握典型翻边模的结构特点和工作原理

◎ 掌握翻边毛坯形状的确定原则

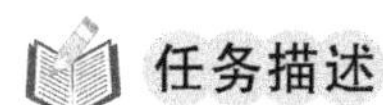

任务描述

在本任务中通过观察翻边成形产品的特点和拆装冲孔落料翻孔翻边模具来了解翻边的工艺方法。同学们通过讨论翻边模具的结构特点，加深对翻边模具结构的认识。

相关知识

使毛坯的平面部分或曲面部分的边缘沿一定曲线翻起竖立直边的工艺称为翻边。按变形的性质，翻边又可分为伸长类翻边和压缩类翻边。伸长类翻边所引起的变形是切向伸长变形；压缩类翻边所引起的变形是切向压缩变形。

常见的翻边形式如图 5-20 所示，图 5-20a 所示为外凸翻边，也称为压缩类翻边；图 5-20b 所示为内凹翻边，也称为伸长类翻边。

1. 翻边的变形程度

内凹翻边时变形区的材料主要受切向拉伸应力的作用，这样翻边后的竖边会变薄，其边缘部分变薄最严重，使该处在翻边过程中成为危险部位。当变形超过许用变形程度时，此处就会开裂。

内凹翻边的变形程度由下式计算：

$$E_d = \frac{b}{R-b} \times 100\% \tag{5-9}$$

式中　E_d——内凹翻边的变形程度（%）；

R——内凹曲率半径（mm），如图 5-20a 所示；

b——翻边后竖边的高度（mm），如图 5-20b 所示。

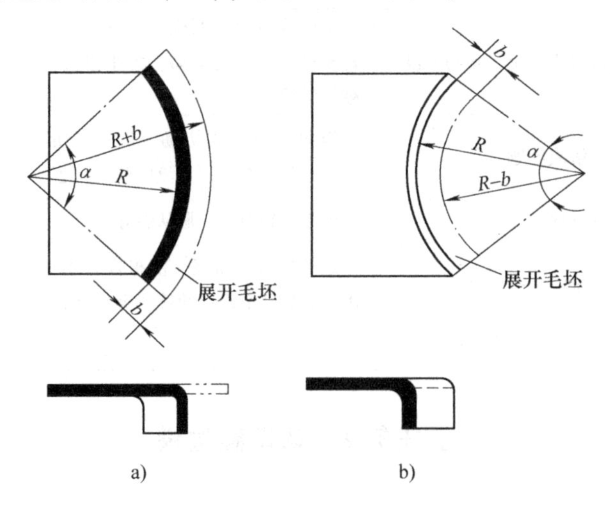

图 5-20　外缘翻边形式

外凸翻边的变形情况类似于不用压边圈的浅拉深，变形区材料主要受切向压应力的作用，变形过程中材料易起皱。

外凸翻边的变形程度由下式计算：

$$E_p = \frac{b}{R+b} \times 100\% \tag{5-10}$$

式中　E_p——外凸翻边的变形程度（%）；

R——外凸曲率半径（mm），如图 5-20b 所示；

b——翻边后竖边的高度（mm），如图 5-20b 所示。

翻边的极限变形程度与工件材料的塑性、翻边时边缘的表面质量及凹凸形的曲率半径等因素有关，其值可以由表 5-9 查得。

表 5-9　翻边允许的极限变形程度

材料名称及牌号	E_p		E_d	
	橡胶成形	模具成形	橡胶成形	模具成形
铝合金				
1035（软）（L4M）	25	30	6	40
1035（硬）（L4Y1）	5	8	3	12
3A21（软）（LF21M）	23	30	6	40
3A21（硬）（LF21 Y1）	5	8	3	12
5A02（软）（LF2M）	20	25	6	35
5A03（硬）（LF3Y1）	5	8	3	12
2A12（软）（LY12M）	14	20	6	30
2A12（硬）（LY12Y）	6	8	0.5	9
2A11（软）（LY11M）	14	20	4	30
2A11（硬）（LY11Y）	5	6	0	0

（续）

材料名称及牌号	E_p		E_d	
	橡胶成形	模具成形	橡胶成形	模具成形
黄铜				
H62（软）	30	40	8	45
H62（半硬）	10	14	4	16
H68（软）	35	45	8	55
H68（半硬）	10	14	4	16
钢				
10	—	38	—	10
120	—	22	—	10
1Cr18Mn8Ni5N（1Cr18Ni9）（软）	—	15	—	10
1Cr18Mn8Ni5N（1Cr18Ni9）（硬）	—	40	—	10

2. 翻边力的计算

翻边力可以近似用下面公式计算：

$$F = cLt\sigma_b \tag{5-11}$$

式中 F——翻边力（N）；

c——系数，可取 $c=0.5\sim0.8$；

L——翻边部分的曲线长度（mm）；

t——材料厚度（mm）；

σ_b——抗拉强度（MPa）。

3. 毛坯形状的确定

外缘翻边的毛坯计算与毛坯外缘轮廓线的性质有关。对于内曲翻边的制件，其毛坯形状可参考圆孔翻边毛坯的计算方法；对于外曲翻边的制件，其毛坯形状可参考浅拉深毛坯的计算方法。

任务准备

冲孔落料翻孔翻边模具一套，翻边模具挂图，内六角扳手、铜棒、锤子等工具一套，08钢条料，翻边制件若干。

任务实施

1）同学们在老师及工厂师傅的带领下，到冲压车间或模具制作实训场观看翻边成形加工操作，要仔细观察翻边成形加工的工作过程，注意其成形的特点。

2）教师结合翻边模具挂图、翻边制件实物展示及辅助教学课件等讲解翻边工艺特点及翻边模具的结构特点。

3）学生分组拆装冲孔落料翻孔翻边模具，并讨论翻边模具的结构特点。

4）小组代表上台展示分组讨论结果。

5）小组之间互评及教师评价。

检查评议

序　号	检查项目	考核要求	配　分	得　分
1	翻边的变形特点	能正确叙述翻边的变形特点	20	
2	翻边力的计算方法	正确运用翻边力的计算公式计算出翻边力	20	
3	冲孔落料翻孔翻边模具的拆装方法	正确拆装冲孔落料翻孔翻边模具	30	
4	小组内成员分工情况、参与程度	组内成员分工明确，所有的学生都积极参与小组活动，为小组活动献计献策	5	
5	合作交流、解决问题	组内成员分工协助，认真倾听、互助互学，在共同交流中解决问题	10	
6	小组活动的秩序	活动组织有序，服从领导	5	
7	讨论活动结果的汇报水平	敢于发言、质疑，汇报发言声音洪亮，思路清晰、简练，突出重点	10	
合　计			100	

考证要点

1. 什么是内孔翻边？什么是外缘翻边？其变形特点是什么？
2. 什么叫极限翻边系数，影响极限翻边系数的主要因素有哪些？
3. 翻边常见的废品是什么？如何防止产生废品？

任务3　认识缩口模和扩口模

学习目标

◎ 了解缩口模具的结构特点

◎ 掌握缩口力的计算方法

◎ 了解扩口模具的结构特点

◎ 了解扩口的主要方式

任务描述

在本任务中通过观察缩口、扩口成形产品的特点和拆装缩口、扩口模具来了解缩口、扩口的工艺方法，讨论缩口、扩口模具的结构特点，加深对缩口、扩口模具结构的认识。

一、缩口模具结构

缩口是将先拉深好的圆筒形件或管件坯料通过缩口模具使其口部直径缩小的一种成形工序。它广泛应用于国防工业、机械制造等行业中。若用缩口代替拉深工序以加工某些零件，可以减少成形工序。如图5-21所示的制件，原来采用拉深工艺需要五道工序。现改用管料缩口工艺后只要三道工序。

缩口变形主要是毛坯受切向压缩而使直径减少，厚度与高度都略有增加。因而在缩口工艺中毛坯易于失稳起皱。同时，在未变形区（传力区）的筒壁，由于承受全部缩口压力 F，也易产生失稳变形。所以防失稳是缩口工艺的主要问题。缩口的极限变形程度主要受失稳条件的限制。

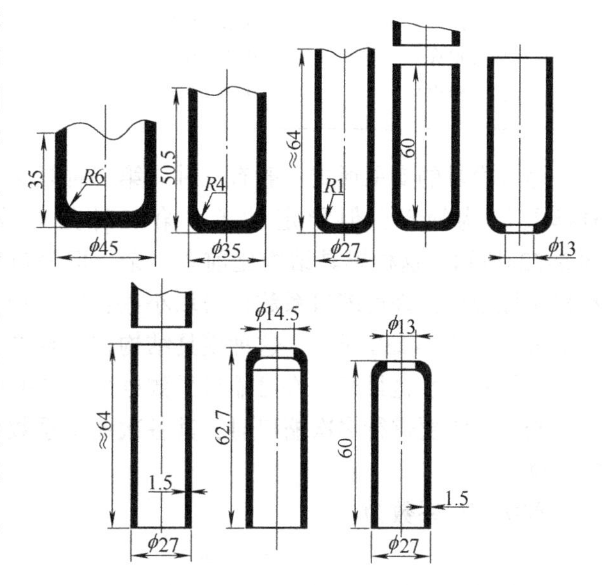

图5-21　缩口与拉深工艺的比较

缩口变形程度用缩口系数 m 表示：

$$m=\frac{d}{D} \tag{5-12}$$

式中　d——缩口后的直径（mm）；

D——缩口前的直径（mm）。

极限缩口系数的大小主要与材料种类、厚度、模具形式和坯料表面质量有关。

表5-10所列是不同材料、不同厚度的平均缩口系数。表5-11所列是不同材料、不同支承方式的许可缩口系数参考值。从表5-10和表5-11所列数值可以看出：材料塑性较好、厚度较大，或者模具结构中对筒壁有支承作用的，许可缩口系数便较小。

表5-10　不同材料、不同厚度的平均缩口系数

材　料	材料厚度/mm		
	0~0.5	>0.5~1	>1
黄铜	0.85	0.8~0.7	0.7~0.65
钢	0.85	0.75	0.7~0.65

表 5-11　不同材料、不同支承方式的许可缩口系数

材　料	支承方式		
	无支承	外支承	内外支承
软钢	0.70～0.75	0.55～0.60	0.3～0.35
黄铜 H62、H68	0.65～0.70	0.50～0.55	0.27～0.32
铝	0.68～0.72	0.53～0.57	0.27～0.32
硬铝（退火）	0.73～0.80	0.60～0.63	0.35～0.40
硬铝（淬火）	0.75～0.80	0.68～0.72	0.40～0.43

缩口模具的支承形式一般有三种：第一种是无支承，这种模具结构简单，但稳定性差；第二种是外支承，如图 5-22a所示，这种模具结构比前者复杂，但缩口过程中坯料稳定性较好，许可缩口系数也可取小些；第三种是内外支承形式，如图 5-22b 所示，这种模具结构在三种形式中最为复杂，但稳定性也最好，许可缩口系数也是三者中最小的。

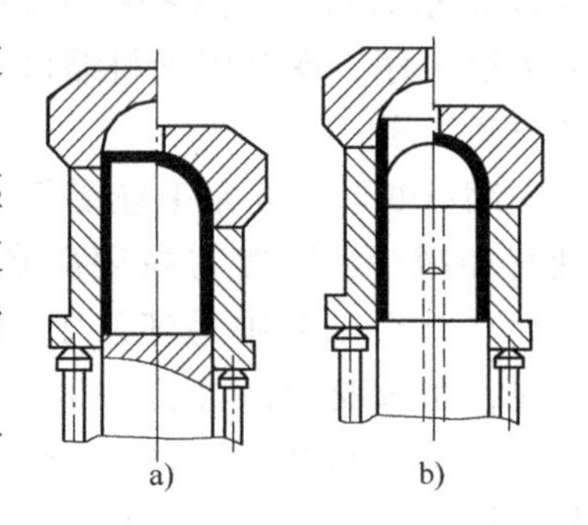

图 5-22　缩口时的支承方法

当工件需要进行多次缩口时，其各次缩口系数可按以下方法确定。

首次缩口系数为

$$m_1 = 0.9m_0$$

再次缩口系数为

$$m_2 = (1.05 \sim 1.10)m_0 \tag{5-13}$$

缩口次数 n 可按下式确定：

$$n = \frac{\lg d_n - \lg D}{\lg m_0} \tag{5-14}$$

缩口后，制件端部壁厚略为变大，一般可忽略不计。精确时可计算如下：设缩口前的厚度为 t_{n-1}，缩口后的厚度为 t_n，则

$$t_n = t_{n-1}\sqrt{d_{n-1}/d_n} \tag{5-15}$$

缩口后，制件高度有变化。缩口毛坯高度 H 按式（5-16）、式（5-17）、式（5-18）计算。式中的符号见图 5-23。

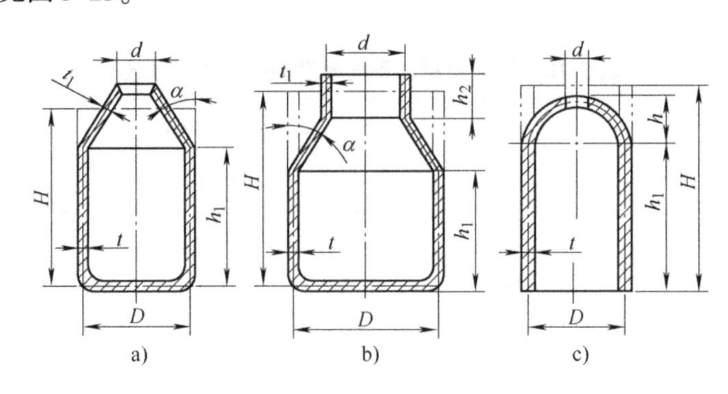

图 5-23　缩口毛坯高度的计算

图 5-23a 所示形式：

$$H=1.05\left[h_1+\frac{D^2-d^2}{8D\sin\alpha}\left(1+\sqrt{\frac{D}{d}}\right)\right] \tag{5-16}$$

图 5-23b 所示形式：

$$H=1.05\left[h_1+h_2\sqrt{\frac{d}{D}}-\frac{D^2+d^2}{8D\sin\alpha}\left(1+\sqrt{\frac{D}{d}}\right)\right] \tag{5-17}$$

图 5-23c 所示形式：

$$H=h_1+\frac{1}{4}\left(1+\sqrt{\frac{D}{d}}\right)\sqrt{D^2-d^2} \tag{5-18}$$

缩口凹模的半锥角 α 对缩口成形过程有重要作用，一般使 $\alpha<45°$，最好使 α 在 30°以下。当模具有合理的半锥角 α 时，允许的极限缩口系数 m 可以比平均缩口系数 m_0 小 10% ~ 15%。缩口后，由于回弹，工件要比模具尺寸增大 0.5% ~0.8%。

缩口力的计算如下：

对于如图 5-23a 所示的锥形缩口件，在无心柱缩口时的缩口力可用下式计算：

$$F=k\left[1.1\pi Dt\sigma_s\left(1-\frac{d}{D}\right)(1+\mu\cot\alpha)\frac{1}{\cos\alpha}\right] \tag{5-19}$$

式中　F——缩口力（N）；
t——缩口前料厚（mm）；
D——缩口前直径（中径）（mm）；
d——工件缩口部分直径（mm）；
μ——工件与凹模接触时的摩擦因数；
σ_s——材料屈服极限（MPa）；
α——凸模圆锥半锥角；
k——速度系数，在曲轴压力机上工作时，$k=1.15$。

图 5-24 所示是一种缩口模的原理图。

缩口时制件由下模的夹紧器 3 夹住，夹紧器 3 的夹紧动作由上模带锥度的磁套筒 4 实现。缩口凹模 5 装于上模，通过凹模锥角的作用使工件逐步成形。

二、扩口模具结构

与缩口变形相反，扩口是使管材或冲压空心件口扩大的一种成形方法，特别在管材加工中应用较多（见图 5-25）。

1. 扩口变形程度

扩口变形程度的表示方法有扩口率 ε 或扩口系数 K：

扩口率：

$$\varepsilon=\frac{d-d_0}{d_0}\times100\% \tag{5-20}$$

扩口系数：

$$K=\frac{d}{d_0} \tag{5-21}$$

式中　d——坯料扩口后的直径（mm）；

　　d_0——坯料扩口前的直径（mm）。

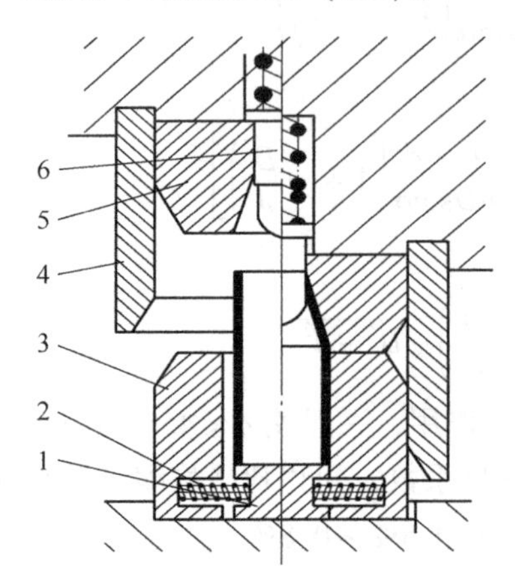

图 5-24　缩口模原理图

1—芯座　2—压簧　3—可活动的夹紧器　4—磁套筒
5—缩口凹模　6—推件器（又起内支承作用）

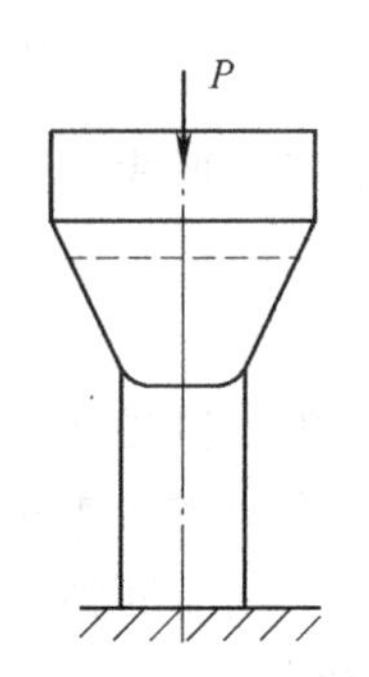

图 5-25　扩口工艺

ε 和 K 的关系为

$$\varepsilon = K - 1 \tag{5-22}$$

材料特性、模具约束条件、管口状态、管口形状及扩口方式、分块模中分块的数目、相对料厚都对极限扩口系数有一定影响。在管的传力区部位增加约束，提高抗失稳能力以及对管口局部加热等工艺措施可提高极限扩口系数。粗糙的管口不利于扩口工艺，采用刚性锥形凸模的扩口比分瓣凸模筒形扩口更为有利。在钢管扩口时相对料厚越大，则极限扩口系数也越大。

如果扩口坯料为拉深的空心开口件，那么还应考虑预成形的影响及材料方向性的影响。实验证明，随着预成形量的增加，极限扩口系数会减小。

2. 扩口的主要方式

扩口的主要方式如图 5-26 所示。

直径小于 20mm，壁厚小于 0.5mm 的管材，如果产量不大，可采用如图 5-26 所示的简单手工工具来进行扩口。但扩口的精度、表面粗糙度不很理想。当产量大，扩口质量要求高的时候，均需采用模具扩口或用专用机器及工具扩口。

此外，旋压、爆炸成形、电磁成形等新工艺也都在扩口工艺中有许多成功的应用。当制件两端直径相差较大时，可以采用扩口与缩口结合的复合工艺。

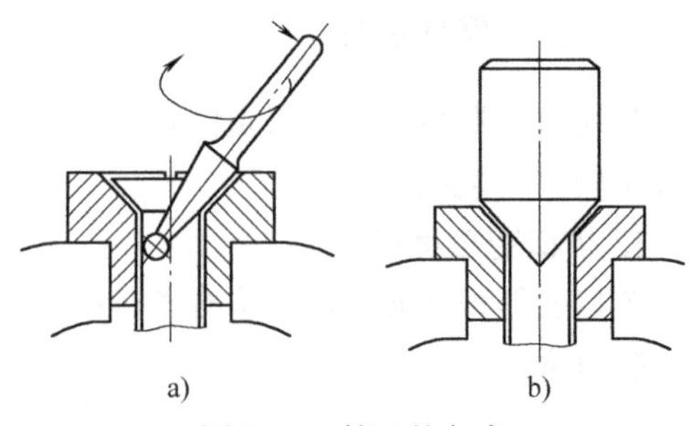

图 5-26　扩口的方式

a）旋压扩口　b）冲压扩口

任务准备

缩口、扩口成形模具各一套，缩口模具、扩口模具原理图挂图，内六角扳手、铜棒、锤子等工具一套，08 钢条料，缩口、扩口成形产品若干。

任务实施

1）同学们在老师及工厂师傅的带领下，到冲压车间或模具制作实训场观看缩口、扩口成形加工操作，要仔细观察缩口、扩口成形加工的工作过程，注意其成形的特点。

2）教师结合缩口、扩口模具原理图挂图，缩口、扩口产品实物展示及辅助教学课件等讲解缩口、扩口工艺特点及缩口、扩口模具的结构特点。

3）学生分组拆装缩口、扩口模具并讨论缩口、扩口模具的结构特点。

4）小组代表上台展示分组讨论结果。

5）小组之间互评及教师评价。

检查评议

序　号	检查项目	考核要求	配　分	得　分
1	缩口的变形特点	能正确叙述缩口的变形特点	20	
2	扩口的变形特点	正确描述扩口的变形特点	20	
3	缩口、扩口模具的装拆方法	正确拆装缩口、扩口模具	30	
4	小组内成员分工情况、参与程度	组内成员分工明确，所有的学生都积极参与小组活动，为小组活动献计献策	5	
5	合作交流、解决问题	组内成员分工协助，认真倾听、互助互学，在共同交流中解决问题	10	
6	小组活动的秩序	活动组织有序，服从领导	5	
7	讨论活动结果的汇报水平	敢于发言、质疑，汇报发言声音洪亮，思路清晰、简练，突出重点	10	
合　计			100	

单元6　滑雪块压板复合模的制造实训 6

任务1　设计模具工艺方案

子任务1　审核产品图

学习目标

◎ 能正确识读冷冲压产品图样和技术要求

◎ 能绘制冷冲压产品图

任务描述

任　务　书

<table>
<tr><td>任务名称</td><td colspan="3">设计模具工艺方案</td></tr>
<tr><td>子任务名称</td><td>审核产品图</td><td>任务编号</td><td>LF-1-1</td></tr>
<tr><td>任务内容</td><td colspan="3">1. 按图样中的尺寸要求绘制冷冲压产品图
2. 在表6-1中填写冷冲压产品相关内容

表6-1
<table><tr><td>项目</td><td>名称</td><td>材料</td><td>产品精度</td><td>材料厚度</td><td>形状特点</td><td>孔径大小</td></tr><tr><td></td><td></td><td></td><td></td><td></td><td></td><td></td></tr></table>
3. 对冲压件（见图6-1）进行工艺性分析</td></tr>
</table>

（续）

任 务 名 称	设计模具工艺方案		
子任务名称	审核产品图	任务编号	LF-1-1
任务内容	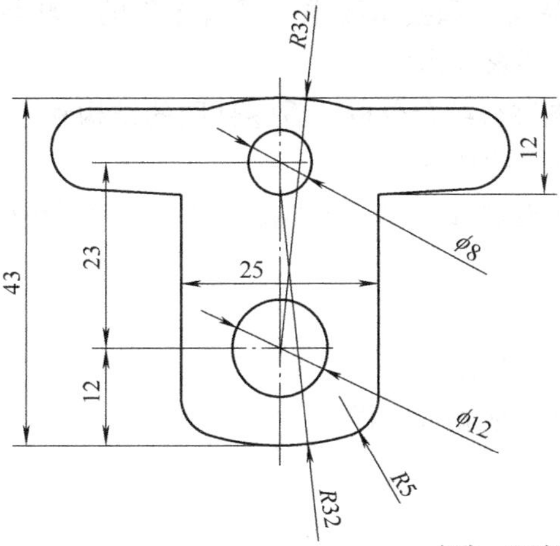 名称：滑雪块压板 材料：Q235，t=1mm 图6-1　冷冲压产品图		
任务要求	1. 理解冷冲压产品图名称及符号 2. 在A4图纸上按尺寸要求绘制图6-1所示冷冲压产品图，小组互相检查、评价 3. 按考核标准进行全员考核		

任务分析

任务书要求绘制的图形中，要想正确绘制出各线条，关键是要了解图形中各线条的含义。

相关知识

一、识读冷冲压产品图的要求

1）对冷冲压产品零件名称、材料和功用有正确的认识。

2）分析冷冲压产品视图各部分结构的形状、特点以及它们之间的相对位置。

3）理解冷冲压产品图中的尺寸标注和技术要求。

二、识读冷冲压产品图的方法和步骤

（1）看零件图的标题栏　了解冷冲压产品零件名称、材料、比例等内容。

（2）分析产品视图　弄清各视图之间的投影关系及所采用的表达方法。

（3）分析投影、想象冷冲压产品的结构形状

1）先看主要部分，后看次要部分。

2）先看整体，后看细节。

3）先看外形，后看内形。

4）先看易懂的部分，后看难懂的部分。

5）根据尺寸及功用判断、想象形体。

（4）分析冷冲压产品尺寸和技术要求　了解零件的形状特征，找到定形、定位尺寸，特别要注意精度高的尺寸要求和作用。

（5）对冷冲压产品图进行综合分析　看零件图的结构和工艺是否合理，表达方案是否恰当，检查有无错看或漏看的地方。

（6）参考有关的技术资料和图样　例如说明书、装配图和相关的零件图。

任务准备

（1）工具　游标卡尺，R 规。

（2）材料　滑雪块压板实物或图样。

（3）设备　计算机。

任务实施

1）在 A4 图纸上按尺寸要求绘制图 6-1 所示冷冲压产品图。

2）根据图 6-1 所示，填写任务书中的表 6-1。

3）对冲压件进行工艺性分析。

该滑雪块压板有 1 个 ϕ8mm 孔和 1 个 ϕ12mm 孔，为保证良好的装配条件，该零件的尺寸均为未注公差 IT14 级，表面不允许有严重划伤。冲压工序为落料、冲孔及弯曲。材料为 Q235，具有良好的冲压性能，适合冲裁。工作精度要求不高，不需要校形，所有孔都可以用冲模冲出。结论：该滑雪块压板可以用冷冲压加工成形。

检查评议

	考核项目及要求	配　分	得　分
考核标准	1. 图框标题栏、文字正确无误，错一处扣 5 分	10	
	2. 视图摆放合适，不合适全扣	10	
	3. 线型应用正确，错一处扣 5 分	10	
	4. 投影正确，无缺线多线现象，出现一处扣 5 分	20	
	5. 尺寸标注符合规范，错一处扣 5 分	10	
	6. 正确填写表格中的名称和符号，错一处扣 5 分	20	
	7. 小组内成员分工明确、参与面广，达不到要求不得分	5	
	8. 掌握合作交流、解决问题的能力，达不到要求不得分	5	
	9. 小组活动秩序井然，达不到要求不得分	5	
	10. 小组成果展示汇报水平高，达不到要求不得分	5	
	合　计	100	

子任务2 设计排样图

学习目标

◎ 能根据模具结构选择冷冲压产品排样方法

◎ 能绘制冷冲压产品排样图

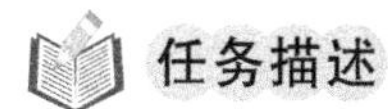

任务描述

任 务 书

<table>
<tr><td>任务名称</td><td colspan="3">设计模具工艺方案</td></tr>
<tr><td>子任务名称</td><td>设计排样图</td><td>任务编号</td><td>LF-1-2</td></tr>
<tr><td>任务内容</td><td colspan="3">一、布置任务书
1. 根据所学知识，讨论确定滑雪块压板的表达方案
2. 请对图6-2所示滑雪块压板零件进行冲裁排样设计，确定搭边值，并画出排样图
材料：Q235
名称：滑雪块压板
厚度：t=1mm
图6-2 冷冲压产品图</td></tr>
<tr><td>任务要求</td><td colspan="3">1. 了解提高材料利用率的方法及材料利用率的计算方法
2. 在A4图纸上按尺寸要求绘制排样图，小组互相检查、评价
3. 按考核标准进行全员考核</td></tr>
</table>

任务分析

任务书要求绘制出排样图和确定搭边值。要正确绘制出排样图，关键是尽可能选择条料宽、进距小的排样方法。滑雪块压板零件为T形，为了提高材料利用率，可以采用直对排方式进行排样。

相关知识

1. 排样图

一张完整的排样图应该标注条料长度 L、板料厚度 t、端距 l、步距 S、工件间搭边 a_1 和侧搭边 a，并以剖面线表示冲压位置，如图 6-3 所示。

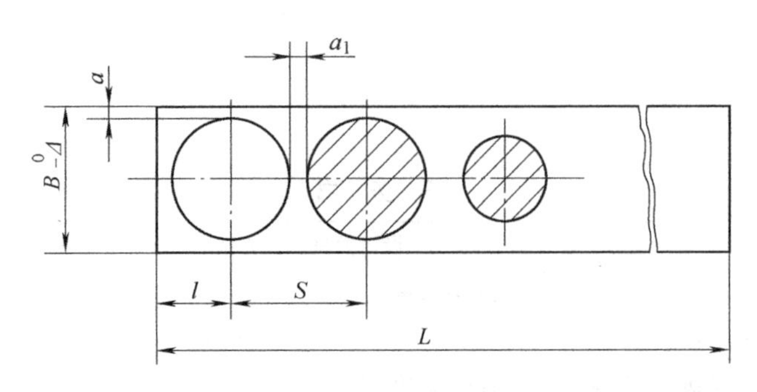

图 6-3　排样图

2. 排样方式

排样有很多种方式，具体如图 6-4 所示。排样方式的选择见表 6-2。

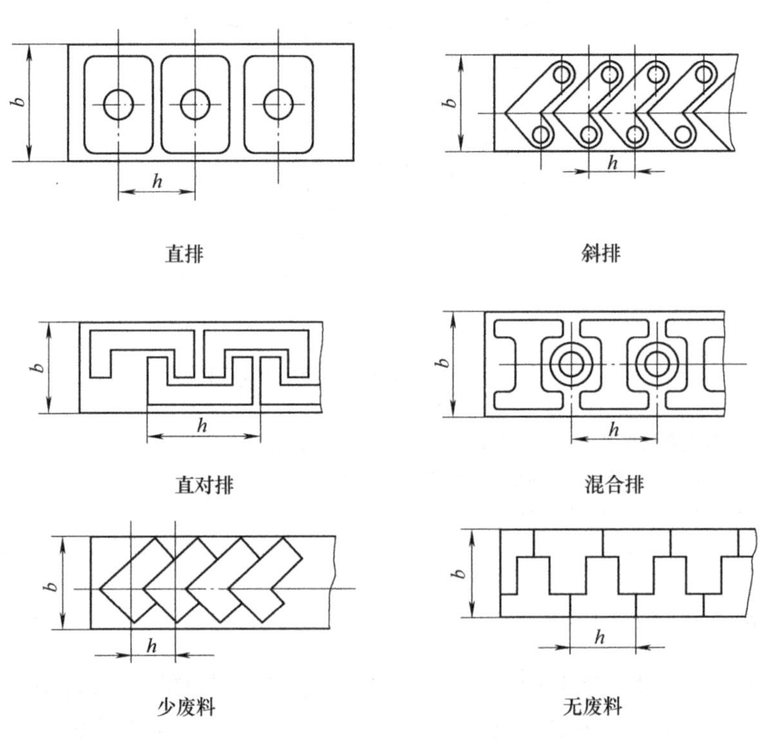

图 6-4　排样方式

表6-2　排样方式的选择

排样方式	有废料排样		少、无废料排样	
	简图	应用	简图	应用
直排	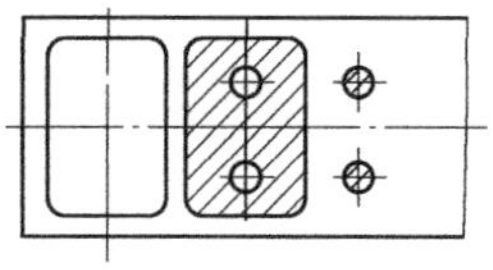	用于简单几何形状（方形、圆形、矩形）的冲件	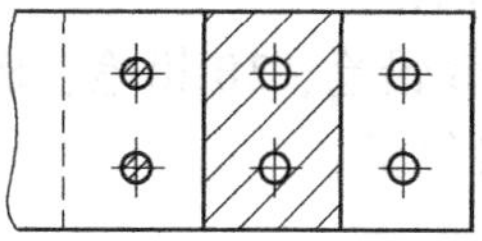	用于矩形或方形冲件
斜排	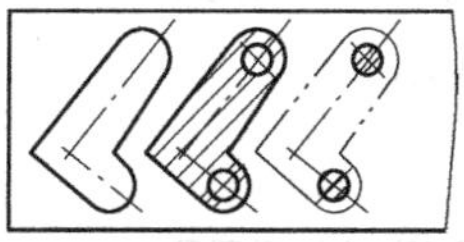	用于T形、L形、S形、十字形、椭圆形冲件	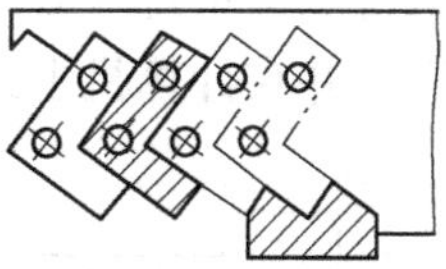	用于L形或其他形状的冲件，有外形上允许有不大的缺陷
直对排	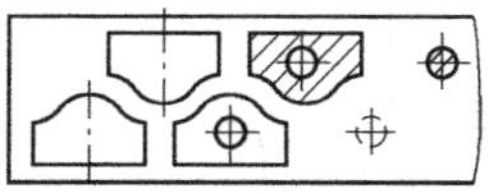	用于T形、Π形、山形、梯形、三角形、半圆形冲件	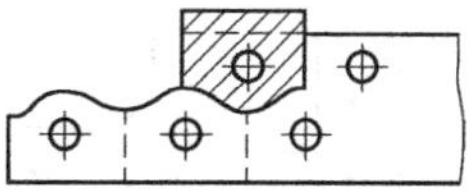	用于T形、Π形、山形、梯形、三角形冲件，在外形上允许有少量的缺陷
斜对排	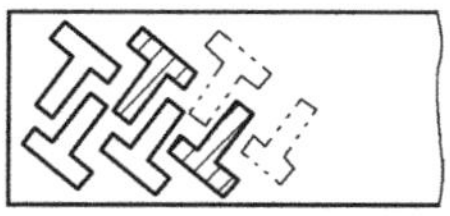	用于材料利用率比直对排高时的情况	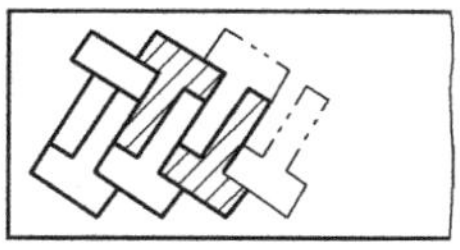	多用于T形冲件
混合排	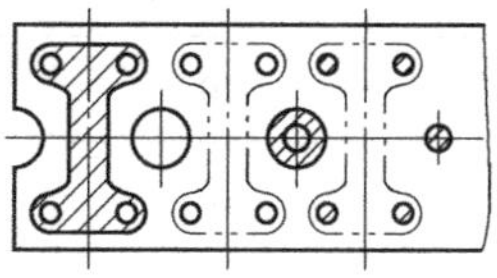	用于材料和厚度都相同的两种以上的冲件	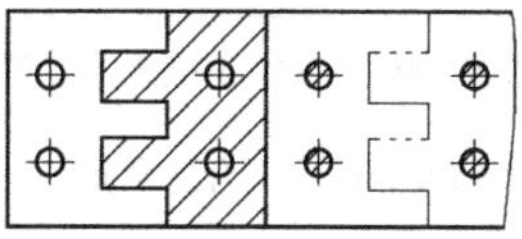	用于两个外形互相嵌入的不同冲件（铰链等）
多排	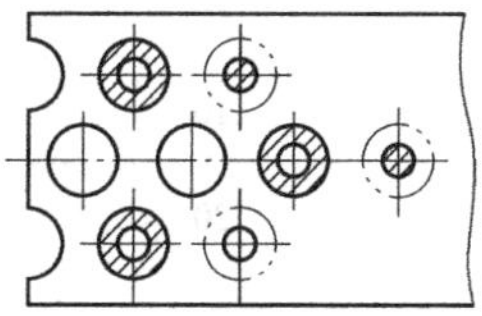	用于大批量生产中尺寸不大的圆形、六角形、方形、矩形冲件	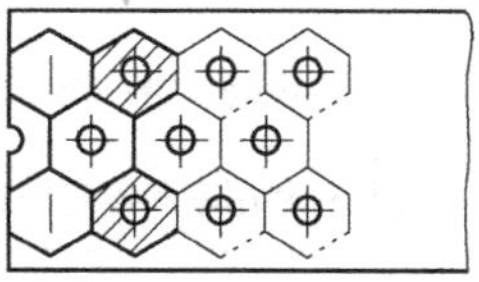	用于大批量生产中尺寸不大的方形、矩形及六角形冲件
冲裁搭边	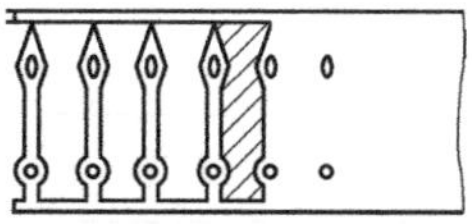	大批量生产中用于小的窄冲件（表针及类似的冲件）或带料的连续拉深	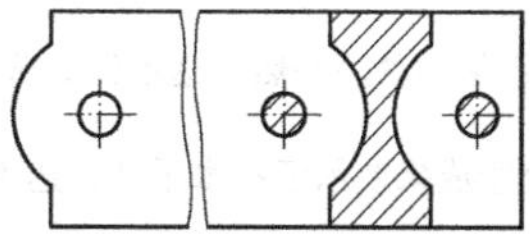	用于以宽度均匀的条料或带料冲裁长形件

任务准备

（1）量具　游标卡尺、三角尺。

（2）材料　图纸。

（3）工具　HB 铅笔、2B 铅笔、橡皮擦。

（4）设备　计算机。

任务实施

根据零件的形状特点确定排样方式，采用少废料排样的直对排方式进行排样。确定搭边值并计算材料利用率，并在计算机上进行排样，如图 6-5 所示。

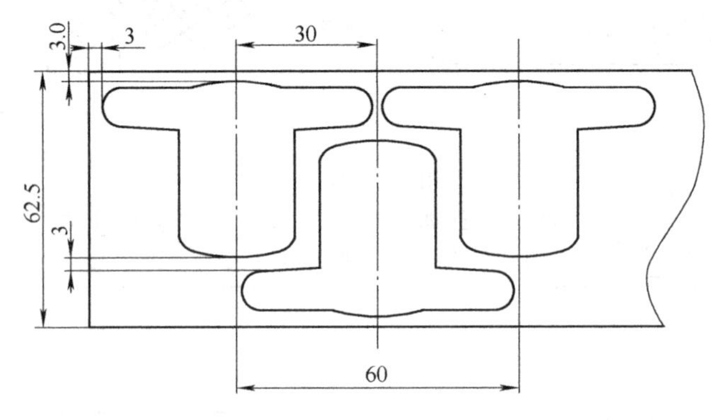

图 6-5　零件排样方式

检查评议

	考核项目及要求	配　分	得　分
考核标准	1. 图框标题栏、文字正确无误，错一处扣 5 分	10	
	2. 视图摆放合适，不合适全扣	10	
	3. 线型应用正确，错一处扣 5 分	10	
	4. 投影正确，无缺线多线现象，出现一处扣 5 分	20	
	5. 尺寸标注符合规范，错一处扣 5 分	10	
	6. 正确计算材料利用率和确定搭边值，计算错误不得分	20	
	7. 小组内成员分工明确、参与面广，达不到要求不得分	5	
	8. 掌握合作交流、解决问题的能力，达不到要求不得分	5	
	9. 小组活动秩序井然，达不到要求不得分	5	
	10. 小组成果展示汇报水平高，达不到要求不得分	5	
	合　计	100	

子任务3　设计冲压工艺方案

学习目标

◎ 能根据冷冲压产品选择合理的工艺方案

◎ 能编制冲压工艺卡

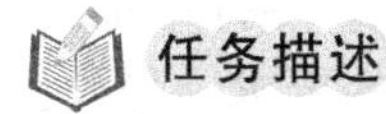

任务描述

任　务　书

任务名称	设计模具工艺方案		
子任务名称	设计冲压工艺方案	任务编号	LF-1-3
任务内容	1. 按产品工艺性分析步骤对图6-6所示产品进行工艺性分析 2. 按冲裁工艺方案的确定步骤编写冲压工艺方案 名称：滑雪块压板 生产批量：大批量 材料：Q235，t=1mm 图6-6　冷冲压产品图		
任务要求	1. 按产品工艺性分析步骤分析产品工艺性 2. 按冲压工艺方案的确定步骤编写冲压工艺方案 3. 小组互相检查、评价 4. 按考核标准进行全员考核		

任务分析

任务书要求编写滑雪块压板的冲压工艺方案，该产品是对称结构，要正确编写冲裁工艺方案，关键在于掌握产品工艺性分析步骤，以及冲裁工艺方案的确定步骤。

任务实施

一、工艺性分析

按产品工艺性分析步骤分析产品工艺性，包括材料分析、零件结构分析、尺寸精度分析。

（1）材料分析　Q235为普通碳素结构钢，具有较好的冲裁成形性能。

（2）零件结构分析　零件结构简单对称、无尖角，对冲裁加工较为有利。零件中部有两个圆孔，孔的最小尺寸为8mm，满足冲裁件最小孔径 $d_{min} \geqslant 1.0t$（1mm）的要求。另外，经计算小孔距零件外形之间的最小孔边距为6mm，满足冲裁件最小孔边距 $l_{min} \geqslant 1.5t$（1.5mm）的要求。所以，该零件的结构满足冲裁的要求。

（3）尺寸精度分析　滑雪块压板零件尺寸均为未标注公差尺寸公差要求，按IT14级加工，料厚 $t=1$mm 的普通冲裁精度可达到IT9～IT10，所以普通冲裁可以达到零件的精度要求。

二、判断是否适合冲裁

由以上分析可知，该零件可以用普通冲裁的加工方法制得。

三、确定工艺方案

按冲压工艺方案的确定步骤，列出多种工艺方案及模具结构。零件为落料冲孔件，经分析有以下的加工方案：

1）方案一：先落料，后冲孔。采用两套单工序模生产。

2）方案二：落料-冲孔复合冲压，采用复合模生产。

3）方案三：冲孔-落料连续冲压，采用级进模生产。

方案一所用模具结构简单，但需两道工序、两副模具，生产率低，零件精度较差，在生产批量较大的情况下不适用。方案二只需一副模具，冲压件的形位精度和尺寸精度易保证，且生产率高。尽管模具结构较方案一复杂，但由于零件的几何形状较简单，模具制造并不困难。方案三也只需一副模具，生产率也很高，但与方案二相，生产的零件精度稍差。欲保证冲压件的形位精度，需在模具上设置导正销导正，模具制造、装配比复合模略为复杂。

比较三个方案，采用方案二生产时只需一副模具，工件的精度及生产率要求都能满足，模具的轮廓尺寸较小，模具的制造成本也不高，所以最终采用方案二生产。

检查评议

	考核项目及要求	配　分	得　分
考核标准	1. 材料分析全面、文字正确无误，错一处扣5分	10	
	2. 零件结构分析全面、文字正确无误，错一处扣5分	10	
	3. 产品尺寸精度分析全面、文字正确无误，错一处扣5分	10	

（续）

	考核项目及要求	配　分	得　分
考核标准	4. 判断是否适合冲裁，结论正确得10分，否则不得分	10	
	5. 冲压工序分析全面、文字正确无误，错一处扣5分	10	
	6. 工艺方案分析全面、文字正确无误，错一处扣5分	30	
	7. 小组内成员分工明确、参与面广，达不到要求不得分	5	
	8. 掌握合作交流、解决问题的能力，达不到要求不得分	5	
	9. 小组活动秩序井然，达不到要求不得分	5	
	10. 小组成果展示汇报水平高，达不到要求不得分	5	
	合　计	100	

任务2　分析模具结构工艺

子任务1　设计总体结构

学习目标

◎ 能够正确设计正装式复合模和倒装式复合模。

◎ 能够正确选择定位方式和设计卸料结构。

任务描述

任　务　书

任务名称	分析模具结构工艺		
子任务名称	设计总体结构	任务编号	LF-2-1
任务内容	在设计时应考虑到凹模和凸凹模的结构形式、制件的定位方式、送料形式、卸料方式及顶件机构和模具的导向方式等因素		
任务要求	1. 对复合模总体结构的设计全过程进行进程考核（通过制订进程审核评分表进行评分考核） 2. 遵循复合模结构设计要点 3. 凸凹模安装固定和结构设计合理 4. 模具定位方式和结构设计合理 5. 全程跟踪团队合作情况并评分		

任务分析

复合模是在压力机的一次行程中，在同一工位上完成两道或两道以上的冲压工序。复合模的特点是结构紧凑，冲出的制件精度较高，同心度和对称度等容易保证，生产率较高，适合大批量生产。但模具结构复杂，制造较困难。在设计滑雪块压板模具时，应考虑到凹模和凸凹模的结构形式，制件的定位方式、送料形式、卸料及顶件机构和模具的导向方式等因素。

相关知识

一、正装式复合模的设计知识

正装式复合模的特点是凹模装在下模座上，而凸凹模安装在上模座上。正装式复合模冲裁时制件部分材料及外部余料均在压紧状态下进行分离，所以其优点是冲出来的制作较平整，尺寸精度高，适合薄料冲裁。但制件和废料都是从分模排除的，需要进行二次清理。而且废料容易保留在模腔中，操作过程不如倒装复合模方便，而且残留废料使模具较容易损坏，不太安全。

二、倒装式复合模的设计知识

倒装式复合模的特点是凹模装在上模座上，而凸凹模安装在模具下模座上。倒装式复合模冲孔的废料由下模座直接漏下，而制件是从上模的模内由顶出件推出，使制件和废料自然分离，无需二次清理，操作简单安全。而且倒装式复合模容易设置送料装置和定位，生产率较高。所以，在设计滑雪块压板复合冲裁模时选用倒装式复合模。

三、复合模的特点和结构设计要求

1）复合模中一定有一个以上凸凹模，凸凹模是复合模的核心零件。复合工序之间的结构决定了它不存在再定位误差，所以冲出的制件比单工序模具冲出的制件精度要高。

2）由于复合模受冲压形状等因素限制，而且凸凹模的强度较弱，所以适合薄料零件的冲制，在设计复合模时要考虑其自身强度和最小壁厚。

3）复合模冲出的制件均由模具凹模腔内推出，所以制件比较平整。

4）复合模结构复杂，零件材料较多，所以闭合高度较高。

5）复合模的成本较高，制造周期较长，一般适合生产较大批量的冲压件。

四、制件定位方式和结构设计

模具上定位零件的作用是使材料或半成品在模具上能够正确定位，根据制件的形状、尺寸和模具的结构形式，选用不同的定位方式。常见的定位零件有挡料销、定位板、导正销侧刃等。

根据滑雪块压板零件的形状结构（尺寸形状对称），按排样方式选用活动挡料销进行定位。其作用是在送料时确定送进距离。挡料销安装在凸凹模的卸料板上，与弹簧连接，起到活动挡料定位的作用，结构制造简单。

五、选择合适的卸料结构及顶件机构

卸料结构是用于将条料和废料从凸模上卸下的装置，分为刚性和弹性两种。刚性卸料板

固定在凹模上，卸料力大，但不起压料作用。弹性卸料板是利用弹簧或橡胶的弹力进行卸料，除卸料外，对毛坯起压料作用，适用于薄料冲裁。

推件和顶件结构是用于将制件或废料从凹模型腔中推或顶出的装置，分为刚性和弹性两种。推件力是依靠压力机的横梁作用，当上模随滑块上升时，模柄孔内的打料杆在横梁的阻挡下脱落，通过打料板、打料销推动推件器把制件从凹模中推出。

六、导向方式的正确选择

模具制造过程中，在精度要求较高的情况下，模具都采用导向装置。这样不但能保证精确的定位，而且还能提高冲压件质量和模具寿命，在大批量生产中便于装模。

1. 上、下模导向形式

由导柱和导套导向，在上、下模座上分别设置两对或四对导柱、导套对凸、凹模进行导向。另外还有导板导向、套筒式导向和导向块导向。

2. 模架

模架由上、下模座，导柱、导套和模柄等零件组成。它包含滑动导向模架和滚动导向模架，模架系列尺寸已纳入冷冲模国家标准。

任务准备

(1) 工量具　游标卡尺、千分尺、百分表、图板、制图工具。

(2) 设备　计算机。

任务实施

1. 模具类型的选择

复合模有两种结构形式，即正装式复合模和倒装式复合模。正装式复合模成形后工件留在下模，需要向上推出工件，取件不方便。倒装式复合模成形后工件留在上模，只需在上模装一副推件装置就可以顺利推出工件，故采用倒装式复合模。

2. 定位方式的选择

因为该模具采用的是条料，控制条料的送进方向时可使用导料销，控制条料的送进步距时采用的是弹簧弹顶的活动挡料销。第一件的冲压位置因为条料有一定的余量，可以靠操作人员目测来确定。

3. 卸料、出件方式的选择

根据模具冲裁的运动特点，该模具采用弹性卸料方式比较方便。因为工件厚度为1mm，推件力不大，用弹性卸料装置既安全又可靠，故采用弹性卸料方式取出工件。

4. 导柱、导套位置的确定

为了提高模具的寿命和工件质量，方便安装、调整、维修模具，故该复合模采用后导柱式模架。

5. 绘制模具总装图

模具总装图如图6-7所示。

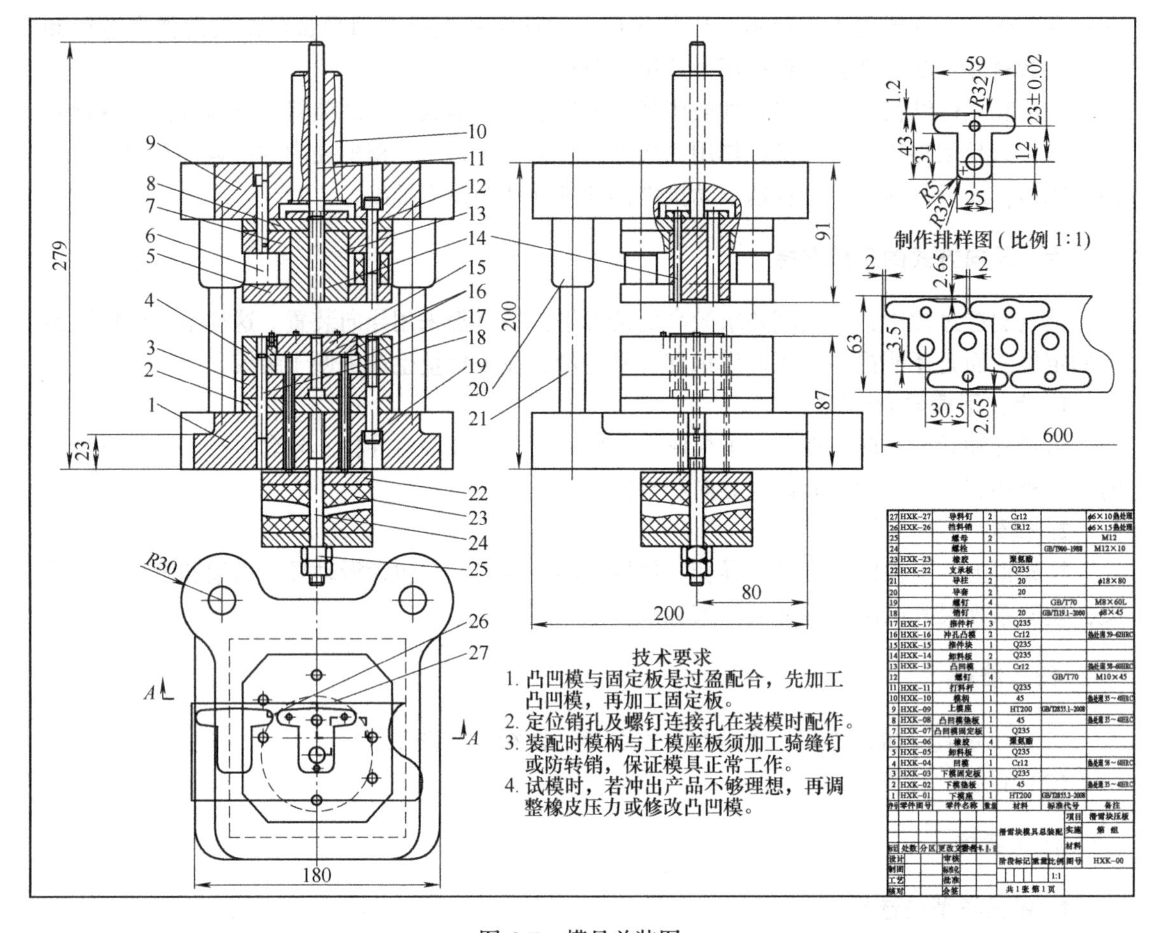

图 6-7　模具总装图

检查评议

序　号	检 查 项 目	评 分 标 准	配　分	得　分
1	复合模结构设计方案	复合模结构设计应符合设计要求	30	
2	制件的定位方式	制件的定位方式应正确	25	
3	卸料结构方式	卸料结构方式应正确	25	
4	小组内成员的分工	小组内成员分工明确，参与面广	5	
5	合作交流、解决问题的能力	掌握合作交流、解决问题的能力	5	
6	活动秩序	小组活动秩序井然	5	
7	小组成果展示汇报	小组成果展示汇报水平高	5	
合　计			100	

子任务2　选择模具材料及热处理方法

学习目标

◎ 正确选择冷冲模常用零件材料和牌号

◎ 正确选择冷冲模材料的热处理加工方法

任务描述

任　务　书

任 务 名 称	分析模具结构工艺		
子任务名称	选择模具材料及热处理方法	任务编号	LF-2-2
任务内容	掌握各种材料在模具中的作用，掌握凹模和凸凹模材料的选择方法，掌握挡料销和圆柱销材料的选择方法，掌握固定板和卸料板材料的选择方法，掌握弹簧和顶杆材料的选择方法，掌握模具各零件材料热处理硬度的选择方法		
任务要求	1. 对冷冲模零件材料选择和热处理方法选择全过程进行进程考核 2. 凹模与凸凹模材料的选择正确 3. 挡料销和圆柱销材料的选择正确 4. 固定板和卸料板材料的选择正确 5. 全程跟踪团队合作情况并评分 6. 正确填写安装工艺卡		

任务分析

一、模具材料的选择原则

模具材料的选择不仅关系到模具的使用寿命，也直接影响到模具的制造成本。若选材不当，会影响到其性能和耐用度。所以在制造模具时，必须综合考虑模具的工作条件、工作环境，模具的精度、结构特点和尺寸的选用，还要考虑模具的生产批量大小等因素。在选择材料时，也需要考虑模具的成本。在满足性能需求和产品质量的前提下，应选择价格低廉的材料，从而达到降低材料成本的目的。

二、冷冲模材料的分类

（1）工作零件材料　冷冲模工作零件主要包括凸模、凹模和凸凹模，以及各镶块和侧刃等，要正确选择其材料。

（2）辅助零件材料　冷冲模辅助零件主要包括上、下模座、模柄、导柱、导管、导套、固定板、卸料板、垫板、定位销、导正销、弹簧和顶杆等，要正确选择其材料。

相关知识

1）各零件材料在模具中的作用。

2）凹模和凸凹模材料的选择方法。
3）挡料销和圆柱销材料的选择方法。
4）固定板和卸料板材料的选择方法。
5）弹簧和顶杆材料的选择方法。
6）模具各零件材料热处理硬度的选择方法。

任务准备

（1）工量具　游标卡尺、千分尺、百分表、图板、制图工具。
（2）设备　计算机。

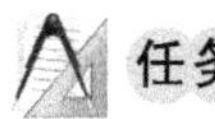

任务实施

根据模具材料的选择原则和模具的制造精度、结构特点、尺寸以及模具的生产批量等因素综合考虑，最终确定滑雪块压板复合模零件材料和热处理方法，见表6-3。

表6-3　滑雪块压板复合模零件材料和热处理方法

零件名称	材料牌号	热处理方式	硬度/HRC
凸模	T8A、T10A	淬火	58～62
凹模	G12、Cr12MoV	淬火	60～64
凸凹模	G12、G12MoV	淬火	60～64
上、下模座	HT200、HT250	—	—
模柄	Q235、45	—	—
导柱	T10A、GCr15、G12	淬火	62～64
导套	T10A、Cr12、GCr15	淬火	62～64
固定板	Q235、45	—	—
卸料板	Q235、45	—	—
垫板	45、T8A	淬火	43～48
挡料销	45、T7	淬火	—
圆柱销	45	淬火	43～48
弹簧	65Mn、60SiMnA	淬火	40～45
顶杆	45	淬火	43～48
螺钉	45	—	—

检查评议

序 号	检 查 项 目	评 分 标 准	配 分	得 分
1	凹模、凸凹模材料的选择	正确选择凹模、凸凹模材料	25	
2	固定板、卸料板材料的选择	正确选择固定板、卸料板材料	20	
3	定位销、导正销材料的选择	合理选择定位销、导正销材料	10	
4	螺钉和弹簧材料的选择	合理选择螺钉和弹簧材料	10	
5	模架（上、下模座）材料的选择	合理选择模架（上、下模座）材料	15	
6	小组内成员的分工	小组内成员分工明确、参与面广	5	
7	合作交流、解决问题的能力	掌握合作交流、解决问题的能力	5	
8	活动秩序	小组活动秩序井然	5	
9	小组成果展示汇报	小组成果展示汇报水平高	5	
合 计			100	

子任务3 计算冲裁力和凹模、凸凹模尺寸

学习目标

◎ 掌握冷冲模冲裁间隙的计算方法

◎ 掌握冷冲模凹模和凸凹模尺寸的计算方法

◎ 掌握压力机的选用方法

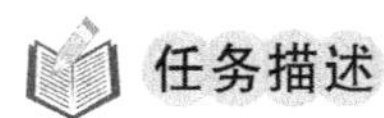

任务描述

任 务 书

任务名称	分析模具结构工艺		
子任务名称	计算冲裁力和凹模、凸凹模尺寸	任务编号	LF-2-3
任务内容	计算冲裁力，计算冲裁总工艺力，根据冲裁总工艺力选择压力机，计算和选择冲裁间隙，计算凹模刃口工作尺寸，计算凸凹模刃口工作尺寸		
任务要求	1. 对冲裁力和凹模、凸凹模的计算全过程进行全程考核（通过制造进程审核评分表进行评分考核） 2. 检验冲裁力公式和系数的选用 3. 检验冲裁间隙的选用 4. 检验凹模和凸凹模刃口工作尺寸的计算 5. 全程跟踪团队合作情况并评分 6. 考核是否正确填写安装工艺卡		

任务分析

冲裁力是指冲裁时通过冲模使板料分离所需的最小压力，也就是冲裁时材料对凸模的最大抵抗力。它是在模具制造时选用冲压设备和检验冲模强度的重要依据。

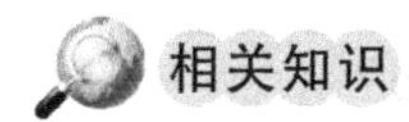

相关知识

一、冲裁力的计算方法

冲裁力的大小主要与材料的性质、厚度和制件的周边长度有关。冲裁力的大小可按表6-4中的公式计算。

表6-4　冲裁力计算公式

刃口形式	计算公式
平刃口	$F_{冲}=1.3Lt\tau$
斜刃口	$F_{冲}=1.3KLt\tau$

表中　$F_{冲}$——冲裁力（N）；

L——冲裁件断面周长（mm）；

τ——材料抗剪强度（MPa）；

t——冲裁件厚度（mm）；

K——修正系数，一般取0.4～0.7。

为计算方便，冲裁力也可按下面公式计算：

$$F_{冲}=Lt\sigma_b$$

式中　σ_b——材料的抗拉强度（MPa），可参考相关金属力学性能手册。

二、冲裁总工艺力的计算方法

卸料力、推件力和顶件力是从冲床、卸料装置或顶件获得的，所以，在计算冲裁总工艺力和选择压力机时，都需要对卸料力、推件力和顶件力进行计算。

影响卸料力、推件力和顶件力的因素有很多，如材料的种类、冲裁间隙、工件形状、尺寸和厚度等。此外，模具结构、搭边、大小和润滑情况也会对其有一定影响。

卸料力就是凸模上将零件或废料取下来所需要的力；推件力就是凹模腔内顺着冲裁方向将零件或废料推出所需要的力；顶件力就是从凹模腔内逆着冲裁方向将零件或废料顶出所需要的力。

在实际生产中，常采用简单的经验公来计算卸料力、推件力和顶件力。即

$$F_{卸}=K_{卸}F_{冲}$$

$$F_{推}=nK_{推}F_{冲}$$

$$F_{顶}=K_{顶}F_{冲}$$

式中　$F_{卸}$、$F_{推}$、$F_{顶}$——分别为卸料力、推件力和顶件力系数，见表6-5；

$F_{冲}$——冲裁力（N）；

n——卡在凹模内的零件或废料个数。

表6-5　卸料力、推件力、顶件力系数

材　料			$F_{卸}$	$F_{推}$	$F_{顶}$
钢	厚度 t/mm	≤0.1	0.065～0.075	0.1	0.14
		>0.1～0.5	0.045～0.055	0.063	0.08
		>0.5～2.5	0.04～0.05	0.055	0.06
		>2.5～6.5	0.03～0.04	0.045	0.05
		>6.5	0.02～0.03	0.025	0.03
铝、铝合金			0.025～0.08	0.03～0.07	
纯铜、黄铜			0.02～0.06	0.03～0.09	

冲裁总工艺力包括冲裁力、卸料力、推件力和顶件力等。冲裁总工艺力的计算公式见表6-6。

表6-6　冲裁总工艺力的计算公式

模具结构	总工艺力计算公式
采用弹性卸料装置和下出料方式	$F_{总}=F_{卸}+F_{推}+F_{冲}$
采用钢性卸料装置和下出料方式	$F_{总}=F_{冲}+F_{推}$
采用弹性卸料装置和上出料方式	$F_{总}=F_{卸}+F_{冲}+F_{顶}$

三、冲裁间隙的确定方法

随着不断的工作，凸凹模逐渐磨损，模具间隙将越来越大。因此在设计制造模具时，应采用最小的合理间隙值。

在实际生产中，冲裁间隙值要按两种方法进行确定：

（1）查表法　国内企业常用的冲裁模初始间隙值，适用于一般条件下的冲裁。初始间的最小值 Z_{min} 为最小合理间隙，而最大值 Z_{max} 是考虑凸凹模的制造公差，在 Z_{min} 的基础上增加一个数值。

（2）经验确定法　合理的冲裁间隙 Z 值，可采用下述经验公式确定

$$Z=mt$$

式中　m——系数，根据不同行业选用适合的 m 值；

t——材料的厚度（mm）。

常用材料的 m 值选取如下：

1）软材料：如08钢、纯铜、铝，$m=0.08\sim0.1$

2）中硬材料：如Q235、20钢，$m=0.1\sim0.12$

3）硬材料：如45钢，$m=0.12\sim0.14$

四、凸凹模刃口工作尺寸的计算方法

在冲裁过程中，落料件尺寸决定于凹模尺寸，冲孔件尺寸决定于凸模刃口尺寸。确定冲裁模刃口工作尺寸时应遵循的原则如下：

1）落料模先确定凹模刃口尺寸，其公称尺寸应取接近或等于制件的最小极限尺寸，凸

模刃口公称尺寸比凹模小一个最小合理间隙。

2）冲孔模先确定凹模刃口尺寸，其公称尺寸应取接近或等于制件的最大极限尺寸，凹模刃口公称尺寸比凸模小一个最小合理间隙。

3）选择模具刃口制造公差时，要考虑制件精确度与模具精确度的关系，凸凹模的制造精度一般比制件精确度高 2～3 级，一般取 IT6～IT7 级。凸凹模制造公差见表 6-7。

表 6-7　凸凹模制造公差　（单位：mm）

公称尺寸	凸模偏差 σ_d	凹模偏差 σ_p	公称尺寸	凸模偏差 σ_d	凹模偏差 σ_p
≤18	0.02	0.02	>180～260	0.03	0.045
>18～30	0.02	0.025	>260～360	0.035	0.05
>30～80	0.02	0.03	>360～500	0.04	0.06
>80～120	0.025	0.035	>500	0.05	0.07
>120～180	0.03	0.04	—	—	—

五、凸、凹模刃口工作尺寸的计算方法

1. 采用凸、凹模分开加工时的尺寸计算

（1）落料

$$D_d = (D - x\Delta)^{+\delta_d}_{0}$$

$$D_p = (D_d - Z_{min})^{0}_{-\delta_p} = (D_d - x\Delta - Z_{min})^{0}_{-\delta_p}$$

（2）冲孔

$$d_p = (d + x\Delta)^{0}_{-\delta_p}$$

$$d_d = (d_p + Z_{min})^{+\delta_p}_{0} = (d + x\Delta + Z_{min})^{+\delta_p}_{0}$$

式中　D_d、D_p——分别为落料凹、凸模刃口公称尺寸（mm）；

d_d、d_p——分别为冲孔凹、凸模刃口公称尺寸（mm）；

D——落料件公称尺寸（mm）；

d——冲孔件公称尺寸（mm）；

Δ——制件制造公差（mm）；

Z_{min}——凸、凹模最小合理间隙；

x——磨损系数。

2. 凸模和凹模采用单配加工时的尺寸计算

当冲制复杂或薄材料工件时，其凸、凹模通常采用配合加工的方法。此方法是先做凸模或凹模中的一件，然后根据制作好的凸模或凹模的实际尺寸，配制另一件，使它们之间达到最小合理间隙值。落料时，先做凹模，并以它作为基准配制凸模，保证最小合理间隙；冲孔时，先做凸模，并以它作为基准配制凹模，保证最小合理间隙。因此，只需在基准件上标注尺寸和公差，另一件只标注基本尺寸，并注明“凸模尺寸按凹模实际尺寸配制，保证间隙××”（落料时）或“凹模尺寸按凸模实际尺寸配制，保证间隙××”（冲孔时）。这种方法可放大基准件的制造公差，使其公差大小不再受凸、凹模间隙的限制，制造容易。对一

些复杂的冲裁件，由于各部分尺寸的性质不同，凸、凹模刃口的磨损规律也不相同，所以基准件刃口尺寸的计算方法也不相同。

落料件按凹模磨损后尺寸变大（图6-8中A类尺寸）、变小（图6-8中B类尺寸）和不变（图6-8中C类尺寸）的规律分为三种。冲孔件按凸模磨损后尺寸变小（图6-9中A类尺寸）、变大（图6-9中B类尺寸）和不变（图6-9中C类尺寸）的规律分为三种。

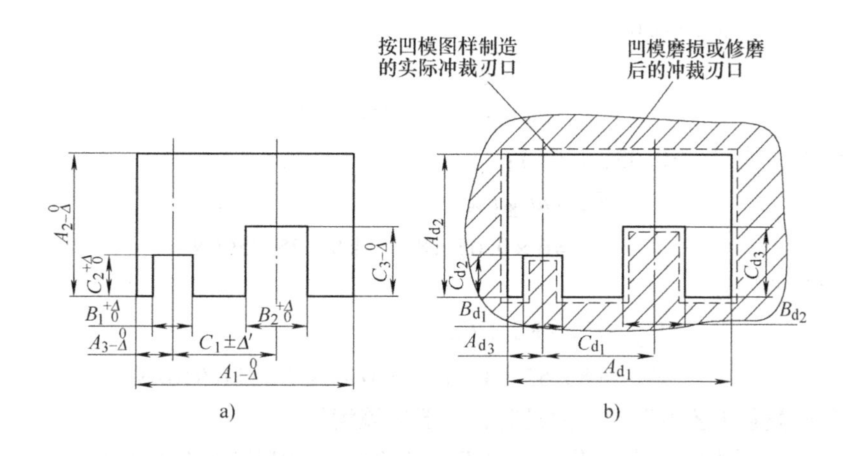

图6-8　落料件与凹模尺寸
a）落料件　b）凹模

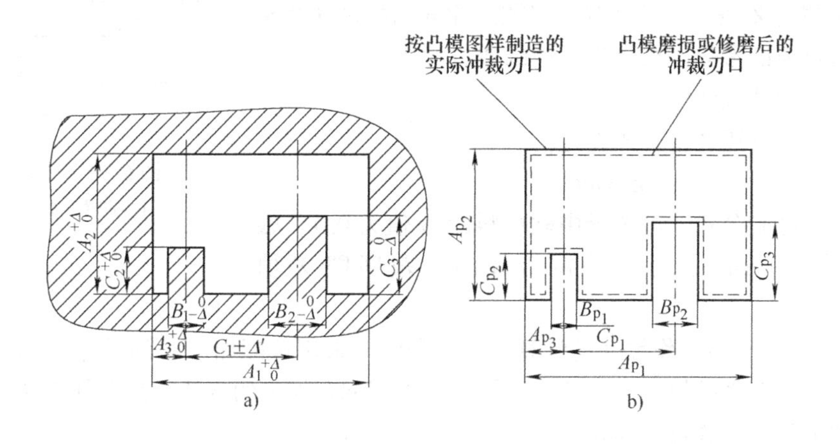

图6-9　冲孔件与凸模尺寸
a）冲孔件　b）凸模尺寸

任务准备

（1）工量具　游标卡尺、千分尺、百分表。

（2）设备　计算机。

任务实施

选用弹性卸料装置和下出料方式，制件材料选用冷轧板 A3。厚度 $t=1\mathrm{mm}$，通过计算得制件周长 $L=255\mathrm{mm}$，查相关金属材料的力学性能表选用材料抗剪强度 $\sigma_b=450\mathrm{MPa}$。

1）冲裁力：

$$F_{冲}=Lt\sigma_b=185.6\times1\times450\mathrm{N}=83.52\mathrm{kN}$$

2）卸料力（取 $K_{卸}=0.04$）：

$$F_{卸}=K_{卸}F_{冲}$$
$$=0.04\times83.52\mathrm{kN}\approx3.34\mathrm{kN}$$

3）推件力（取 $K_{推}=0.05$，$n=6$）：

$$F_{推}=nK_{推}F_{冲}$$
$$=6\times0.05\times83.52\mathrm{kN}=25.056\mathrm{kN}$$

4）冲裁总工艺力：

$$F_{总}=F_{冲}+F_{卸}+F_{推}$$
$$F_{总}=(83.52+3.34+25.056)\mathrm{kN}=111.916\mathrm{kN}$$

5）根据冲裁总工艺力选择压力机时，一般应该满足：

$$压力机的公称压力\geqslant1.2F_{总}=1.2\times111.916\mathrm{kN}\approx134.3\mathrm{kN}$$

6）冲裁间隙：冲裁间隙是指冲裁凸、凹模刃口部分的尺寸之差，即 D_d-D_p，如图 6-10所示。

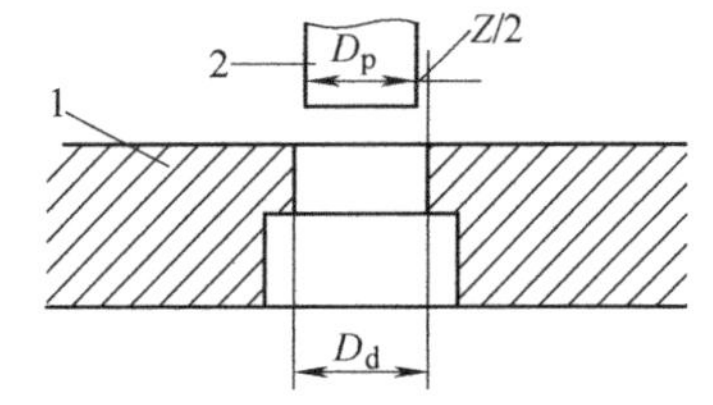

图 6-10　冲裁间隙

1—凹模　2—凸模

冲裁间隙用 Z 表示，又称双面间隙。冲裁间隙是冲裁模设计中非常重要的参数。在模具设计制造过程中，需综合考虑，选择合理的冲裁间隙。

本例可采用下述经验公式确定：

$$Z=mt$$

根据上述经验公式，可选择中软材料的 m 值为 0.1，根据材料厚度 $t=1\mathrm{mm}$，可以确定合理的冲裁间隙 Z 值为 0.1mm。

7）凸、凹模刃口工作尺寸的计算：凸模和凹模采用单配加工时的尺寸计算。对形状较复杂且是薄材料工件的模具，其凸、凹模通常采用配合加工的方法。配合加工法凸、凹模尺寸及其公差的计算公式见表 6-8。

表 6-8　配合加工法凸、凹模尺寸及其公差的计算公式

工序性质	制件尺寸		凸模尺寸	凹模尺寸
落料	$A_{-\Delta}^{\ 0}$		按凹模尺寸配制，其双面间隙为 $Z_{min}\sim Z_{max}$	$A_d=(A-x\Delta)_{\ 0}^{+0.25\Delta}$
	$B_0^{+\Delta}$			$B_d=(B+x\Delta)_{-0.25\Delta}^{\ 0}$
	C	$C_{\ 0}^{+\Delta}$		$C_d=(C+0.5\Delta)\pm0.125\Delta$
		$C_{-\Delta}^{\ 0}$		$C_d=(C-0.5\Delta)\pm0.125\Delta$
		$C\pm\Delta'$		$C_d=C\pm0.125\Delta$

（续）

工序性质	制件尺寸		凸模尺寸	凹模尺寸
冲孔	$A_{-\Delta}^{\ 0}$		$A_p=(A-x\Delta)_{\ 0}^{+0.25\Delta}$	按凸模尺寸配制，其双面间隙为 $Z_{min}\sim Z_{max}$
	$B_{\ 0}^{+\Delta}$		$B_p=(B+x\Delta)_{-0.25\Delta}^{\ 0}$	
	C	$C_{\ 0}^{+\Delta}$	$C_p=(C+0.5\Delta)\pm0.125\Delta$	
		$C_{-\Delta}^{\ 0}$	$C_p=(C-0.5\Delta)\pm0.125\Delta$	
		$C\pm\Delta'$	$C_p=C\pm0.125\Delta$	

表中 A_p、B_p、C_p——凸模刃口尺寸（mm）；
A_d、B_d、C_d——凹模刃口尺寸（mm）；
A、B、C——工件基本尺寸（mm）；
Δ——工件的公差（mm）；
Δ'——工件的偏差（mm）。对称偏差时，$\Delta'=\frac{1}{2}\Delta$；
x——磨损系数。

根据表6-8所列公式计算滑雪块压板凸凹模刃口工作尺寸（略）。

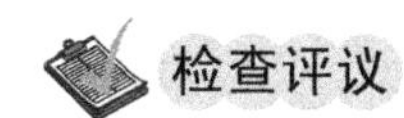

检查评议

序　号	检查项目	评分标准	配　分	得　分
1	冲裁力的计算	正确计算冲裁力	20	
2	压力机的选择	合理选择压力机	10	
3	凹模与凸凹模的间隙	合理选择凹模与凸凹模的间隙	20	
4	凹模尺寸计算	正确计算凹模尺寸	10	
5	凸凹模尺寸计算	正确计算凸凹模尺寸	20	
6	小组内成员的分工	小组内成员分工明确、参与面广	5	
7	解决问题的能力	掌握合作交流、解决问题的能力	5	
8	活动秩序	小组活动秩序井然	5	
9	小组成果展示汇报	小组成果展示汇报水平高	5	
合　计			100	

子任务4　编制凹模、凸凹模制造工艺

学习目标

◎ 掌握复合模凹模和凸凹模制造工艺的编制方法
◎ 掌握模具的机加工和钳工制造工艺
◎ 掌握模具成形零件的装配方法

任务描述

任　务　书

任务名称	分析模具结构工艺		
子任务名称	编制凹模、凸凹模制造工艺	任务编号	LF-2-4
任务内容	掌握工程材料知识、铣削加工知识、平面磨削加工知识、钳工（划线、钻孔、铰孔、攻螺纹）知识、热处理知识、线切割加工知识、钳工装配知识		
任务要求	1. 对凹模和凸凹模加工工艺的全过程进行全程考核（通过制订进程审核评分表进行评分考核） 2. 检验钳工工艺过程 3. 检验热处理和硬度状况 4. 检验线切割后的尺寸和装配情况 5. 全程跟踪团队合作情况并评分 6. 正确填写安装工艺卡		

任务分析

模具零件图是编制加工工艺最主要的原始资料之一，在编制加工工艺时，首先必须对其加以认真分析。为了更深刻地理解零件结构上的特征和主要技术要求，通常还要研究模具总装配图、部件装配图及验收标准，从而了解零件的功用和相关零件的装配关系，以及主要技术要求制定的依据等。

相关知识

1）工程材料知识。

2）铣削加工知识。

3）平面磨削加工知识。

4）钳工（划线、钻孔、铰孔、攻螺纹）知识。

5）热处理知识。

6）线切割加工知识。

7）钳工装配知识。

任务准备

（1）工量具　游标卡尺、千分尺、百分表。

（2）设备　计算机。

任务实施

编制凸凹模加工工艺过程（见表6-9）。材料为Cr12，硬度为60～62 HRC。

表6-9　凸凹模加工工艺过程

序　号	工序号	工序内容
1	备料	锻件（退火状态），65mm×52mm×60mm
2	粗铣	铣高度57.5mm
3	平磨	磨高度两平面到尺寸57mm
4	钳加工	① 划线：在长度一侧留线切割夹位6mm后，划凸模轮廓线并划两凹模洞口中心线 ② 钻孔：按凹模洞口中心钻线切割穿丝孔 ③ 锪扩凹模落料沉孔要求，钻螺孔并攻螺纹到要求
5	热处理	淬火：硬度达60～64HRC
6	平磨	磨高度到56.5mm
7	线切割	线切割凸模及两凹模，并单边留0.01-0.02mm
8	钳加工	① 研磨洞口内壁侧面，使表面粗糙度值达 Ra0.8mm ② 配推件块到要求
9	钳加工	用垫片层保证凸凹模与凹模间隙均匀后，凹模与上模座配作销钉孔
10	平磨	磨凹模板上平面厚度达要求
11	钳加工	总装配

检查评议

序　号	检查项目	评分标准	配　分	得　分
1	凹模工艺卡的编制	合理编制凹模加工工艺卡	20	
2	凸凹模工艺卡的编制	合理编制凸凹模工艺卡	20	
3	凹模的制造工艺	掌握凹模制造工艺的编制方法	10	
4	模具的总装配工艺	掌握模具的总装配工艺	20	
5	模具保养维护方法	掌握模具保养维护方法	10	
6	小组内成员的分工	小组内成员分工明确、参与面广	5	
7	合作交流、解决问题的能力	掌握合作交流、解决问题的能力	5	
8	活动秩序	小组活动秩序井然	5	
9	小组成果展示汇报	小组成果展示汇报水平高	5	
合　计			100	

任务3　制造模具零部件

子任务1　制 造 凹 模

学习目标

◎ 掌握冷冲模凹模的加工方法

◎ 会编写冷冲模凹模零件的加工工艺

任务描述

任　务　书

任务名称	制造模具零部件		
子任务名称	制造凹模	任务编号	LF-3-1
任务内容	按图6-11所示要求制造凹模。 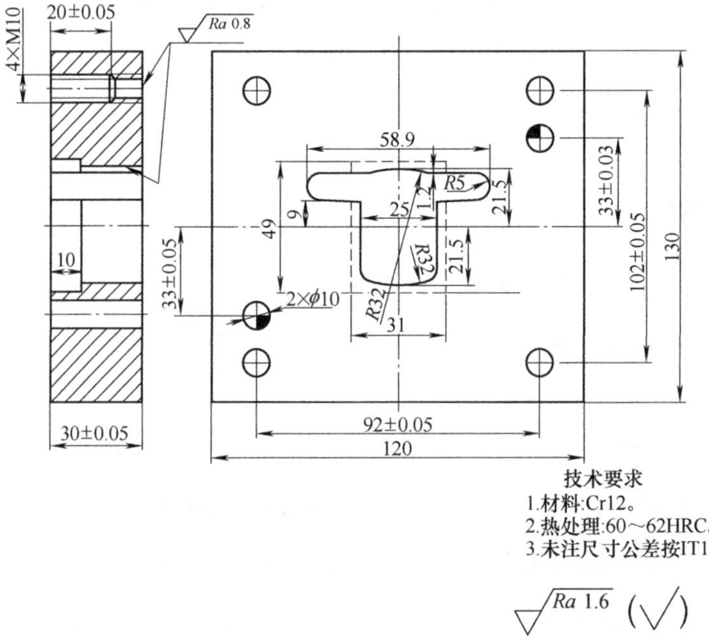 技术要求 1.材料:Cr12。 2.热处理:60～62HRC。 3.未注尺寸公差按IT13。 图6-11　凹模		
任务要求	1. 识读凹模零件图 2. 在A4图纸上按尺寸要求绘制图6-11所示凹模零件，小组互相检查、评价 3. 小组成员按图样上的尺寸及技术要求制造凹模零件		

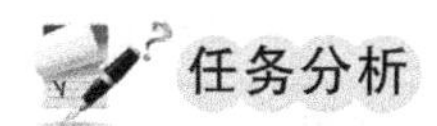

任务分析

1. 凹模加工工艺分析

凹模选用Cr12材料，从图6-11中可知，该零件属于长方体类零件，毛坯通常选用长方体材料，用锯床进行下料。该零件主要加工表面、普通孔、产品成形孔和螺孔，六个平面采用铣削加工，普通孔采用铣床（或钻床）加工，产品成形孔采用线切割加工，螺孔采用先钻孔，后攻螺纹加工。

2. 确定工艺路线

下料→铣六个平面→磨上、下面及相邻两侧面→钳工划出内孔和产品成形孔（线切割加工穿钼丝孔）→铣床加工内孔及钼丝孔→线切割加工产品成形孔→钳工攻螺纹→铣削加工产品成形孔及铣外形→热处理→磨外形→磨平面→磨成形孔→钳工精修→检验。

相关知识

1）铣床的工作原理及其操作方法。

2）磨床的工作原理及其操作方法。

3）钳工（中级）理论知识及操作技能。

4）线切割机床的工作原理及其操作方法。

5）热处理基本知识及模具钢材料的热处理方法。

6）模具零件的抛光方法。

任务准备

（1）工量具　游标卡尺、千分尺、百分表、锤子、扳手、锉刀。

（2）设备　锯床、铣床、磨床、线切割机等。

（3）材料　Cr12。

任务实施

1）编制凹模加工工艺过程（见表6-10）。

表6-10　凹模加工工艺过程　　（单位：mm）

工序号	工序名称	工序内容	设备	工序简图
1	下料	按尺寸136mm×126mm×35mm下料	锯床	35　126　136
2	铣六个平面	铣六个平面至尺寸：132.6mm×122.6mm×31.2mm	铣床	31.2　122.6　132.6

（续）

工序号	工序名称	工序内容	设备	工序简图
3	磨平面	磨上、下平面和相邻两侧面，保证各面相互垂直（用直角尺检查）	磨床	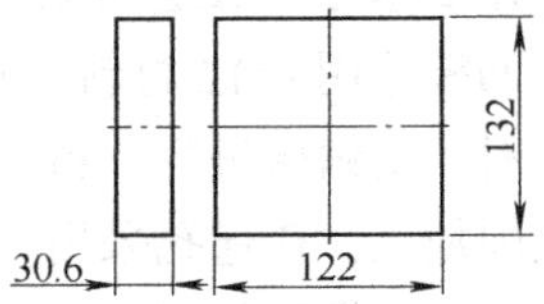
4	钳工 划线	钳工划出内孔和线切割加工钼丝孔	划线 平台	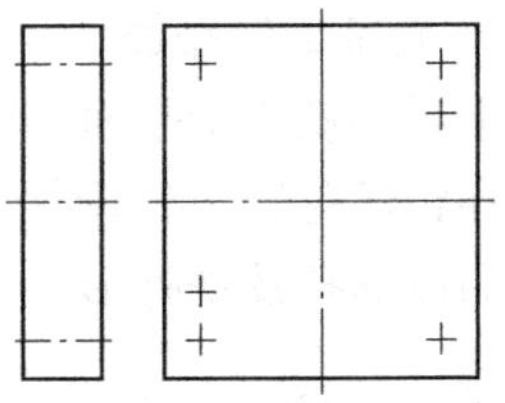
5	铣床加工内孔 及钼丝孔	按划线位置铣内孔及钼丝孔至尺寸	铣床	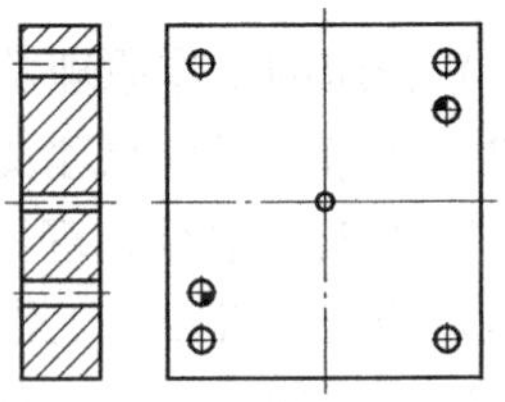
6	线切割加工 产品成形孔	用线切割机输入程序，加工产品成形孔至尺寸	线切割机床	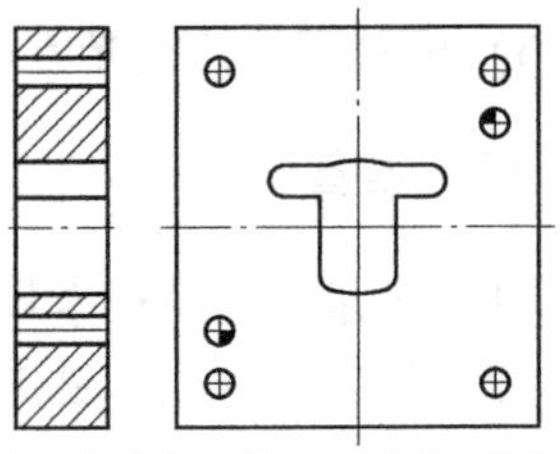
7	钳工 攻螺纹	按孔的位置，用丝锥攻螺孔，分粗加工和精加工	台虎钳	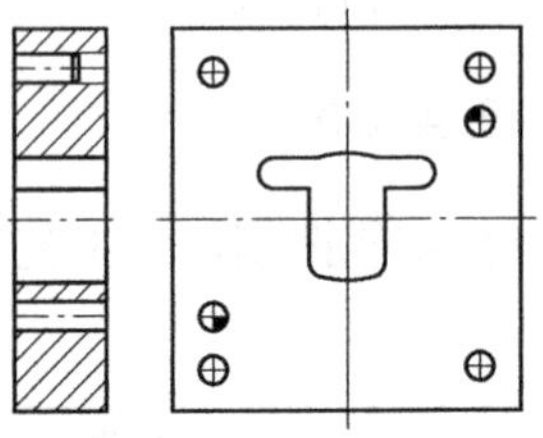
8	铣削加工产品成形 孔及铣外形	按划线位置铣削加工产品成形孔，按划线位置铣外形，精铣后留加工余量0.3mm	铣床	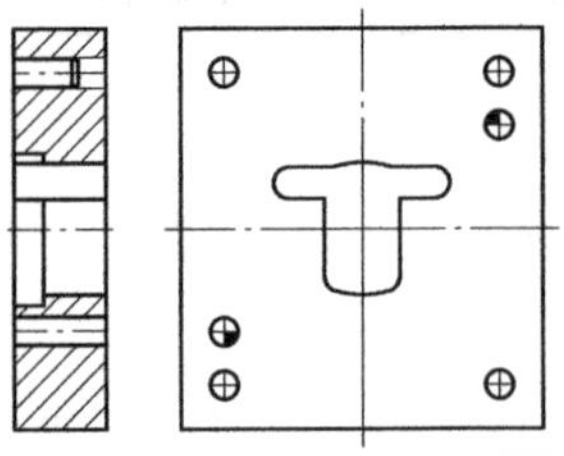
9	热处理	热处理至60～62HRC		
10	磨外形	磨侧面至尺寸	磨床	
11	磨平面	磨上、下面至尺寸	磨床	

（续）

工序号	工序名称	工序内容	设备	工序简图
12	磨成形孔	在坐标磨床上磨成形孔，留研磨余量0.01mm，外形达到设计要求	坐标磨床	
13	钳工 精修	研磨后达到设计要求		
14	检验			

2）按照凹模加工工艺过程进行加工、检验。

检查评议

序号	项目	考核内容及要求	评分标准	配分	总分
1	外形尺寸	30mm ±0.05mm	尺寸每超差0.02mm扣2.5分，扣完为止	10	
2		102mm ±0.05mm	尺寸每超差0.02mm扣2.5分，扣完为止	10	
3		92mm ±0.05mm	尺寸每超差0.02mm扣2.5分，扣完为止	10	
4		33mm ±0.03mm	尺寸每超差0.02mm扣2.5分，扣完为止	10	
5		21.5mm	尺寸超差不得分	5	
6		25mm	尺寸超差不得分	5	
7		$R5$mm	尺寸超差不得分	10	
8		$R32$mm	尺寸超差不得分	5	
9		49mm	尺寸超差不得分	5	
10		31mm	尺寸超差不得分	10	
11		4×M10mm	尺寸超差不得分	10	
12		2×ϕ10mm	尺寸超差不得分	10	
13	表面粗糙度 Ra 值	每处降一级扣2分			
14	安全与文明生产	按有关规定，每违反一项从总分中扣5分，扣分不超过10分。发生重大安全事故取消考试成绩			
15	其他				
备注					

子任务2　制造凸凹模

学习目标

◎ 掌握线切割加工方法

◎ 会编写冷冲模凸凹模零件的加工工艺

◎ 掌握凸凹模的加工方法

任务描述

任　务　书

任务名称	制造模具零部件		
子任务名称	制造凸凹模	任务编号	LF-3-2
任务要求	1. 识读凸凹模零件图 2. 在A4图纸上按尺寸要求绘制图6-12所示凸凹模零件，小组互相检查、评价 3. 小组成员按图样上的尺寸及技术要求制造凸凹模零件		
任务内容	按图6-12所示要求制造凸凹模。 技术要求 1.材料为Cr12。 2.热处理:60～62HRC。 3.未注尺寸公差按IT13。 4.凹模与凸凹模间隙为0.10mm。 $\sqrt{Ra\ 1.6}$ (√) 图6-12　凸凹模		

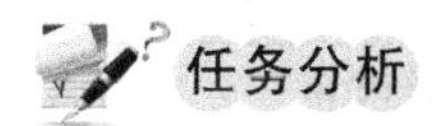

任务分析

1. 凸凹模加工工艺分析

凸凹模选用 Cr12 材料。从图 6-12 中可知，该零件属于长方体类零件，毛坯通常选用长方体材料，用锯床进行下料。该零件主要加工表面、孔、产品成形面，六个平面采用铣削加工，冲孔及产品成形面采用线切割加工。

2. 确定工艺路线

下料→铣六个面→磨上、下面及相邻两侧面→钳工划线→铣床加工钼丝孔→线切割加工成形孔→线切割加工成形侧面→铣床加工销钉孔→热处理→磨平面→磨成形孔→磨成形侧面→钳工精修→检验。

相关知识

1）铣床的工作原理及其操作方法。

2）磨床的工作原理及其操作方法。

3）钳工（中级）理论知识及操作技能。

4）线切割机床的工作原理及其操作方法。

5）热处理基本知识及模具钢材料的热处理方法。

6）模具零件的抛光方法。

任务准备

（1）工量具　游标卡尺、千分尺、百分表、锤子、扳手、锉刀。

（2）设备　锯床、铣床、磨床、线切割机等。

（3）材料　Cr12。

任务实施

1）编制凸凹模加工工艺过程（见表 6-11）。

表 6-11　凸凹模加工工艺过程　　（单位：mm）

工序号	工序名称	工序内容	设备	工序简图
1	下料	按尺寸 66mm × 62mm × 48mm 下料	锯床	62　66　48
2	铣六个面	铣六个面至尺寸 62.6mm × 57.2mm × 45.6mm	铣床	57.2　62.6　45.6

（续）

工序号	工序名称	工序内容	设备	工序简图
3	磨平面	磨上、下平面和相邻两侧面，保证各面相互垂直（用直角尺检查）	磨床	56.6　62　45
4	钳工划线	钳工划出成形孔	平台	
5	铣床加工钼丝孔	按划线位置在铣床上加工钼丝孔	铣床	
6	线切割加工成形孔	用线切割机输入程序，加工凸凹模成形孔至尺寸	线切割机床	
7	线切割加工成形侧面	用线切割机输入程序，加工凸凹模成形侧面至尺寸	线切割机床	
8	铣床上加工销钉孔	按图样尺寸加工销钉孔	铣床	
9	热处理	热处理至60～62HRC	—	—
10	磨平面	磨平面至尺寸	磨床	—
11	磨成形孔	在坐标磨床上磨成形孔，留研磨余量0.01mm，外形达到设计要求	坐标磨床	—
12	磨成形侧面	磨削加工至尺寸	工具磨床	—
13	钳工精修	研磨后达到设计要求	—	—
14	检验	—	—	—

2）按照凸凹模加工工艺过程进行加工、检验。

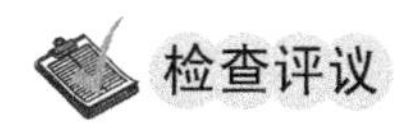

检查评议

<table>
<tr><th>序号</th><th>项目</th><th>考核内容及要求</th><th>评分标准</th><th>配分</th><th>总分</th></tr>
<tr><td>1</td><td rowspan="12">外形尺寸</td><td>58.9mm ±0.05mm</td><td>尺寸每超差0.02mm 扣2.5分，扣完为止</td><td>10</td><td></td></tr>
<tr><td>2</td><td>24.9mm ±0.05mm</td><td>尺寸每超差0.02mm 扣2.5分，扣完为止</td><td>10</td><td></td></tr>
<tr><td>3</td><td>42.9mm ±0.05mm</td><td>尺寸每超差0.02mm 扣2.5分，扣完为止</td><td>10</td><td></td></tr>
<tr><td>4</td><td>56mm</td><td>尺寸超差不得分</td><td>5</td><td></td></tr>
<tr><td>5</td><td>R5mm</td><td>尺寸超差不得分</td><td>5</td><td></td></tr>
<tr><td>6</td><td>R32mm</td><td>尺寸超差不得分</td><td>5</td><td></td></tr>
<tr><td>7</td><td>9.5mm</td><td>尺寸超差不得分</td><td>5</td><td></td></tr>
<tr><td>8</td><td>13.5mm</td><td>尺寸超差不得分</td><td>10</td><td></td></tr>
<tr><td>9</td><td>31mm</td><td>尺寸超差不得分</td><td>10</td><td></td></tr>
<tr><td>10</td><td>ϕ8mm</td><td>尺寸超差不得分</td><td>10</td><td></td></tr>
<tr><td>11</td><td>ϕ12mm</td><td>尺寸超差不得分</td><td>10</td><td></td></tr>
<tr><td>12</td><td>ϕ4mm</td><td>尺寸超差不得分</td><td>10</td><td></td></tr>
<tr><td>13</td><td>表面粗糙度 Ra 值</td><td colspan="3">每处降一级扣2分</td><td></td></tr>
<tr><td>14</td><td>安全与文明生产</td><td colspan="3">按有关规定，每违反一项从总分中扣5分，扣分不超过10分。发生重大安全事故取消考试成绩</td><td></td></tr>
<tr><td>15</td><td>其他</td><td colspan="3"></td><td></td></tr>
<tr><td colspan="2">备注</td><td colspan="4"></td></tr>
</table>

子任务3　制造卸料板

学习目标

◎ 会编写冷冲模卸料板零件的加工工艺

◎ 掌握卸料板零件的加工方法

任务描述

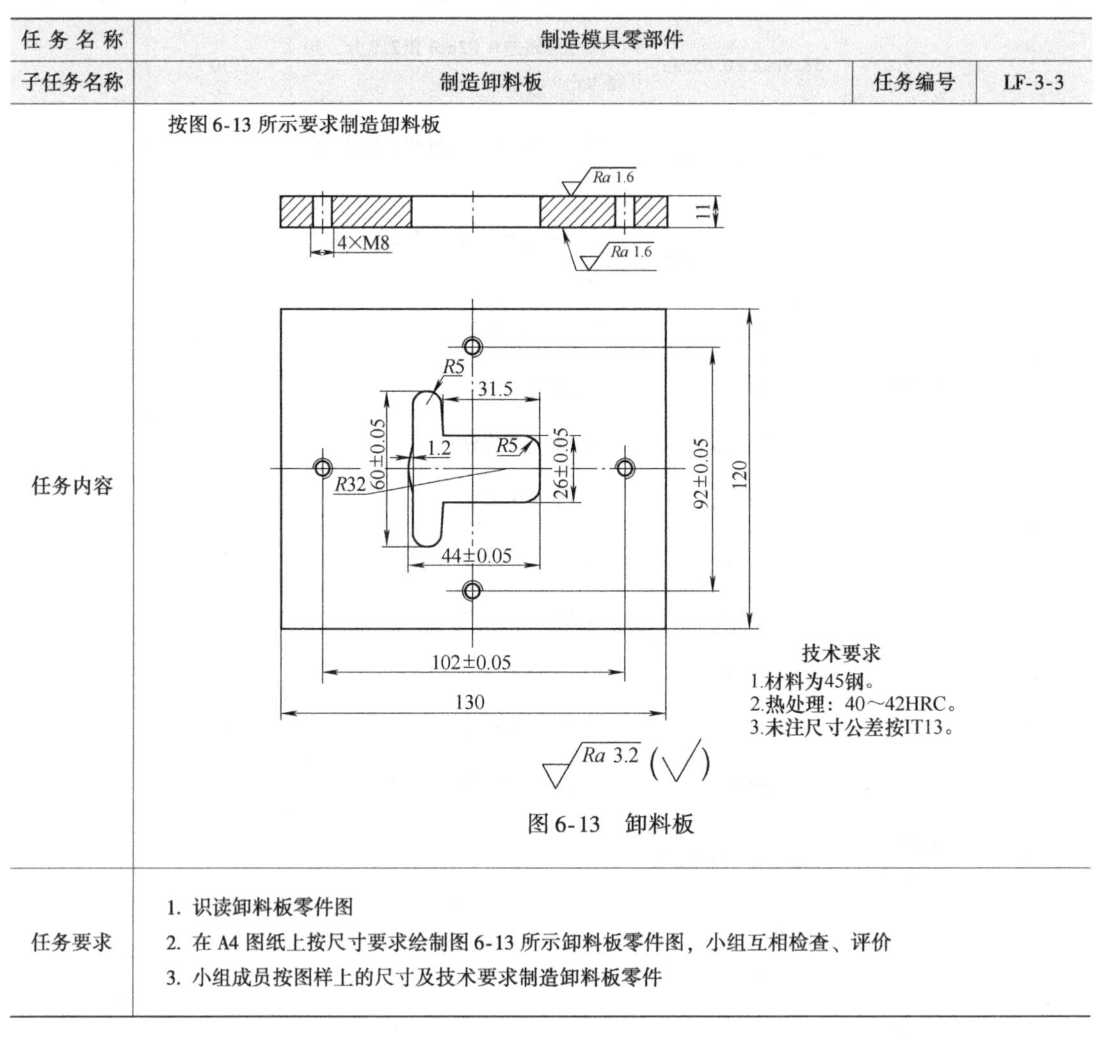

任　务　书

任务名称	制造模具零部件		
子任务名称	制造卸料板	任务编号	LF-3-3
任务内容	按图6-13所示要求制造卸料板 技术要求 1.材料为45钢。 2.热处理：40～42HRC。 3.未注尺寸公差按IT13。 图6-13　卸料板		
任务要求	1. 识读卸料板零件图 2. 在A4图纸上按尺寸要求绘制图6-13所示卸料板零件图，小组互相检查、评价 3. 小组成员按图样上的尺寸及技术要求制造卸料板零件		

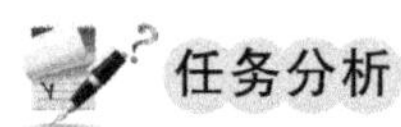

任务分析

1. 卸料板加工工艺分析

卸料板选用45钢材料。从图6-13中可知，该零件属于长方体类零件，毛坯通常选用长方体材料，用锯床进行下料。该零件主要加工表面、普通孔、成形孔和螺孔，六个平面采用铣削加工，普通孔采用铣床（或钻床）加工，成形孔采用线切割加工，螺孔采用先钻孔后攻螺纹加工。

2. 确定工艺路线

下料→铣六个面→磨上、下面及相邻两侧面→钳工划出螺孔和成形孔（线切割加工穿钼丝孔）→铣床加工螺孔及钼丝孔→线切割加工成形孔→钳工攻螺纹→铣侧面→热处理→磨平面→磨侧面→磨成形孔→钳工精修→检验。

相关知识

1）铣床的工作原理及其操作方法。
2）磨床的工作原理及其操作方法。
3）钳工（中级）理论知识及操作技能。
4）线切割机床的工作原理及其操作方法。
5）热处理基本知识及模具钢材的热处理方法。
6）模具零件的抛光方法。

任务准备

(1) 工量具　游标卡尺、千分尺、百分表、锤子、扳手、锉刀。
(2) 设备　锯床、铣床、磨床、线切割机等。
(3) 材料　45钢。

任务实施

1）编制卸料板加工工艺过程（见表6-12）。

表6-12　卸料板加工工艺过程　　（单位：mm）

工序号	工序名称	工序内容	设备	工序简图
1	下料	按尺寸136mm×126mm×17mm下料	锯床	17 126 136
2	铣六个面	铣六个面至尺寸132.6mm×122.6mm×12.2mm	铣床	12.2 122.6 132.6
3	磨平面	磨上、下平面和相邻两侧面，保证各面相互垂直（用直角尺检查）	磨床	11.6 122 132

（续）

工序号	工序名称	工序内容	设备	工序简图
4	钳工划线	钳工划出螺孔和线切割加工钼丝孔	平台	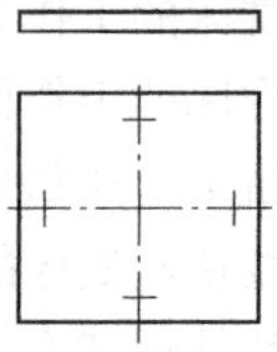
5	铣床上加工螺孔及钼丝孔	按划线位置钻螺孔至尺寸，加工钼丝孔	铣床	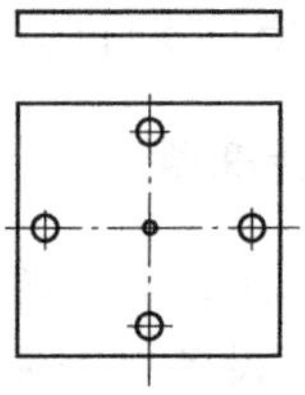
6	线切割加工成形孔	用线切割机输入程序，加工成形孔至尺寸	线切割机床	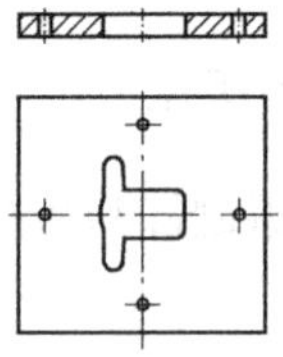
7	钳工攻螺纹	按孔的位置，用丝锥攻螺孔，先粗加工后精加工	台虎钳	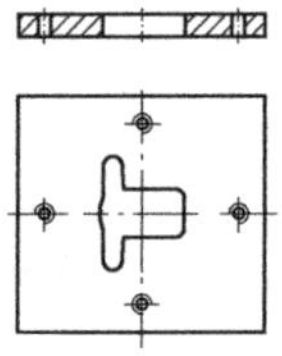
8	铣侧面	按划线位置铣外形，精铣后留加工余量0.3mm	铣床	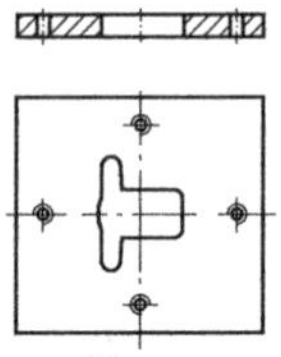
9	热处理	热处理至40~42HRC	—	—
10	磨平面	磨平面至尺寸	磨床	—
11	磨侧面	磨侧面至尺寸	磨床	—
12	磨成形孔	在坐标磨床上磨成形孔，留研磨余量0.01mm，外形达到设计要求	坐标磨床	—
13	钳工精修	研磨后达到设计要求	—	—
14	检验	—	—	—

2）按照卸料板加工工艺过程进行加工、检验。

检查评议

序　号	项　目	考核内容及要求	评分标准	配　分	总　分
1	外形尺寸	92mm ±0.05mm	尺寸每超差0.02mm 扣2.5分，扣完为止	10	
2		102mm ±0.05mm	尺寸每超差0.02mm 扣2.5分，扣完为止	10	
3		44mm ±0.05mm	尺寸每超差0.02mm 扣2.5分，扣完为止 10		
4		26mm ±0.05mm	尺寸每超差0.02mm 扣2.5分，扣完为止	10	
5		60mm ±0.05mm	尺寸每超差0.02mm 扣2.5分，扣完为止	5	
6		130mm	尺寸超差不得分	5	
7		120mm	尺寸超差不得分	5	
8		11mm	尺寸超差不得分	5	
9		31.5mm	尺寸超差不得分	10	
10		*R*5mm	尺寸超差不得分 10		
11		*R*32mm	尺寸超差不得分	10	
12		4 × M8mm	尺寸超差不得分	10	
13	表面粗糙度 *Ra* 值	每处降一级扣2分			
14	安全与文明生产	按有关规定，每违反一项从总分中扣5分，扣分不超过10分。发生重大安全事故取消考试成绩			
15	其他				
备　注					

子任务4　制造凸凹模固定板

学习目标

◎ 会编写凸凹模固定板零件的加工工艺

◎ 掌握凸凹模固定板零件的加工方法

任务描述

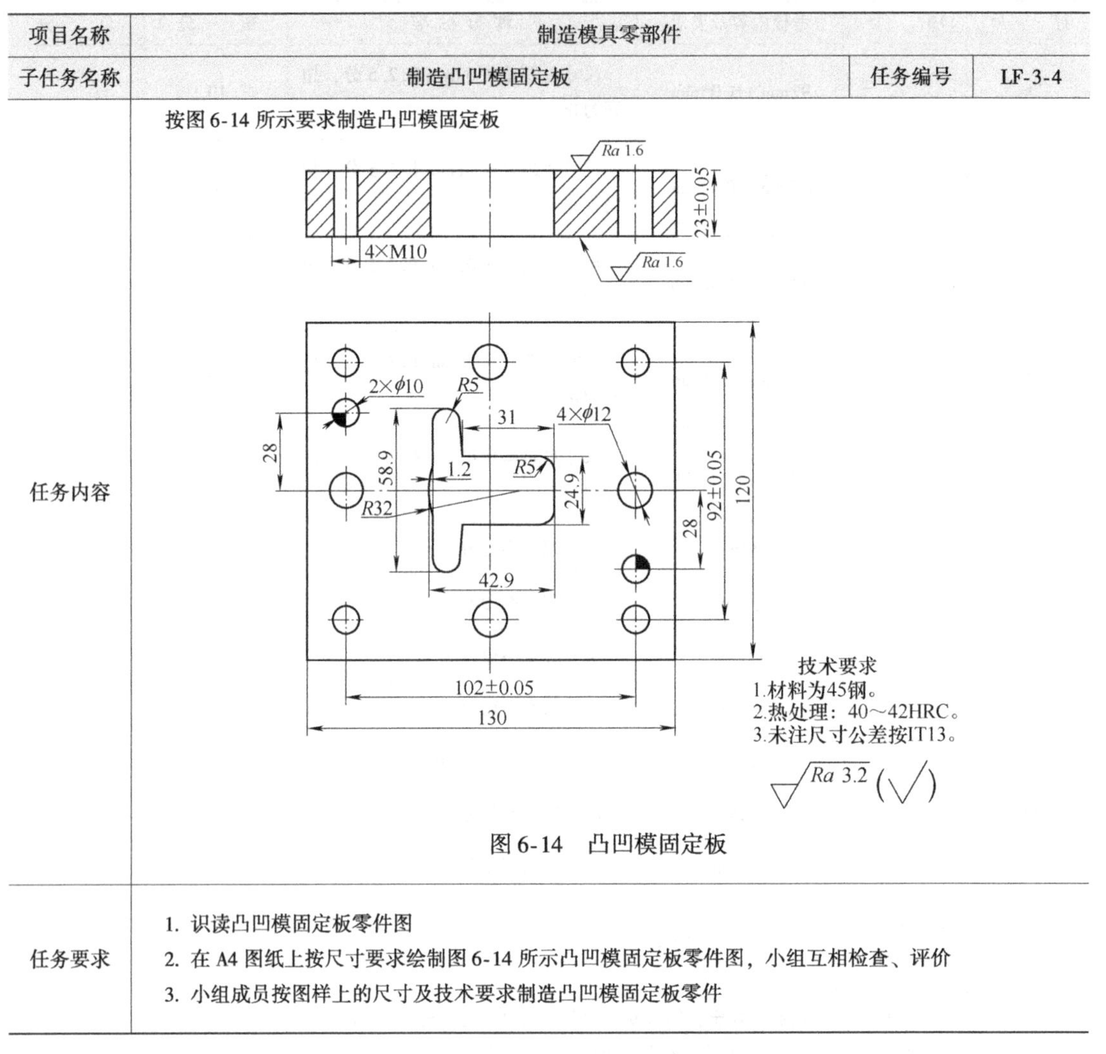

任　务　书

项目名称	制造模具零部件		
子任务名称	制造凸凹模固定板	任务编号	LF-3-4
任务内容	按图6-14所示要求制造凸凹模固定板 图6-14　凸凹模固定板		
任务要求	1. 识读凸凹模固定板零件图 2. 在A4图纸上按尺寸要求绘制图6-14所示凸凹模固定板零件图，小组互相检查、评价 3. 小组成员按图样上的尺寸及技术要求制造凸凹模固定板零件		

任务分析

1. 凸凹模固定板加工工艺分析

凸凹模固定板选用45钢材料。从图6-14中可知，该零件属于长方体类零件，毛坯通常选用长方体材料，用锯床进行下料。该零件主要加工表面、普通孔、成形孔和螺孔，6个平面采用铣削加工，普通孔采用铣床（或钻床）加工，成形孔采用线切割加工，螺孔采用先钻孔后攻螺纹加工。

2. 确定工艺路线

下料→铣六个面→磨上、下面及相邻两侧面→钳工划出螺孔、内孔和成形孔（线切割加工穿钼丝孔）→铣床加工螺孔、内孔及钼丝孔→线切割加工成形孔→钳工攻螺纹→铣侧面→热处理→磨平面→磨侧面→磨成形孔→钳工精修→检验。

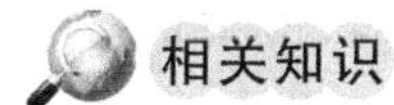

相关知识

1）铣床的工作原理及其操作方法。

2）磨床的工作原理及其操作方法。

3）钳工（中级）理论知识及操作技能。

4）线切割机床的工作原理及其操作方法。

5）热处理基本知识及模具钢材料的热处理方法。

6）模具零件的抛光方法。

任务准备

（1）工量具　游标卡尺、千分尺、百分表、锤子、扳手、锉刀。

（2）设备　锯床、铣床、磨床、线切割机等。

（3）材料　45 钢。

任务实施

1）编制凸凹模固定板加工工艺过程（见表6-13）。

表6-13　凸凹模固定板加工工艺过程　（单位：mm）

工序号	工序名称	工序内容	设备	工序简图
1	下料	按尺寸136mm×126mm×29mm 下料	锯床	29 126 136
2	铣六个面	铣六个面至尺寸132.6mm×122.6mm×24.2mm	铣床	24.2 122.6 132.6
3	磨平面	磨上、下平面和相邻两侧面，保证各面相互垂直（用直角尺检查）	磨床	23.6 122 132

（续）

工序号	工序名称	工序内容	设备	工序简图
4	钳工划线	钳工划出螺孔、内孔和销丝孔	平台	
5	铣床上加工螺孔、内孔和销丝孔	按划线位置加工螺孔、内孔和销丝孔	铣床	
6	线切割加工成形孔	用线切割机输入程序，加工成形孔至尺寸	线切割机床	
7	钳工攻螺纹	按螺孔位置，用丝锥攻螺纹	虎钳	
8	铣外形	按划线位置铣外形，精铣后留加工余量0.3mm	铣床	
9	热处理	热处理至40～42HRC	—	—
10	磨平面	磨平面至尺寸	磨床	—
11	磨侧面	磨侧面至尺寸	磨床	—
12	磨成形孔	在坐标磨床上磨成形孔，留研磨余量0.01mm，外形达到设计要求	坐标磨床	—
13	钳工精修	研磨后达到设计要求	—	—
14	检验	—	—	—

2）按照凸凹模固定板加工工艺过程进行加工、检验。

检查评议

序　号	项　目	考核内容及要求	评分标准	配　分	总　分
1		102mm ±0.05mm	尺寸每超差0.02mm扣2.5分，扣完为止	10	
2		92mm ±0.05mm	尺寸每超差0.02mm扣2.5分，扣完为止	10	
3		23mm ±0.05mm	尺寸每超差0.02mm扣2.5分，扣完为止	5	
4		120mm	尺寸超差不得分	15	
5	外形尺寸	130mm	尺寸超差不得分	5	
6		24.9mm	尺寸超差不得分	5	
7		42.9mm	尺寸超差不得分	10	
8		28mm	尺寸超差不得分	5	
9		58.9mm	尺寸超差不得分	10	
10		31mm	尺寸超差不得分	5	
11		*R*5mm	尺寸超差不得分	10	
12		*R*32mm	尺寸超差不得分	10	
13	表面粗糙度 *Ra* 值	每处降一级扣2分			
14	安全与文明生产	按有关规定，每违反一项从总分中扣5分，扣分不超过10分。发生重大安全事故取消考试成绩			
15	其他				
备　注					

子任务5　制造冲孔凸模固定板

学习目标

◎ 会编写冲孔凸模固定板零件的加工工艺

◎ 掌握冲孔凸模固定板零件的加工方法

任务描述

任　务　书

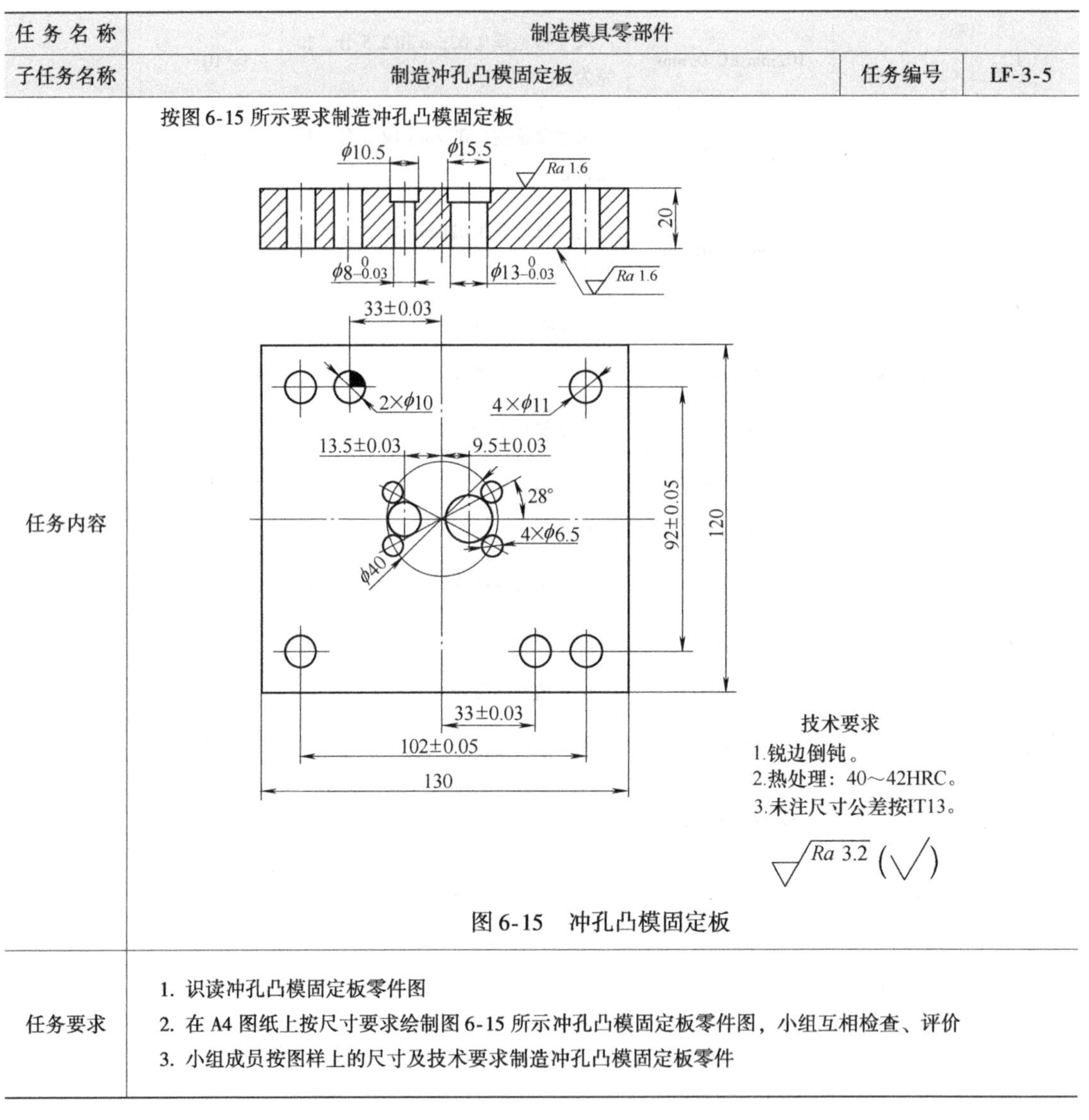

任务名称	制造模具零部件		
子任务名称	制造冲孔凸模固定板	任务编号	LF-3-5
任务内容	按图6-15所示要求制造冲孔凸模固定板 图6-15　冲孔凸模固定板		
任务要求	1. 识读冲孔凸模固定板零件图 2. 在A4图纸上按尺寸要求绘制图6-15所示冲孔凸模固定板零件图，小组互相检查、评价 3. 小组成员按图样上的尺寸及技术要求制造冲孔凸模固定板零件		

任务分析

1. 冲孔凸模固定板加工工艺分析

冲孔凸模固定板选用45钢材料。从图6-15中可知，该零件属于长方体类零件，毛坯通常选用长方体材料，用锯床进行下料。该零件主要加工表面、普通孔和螺孔，六个平面采用铣削加工，普通孔采用铣床（或钻床）加工。

2. 确定工艺路线

下料→铣六个平面→磨上、下面及相邻两侧面→钳工划出孔的位置→铣床加工孔→铣侧面→热处理→磨平面→磨侧面→钳工精修→检验。

相关知识

1）铣床的工作原理及其操作方法。
2）磨床的工作原理及其操作方法。
3）钳工（中级）理论知识及操作技能。
4）热处理基本知识及模具钢材料的热处理方法。
5）模具零件的抛光方法。

任务准备

（1）工量具　游标卡尺、千分尺、百分表、锤子、扳手、锉刀。
（2）设备　锯床、铣床、磨床、线切割机等。
（3）材料　45钢。

任务实施

1）编制冲孔凸模固定板加工工艺过程（见表6-14）。

表6-14　冲孔凸模固定板加工工艺过程　（单位：mm）

工序号	工序名称	工序内容	设备	工序简图
1	下料	按尺寸136mm×126mm×25mm下料	锯床	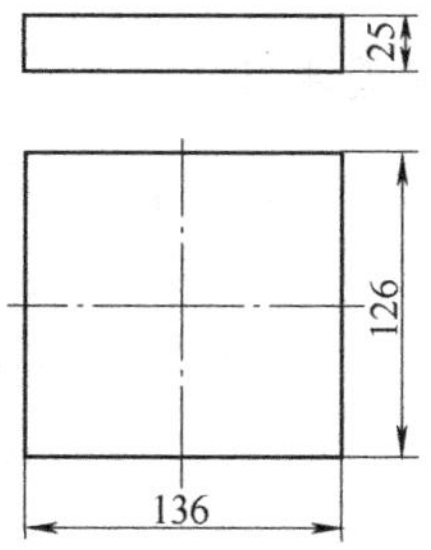 25；126；136
2	铣六个面	铣六个面至尺寸132.6mm×122.6mm×21.2mm	铣床	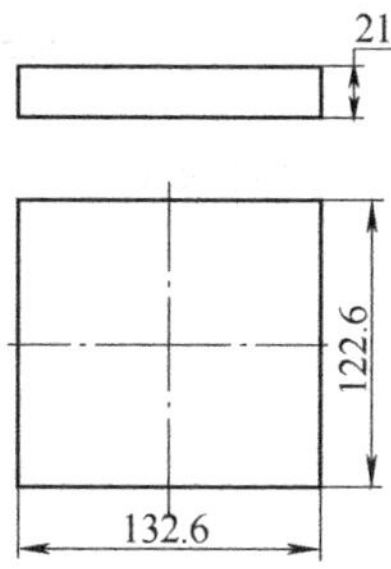 21.2；122.6；132.6
3	磨平面	磨上、下平面和相邻两侧面，保证各面相互垂直（用直角尺检查）	磨床	—
4	钳工划线	钳工划出螺孔、内孔	平台	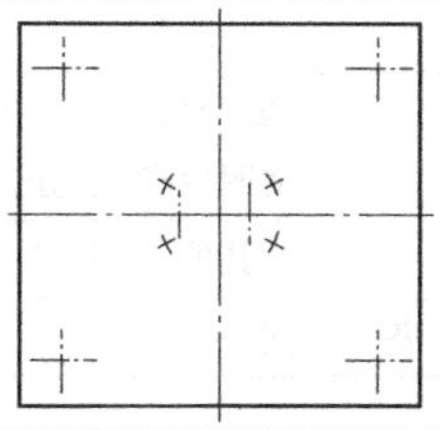

（续）

工序号	工序名称	工序内容	设备	工序简图
5	铣床上加工孔	按划线位置加工孔	铣床	
6	铣外形	按划线位置铣外形，精铣后留加工余量0.3mm	铣床	—
7	热处理	热处理至40～42HRC	—	—
8	磨平面	磨平面至尺寸	磨床	—
9	磨侧面	磨侧面至尺寸	磨床	—
10	钳工精修	研磨后达到设计要求	—	—
11	检验	—	—	—

2）按照冲孔凸模固定板加工工艺过程进行加工、检验。

检查评议

序号	项目	考核内容及要求	评分标准	配分	总分
1	外形尺寸	92mm ±0.05mm	尺寸每超差0.02mm扣2.5分，扣完为止	10	
2		102mm ±0.05mm	尺寸每超差0.02mm扣2.5分，扣完为止	10	
3		33mm ±0.05mm	尺寸每超差0.02mm扣2.5分，扣完为止	10	
4		13.5mm ±0.05mm	尺寸每超差0.02mm扣2.5分，扣完为止	10	
5		9.5mm ±0.05mm	尺寸每超差0.02mm扣2.5分，扣完为止	10	
6		20mm	尺寸超差不得分	5	
7		120mm	尺寸超差不得分	5	
8		130mm	尺寸超差不得分	5	
9		2×ϕ10mm	尺寸超差不得分	5	
10		4×ϕ11mm	尺寸超差不得分	10	
11		ϕ8mm	尺寸超差不得分	10	
12		ϕ13mm	尺寸超差不得分	10	
13	表面粗糙度 *Ra* 值	每处降一级扣2分			
14	安全与文明生产	按有关规定，每违反一项从总分中扣5分，扣分不超过10分。发生重大安全事故取消成绩			
15	其他				
备注					

子任务 6　制造冲孔凸模

学习目标

◎ 能够用车床加工冲孔凸模零件

◎ 会编写冲孔凸模零件的加工工艺

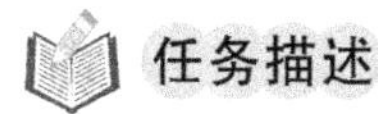

任务描述

任　务　书

任务名称	制造模具零部件		
子任务名称	制造冲孔凸模	任务编号	LF-3-6
任务内容	按图 6-16 所示要求制造冲孔凸模 技术要求 1.锐边倒钝。 2.热处理：60～62HRC。 3.未注尺寸公差按IT13。 $\sqrt{Ra\ 1.6}$ ($\sqrt{}$) 图 6-16　冲孔凸模		
任务要求	1. 识读冲孔凸模零件图 2. 在 A4 图纸上按尺寸要求绘制图 6-16 所示冲孔凸模零件图，小组互相检查、评价 3. 小组成员按图样上的尺寸及技术要求制造冲孔凸模零件		

任务分析

1. 冲孔凸模加工工艺分析

冲孔凸模选用 Cr12 材料。从图 6-16 中可知，该零件属于轴类零件，毛坯通常选用圆棒材料，用锯床进行下料。该零件主要加工外圆，采用车削加工。

2. 确定工艺路线

下料→车外圆→热处理→磨外圆→钳工精修→检验。

相关知识

1）车床的工作原理及其操作方法。

2）工具磨床的工作原理及其操作方法。

3）热处理基本知识及模具钢材料的热处理方法。

4）模具零件的抛光方法。

任务准备

（1）工量具　游标卡尺、千分尺、百分表、锤子、扳手、锉刀。

（2）设备　车床、工具磨床。

（3）材料　Cr12。

任务实施

1）编制冲孔凸模加工工艺过程（见表6-15）。

表6-15　冲孔凸模加工工艺过程　　（单位：mm）

工序号	工序名称	工序内容	设备	工序简图
1	下料	按尺寸 φ20mm×130mm下料	锯床	
2	车外圆	车外圆，刃口留0.3mm磨削余量	车床	
3	热处理	刃口热处理至60～62HRC	—	—
4	磨外圆	磨外圆至尺寸	工具磨床	—
5	钳工精修	研磨后达到设计要求	—	—
6	检验		—	—

2）按照冲孔凸模加工工艺过程进行加工、检验。

检查评议

序号	项目	考核内容及要求	评分标准	配分	总分
1	外形尺寸	35mm±0.05mm	尺寸每超差0.02mm扣2.5分，扣完为止	10	
2		50mm±0.05mm	尺寸每超差0.02mm扣2.5分，扣完为止	15	
3		φ13mm	尺寸超差不得分	15	
4		φ15mm	尺寸超差不得分	15	
5		φ12mm	尺寸超差不得分	15	
6		4mm	尺寸超差不得分	10	
7		*R*6mm	尺寸超差不得分	10	
8		*C*1	尺寸超差不得分	10	

（续）

序　号	项　目	考核内容及要求	评 分 标 准	配　分	总　分
9	表面粗糙度 *Ra* 值	每处降一级扣2分			
10	安全与文明生产	按有关规定，每违反一项从总分中扣5分，扣分不超过10分。发生重大安全事故取消考试成绩			
11	其他				
备　注					

子任务7　制造推件块

学习目标

◎ 会编写出推件块零件的加工工艺

◎ 掌握推件块零件的加工方法

任务描述

任　务　书

任务名称	制造模具零部件		
子任务名称	制造推件块	任务编号	LF-3-7
任务内容	按图6-17所示要求制造推件块		

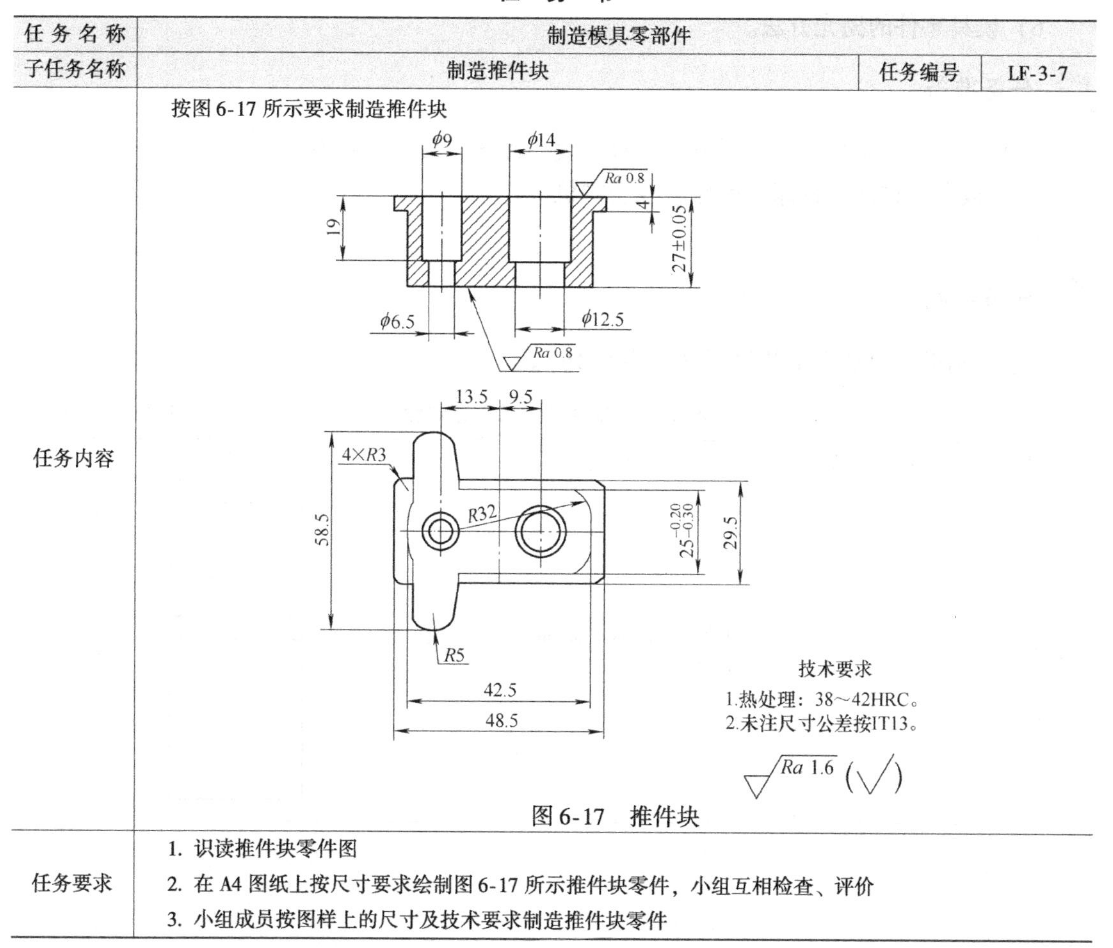

图6-17　推件块

任务要求	
	1. 识读推件块零件图 2. 在A4图纸上按尺寸要求绘制图6-17所示推件块零件，小组互相检查、评价 3. 小组成员按图样上的尺寸及技术要求制造推件块零件

任务分析

1. 推件块加工工艺分析

推件块选用45钢材料。从图6-17中可知，该零件属于长方体类零件，毛坯通常选用长方体材料，用锯床进行下料。该零件主要加工表面、普通孔、产品成形面，六个平面采用铣削加工，孔及成形面采用线切割加工。

2. 确定工艺路线

下料→铣六个平面→磨上、下面及相邻两侧面→钳工划线→铣床加工钼丝孔→线切割加工成形孔→线切割加工成形侧面→铣床加工台阶→磨平面→钳工精修→检验。

相关知识

1）铣床的工作原理及其操作方法。

2）磨床的工作原理及其操作方法。

3）钳工（中级）理论知识及操作技能。

4）线切割机床的工作原理及其操作方法。

5）热处理基本知识及模具钢材料的热处理方法。

6）模具零件的抛光方法。

任务准备

（1）工量具　游标卡尺、千分尺、百分表、锤子、扳手、锉刀。

（2）设备　锯床、铣床、磨床、线切割机等。

（3）材料　45钢。

任务实施

1）编制推件块加工工艺过程（见表6-16）。

表6-16　推件块加工工艺过程　（单位：mm）

工序号	工序名称	工序内容	设备	工序简图
1	下料	按尺寸65mm×55mm×30mm下料	锯床	30 55 65

（续）

工序号	工序名称	工序内容	设备	工序简图
2	铣六个面	铣六个面至尺寸 60mm × 50mm × 28mm	铣床	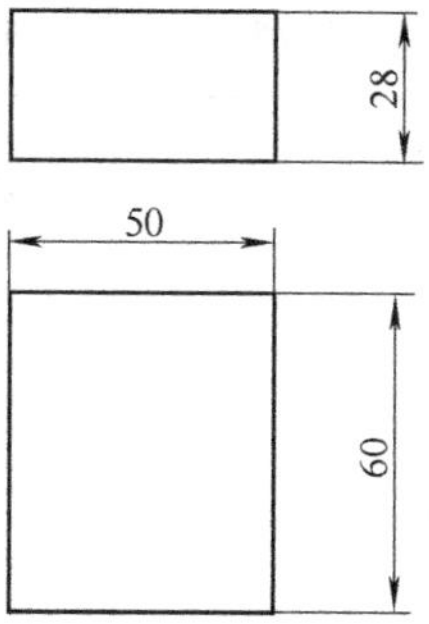 28 50 60
3	磨平面	磨上、下平面和相邻两侧面，保证各面相互垂直（用直角尺检查）	磨床	—
4	钳工划线	钳工划出孔的位置	平台	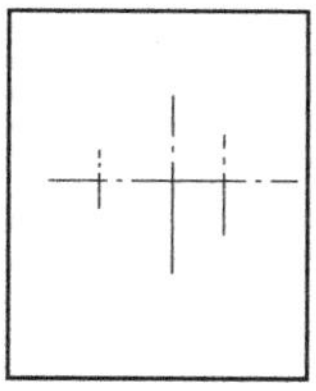
5	铣床加工钼丝孔	按划线位置在铣床上加工钼丝孔	铣床	—
6	线切割加工孔及成形侧面	用线切割机输入程序，加工孔及成形侧面至尺寸	线切割机床	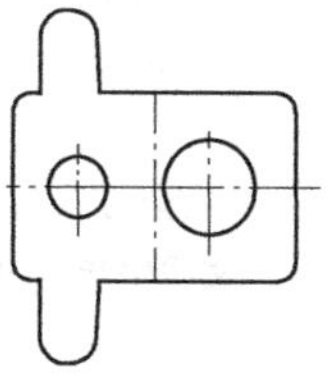
7	铣床加工台阶	在铣床上加工台阶部分	铣床	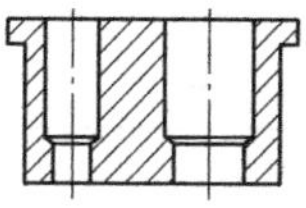
8	热处理	60 ~ 62HRC	—	—
9	磨平面	磨平面至尺寸	磨床	—
10	钳工精修	研磨后达到设计要求	—	—
11	检验	—	—	—

2）按照推件块加工工艺过程进行加工、检验。

检查评议

序号	项目	考核内容及要求	评分标准	配分	总分
1	外形尺寸	27mm ±0.05mm	尺寸每超差0.02mm扣2.5分，扣完为止	10	
2		$25_{-0.30}^{-0.20}$mm	尺寸超差不得分	10	
3		29.5mm	尺寸超差不得分	10	
4		42.5mm	尺寸超差不得分	10	
5		48.5mm	尺寸超差不得分	10	
6		58.5mm	尺寸超差不得分	10	
7		13.5mm	尺寸超差不得分	5	
8		9.5mm	尺寸超差不得分	5	
9		ϕ9mm	尺寸超差不得分	5	
10		ϕ14mm	尺寸超差不得分	5	
11		ϕ6.5mm	尺寸超差不得分	10	
12		ϕ12.5mm	尺寸超差不得分	10	
13	表面粗糙度 *Ra* 值	每处降一级扣2分			
14	安全与文明生产	按有关规定，每违反一项从总分中扣5分，扣分不超过10分。发生重大安全事故取消成绩			
15	其他				
备注					

子任务8　制造上、下模垫板

学习目标

◎ 会编写上、下模垫板零件的加工工艺

◎ 掌握上、下模垫板的加工方法

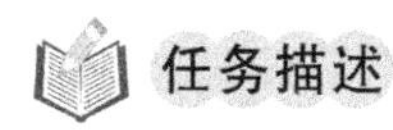

任务描述

任　务　书

任务名称	制造模具零部件		
子任务名称	制造上、下模垫板	任务编号	LF-3-8
任务内容	按图6-18所示要求制造上、下模垫板 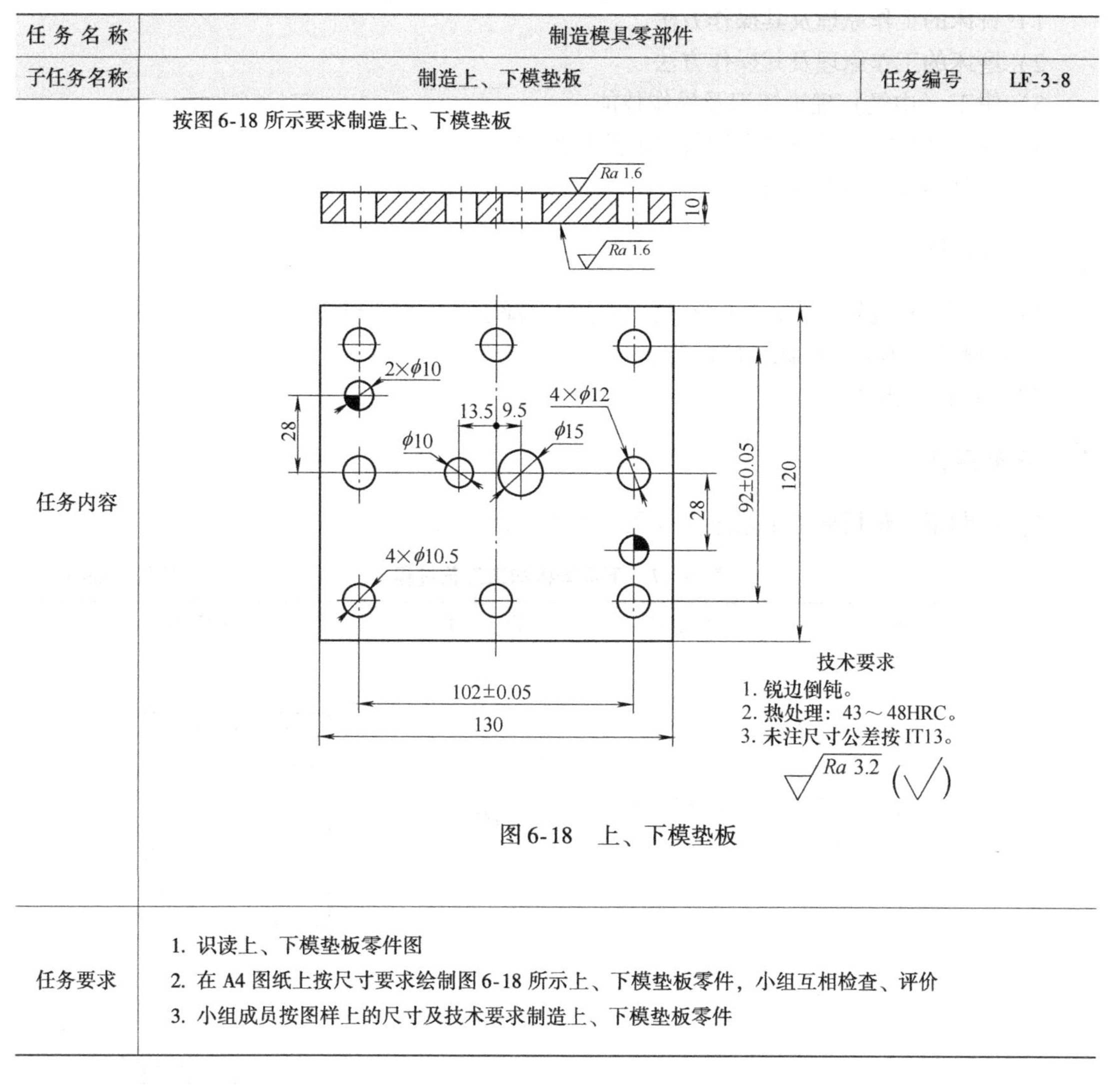 图6-18　上、下模垫板		
任务要求	1. 识读上、下模垫板零件图 2. 在A4图纸上按尺寸要求绘制图6-18所示上、下模垫板零件，小组互相检查、评价 3. 小组成员按图样上的尺寸及技术要求制造上、下模垫板零件		

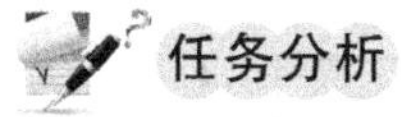

任务分析

1. 下模垫板加工工艺分析

下模垫板选用45钢材料。从图6-18中可知，该零件属于长方体类零件，毛坯通常选用长方体材料，用锯床进行下料。该零件主要加工表面、普通孔和螺孔，六个平面采用铣削加工，普通孔采用铣床（或钻床）加工，螺孔采用先钻孔后攻螺纹加工。

2. 确定工艺路线方案

下料→铣六个平面→磨上、下面及相邻两侧面→钳工划出各孔位置→铣床加工孔→铣侧面→热处理→磨平面→磨侧面→钳工精修→检验。

3. 上模垫板加工工艺可参照上模垫板

相关知识

1）铣床的工作原理及其操作方法。
2）磨床的工作原理及其操作方法。
3）钳工（中级）理论知识及操作技能。
4）热处理基本知识及模具钢材料的热处理方法。
5）模具零件的抛光方法。

任务准备

(1) 工量具　游标卡尺、千分尺、百分表、锤子、扳手、锉刀。
(2) 设备　锯床、铣床、磨床等。
(3) 材料　45 钢。

任务实施

1）编制下模垫板加工工艺过程（见表6-17）。

表 6-17　下模垫板加工工艺过程　　（单位：mm）

工序号	工序名称	工序内容	设备	工序简图
1	下料	按尺寸136mm×126mm×17mm下料	锯床	17　126　136
2	铣六个平面	铣六个平面至尺寸 132mm×122mm×11.2mm	铣床	11.2　122　132
3	磨平面	磨上、下平面和相邻两侧面，保证各面相互垂直（用直角尺检查）	磨床	—

（续）

工序号	工序名称	工序内容	设备	工序简图
4	钳工划线	钳工划出各孔位置	平台	
5	铣床上加工孔	按划线位置钻孔至尺寸	铣床	—
6	铣侧面	按划线位置铣外形，精铣后留加工余量0.3mm	铣床	—
7	热处理	热处理至40～42HRC	—	—
8	磨平面	磨平面至尺寸	磨床	—
9	磨侧面	磨侧面至尺寸	磨床	—
10	钳工精修	研磨后达到设计要求	—	—
11	检验	—	—	—

2）编制上模垫板加工工艺过程（参数下模垫板）。

3）按照上、下模垫板加工工艺过程进行加工、检验。

检查评议

序号	项目	考核内容及要求	评分标准	配分	总分
1	外形尺寸	102mm ±0.05mm	尺寸每超差0.02mm扣2.5分，扣完为止	10	
2		92mm ±0.05mm	尺寸每超差0.02mm扣2.5分，扣完为止	10	
3		120mm	尺寸超差不得分	10	
4		130mm	尺寸超差不得分	10	
5		10mm	尺寸超差不得分	5	
6		28mm	尺寸超差不得分	5	
7		13.5mm	尺寸超差不得分	5	
8		9.5mm	尺寸超差不得分	5	
9		ϕ10mm	尺寸超差不得分	10	
10		ϕ15mm	尺寸超差不得分	10	
11		4×ϕ12mm	尺寸超差不得分	10	
12		4×ϕ10.5mm	尺寸超差不得分	10	
13	表面粗糙度 *Ra* 值	每处降一级扣2分			
14	安全与文明生产	按有关规定，每违反一项从总分中扣5分，扣分不超过10分。发生重大安全事故取消成绩			
15	其他				
备注					

子任务9　制造下模座

> **学习目标**
> ◎ 会编写下模座零件的加工工艺
> ◎ 掌握下模座零件的加工方法

任务描述

任　务　书

任务名称	制造模具零部件		
子任务名称	制造下模座	任务编号	LF-3-9
任务内容	按图6-19所示要求制造下模座 技术要求 1. 未注圆角半径为 $R3 \sim R5$。 2. 铸件的非加工表面必须清砂处理，表面光滑平整，无明显凸凹缺陷。 3. 零件加工前应进行人工时效处理。 4. 导套孔应和导柱孔配合加工。 5. 锐边倒角 $C1$。 图6-19　下模座		
任务要求	1. 识读下模座零件图 2. 在A4图纸上按尺寸要求绘制图6-19所示下模座零件图，小组互相检查、评价 3. 小组成员按图样上的尺寸及技术要求制造下模座零件		

任务分析

1. 下模座加工工艺分析

下模座材料为HT200，主要是在下模座上划线、钻孔，可以在铣床（或钻床）上进行加工。本任务采用铣床进行加工。

2. 确定工艺路线

钳工划线→用铣床加工孔→钳工精修→检验。

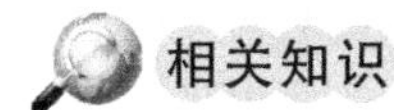

相关知识

1）铣床的工作原理及其操作方法。

2）钳工（中级）理论知识及操作技能。

3）热处理基本知识及模具钢材料的热处理方法。

4）模具零件的抛光方法。

任务准备

（1）工量具　游标卡尺、千分尺、百分表、锤子、扳手、锉刀。

（2）设备　铣床。

（3）材料　HT200。

任务实施

1）编制下模座加工工艺过程（见表 6-18）。

表 6-18　下模座加工工艺过程

工序号	工序名称	工序内容	设备	工序简图
1	钳工划线	钳工划出螺孔，线切割加工钼丝孔	平台	
2	在铣床上加工孔	按划线位置钻孔至尺寸要求	铣床	
3	钳工精修	—	—	—
4	检验	—	—	—

2）按照下模座加工工艺过程进行加工、检验。

检查评议

序　号	项　目	考核内容及要求	评分标准	配　分	总　分
1	外形尺寸	92mm ±0.03mm	尺寸每超差0.02mm 扣2.5 分，扣完为止	10	
2		28mm ±0.03mm	尺寸每超差0.02mm 扣2.5 分，扣完为止	10	
3		80mm ±0.05mm	尺寸每超差0.02mm 扣2.5 分，扣完为止	10	
4		51mm ±0.03mm	尺寸每超差0.02mm 扣2.5 分，扣完为止	10	
5		40mm	尺寸超差不得分	5	
6		240mm	尺寸超差不得分	5	
7		200mm	尺寸超差不得分	5	
8		28mm	尺寸超差不得分	5	
9		4 × ϕ20mm	尺寸超差不得分	10	
10		4 × ϕ11mm	尺寸超差不得分	10	
11		ϕ10mm	尺寸超差不得分	10	
12		ϕ16mm	尺寸超差不得分	10	
13	表面粗糙度 Ra 值	每处降一级扣 2 分			
14	安全与文明生产	按有关规定，每违反一项从总分中扣 5 分，扣分不超过 10 分。发生重大安全事故取消考试成绩			
15	其他				
备　注					

任务4　模 具 总 装

子任务1　安 装 下 模

学习目标

◎ 掌握凸凹模与凸凹模固定板的装配方法

◎ 掌握卸料板与凸凹模间的装配方法及卸料高度的调整方法

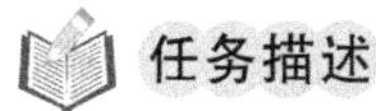

任务描述

任　务　书

任务名称	模具总装		
子任务名称	安装下模	任务编号	LF-4-1
任务内容	按照图 6-20 所示要求完成滑雪块压板复合模下模的安装与调试并符合图样要求  图 6-20　安装下模		
任务完成步骤	1. 将凸凹模安装到凸凹模固定板上 2. 调整凸凹模与凸凹模固定板的垂直度 3. 固定凸凹模 4. 将垫板与凸凹模安装在下模座上 5. 将卸料板安装在凸凹模上 6. 调整卸料板连接推杆高度与卸料板的平行度 7. 检验卸料板卸料效果		

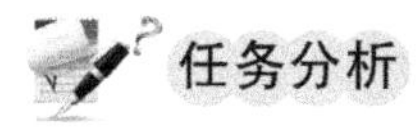

任务分析

同学们可以利用所学模具装配知识来完成复合模下模的安装与调试。

任务准备

1）滑雪块压板复合模装配图样。

2）滑雪块压板复合模下模座、凸凹模、凸凹模固定板、卸料板、螺栓、定位销等零件。

3）装配模具用的内六角扳手、铜棒、锤子等工具一套。

任务实施

1）首先检验线切割后的凸凹模尺寸是否符合图样上的尺寸要求，凸凹模如图 6-21 所示。然后检验线切割后的凸凹模固定板尺寸是否符合图样上的尺寸要求，凸凹模固定板如图 6-22 所示。

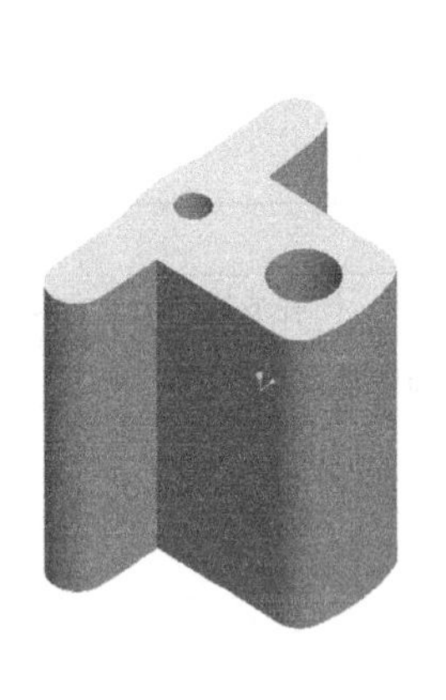

图 6-21 凸凹模

图 6-22 凸凹模固定板

2）试将凸凹模装配到凸凹模固定板中，由上至下进行装配，装配过程如图 6-23 所示。

图 6-23 凸凹模装配过程

学习建议：在装配时不能强行装配，否则凸凹模易开裂。在装配时应垫铜片轻轻敲打或用铜棒轻轻敲打，用力不宜过猛，并注意保证垂直度。

3）将凸凹模装配到凸凹模固定板后，用直角尺调整凸凹模的垂直度，并用铆装的方式对凸凹模进行固定，调整过程如图 6-24 所示

4）将凸凹模装配到下模座中，装配方法如图 6-25 所示。

图6-24　凸凹模垂直度的调整

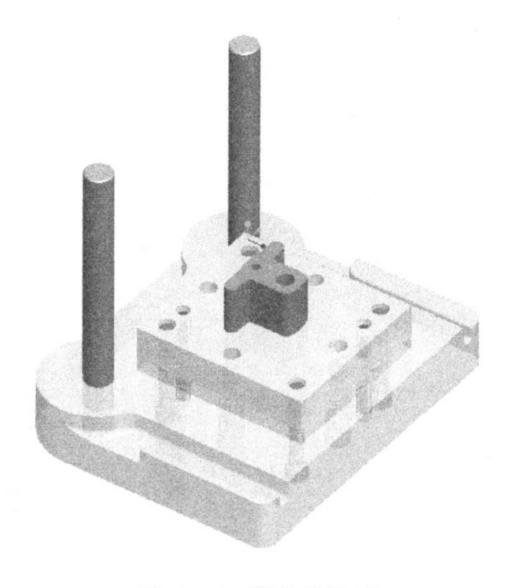

图6-25　装配凸凹模

5）将推板装配到凸凹模中并装上推杆，装配方法如图6-26所示。

图6-26　装配推板、推杆

下模装配过程如图6-27所示，下模如图6-28所示。

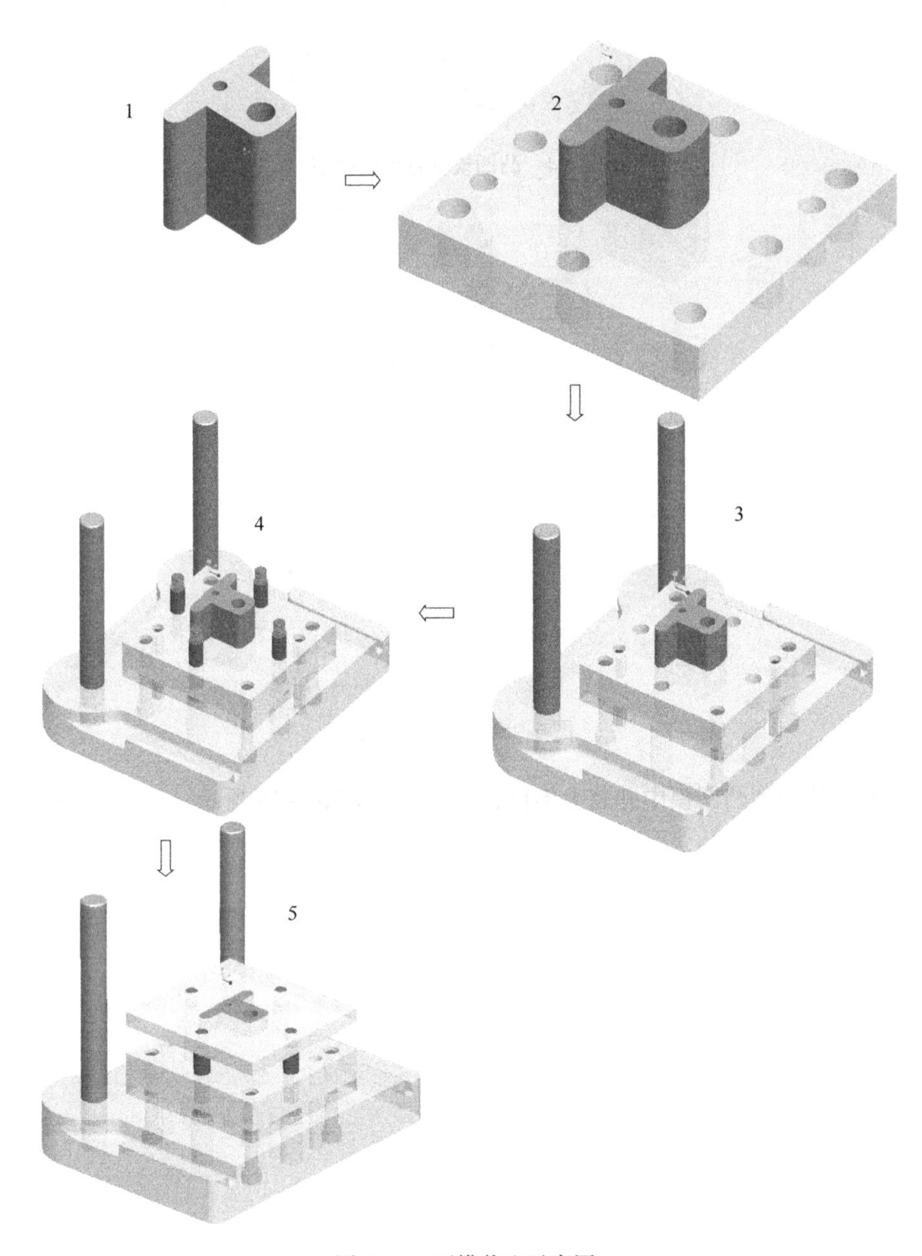

图 6-27　下模装配示意图

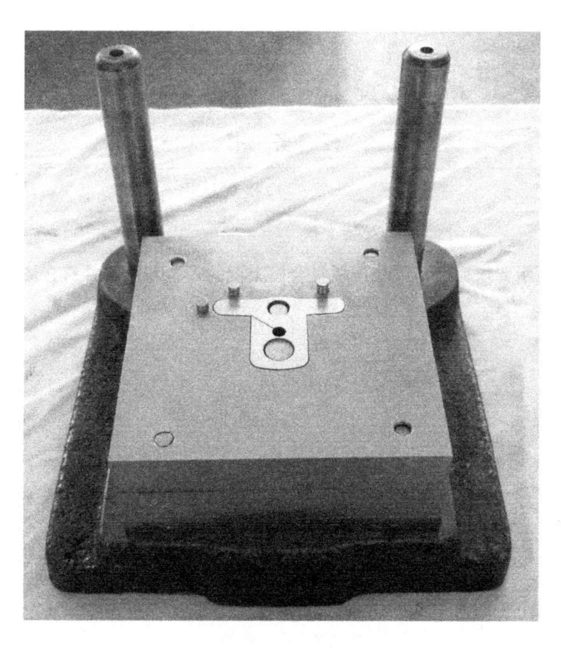

图6-28　下模

检查评议

	考核项目及要求	配　分	得　分
考核标准	1. 凸凹模与凸凹模固定板定位准确，不准确扣10分	10	
	2. 凸凹模与凸凹模固定板的垂直度准确，不准确扣15分	15	
	3. 凸凹模在下模座的安装、定位准确，不准确扣10分	10	
	4. 卸料板在凸凹模上的配合精度准确，不准确扣15分	15	
	5. 卸料板连接推杆高度与卸料板的平行度准确，不准确扣15分	15	
	6. 下模整体配合效果良好，效果不好扣10分	10	
	7. 按时出勤并遵守纪律情况，迟到及不遵守纪律扣5分	5	
	8. 小组内成员分工明确、参与面广，达不到要求不得分	5	
	9. 掌握合作交流、解决问题的能力，达不到要求不得分	5	
	10. 小组开展活动秩序井然，达不到要求不得分	5	
	11. 小组成果展示汇报水平高，达不到要求不得分	5	
	合　计	100	

子任务2　安装上模

学习目标

◎ 掌握冲孔凸模与凹模的装配方法

◎ 掌握推块与凹模的装配方法

任务描述

任　务　书

任务名称	模具总装		
子任务名称	安装上模	任务编号	LF-4-2
任务内容	按照图6-29所示要求完成滑雪块压板复合模上模的安装与调试并符合图样要求 图6-29　滑雪块压板复合模上模		
任务完成步骤	1. 将凹模安装到上模座上 2. 调整凹模与凸凹模的相对位置 3. 固定凹模 4. 装配冲孔凸模 5. 在上模装配打杆与推块 6. 调整推块 7. 检验推块卸料效果		

任务分析

同学们可以利用所学模具装配知识来完成复合模上模的安装与调试。

任务准备

1）滑雪块压板复合模装配图样。

2）滑雪块压板复合模上模座、凹模、凹模固定板、打杆、推块、螺栓、定位销等零件。

3）装配模具用的内六角扳手、铜棒、锤子等工具一套。

任务实施

1）首先检验冲孔凸模的尺寸是否符合图样上的尺寸要求，凸模如图6-30所示。

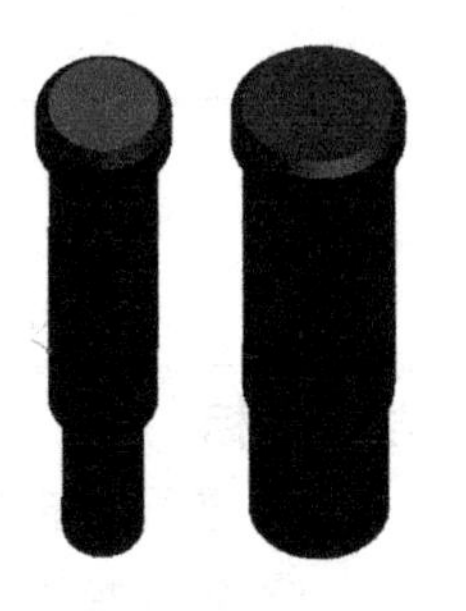

图6-30　凸模

2）检验线切割后的凸模固定板尺寸是否符合图样上的尺寸要求，并将冲孔凸模装配到凸模固定板中，调整垂直度，如图6-31所示。

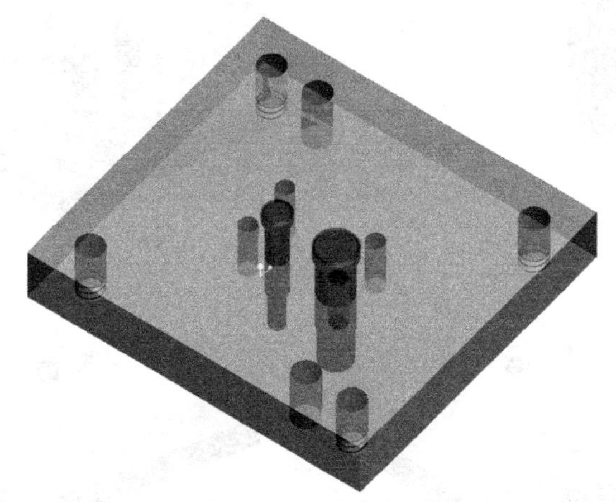

图6-31　凸模固定板

3）试将凹模装配到上模中，由上至下进行装配，装配过程如图6-32所示。

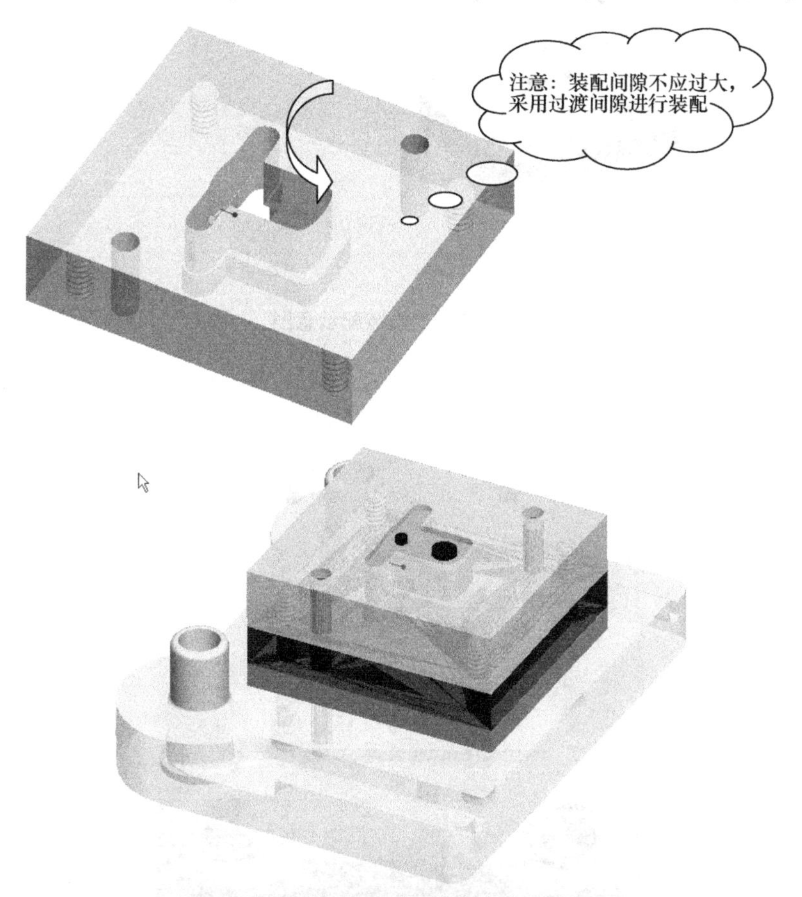

图6-32　装配过程

上模装配示意图如图6-33所示，上模如图6-34所示。

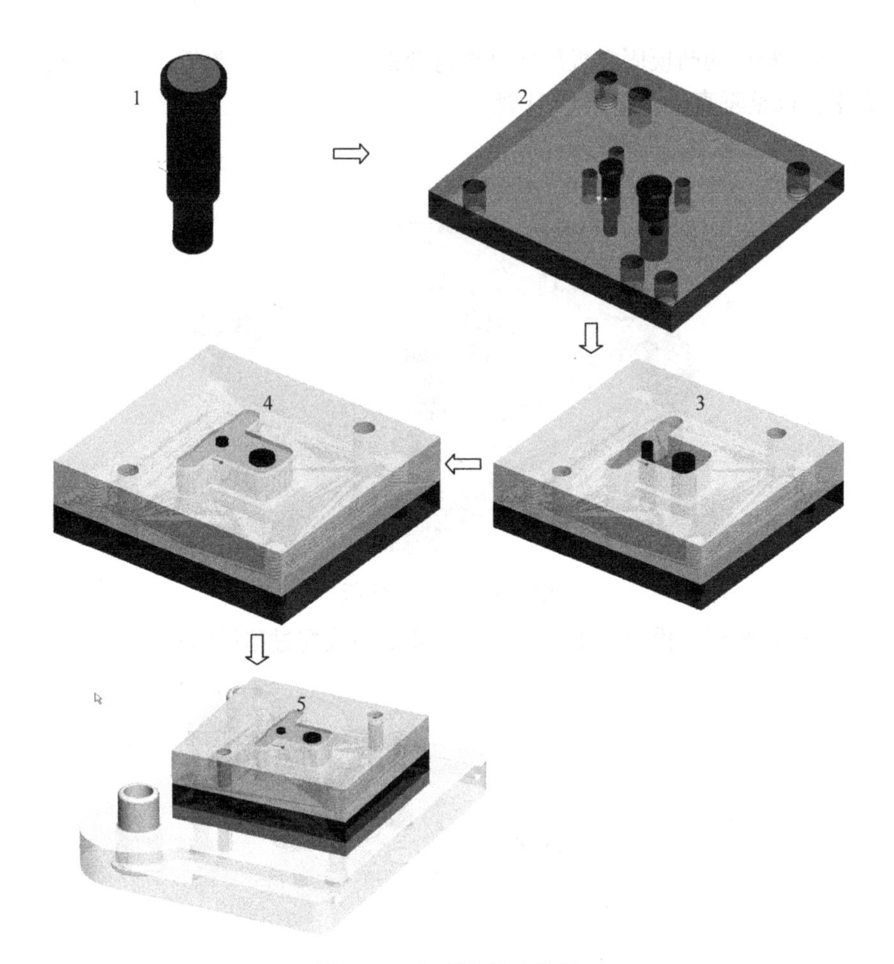

图 6-33　上模装配示意图

图 6-34　上模

检查评议

	考核项目及要求	配　分	得　分
考核标准	1. 凹模与凸凹模固定板定位准确，不准确扣10分	10	
	2. 凹模与凸凹模固定板的垂直度准确，不准确扣15分	15	
	3. 凹模在上模座的安装、定位准确，不准确扣10分	10	
	4. 装配推块在凹模上的配合精度准确，不准确扣15分	15	
	5. 打杆与推块卸料效果良好，效果不好扣15分	15	
	6. 模整体配合效果良好，效果不好扣10分	10	
	7. 按时出勤并遵守纪律，迟到及不遵守纪律扣5分	5	
	8. 组内成员分工明确、参与面广，达不到要求不得分	5	
	9. 掌握合作交流、解决问题的能力，达不到要求不得分	5	
	10. 小组开展活动秩序井然，达不到要求不得分	5	
	11. 组成果展示汇报水平高，达不到要求不得分	5	
	合　计	100	

子任务3　调整模具总装间隙

学习目标

◎ 掌握复合模上下模的装配方法

◎ 掌握上下模间隙的调整方法

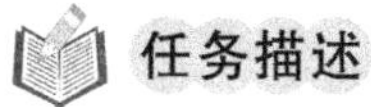

任务描述

任　务　书

任务名称	模具总装		
子任务名称	调整模具总装间隙	任务编号	LF-4-3
任务内容	按照图6-35所示要求完成滑雪块压板复合模的总装与调试并符合图样要求 图6-35　滑雪块压板复合模		
任务完成步骤	1. 将上模安装到下模上 2. 调整凹模与凸凹模的间隙（用透光法调整） 3. 利用试纸法试冲，检查凹模与凸凹模的间隙 4. 进一步调整间隙 5. 检验最终间隙		

任务分析

同学们可以利用所学模具装配知识来完成复合模的总装与调试。

任务准备

滑雪块压板复合模装配图样及模具实物一套，电灯泡一个、纸板若干，装配调试模具用的内六角扳手、铜棒、锤子等工具一套。

任务实施

1）首先通过透光法或垫片法调整间隙，拧紧上模固定螺钉。

2）采用试纸法试冲产品，根据毛边情况调整间隙，在调整时往毛边大的一方进行调整。

3）进行卸料板及整模的最终装配。

模具总装示意图如图 6-36 所示，上、下模装配图如图 6-37 所示，装配后的整模如图 6-38所示。

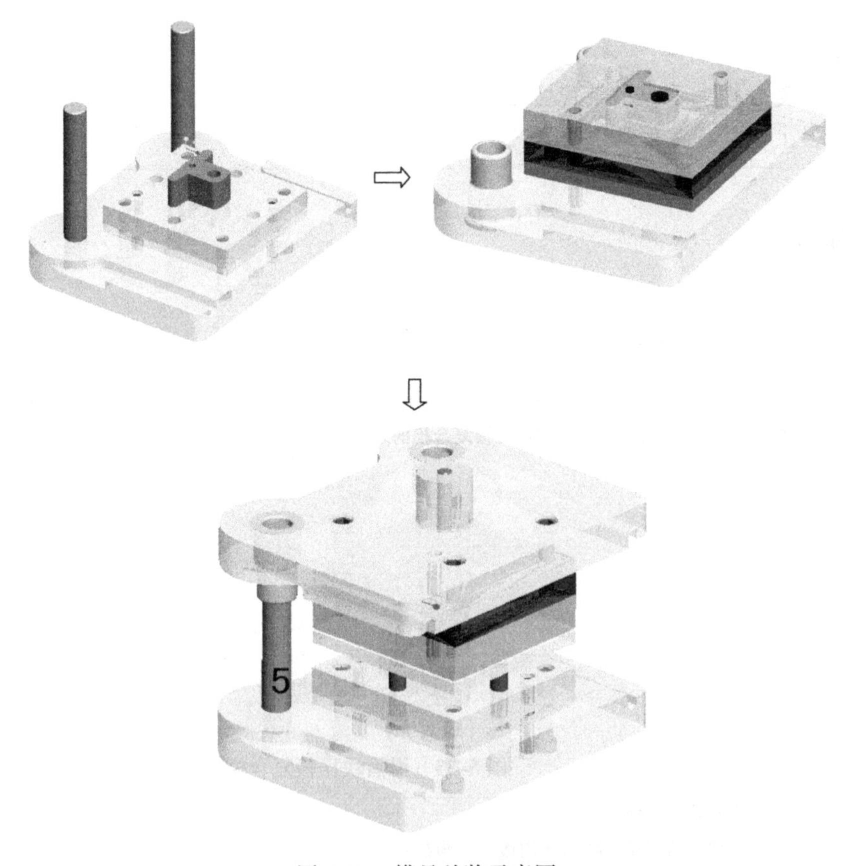

图 6-36　模具总装示意图

图6-37　上、下模装配图

图6-38　装配后的整模

检查评议

	考核项目及要求	配　分	得　分
考核标准	1. 凹模与凸凹模的间隙调整正确，不正确扣10分	10	
	2. 能够用透光法调整间隙	15	
	3. 用试纸法试冲，检查凹模与凸凹模的间隙	10	
	4. 微调整间隙	15	
	5. 检查卸料板与推块卸料的配合效果	15	
	6. 整体配合效果良好，效果不好扣10分	10	
	7. 按时出勤并遵守纪律，迟到及不遵守纪律扣5分	5	
	8. 小组内成员分工明确、参与面广，达不到要求不得分	5	
	9. 掌握合作交流、解决问题的能力，达不到要求不得分	5	
	10. 小组开展活动秩序井然，达不到要求不得分	5	
	11. 小组成果展示汇报水平高，达不到要求不得分	5	
	合　计	100	

任务5　模具试模

子任务1　模具试冲

学习目标

◎ 掌握在压力机上安装复合模的方法

◎ 掌握复合模的试冲方法

任务描述

任 务 书

任务名称	模具试模		
子任务名称	模具试冲	任务编号	LF-5-1
任务内容	1. 模具的安装（见图6-39） 2. 选用冲压设备 图6-39　模具的安装		
任务要求	1. 各种工具及夹码件摆放整齐 2. 固定码紧凸凹模 3. 起动压力机，设定合适数据 4. 凸凹模空转进行试冲 5. 选择合适材料试冲		

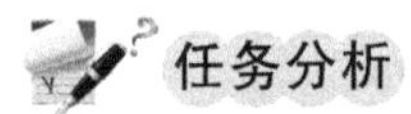

任务分析

1. 选用压力机时应遵循的原则

1）压力机的公称压力应等于或大于冲压工序所需的总压力。

2）压力机行程应满足制件在高度上能获得所需尺寸，并保证冲压后能顺利地从模具上取出来。

3）压力机的闭合高度、工作台台面尺寸和滑块尺寸等应能满足模具的正确安装。

2. 模具安装的要求及重要性

1）模具的安装、调试与维修是模具制造过程中的最后一步，也是最重要的一环，将直接影响到制件的质量、模具的技术性能和使用寿命。

2）在模具安装、调试的过程中，模具钳工的主要工作是把已安装好的模具正确地安装到压力机上去，并针对出现的问题进行调整，使冲出的制件合格。

相关知识

1）经检查合格的冲模可进行试模，并按正常生产条件试冲。试模用的冲床应符合有关的技术要求，试模所用材料的材质应与要求相符。

2）试冲时冲件取样应在冲压工艺稳定后进行，根据冲模精度的不同，试冲20～1000件（精密多工位级进冲模必须试冲1000件以上）；对于大型覆盖件模具要求连续试冲5～10件，并完全符合冲件要求，最后由模具制造方开具合格证并随模具交付用户。

冲件的尺寸和形状应符合产品设计图样的要求。成形冲件表面不允许有伤痕、裂纹和皱折等现象。试冲件尺寸不得达到冲件的极限尺寸，需保留一定的磨损量，一般情况下保留的磨损量至少为冲件公差的1/3。

3）冲模质量稳定性检查的批量生产由用户进行，其检查方法为在正常生产条件下连续生产8h。上述工作应在接到被检模具后一个月内完成，期满未达到稳定性检验批量时，即视为此项检验工作已经完成。

任务准备

（1）工量具　游标卡尺、千分尺、百分表、锤子、扳手、锉刀。

（2）设备　压力机。

（3）材料　滑雪块压板复合模、薄板。

任务实施

1. 模具的安装

1）起动压力机，将压力机滑块上升到上死点的位置。

2）把压力机滑块底面、下台面擦拭干净。

3）将模具放在压力机台面规定的中心位置上。

4）用压力机行程尺检查滑块底面至冲模上平面间的距离是否大于压力机行程。

5）起动压力机，将滑块降至下死点位置，并调节丝杠，使滑块底平面与冲模上平面接触。

6）将上模（或模柄）固紧在压力机滑块上。

7）再次调节丝杠，使滑块上下运动2～3次，导向灵活、无阻滞，或者上、下模无卡住现象后，对称交错固紧压板螺栓，使模具紧固。

8）起动压力机，使滑块空行程运动数次，确认模具的上下模（包括导向）运动正常无阻碍。

9）调节滑块中打料用横梁到适当高度，使打料杆能正常工作。

10）调节下模弹顶机构压力，使顶出零件处于正确工作位置。

11）清理模具零件工作部位和导柱、导套，清除油污、异物，导柱涂润滑油。

2. 选用冲压设备

根据加工要求，本任务可选用的加工设备为开式可倾压力机，公称压力应等于或大于160kN。该类压力机的离合器与制动器采用刚性联锁的湿式气动摩擦离合器，并将其安置于飞轮内腔的油液中，减少了摩擦面的发热和噪声。与干式摩擦离合器相比，湿式气动摩擦离合器具有传递力矩大、体积小、磨损少、使用寿命长、接合平稳、动作灵敏可靠等优点。滑块内设置压塌式过载保护装置，动作灵敏可靠，以保护冲床零件进入模具的安全性。

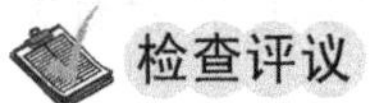

检查评议

序号	检查项目	考核要求	配分	得分
1	准备工作	准备工作充分	8	
2	安装操作方法	安装过程安排合理，操作方法规范	20	
3	机床操作	机床操作符合规范	20	
4	拆卸方法	拆卸方法规范	14	
5	时间安排	时间安排合理	10	
6	安全文明生产	安全文明生产	8	
7	小组内成员的分工	小组内成员分工明确、参与面广	5	
8	合作交流、解决问题的能力	掌握合作交流、解决问题的能力	5	
9	活动秩序	小组开展活动秩序井然	5	
10	小组成果展示汇报	小组成果展示汇报水平高	5	
合计			100	

子任务 2　加工定位销孔

学习目标

◎ 会编写定位销孔的加工工艺

◎ 掌握定位销孔的加工方法及精度控制方法

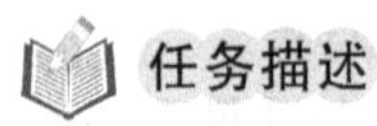

任务描述

任务书

任务名称	模具试模		
子任务名称	加工定位销孔	任务编号	LF-5-2
任务内容	1. 将上模、下模底板配钻 2. 上模、下模铰销钉孔 3. 上模、下模装配销钉		
任务要求	1. 确定销钉加工尺寸 2. 用铰刀对销孔进行刮削 3. 检查销孔的表面精度		

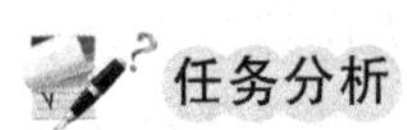

任务分析

螺钉和销钉都是标准件，设计模具时按标准选用即可。螺钉最好选用内六角螺钉，销钉常采用圆柱销。设计时，螺钉与销钉之间的距离不能太小；圆柱销不能少于两个；螺钉、销钉的规格应根据冲压力大小、凹模厚度等确定。

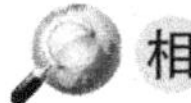

相关知识

1）冲模需进行下列验收工作：

① 冲模设计的审核。

② 外观检查。

③ 尺寸检查。

④ 试模和冲件检查。

⑤ 质量稳定性检查。

⑥ 冲模材料和热处理要求检查。

冲模制造单位的质检部门，应将各项检查内容逐项填入冲模验收卡。

2）冲模制造单位质检部门应按冲模设计图样和技术条件对冲模零件和冲模进行外观和尺寸检查。

任务准备

(1) 工量具　游标卡尺、千分尺、百分表、锤子、扳手、锉刀。

(2) 设备　铣床、钻床。

(3) 材料　圆柱销。

任务实施

用透光法调整凹模和凸凹模，用试纸法试冲，检查凹模与凸凹模间隙后，将上模座板的紧固螺钉拧紧，钻 $2\times\phi8$ 定位销孔。先用 $\phi7.8$ 钻头钻孔，再用 $\phi8$ 铰刀进行铰削加工，装入 $\phi8$ 定位销。

检查评议

序　号	检查项目	考核要求	配　分	得　分
1	准备工作	准备工作充分	8	
2	操作方法	操作方法规范	20	
3	销钉的装配	销钉装配符合要求	10	
4	钳工操作方法	钳工操作方法规范	24	
5	时间安排	时间安排合理	10	
6	安全文明生产	安全文明生产	8	
7	小组内成员的分工	小组内成员分工明确、参与面广	5	
8	合作交流、解决问题的能力	掌握合作交流、解决问题的能力	5	
9	活动秩序	小组开展活动秩序井然	5	
10	小组成果展示汇报	小组成果展示汇报水平高	5	
合　计			100	

子任务3　再试冲和检验模具及冲件

学习目标

◎ 掌握工量具的操作使用

◎ 学会分析造成产品缺陷的原因

任务描述

任　务　书

任务名称	模具试模		
子任务名称	再试冲和检验模具及冲件	任务编号	LF-5-3
任务内容	1. 调整模具闭合高度 2. 调整模具间隙 3. 调试卸料板弹顶装置 4. 检查确认模具调试合理 5. 用设计材料试冲件 6. 测量和检查试冲样件的尺寸		
任务要求	1. 模具的配合高度合理 2. 模具间隙调整合理 3. 准确测量试冲样件的外形尺寸		

任务分析

1）模具试冲工件数量应不少于120～400件。

2）制件的尺寸精度和表面质量等均应符合图样规定的技术要求。

3）符合模具交付生产使用的要求，做好记录，保存样件并交付使用。

相关知识

1）压力机的工作原理及其操作方法。

2）钳工（中级）理论知识及操作技能。

任务准备

(1) 工量具　游标卡尺、千分尺、百分表、锤子、扳手、锉刀。

(2) 设备　压力机。

(3) 材料　滑雪块压板复合模、薄板。

任务实施

1. 调试凸模进入凹模的深度

冲裁模凸、凹模间隙合适时，为能冲下合格零件，凸模进入凹模的深度要适当，不可过深或过浅，对于冲薄料、间隙小的模具尤其要注意。在安装过程中，滑雪块压板的冲裁厚度小于2mm时，凸模进入凹模的深度不应超过0.8mm。厚材料冲裁时可适当加大，但应以可冲开材料为前提。

2. 间隙不当时的调整

对于间隙大小基本合理但间隙分布不均匀的情况，首先要把按一定顺序拆卸下来的模具上、下模座上的零件按要求摆放好。根据实际生产条件，确定调整方法，将凸、凹模重新安装并调整间隙。调整凸、凹模相对位置后，重新安装定位销。整体间隙过小时，应根据实际情况确定增大凹模实际尺寸或减小凸模实际尺寸。对局部间隙过小处，形状复杂的由钳工研修放大间隙，圆孔可用研磨棒局部研磨。间隙过大时，一般应更换凸模或凹模。

检查评议

序　号	检查项目	考核要求	配　分	得　分
1	准备工作	准备工作充分	8	
2	安装操作方法	安装过程安排合理，操作方法规范	20	
3	机床操作	机床操作符合规范	10	
4	拆卸方法	拆卸方法规范	12	
5	时间安排	时间安排合理	10	
6	工、量具的使用方法	工、量具的使用方法符合规范	12	
7	安全文明生产	严格执行安全文明生产	8	
8	小组内成员的分工	小组内成员分工明确、参与面广	5	
9	合作交流、解决问题的能力	掌握合作交流、解决问题的能力	5	
10	活动秩序	小组开展活动秩序井然	5	
11	小组成果展示汇报	小组成果展示汇报水平高	5	
合　计			100	

子任务4　模具的保养与维护

学习目标

◎ 掌握模具的保养知识

◎ 掌握模具的维护方法

任务描述

任 务 书

任务名称	模具试模		
子任务名称	模具的保养与维护	任务编号	LF-5-4
任务内容	1. 将上下模架分开 2. 检查损坏及磨损部分 3. 对模具损坏部分进行维护 4. 去除模具表面油污、脏物 5. 刃口和导向部分涂抹润滑油		
任务要求	1. 按装、拆模具的原则将模具分开 2. 能根据模具保存时间的长、短进行防锈处理 3. 按模具损坏程度采取适合的维修方案		

任务分析

1）凸模和凹模刃口磨损后要及时刃磨，防止刃口磨损深度迅速扩大而降低冲件质量和模具使用寿命。

2）模具在工作过程中易损坏的零件如凸、凹模和定位装置等，应有备用零件。当出现严重磨损后，无法刃磨修复时，必须更换。

3）冲压材料毛坯表面要清洁、无污渍，并均匀涂抹润滑剂。

4）工具使用后，应清除废料及脏物，并在刃口和导向部分涂上润滑油，保证模具清洁而不致生锈。

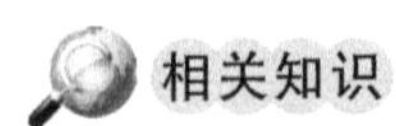

相关知识

标记、包装、运输、贮存

1）应在冲模非工作表面明显处打上标记，标记应清楚并耐摩擦，标记的内容为：模具或冲件图号、制造日期、制造厂名。允许按用户的要求标出标记。

2）冲模出厂或入库前应擦洗干净，所有零件的表面应涂防锈剂或采用防锈包装。

3）出厂的冲模应根据运输要求进行包装，应防潮、防止磕碰，保证正常运输中冲模完好无损。

4）有关的说明文件用单独的防水袋装好，随冲模一起交给用户。

5）运输箱上的标记要求按运输部门的有关规定执行。

任务准备

(1) 工量具　游标卡尺、千分尺、百分表、锤子、扳手、锉刀。

(2) 设备　压力机。

(3) 材料　滑雪块压板复合模、薄板，润滑油、防锈油。

任务实施

1. 模具使用前的准备工作

1）使用模具前，首先应对照工艺文件检查所用模具是否正确、完好，了解、掌握模具的使用性能、方法、结构特点及动作原理。

2）检查选用的设备是否合理，技术规格与所使用的模具是否配套。

3）检查模具的安装是否正确，各紧固部位是否有松动现象。

4）检查使用的材料是否合适，毛坯有无异常现象。

5）开机前，应检查模具内、外有无异物，工作台是否清理擦拭干净。

2. 模具使用过程中的维护

1）开机后，必须认真检查首件，合格后开始生产，不合格应停机检查原因。

2）使用中应正确进行工艺操作，遵守操作规程，严禁乱放、乱砸、乱碰。

3）模具工作中，应随时检查，发现异常立刻停机检查、修整。

4）在模具使用中，应定时润滑模具的工作表面和活动部位，并应选用合适的润滑剂，制订合理的润滑工艺，做到合理、正确地润滑。

5）某些模具在使用过程中会产生残余应力，应在使用一段时间后，采取必要的去应力措施。

3. 模具的拆卸

1）模具使用后应按正常的操作程序将模具从设备上卸下，吊运要稳妥、慢起、轻放，严禁乱拆乱卸，硬磕硬碰。

2）在卸下的整个过程中，应尽量停止电动机转动，以防发生事故。

3）选取模具工作的最后几件制品进行检查，以确定模具检修与否。

4）卸下的模具应擦拭干净，并涂油防锈。

5）确定模具的技术状态，使其完整及时地交回指定地点保管，并做好标记。

4. 模具的检修及保管

1）要定期对模具进行技术状态鉴定，定期检修，保证模具的精度和工作性能。

2）应按检修工艺进行检修。

3）检修后要进行试模，重新鉴定技术状态。

4）模具入库保管，最好样件、制品同时保管。

5）为避免卸料装置、刃口、型腔表面等长期受压而失效，在模具存放期间必须加限位木块限位保存。

6）模具保管应进行分类管理，建立健全保管档案，由专人负责。

检查评议

序　号	检查项目	考核要求	配　分	得　分
1	准备工作	准备工作充分	8	
2	模具的拆装过程	模具拆装过程规范合理	20	
3	模具润滑保养工作	模具润滑保养规范	20	

（续）

序　号	检查项目	考核要求	配　分	得　分
4	模具使用过程中的维护	模具使用过程中的维护合理	14	
5	工作时间安排	工作时间安排合理	10	
6	安全文明生产	严格执行安全文明生产	8	
7	小组内成员分工	小组内成员分工明确、参与面广	5	
8	合作交流、解决问题的能力	掌握合作交流、解决问题的能力	5	
9	活动秩序	小组开展活动秩序井然	5	
10	小组成果展示汇报	小组成果展示汇报水平高	5	
合　计			100	

附　　录

附录 A　凸模和凹模材料及其热处理要求

零件名称	选用材料牌号	热处理	硬度（HRC）
上、下模座	HT200 HT250	—	—
	ZG230-450 ZG310-570	—	—
	Q235	—	—
模柄	Q275	—	—
导柱	15、20	渗碳淬火	58～62
导套	15、20	渗碳淬火	58～62
凸、凹模固定板	Q275、45	—	—
推料板	Q235、Q275、45	—	—
卸料板	Q235、Q275	—	—
导尺	Q275、45	淬火	—
挡料销	45、T8A	淬火	43～48（45钢） 52～56（T8A）
导正销、定位销	9Mn2V、T8A	淬火	52～56
垫板	45、T8A	淬火	43～48（45钢） 54～58（T8A）
螺钉	45	头部淬火	43～48
销钉	45	淬火	43～48
推杆、顶杆	45	淬火	43～48
顶板	45、T8A	淬火	43～48（45钢） 54～58（T8A）
拉深模压边圈	铸铁、T8A	淬火	56～60
螺母、垫圈、螺塞	Q235	—	—
定距侧刃、废料切刀	T10A	淬火	56～60
侧刃挡板	T8A、T10A	淬火	56～60
定位板	45、T8	淬火	43～48（45钢） 52～56（T8）
楔块与滑块	45、T8A	淬火	43～48（45钢） 52～59（T8A）
弹簧	65Mn、60Si2MnA	淬火	40～48

附录 B　影响冲模质量的原因及对策

附表 B-1　冲压时送料不畅

序　号	原　因	对　策
1	冲压模具没有调整好	重新调整冲压模具
2	材料不平整	调整校平机
3	送料程式错误	调整送料程式
4	冲压模具磁性太大	将冲压模具进行退磁处理
5	导料板间隙太小	调整导料板间隙值
6	弹簧弹力不足	更换或增加弹簧
7	顶料销太长或不灵活	磨短顶料销或修整顶料销
8	限位太紧	适当调整
9	冲头太长	将冲头磨短

附表 B-2　材料冲裁不完整（未切穿）

序　号	原　因	对　策
1	冲床吨位不足	重新选择合适的冲床
2	模具高度不够	调整模具高度
3	冲头高度不足	加长冲头长度
4	凸、凹模间隙太大	调整凸、凹模间隙值
5	下模堵料	清除废料或更换镶块

附表 B-3　卸料不畅

序　号	原　因	对　策
1	导柱、导套拉伤	研磨抛光相应拉伤表面或更换已损坏导柱、导套
2	未送料就开始冲裁，冲压程序出错	调整送料，纠正冲压程序
3	卸料不灵活	调整或研磨抛光卸料机构配合面
4	冲头突出过长拉伤表面	相应调整冲头长度，抛光或更换冲头
5	顶料销弹簧弹力不够	调整顶料销高度或更换弹簧
6	冲头卸料滑块表面拉伤	对滑块进行焊接，修配或更换滑块
7	冲头与卸料板的配合间隙太小而过紧	修配或调整冲头与卸料板的配合间隙
8	导柱、导套间隙太小、变形、不同轴、弯曲	研磨抛光调整导柱、导套间隙，校直导柱

附表 B-4　铁屑

序　号	原　因	对　策
1	弯曲凸模棱角是否太锋利	对凸模适当倒角
2	凸、凹模间隙是否过小	调整凸、凹模间隙值
3	压筋是否错位	移动相应压筋

附表 B-5　毛刺

序　　号	原　　因	对　　策
1	刃口间间隙太大	修配间隙
2	刃口变钝	研磨刃口
3	凹模直壁长度太短	线割凹模，将直壁长度加长
4	冲头磁化	将冲头进行退磁处理

附表 B-6　堵料

序　　号	原　　因	对　　策
1	垫块不当或废料过多	修整垫块或及时清除废料
2	凹模磁化或落料斜度不够	将凹模进行退磁处理或加大其斜度

附表 B-7　冲头折断

序　　号	原　　因	对　　策
1	模具高度不合适	调整模具高度
2	送料不到位	调整送料
3	下模堵料	查明原因，疏通凹模（扩孔）
4	冲头与卸料板的配合间隙太小	调整配合间隙
5	卸料板受力不均有异物	清除异物
6	卸料板变形拉伤	将卸料板校平，研磨抛光相应拉伤表面
7	冲头固定部分长度过短	更换冲头
8	冲头表面拉伤，刃口 *R* 角过大	更换冲头，消除造成不良的因素
9	冲头过长导致强度不够	检查卸料板、重新设计冲头结构
10	导向不良导致上、下模错位	整修、更换、校正导向部件
11	冲头硬度、强度不足	更换冲头材料，通过热处理提高冲头硬度

附表 B-8　字模不清

序　　号	原　　因	对　　策
1	字模高度不够	字模加高
2	模具高度不够	调整模具高度
3	模板表面出现凹陷现象	校平模板
4	字模崩块	更换新字模

附表 B-9　弯曲角度误差

<table>
<tr><th>序　　号</th><th colspan="2">原　　因</th><th>对　　策</th></tr>
<tr><td>1</td><td colspan="2">模具高度不正确</td><td>调整模具高度</td></tr>
<tr><td>2</td><td colspan="2">弯曲速度不正确</td><td>调整弯曲速度</td></tr>
<tr><td>3</td><td colspan="2">弹力不够</td><td>更换弹簧种类</td></tr>
<tr><td>4</td><td colspan="2">上、下模具未找正</td><td>重新找正</td></tr>
<tr><td>5</td><td colspan="2">材料不合适</td><td>更换合适材料</td></tr>
<tr><td>6</td><td colspan="2">弯曲间隙不合适</td><td>调整间隙</td></tr>
<tr><td>7</td><td rowspan="2">压线不合适</td><td>压线崩掉</td><td>更换备品，研磨加垫</td></tr>
<tr><td>8</td><td>压线过深或过浅</td><td>压线深则磨低、压线浅则加深</td></tr>
</table>

参 考 文 献

[1] 汤习成. 冷冲压工艺与冲模设计 [M]. 北京：中国劳动社会保障出版社，2006.
[2] 许发樾. 实用模具设计与制造手册 [M]. 2 版. 北京：机械工业出版社，2005.
[3] 林承全. 冲压模具课程设计指导与范例 [M]. 北京：化学工业出版社，2008.
[4] 刘建超，王宝忠. 冲压模具设计与制造 [M]. 北京：高等教育出版社，2010.
[5] 王芳. 冷冲压模具设计指导 [M]. 北京：机械工业出版社，2005.
[6] 韩森和. 冲压工艺及模具设计与制造 [M]. 北京：高等教育出版社，2008.
[7] 王孝培. 实用冲压技术手册 [M]. 北京：机械工业出版社，2001.
[8] 刘美玲，雷振德. 机械设计基础 [M]. 北京：科学出版社，2005.
[9] 薛啟翔. 冲压模设计制造难点与窍门 [M]. 北京：机械工业出版社，2003.
[10] 余小燕，郑毅. 机械制造基础 [M]. 北京：科学出版社，2005.
[11] 王新华. 冲模设计与制造实用计算手册 [M]. 2 版. 北京：机械工业出版社，2011.
[12] 丁松聚. 冷冲模设计 [M]. 北京：机械工业出版社，2009.
[13] 高鸿庭. 模具制造工（中级）[M]. 北京：中国劳动社会保障出版社，2004.
[14] 陈剑鹤，于云程. 冷冲压工艺与模具设计 [M]. 2 版. 北京：机械工业出版社，2009.
[15] 张光荣. 冲压工艺与模具设计 [M]. 北京：电子工业出版社，2009.
[16] 欧阳波仪. 冲压工艺与模具结构 [M]. 北京：人民邮电出版社，2008.